Komplexitätsbeherrschung durch hybride Montageplanung

Mastering Complexity through Hybrid Assembly Planning

Von der Fakultät für Maschinenwesen
der Rheinisch-Westfälischen Technischen Hochschule Aachen
zur Erlangung des akademischen Grades eines
Doktors der Ingenieurwissenschaften
genehmigte Dissertation

vorgelegt von

Carsten Fölling

Berichter/in:

Univ.-Prof. Dr.-Ing. Dipl.-Wirt. Ing. Günther Schuh
Univ.-Prof. Dr.-Ing. Peter Burggräf, MBA

Tag der mündlichen Prüfung: 24. Mai 2022

ERGEBNISSE AUS DER PRODUKTIONSTECHNIK

Carsten Fölling

Komplexitätsbeherrschung durch hybride Montageplanung

Herausgeber:
Prof. Dr.-Ing. T. Bergs
Prof. Dr.-Ing. Dipl.-Wirt. Ing. G. Schuh
Prof. Dr.-Ing. C. Brecher
Prof. Dr.-Ing. R. H. Schmitt

Band 27/2022

Bibliografische Information der Deutschen Nationalbibliothek
Die Deutsche Nationalbibliothek verzeichnet diese Publikation in der Deutschen Nationalbibliografie; detaillierte bibliografische Daten sind im Internet über https://portal.dnb.de abrufbar.

Carsten Fölling:

Komplexitätsbeherrschung durch hybride Montageplanung

1. Auflage, 2022

Gedruckt auf holz- und säurefreiem Papier, 100% chlorfrei gebleicht.

Apprimus Verlag, Aachen, 2022
Wissenschaftsverlag des Instituts für Industriekommunikation und Fachmedien an der RWTH Aachen
Steinbachstr. 25, 52074 Aachen
Internet: www.apprimus-verlag.de, E-Mail: info@apprimus-verlag.de

Druck: CPI Druckdienstleistungen GmbH, Ferdinand-Jühlke-Straße 7 I 99095 Erfurt

ISBN 978-3-98555-090-6

D 82 (Diss. RWTH Aachen University, 2022)

"The nature of the trap is a function of the nature of the trapped."

Geoffrey Vickers

Danksagung

Ich möchte mich an dieser Stelle bei all den Menschen bedanken, die mich in den letzten Jahren begleitet, unterstützt und motiviert haben und so zum Gelingen dieser Arbeit beigetragen haben.

Ich danke Professor Günther Schuh, Inhaber des Lehrstuhls für Produktionssystematik des Werkzeugmaschinenlabors WZL der Rheinisch-Westfälischen Technischen Hochschule (RWTH) Aachen, für die Möglichkeit der Promotion während meiner Zeit als wissenschaftlicher Mitarbeiter. Professor Peter Burggräf danke ich für die Durchsicht dieser Dissertation und die Übernahme des Koreferats. Ich bedanke mich bei Professor Georg Jacobs für die Übernahme des Prüfungsvorsitzes und bei Professor Michael Lauster für die Übernahme des Prüfungsbeisitzes.

Bedanken möchte ich mich weiterhin bei allen Kolleginnen und Kollegen der Abteilung Fabrikplanung für die stets sehr angenehme Zusammenarbeit und viele unvergessliche Erlebnisse. Mein Dank gilt Dr. Matthias Dannapfel für die Begleitung und kritische Durchsicht dieser Arbeit sowie das konstruktive Feedback. Daneben bedanke ich mich insbesondere bei Tobias Adlon für die vorbildliche Führung der Abteilung als Oberingenieur, viele wertvolle Diskussionen und die stets exzellente Zusammenarbeit. Mein besonderer Dank gilt den aktuellen und ehemaligen Mitgliedern der Gruppe Montageplanung, der ich als studentische Hilfskraft, wissenschaftlicher Mitarbeiter und zuletzt als Gruppenleiter angehören durfte, für die freundschaftliche Zusammenarbeit in den letzten Jahren. Nicht zuletzt bedanke ich mich bei all meinen studentischen Hilfskräften und Abschlussarbeitern und hier insbesondere bei Janik Houben und Siyuan Wang für die vielfältige Unterstützung und Euren Beitrag zum Gelingen dieser Dissertation. Vielen Dank Euch!

Besonders lebenswert haben meine Zeit am Institut diejenigen Kolleginnen und Kollegen gemacht, die für mich in erster Linie Freundinnen und Freunde sind. Stellvertretend für viele bedanke ich mich bei Dr. Matthias Ebade Esfahani, Hannes Kahmann, Annika Becker und Themo Voswinckel für viele herausragende Zeiten und den nötigen Ausgleich zu Arbeit und Dissertation.

Mein größter Dank gebührt meiner Familie. Ich danke meinen Eltern Sabine und Peter Fölling, meiner Schwester Leonie Fölling und meinen Großeltern für die große Liebe und fortwährende Unterstützung, die Ihr mir von Kindesbeinen an entgegengebracht habt. Ihr habt mir Vertrauen und riesige Freiheiten geschenkt, mich als Vorbilder in meinen Entscheidungen bestärkt und mir ermöglicht, meinen eigenen Weg zu gehen. Euch widme ich diese Arbeit in großer Dankbarkeit.

Zuletzt und ganz besonders danke ich meiner Frau Menina für Deine Liebe, Deine Zuversicht, Deine vorbehaltlose Unterstützung und Deine unermessliche Geduld – nicht nur während der vielen Stunden, in denen diese Zeilen entstanden sind. Ich freue mich unglaublich auf unsere gemeinsame Zukunft und die zahlreichen kommenden Abenteuer mit Dir und unserer Familie.

Aachen, im Juni 2022

Carsten Fölling

Zusammenfassung

Die Dynamik heutiger Käufermärkte bedingt eine zunehmend agile Produktentwicklung, welche in einer hohen Komplexität und neuen Herausforderungen für die Montageplanung als nachgelagerte Disziplin resultiert. Bestehende Montageplanungsvorgehen sind zu starr und unflexibel, um adäquat auf die Anforderungen der agilen Produktentwicklung und die Dynamik des Marktumfelds zu reagieren. Insbesondere die hohe und weiter zunehmende Komplexität in der Montageplanung führt zur regelmäßigen Verfehlung gesetzter Planungsziele und zu insuffizienten Planungsergebnissen. Diese Problemstellung wird zusätzlich durch die gesteigerte Frequenz von Montageplanungsprojekten verstärkt. Die Komplexität als kritischer Faktor für den Planungserfolg erfährt in herkömmlichen Planungsansätzen keine explizite Berücksichtigung. Entsprechend erfolgt auch die Auswahl von Planungsmethoden ohne Beachtung der Komplexität, was einen weitgehend ungezielten Methodeneinsatz in der Montageplanung zur Folge hat. Folglich werden auch die spezifischen Potenziale der verfügbaren Planungsmethoden zur Beherrschung der Komplexität nicht genutzt. Ein großes Potenzial zur umfassenden Komplexitätsbeherrschung und damit zur Optimierung der Planungsergebnisse besitzen hybride Planungsvorgehen, in welchen die spezifischen Vorteile plangetriebener und agiler Methoden zielgerichtet kombiniert werden.

Zur Adressierung der genannten Herausforderungen und zur Optimierung der Planungsergebnisse in der Montageplanung wird in dieser Arbeit ein Modell zur systematischen Bestimmung der dominanten Planungsmethoden für einzelne Planungsumfänge entwickelt. Die zur Beherrschung der Planungskomplexität dominanten Methoden werden anschließend in einem hybriden Montageplanungsvorgehen kombiniert. Zur Bestimmung der dominanten Planungsmethoden erfolgt der Abgleich der zu beherrschenden Planungskomplexität mit den Potenzialen der verfügbaren Planungsmethoden zur Komplexitätsbeherrschung. Die zu beherrschende Planungskomplexität wird durch den Komplexitätsbedarf einzelner Planungsumfänge beschrieben. Zur objektiven Operationalisierung und Messung des Komplexitätsbedarfs wird ein spezifisches Komplexitätsmaß entwickelt, welches die relevanten Komplexitätsfaktoren beinhaltet und diese mathematisch erfasst. Die Herleitung der Komplexitätspotenziale basiert auf den konstituierenden Eigenschaften plangetriebener und agiler Planungsmethoden, deren Einfluss auf die verschiedenen Dimensionen der Komplexität untersucht wird. Der Abgleich von Komplexitätsbedarfen und Komplexitätspotenzialen zur Bestimmung der dominanten Planungsmethoden erfolgt schließlich in der zentralen Entscheidungssystematik des Modells der hybriden Montageplanung. Mit dem in dieser Arbeit entwickelten Modell soll die Montageplanung in der industriellen Praxis zur suffizienten Beherrschung von Planungskomplexität und zur Optimierung von Planungsergebnissen befähigt werden.

Summary

The dynamics of today's buyer markets require increasing agility in product development, which results in high complexity and new challenges for assembly planning as a downstream discipline. Existing assembly planning procedures are too rigid and inflexible to react adequately to the requirements of agile product development and the dynamics of the market environment. In particular, the high and increasing complexity in assembly planning leads to the regular non-achievement of planning goals and to insufficient planning results. This problem is aggravated by the increasing frequency of assembly planning projects. Complexity as a critical success factor is not considered explicitly in conventional planning approaches. Accordingly, planning methods are selected without taking complexity into account, which results in the largely untargeted use of methods in assembly planning. Consequently, the specific potentials of planning methods for the mastery of complexity remain unexploited. Hybrid planning procedures combining the specific advantages of plan-driven and agile methods in a targeted manner have great potential for comprehensively mastering complexity and thus for optimizing planning results.

To address the aforementioned challenges and to optimize planning results in assembly planning, a model for the systematic determination of dominant planning methods for individual planning scopes is developed in this work. The dominant methods are then combined within hybrid assembly planning procedures for the mastery of planning complexity. To determine dominant planning methods, the planning complexity to be mastered is compared with the potentials of available planning methods. The planning complexity to be mastered is described by the complexity requirements of individual planning scopes. To objectively operationalize and measure complexity requirements, a specific complexity measure is developed, which comprises and mathematically describes the relevant complexity factors. The derivation of complexity potentials is based on the constituent properties of plan-driven and agile planning methods, whose influence on the various dimensions of complexity is examined. The comparison of complexity requirements and complexity potentials is finally executed within the central decision model for determining dominant planning methods. The hybrid assembly planning model developed in this thesis is intended to enable assembly planning in the industrial practice to adequately master planning complexity and to optimize planning results.

Inhaltsverzeichnis

Abbildungsverzeichnis

Tabellenverzeichnis

Abkürzungsverzeichnis

AHP	Analytic Hierarchy Process
AMI	Agility Measurement Index
APG	Arbeitsplatzgestaltung
ASD	Adaptive Software Development
AVB	Arbeitsvorbereitung
Bio.	Billion
Bzw.	Beziehungsweise
CI	Consistency Index
CR	Consistency Ratio
DOK	Depth-of-Knowledge
DSDM	Dynamic Systems Development Method
Ebd.	Ebenda
FDD	Feature-Driven Development
GQM	Goal-Question-Metric
HAM	Hybrid-Agile Methodology
HAMRA	Hybrid Adaptive Methodology Reference Architecture
I. A. a.	In Anlehnung an
ITP	IT-Planung
IVPM2	Iterative and Visual Project Management Method
KAP	Kapazitätsplanung
LAY	Layoutplanung
LCI	Layout Complexity Index
Mio.	Million
MMM	Matrix Multiplication Method
PDCA	Plan, Do, Check, Act
PLP	Produktionslogistikplanung
PMP	Produktionsmittelplanung
POP	Personal- und Organisationsplanung
PRG	Produktionsprogrammanalyse
PRO	Produktanalyse

PSP	Produktionsstrukturplanung
PST	Produktionssteuerungsplanung
PZP	Prozessplanung
RI	Random Index
RWTH	Rheinisch-Westfälische Technische Hochschule
SLR	Systematische Literaturrecherche
SOP	Start of Production
STARLITE	Standards for Reporting Literature Searches
TEP	Technologieplanung
TQM	Total Quality Management
Vgl.	Vergleiche
Vs.	Versus
WZL	Werkzeugmaschinenlabor WZL der RWTH Aachen
XP	Extreme Programming

Verzeichnis der Formelzeichen

a_i	Grad des Knoten i
$a_{i,j}$	Knotengrad des Planungsinkrements j im Planungsmodul i
$a_{i,jk}$	Adjazenzbeziehung zwischen den Planungsinkrementen j und k im Planungsmodul i
α_i	Komplexität des Elements i
A_{ij}	Wert ij der Adjazenzmatrix A
b_{ij}	Bewertung des Zeilenelements i gegenüber dem Spaltenelement j
$b_{t,ij}$	Einzelbewertung t des Zeilenelements i gegenüber dem Spaltenelement j
B	Bewertungsmatrix (AHP)
B_{ges}	Gesamtbewertungsmatrix (AHP)
B_t	Bewertungsmatrix der Einzelbewertungen (AHP)
β_{ij}	Komplexität der Relation zwischen den Elementen i und j der Bewertungsmatrix B (AHP)
C_i	Komplexitätsindikator i
C_{ij}	Summe der Komplexitätswerte der Beziehungen zwischen Lieferant*in i und Kund*in j
CI	Complexity Index der Bewertungsmatrix B
CR	Consistency Ratio
C_{SC}	Gesamtkomplexität einer Lieferkette
C_t	Komplexität zu einem bestimmten Zeitpunkt t
$E(A)$	Matrixenergie der Adjazenzmatrix A
g_E	Gewichtungsfaktor der Elementekomplexität
g_R	Gewichtungsfaktor der Relationenkomplexität
γ	Skalierungswert der Komplexitätsfaktoren
H	Entropie
I	Informationsgehalt
$I_{KV,i}$	Durchschnittlicher Informationsgehalt der Knotengradverteilung des Planungsmoduls i
$I_{KV,abs,i}$	Absoluter Inforamtionsgehalt der Knotengradverteilung $I_{KV,i}$
$I_{KV,max}$	Maximaler durchschnittlicher Informationsgehalt der Knotengradverteilung aller Planungsmodule des erweiterten Modells der Montageplanung

I_{vd}	Informationsgehalt der Knotengradverteilung
$K_{A,j}$	Aufgabenkomplexität des Planungsinkrements j
K_{df}	Dynamisch-funktionale Komplexität eines Montageplanungsprojekts
$K_{df,i}$	Dynamisch-funktionale Komplexität des Planungsmoduls i
$K_{E,i}$	Elementekomplexität des Planungsmoduls i
$\overline{K}_{E,i}$	Normierte Elementekomplexität des Planungsmoduls i
$K_{E,max}$	Maximale Elementekomplexität aller Planungsmodule des erweiterten Modells der Montageplanung
K_i	Komplexität des Planungsmoduls i
$K_{K,j}$	Kritikalität des Planungsinkrements j
K_o	Komplexitätswert für die obere Grenze des Wertebereichs der quasistatisch-strukturellen Komplexität
K_{qs}	Quasistatisch-strukturelle Komplexität eines Montageplanungsprojekts
$K_{qs,i}$	Quasistatisch-strukturelle Komplexität des Planungsmoduls i
$K_{R,i}$	Relationenkomplexität des Planungsmoduls i
$\overline{K}_{R,i}$	Normierte Relationenkomplexität des Planungsmoduls i
K_u	Komplexitätswert für die untere Grenze des Wertebereichs der quasistatisch-strukturellen Komplexität
l	Anzahl der Komplexitätsfaktoren
λ_{max}	Betragsmäßig größter Eigenwert der Bewertungsmatrix B
m	Anzahl der Planungsmodule im Montageplanungsprojekt
m_R	Anzahl der Relationen zwischen den Elementen eines Systems
M	Anzahl der Ressourcen eines Produktionssystems
n	Anzahl der Elemente eines Systems
n_A	Anzahl der Funktionsanforderungen
n_B	Anzahl der Einzelbewertungen
n_C	Anzahl der Komplexitätsindikatoren
n_E	Anzahl der zu vergleichenden Elemente einer Hierarchieebene je übergeordnetem Element
n_i	Anzahl der Planungsinkremente des Planungsmoduls i
n_K	Anzahl der Knoten eines Graphen
n_{PV}	Anzahl der durchzuführenden paarweisen Vergleiche
n_Z	Anzahl der Zeichen der Menge X
N	Anzahl der Zustände eines Produktionssystems

NS	Anzahl der ungeplanten Zustände eines Produktionssystems
$\bar{p}$	Durchschnittliche Wahrscheinlichkeit für die Sicherheit der Planungsinformationen in einem Montageplanungsprojekt
$p_{A,i}$	Wahrscheinlichkeit für die Erfüllung der Anforderung i
p_i	Auswahlwahrscheinlichkeit des Zeichens i
p_{ij}	Bedingte Wahrscheinlichkeit für Ressource i in Zustand j
p_{ix}	Wahrscheinlichkeit für die Sicherheit der Eingangsinformation x des Planungsmoduls i
P	Wahrscheinlichkeitsverteilung
p_{b_i}	Fehlerwahrscheinlichkeit für Faktor i
P_K	Wahrscheinlichkeit, dass das System unter Kontrolle ist
$\tilde{q}_{uv}^{ij}$	Wahrscheinlichkeit für die Ausprägung v der Komponente u
r	Vernetzungsdichte
R	Tatsächliche Anzahl der Relationen zwischen den Elementen eines Systems
R^2	Bestimmtheitsmaß der Anpassungsgüte einer Regression
R_{max}	Maximal mögliche Anzahl der Relationen in einem System
RI	Random Index einer Matrixgröße
S	Anzahl der geplanten Zustände eines Produktionssystems
v	Eigenvektor des Eigenwerts λ_{max}
V	Varietät eines Systems
x_i	Zeichen i aus der Menge X
X	Endliche Menge aus n_Z Zeichen
$z_{aus,j}$	Anzahl der ausgehenden Planungsinformationen des Planungsinkrements j
$z_{aus,ext,j}$	Anzahl der ausgehenden Planungsinformationen des Planungsinkrements j mit externem Empfänger
$z_{aus,i}$	Anzahl der Ausgangsinformationen des Planungsmoduls i
$z_{aus,int,j}$	Anzahl der ausgehenden Planungsinformationen des Planungsinkrements j mit internem Empfänger
$z_{aus,max}$	Maximale Anzahl der ausgehenden Planungsinformationen aller Planungsinkremente des erweiterten Modells der Montageplanung
$z_{ein,i}$	Anzahl der Eingangsinformationen des Planungsmoduls i
$z_{ein,j}$	Anzahl der eingehenden Planungsinformationen des Planungsinkrements j

1 Einleitung

Die fortschreitende Globalisierung mit Herausforderungen wie dem Klimawandel und der COVID-19-Pandemie sowie die Entwicklung von Verkäufer- hin zu Käufermärkten sorgen für Dynamik und Komplexität im Unternehmensumfeld[1]. Als Reaktion auf eine zunehmend dynamische Umwelt mit heterogenen, veränderlichen Marktanforderungen und kürzeren Produktlebenszyklen halten agile Ansätze zunehmend Einzug in die Produktentwicklung[2]. Konventionell plangetriebene Montageplanungsvorgehen sind auf statische Planungsumgebungen mit geringer Komplexität ausgelegt und damit zu unflexibel, um adäquat auf die dynamischen Anforderungen und die erhöhte Komplexität im Umfeld der agilen Produktentwicklung zu reagieren[3]. Hier darf die Montageplanung den Anschluss an die Märkte und die Produktentwicklung nicht verlieren. Einige Arbeiten der letzten Jahre erkennen den gesteigerten Bedarf der Montageplanung an geeigneten Methoden zur Komplexitätsbeherrschung sowie an mehr Agilität und entwickeln erste Lösungsansätze. An dieser Stelle setzt die vorliegende Arbeit an. Das Ziel dieser Arbeit besteht in der Beherrschung der Komplexität in der Montageplanung durch die systematische Auswahl geeigneter Planungsmethoden. Nachfolgend werden zunächst die zugrundeliegende Motivation und Zielsetzung dargelegt (Kapitel 1.1). Anschließend werden der forschungsmethodische Ansatz (Kapitel 1.2) und die Aufbaustruktur dieser Arbeit (Kapitel 1.3) dargestellt.

1.1 Motivation und Zielsetzung

Mit einem Umsatz von etwa 1.900 Mrd. Euro und 6,4 Mio. Beschäftigten im Jahr 2018 sowie einer Bruttowertschöpfung von über 594 Mrd. Euro im Jahr 2020 bildet das verarbeitende Gewerbe ein wichtiges Standbein der Wirtschaft in Deutschland[4]. Eine zentrale Rolle innerhalb der produzierenden Industrie nimmt die Montage ein. In der Montage werden Entwicklungs-, Fertigungs- und Logistikprozesse zusammengeführt, um ein funktionierendes Produkt herzustellen.[5] Folglich kommt der Montageplanung mit der Auslegung und Abstimmung der Funktionen des Montagesystems eine hohe Bedeutung zur Sicherstellung der wirtschaftlichen Produktion zu[6].

Dabei ist die Montageplanung verstärkt neuen Herausforderungen durch die Komplexität der Käufermärkte ausgesetzt. Volatile Bedarfsschwankungen und eine zunehmende Individualisie-

[1] Vgl. Westphal, J. R. (2001), Komplexitätsmanagement, S. 1; Janssen, M. et al. (2020), Agile and adaptive, S. 1.

[2] Vgl. Burggräf, P. et al. (2019), Agile Montage, S. 625; Diels, F. (2018), Indikatoren, S. 100; Hu, S. J. et al. (2011), Assembly system design, S. 724.

[3] Vgl. Fölling, C. et al. (2022), Mastering complexity, S. 159; Burggräf, P. et al. (2020), Hybrid approach, S. 1170.

[4] Vgl. Statistisches Bundesamt (Destatis) (2019), Statistisches Jahrbuch, S. 523, 553; Statistisches Bundesamt (Destatis) (2021), Volkswirtschaftliche Gesamtrechnungen, S. 18.

[5] Vgl. Whitney, D. E. (2004), Mechanical Assemblies, S. 1.

[6] Vgl. Feldhusen, J. et al. (2013), Pahl/Beitz Konstruktionslehre, S. 703.

rung der Nachfrage führen zu verkürzten Produktlebenszyklen bei gleichzeitig steigender Variantenvielfalt[7]. Vor dem Hintergrund der Dynamisierung der Märkte kommen in der Produktentwicklung verstärkt agile Methoden zum Einsatz[8], um flexibel auf veränderliche Marktanforderungen reagieren zu können. Die agile Produktentwicklung als Reaktion auf die Dynamik der Märkte wiederum erzeugt für die Montageplanung als nachgelagerte Disziplin neue Herausforderungen und höhere Aufwände infolge gesteigerter Volatilität und Unsicherheit[9].

Trotz dieses Komplexitätsanstiegs in der Montageplanung kommen in der Praxis zumeist Methoden aus den 1980er und 1990er Jahren zum Einsatz. Diese konventionell plangetriebenen Montageplanungsansätze sind auf eine statische Planungsumgebung mit beherrschbarer Komplexität ausgelegt und zu starr und unflexibel, um dem dynamischen Input der agilen Produktentwicklung und den Herausforderungen gesteigerter Komplexität adäquat zu begegnen[10]. Vor dem Hintergrund von Komplexität und Dynamik sowie der zunehmenden Forderung nach flexiblen Montagesystemen besteht ein Bedarf an mehr Agilität in der Montageplanung.[11] Durch den inadäquaten Einsatz und die unspezifische Auswahl von Planungsmethoden werden die Herausforderungen der Montageplanung nicht suffizient adressiert.

Das Zusammenspiel der Defizite konventioneller Planungsmethoden zur Beherrschung von Komplexität und Dynamik einerseits sowie der zunehmenden, durch die agile Produktentwicklung induzierten Komplexität andererseits manifestiert sich in der regelmäßigen Verfehlung von Zeit-, Kosten- und Leistungszielen in Montageplanungsprojekten. Dieses Problem und der resultierende Handlungsbedarf werden durch eine hohe und weiter zunehmende Komplexität in der Montageplanung sowie die steigende Frequenz von Montageplanungsprojekten mit einer Tendenz zu kontinuierlichen Planungsprozessen forciert. Die Empirie verdeutlicht die Bedeutung und Relevanz des Problems für die Montageplanung in der industriellen Praxis.[12]

Agile Methoden, deren Einsatz in der Produktentwicklung zu Herausforderungen für die Montageplanung führt, bergen auch Potenziale zur Adressierung ebendieser. Es bestehen grundlegende Unterschiede zwischen agilen und plangetriebenen Methoden hinsichtlich ihrer Eigenschaften, Stärken und Schwächen[13]. Dabei haben beide Methoden ihre Berechtigung. In Abhängigkeit vom Planungsfall und der jeweiligen Situation bieten plangetriebene und agile Methoden

[7] Vgl. Schuh, G. et al. (2018), Entwicklung, S. 386; Schmitt, R. H. et al. (2017), Agile datenbasierte Prozessgestaltung, S. 391.

[8] Vgl. Brehm, L. et al. (2017), Konfiguration, S. 31; Guerineau, B. et al. (2016), Agile and Project-Planned, S. 109.

[9] Vgl. Burggräf, P. et al. (2020), Hybrid approach, S. 1170; Bertling, M. et al. (2018), MVPS, S. 24, 27; Molitor, M. et al. (2017), Generative Assembly Planning, S. 313.

[10] Vgl. Burggräf, P. et al. (2020), Hybrid approach, S. 1170; Molitor, M. (2019), Generative Montageablaufplanung, S. 3; Reinema, C. et al. (2013), Agiles Projektmanagement, S. 113; Schuh, G. et al. (2018), Process model, S. 363f.; Schuh, G. et al. (2009), Frei konfigurierbare Planungsprozesse, S. 193.

[11] Vgl. Gunasekaran, A. et al. (2002), Agile Manufacturing, S. 1359; Burggräf, P. et al. (2020), Hybrid approach, S. 1170; Molitor, M. (2019), Generative Montageablaufplanung, S. 203; Burggräf, P. et al. (2020), Optimization approach, S. 137f.; Kusiak, A. et al. (1997), Design for agile assembly, S. 157; Burggräf, P. et al. (2020), Capability-based assembly design, S. 1207.

[12] Vgl. Burggräf, P. et al. (2020), Hybrid approach, S. 1172.

[13] Vgl. Cooper, R. G. (2016), Agile–Stage-Gate, S. 22f.; Boehm, B. W. et al. (2003), Observations, S. 32f.

verschiedene Potenziale. Es existiert keine universal geeignete Methode als Königsweg oder „silver bullet“[14] für alle Planungsfälle[15]. Das Potenzial einer Methode zur Komplexitätsbeherrschung wird durch deren Eigenschaften sowie die Komplexität des Planungsfalls determiniert.[16]

Es gilt folglich, die Potenziale plangetriebener und agiler Methoden zur Beherrschung der spezifischen Komplexität eines Planungsfalls zu bewerten, um auf dieser Basis über den Einsatz der dominanten Methoden zu entscheiden und so die Planungsergebnisse zu optimieren[17]. Für einen Planungsfall ist im Rahmen dieser Arbeit diejenige Methode **dominant**, welche das größte Potenzial zur Beherrschung der planungsfallspezifischen Komplexität aufweist. Hierzu fehlen in der Praxis bisher geeignete systematische Ansätze zur zielgerichteten Methodenauswahl für spezifische Planungs- und Projektumfänge[18]. Die Methodenauswahl erfolgt daher häufig unsystematisch und unstrukturiert, was zu suboptimalen Ergebnissen führt[19]. Aufgrund der Heterogenität der Planungsfälle hinsichtlich ihrer Komplexität muss die Methodenauswahl innerhalb eines Montageplanungsprojekts spezifisch für einzelne Planungsumfänge erfolgen[20].

Zur Hebung der Potenziale verschiedener Planungsmethoden muss das Dogma einer separaten Betrachtung und Nutzung plangetriebener und agiler Methoden überwunden werden. In der Praxis dominiert heute eine *Entweder-oder-Mentalität* bezogen auf den Methodeneinsatz in einzelnen Projekten[21]. Plangetriebene und agile Methoden können jedoch trotz ihrer Unterschiede erfolgreich in Hybridformen kombiniert werden[22]. Auf diese Weise werden die Potenziale und Vorteile beider Methoden kombiniert, während die Nachteile teilweise kompensiert werden[23]. Entsprechend lassen sich die Potenziale der planungsfallspezifisch dominanten Methoden zur Komplexitätsbeherrschung in der Montageplanung durch die gezielte Kombination plangetriebener und agiler Methoden in hybriden Planungsvorgehen heben.[24]

An dieser Stelle setzt die vorliegende Arbeit an. Die Zielsetzung ist die Beherrschung der Komplexität in der Montageplanung durch ein Modell zur systematischen Bestimmung der planungsfallspezifisch dominanten Methoden und deren gezielter Kombination in einem hybriden Vorgehensmodell. Vor dem Hintergrund der aktuellen Herausforderungen der Montageplanung soll so eine Optimierung der Planungsergebnisse erzielt werden.

[14] Brooks, F. P. (1987), No Silver Bullet, S. 10.

[15] Vgl. Boehm, B. W. (2006), One-Size-Fits-All, S. 31; Faßbinder, P. (2012), How can you be Agile, S. 117.

[16] Vgl. Fölling, C. et al. (2022), Mastering complexity, S. 159.

[17] Vgl. Burggräf, P. et al. (2019), Agile Montage, S. 623.

[18] Vgl. Diels, F. (2018), Indikatoren, S. 96; Küpper, S. et al. (2018), Hybrid Software Development, S. 157; Datta, S. (2006), Agility Measurement Index, S. 272; Schuh, G. et al. (2017), Application Suitability, S. 1.

[19] Vgl. Burggräf, P. et al. (2020), Hybrid approach, S. 1172, 1174; Diels, F. (2018), Indikatoren, S. 64f.

[20] Vgl. Fölling, C. et al. (2022), Mastering complexity, S. 159; Burggräf, P. et al. (2020), Hybrid approach, S. 1172; Krunke, M. (2017), Reifegradmanagement, S. 40; Diels, F. (2018), Indikatoren, S. 64, 96.

[21] Vgl. Habermann, F. (2013), Hybrides Projektmanagement, S. 93.

[22] Vgl. Komus, A. et al. (2017), Status Quo Agile; Cooper, R. G. (2016), Agile–Stage-Gate; Boehm, B. W. et al. (2003), Observations; Faßbinder, P. (2012), How can you be Agile; Schuh, G. et al. (2017), Agile-Waterfall Hybrid; Timinger, H. et al. (2016), Ordnungsrahmen; Felderer, M. et al. (2017), Hybrid development.

[23] Vgl. Boehm, B. W. et al. (2003), Using Risk, S. 57, 65; Fahad, M. et al. (2017), A Comparative Analysis, S. 259; Shimoda, A. et al. (2017), A Method of Setting the Order, S. 301f.

[24] Vgl. Fölling, C. et al. (2022), Mastering complexity, S. 159f.

Der anvisierte Lösungsansatz sieht zur Erreichung dieses Ziels vier Schritte vor. Auf Basis einer erweiterten und detaillierten Beschreibung der Montageplanung als System wird ein Maß zur Objektivierung und Bewertung der Komplexität in der Montageplanung entwickelt. Weiterhin werden die konstituierenden Merkmale plangetriebener und agiler Methoden untersucht und deren Potenziale zur Komplexitätsbeherrschung bewertet. Die bewertete Komplexität der Montageplanung und die Potenziale der Methoden zur Komplexitätsbeherrschung bilden anschließend die Eingangsgrößen für das zu entwickelnde Modell zur systematischen Methodenauswahl, welches die Grundlage für die Konfiguration eines hybriden Planungsvorgehens aus plangetriebenen und agilen Methoden darstellt.

Nach KUBICEK beschreibt Forschung einen Lernprozess, in dem Erkenntnisse zum Verständnis und zur Beherrschung von Problemen durch theoriegeleitete Fragen an die Realität gewonnen werden[25]. Aus den beschriebenen Herausforderungen und der abgeleiteten Zielsetzung ergibt sich die zentrale Forschungsfrage dieser Arbeit[26]:

Wie lassen sich die dominanten Methoden zur Beherrschung der planungsfallspezifischen Komplexität in der Montageplanung systematisch bestimmen?

Dem Prinzip der reflektierten theoretischen Offenheit folgend, ist diese Forschungsfrage offen und ohne Einschränkungen durch Vorannahmen formuliert. Durch die Beantwortung der Forschungsfrage sollen bestehende Forschungslücken durch die Generierung neuer Hypothesen und Theorien geschlossen werden.[27]

Die Aktualität des Themas dieser Arbeit zeigt sich mehr denn je in der COVID-19-Pandemie. Das Corona-Virus stellt die Welt vor große, bisher unbekannte Herausforderungen. Die Neuartigkeit der Krankheit erzeugt in diversen Bereichen des Lebens eine immense Komplexität infolge großer Unsicherheiten, volatiler Entwicklungen und begrenzter Informationsverfügbarkeit.[28] Die Komplexität und Dynamik der Pandemie erfordert kurzfristige Reaktionen und Verhaltensweisen von Politik und Wirtschaft[29]. In der Wirtschaft müssen insbesondere die wertschöpfenden Bereiche in Produktion und Montage schnell auf neue Herausforderungen und Einschränkungen reagieren[30]. Zudem verdeutlicht die Entwicklung in der Forschung die Aktualität des aufgezeigten Handlungsbedarfs. Fragestellungen um den zielgerichteten Einsatz plangetriebener und agiler Methoden werden in der Software-Entwicklung schon seit den 2000er Jahren behandelt[31]. Seit etwa 2015 gewinnt dieser Forschungsbereich in den Domänen des Projektmanagements und der

[25] Vgl. Kubicek, H. (1977), Heuristische Bezugsrahmen, S. 14.

[26] Vgl. Turabian, K. L. et al. (2013), A manual for writers, S. 36.

[27] Vgl. Döring, N. et al. (2016), Forschungsmethoden, S. 26, 66, 146.

[28] Vgl. Wang, Z. et al. (2020), Combating COVID-19, S. 458; Hajek, A. et al. (2020), Perceptions of Health Care Use, S. 1ff.; Chater, N. (2020), Uncertainties of COVID-19, S. 439; Tolksdorf, K. et al. (2020), Schwereeinschätzung von COVID-19, S. 3ff.

[29] Vgl. Janssen, M. et al. (2020), Agile and adaptive, S. 1; Worley, C. G. et al. (2020), COVID-19's Uncomfortable Revelations, S. 280.

[30] Vgl. Dorn, F. et al. (2020), Die volkswirtschaftlichen Kosten des Corona-Shutdown, S. 29ff.

[31] Vgl. Boehm, B. W. et al. (2002), Balancing plan-driven and agile methods.

Entwicklung physischer Produkte stark an Bedeutung[32]. Erst seit wenigen Jahren werden die entsprechenden Fragestellungen auch auf die Fabrik- und Montageplanung übertragen[33]. Daher gilt es nun, den beschriebenen Handlungsbedarf aus Sicht von Theorie und Praxis zu adressieren. Entsprechend der Entwicklung in der Forschungslandschaft liegt der Neuheitsgrad dieser Arbeit neben der Entwicklung einer neuartigen Lösungsmethodik zur systematischen Methodenauswahl auch im Übertrag von Ansätzen und Konzepten aus anderen Domänen auf das Forschungsfeld der Montageplanung, wodurch eine Aufweitung des Lösungskorridors erreicht wird. Die Neuheit dieser Arbeit zeigt sich somit sowohl im Theorie- als auch im Anwendungszusammenhang.

Nachdem die Motivation und Zielsetzung der Arbeit dargelegt und die zu beantwortende Forschungsfrage hergeleitet wurden, wird im folgenden Kapitel die forschungsmethodische Konzeption dieser Arbeit beschrieben.

1.2 Forschungskonzeption

Dieses Kapitel dient der Einordnung der vorliegenden Arbeit in die Wissenschaftstheorie sowie der Erläuterung des Beitrags der gewählten wissenschaftlichen Ansätze zur Lösung des beschriebenen Problems und zur Beantwortung der gestellten Forschungsfragen.

Das übergeordnete Ziel der Wissenschaft ist die Erzeugung von Wissen und von wissenschaftlichen Erkenntnissen[34]. Wissenschaftliche Erkenntnisse sollen einen praktischen Nutzen stiften und gleichzeitig auf ein theoretisches Fundament gestützt sein. Dazu gilt es, das pragmatische und das theoretische Wissenschaftsziel zu harmonisieren und sowohl einen Praxis- als auch einen Theoriebezug der Forschung herzustellen.[35] Erkenntnisse resultieren als Forschungsergebnisse aus wissenschaftlicher Tätigkeit. Zur Bewertung der Relevanz und Nutzbarkeit der Erkenntnisse werden verschiedene Wissenschaftskategorien unterschieden (vgl. Abbildung 1-1). Während sich Formalwissenschaften der Konstruktion von Zeichensystemen wie Sprachen widmen, beschreiben, erklären und gestalten die Realwissenschaften Ausschnitte der wahrnehmbaren Wirklichkeit. Innerhalb der Realwissenschaften werden die reinen Wissenschaften bzw. Grundlagenwissenschaften mit dem theoretischen Ziel der Erklärung von Realitätsausschnitten von den angewandten Wissenschaften bzw. Handlungswissenschaften mit einem Fokus auf der Analyse menschlicher Handlungsalternativen in der Gestaltung sozialer und technischer Systeme in der Praxis unterschieden. Letztere beinhalten die technischen Ingenieurswissenschaften sowie die angewandten Sozialwissenschaften.[36] Anders als in den Naturwissenschaften liegt der Fokus der

[32] Vgl. Cooper, R. G. (2016), Agile–Stage-Gate; Schuh, G. et al. (2018), Agile Product Scopes; Diels, F. (2018), Indikatoren.

[33] Vgl. Bertling, M. et al. (2018), MVPS; Molitor, M. (2019), Generative Montageablaufplanung; Meckelnborg, A. (2015), Integrative Fabrikplanung.

[34] Vgl. Ulrich, P. et al. (1976), Wissenschaftstheoretische Grundlagen (Teil 1), S. 305.

[35] Vgl. Ulrich, H. (1984), Management, S. 169.

[36] Vgl. Ulrich, P. et al. (1976), Wissenschaftstheoretische Grundlagen (Teil 1), S. 305.

Ingenieurswissenschaften auf der verbesserten Herrschaft über die Dinge und weniger auf dem besseren Verständnis der Dinge[37].

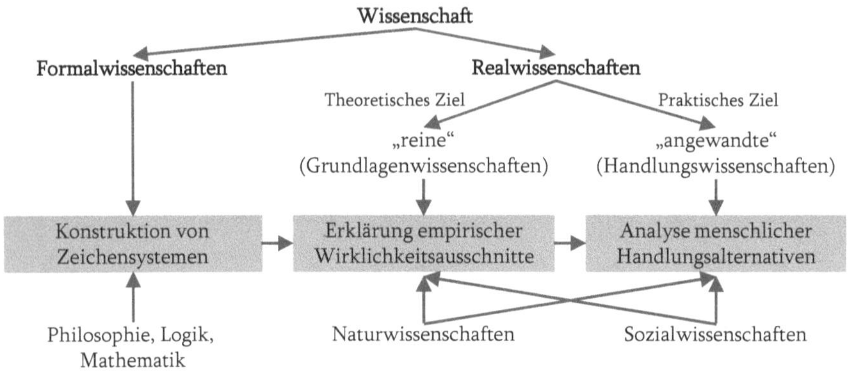

Abbildung 1-1: Struktur der Wissenschaftssystematik [38]

Die Zielsetzung dieser Arbeit ist die Komplexitätsbeherrschung im soziotechnischen System der Montageplanung durch die systematische Auswahl dominanter Planungsmethoden als Handlungsalternativen. Folglich gliedert sich die vorliegende Arbeit aus dem Themenkomplex der Montageplanung in die angewandten Wissenschaften ein. Insbesondere die explizite Adressierung des Problems der Komplexität und die angestrebte Anwendung des erzielten Wissens auf das komplexe System der Montageplanung begründen die Anwendung der Forschungsstrategie der angewandten Wissenschaften[39].

Laut POPPER beginnt Erkenntnis „[...] nicht mit Wahrnehmungen oder Beobachtungen oder der Sammlung von Daten oder von Tatsachen, sondern sie beginnt mit Problemen.“[40] Die Probleme der angewandten Wissenschaften „[...] entstehen in der Praxis und beziehen sich auf diese.“[41] Der Praxisbezug ist daher konstitutiv. Die Realität ist für die angewandten Wissenschaften Ausgangspunkt für die Untersuchung und Schaffung neuer Realitäten. Im Gegensatz zu den Grundlagenwissenschaften werden daher keine Hypothesen geprüft, sondern Gestaltungsmodelle zur Lösung empirisch erfasster, typischer Probleme aus der Praxis entwickelt und im Anwendungszusammenhang geprüft.[42] In den angewandten Wissenschaften ist der Beitrag einer Theorie zur Zielerreichung entscheidender als die Überprüfung der Wahrheit dieser Theorie[43]. Praktisch relevante Forschung ist im Bereich der vorliegenden Problemstellung bislang rar[44].

[37] Vgl. Bunge, M. (1974), Technology as Applied Science, S. 20.
[38] I. A. a. Ulrich, P. et al. (1976), Wissenschaftstheoretische Grundlagen (Teil 1), S. 305.
[39] Vgl. Ulrich, H. (1984), Management, S. 176f., 191.
[40] Popper, K. R. (2017), Die Logik der Sozialwissenschaften, S. 216.
[41] Ulrich, H. (1984), Management, S. 172.
[42] Vgl. ebd. S. 179.
[43] Vgl. Poser, H. (2012), Wissenschaftstheorie, S. 317f.
[44] Vgl. Küpper, S. et al. (2018), Hybrid Software Development, S. 157.

Im Kern verfolgt die vorliegende Arbeit das Ziel, möglichst allgemeingültige Erkenntnisse zur Lösung von Entscheidungsproblemen der betrieblichen Praxis zu erzeugen. Dieses pragmatische Wissenschaftsziel fokussiert die Schaffung eines Verständnisses zur Beherrschung der Realität im Kontext der Montageplanung[45]. Der Fokus der angewandten Wissenschaften liegt nicht auf der Prüfung bestehender, sondern auf der Generierung neuer Hypothesen und Theorien zur Entdeckung neuer Erkenntnisse sowie auf der Entwicklung von Modellen für eine zukünftige Realität[46]. Zur Generierung und Generalisierung von Theorien und Erkenntnissen werden in einem induktiven Ansatz allgemeingültige Zusammenhänge aus singulären Beobachtungen unter Verwendung zusätzlicher deduktiver Schlüsse erzeugt. Aufgrund der Unvollkommenheit von Induktion können Theorien nicht rein induktiv gebildet werden. Daher muss der Forschungsansatz durch Kreativität bei der Begriffssetzung, Fragestellung, Hypothesenbildung und der Kombination gedanklicher Konzepte angereichert werden.[47]

Auch KUBICEK vertritt die Ansicht, dass Erkenntnisgewinn nicht rein über die Prüfung von Hypothesen erfolgen kann. Stattdessen postuliert er die Konstruktionsstrategie empirischer Forschung zur Erzeugung wissenschaftlicher Aussagen auf Basis von Erfahrungswissen. In seiner Konstruktionsstrategie werden wissenschaftliche Aussagen aufbauend auf Erfahrungswissen in einem iterativen Lernprozess konstruiert, der von theoretischen Absichten geleitet ist. Im Fokus des explorativen Forschungsprozesses stehen neben der systemischen Generierung von Erfahrungswissen dessen kreative Umsetzung in theoretischen Aussagen (vgl. Abbildung 1-2). In diesem Prozess wird ein Problem zunächst durch Erfahrungswissen theoretisch gefasst und präzisiert. Darauf aufbauend werden theoriegeleitete Fragen an die Realität gestellt, deren Beantwortung neues Erfahrungswissen generiert, aus dem sich weitere Fragen ergeben. In dieser Heuristik werden neue Erkenntnisse über die Realität gewonnen, die zu wissenschaftlichen Erkenntnissen und generalisierten Aussagen über die Realität führen.[48] Die in Kapitel 1.1 formulierte Forschungsfrage bildet den Startpunkt dieses iterativen Forschungsprozesses. Im Zentrum des Forschungsprozesses nach KUBICEK steht der heuristische Bezugsrahmen, in dem, ausgehend von einem theoretischen Vorverständnis, Fragen an die Realität gestellt werden. Zur Beantwortung der Fragen werden Daten gesammelt, aus denen ein neues Bild der Realität gewonnen und kritisch reflektiert wird. Daraus werden weitere Fragen an die Realität formuliert.[49] Der Lernprozess nach KUBICEK und TOMCZAK ist die Grundlage der wissenschaftlichen Erkenntnisse, die in dieser Arbeit erzielt und festgehalten werden.

[45] Vgl. Kubicek, H. (1977), Heuristische Bezugsrahmen, S. 5, 7.

[46] Vgl. Döring, N. et al. (2016), Forschungsmethoden, S. 66.

[47] Vgl. Ulrich, P. et al. (1976), Wissenschaftstheoretische Grundlagen (Teil 1), S. 306f.

[48] Vgl. Kubicek, H. (1977), Heuristische Bezugsrahmen, S. 12ff.

[49] Vgl. Tomczak (1992), Forschungsmethoden, S. 84; Kubicek, H. (1977), Heuristische Bezugsrahmen, S. 15.

Abbildung 1-2: Explorativer Forschungszyklus [50]

Zur Vermeidung möglicher Subjektivitäts- und Kommunikationsprobleme in der Forschung werden nach ULRICH UND HILL die drei Aspekte des Entdeckungs-, Begründungs- und Verwendungszusammenhangs in dieser Arbeit berücksichtigt[51]. Der **Entdeckungszusammenhang** thematisiert die Rahmenbedingungen, unter denen theoretische Konzeptionen und Erkenntnisse zur Lösung einer konkreten Forschungsaufgabe generiert werden[52]. Die Rahmenbedingungen der Erkenntnisgenerierung werden im Kern durch den heuristischen Bezugsrahmen dieser Arbeit dargestellt. Dieser resultiert aus den Erfahrungen, die der Autor dieser Arbeit im Rahmen seiner Tätigkeit als wissenschaftlicher Mitarbeiter in der Forschungsgruppe Montageplanung innerhalb der Abteilung Fabrikplanung am Werkzeugmaschinenlabor WZL der RWTH Aachen gewinnen konnte. Die Arbeit in zahlreichen Industrie- und Forschungsprojekten mit montageplanerischem Schwerpunkt, die Ausbildung zum Scrum Master, die Teilnahme an Veranstaltungen und Arbeitskreisen und die eigenen Forschungstätigkeiten ermöglichten die Identifikation von Problemen sowie den Aufbau eines umfassenden theoretischen Vorverständnisses und Erfahrungswissens. Zur nachvollziehbaren Erfassung der dieser Arbeit zugrundeliegenden praxis- und forschungsrelevanten Probleme wurde weiterhin eine empirische Studie durchgeführt (vgl. Anhang 8.1)[53].

Im **Begründungszusammenhang** wird der gedankliche Bezugsrahmen der Forschung zur Validierung und Generalisierung singulärer Beobachtungen sowie zur Validierung der entwickelten Lösungen empirisch überprüft[54]. Auch hierzu leistet der heuristische Bezugsrahmen einen Beitrag, da er dem Autor einen kontinuierlichen wissenschaftlichen Diskurs mit Fachleuten der industriellen Praxis sowie Forschenden der wissenschaftlichen Gemeinschaft ermöglicht. Insbesondere

[50] I. A. a. Tomczak (1992), Forschungsmethoden, S. 84.
[51] Vgl. Ulrich, P. et al. (1976), Wissenschaftstheoretische Grundlagen (Teil 1), S. 306f.
[52] Vgl. ebd. S. 306.
[53] Vgl. Ulrich, H. (1984), Management, S. 179.
[54] Vgl. Ulrich, P. et al. (1976), Wissenschaftstheoretische Grundlagen (Teil 1), S. 306.

durch eine empirische Studie, eine systematische Literaturrecherche und strukturierte Experteninterviews konnten generalisierbare Aussagen getroffen werden[55].

Der **Verwendungszusammenhang** problematisiert weiterhin die Verwendung und den Nutzen der erzeugten wissenschaftlichen Aussagen und hinterfragt deren gesellschaftliche Relevanz.[56] Bezüglich der Verwertung der in dieser Arbeit angestrebten Ergebnisse existieren zwei Zieldimensionen. Zunächst soll das Modell zur systematischen Auswahl der planungsfallspezifisch dominanten Methoden in der Montageplanung der industriellen Praxis genutzt werden, um einen Beitrag zur Beherrschung der dort vorherrschenden Komplexität zu leisten. Weiterhin soll das Ergebnis dieser Arbeit Ausgangspunkt und Anstoß für aufbauende Forschungsaktivitäten sein, welche sich der Kombination verschiedener Planungsmethoden in Hybridformen und dem Übertrag der entwickelten Modelle auf weitere Domänen widmen.

Nachdem die Bedeutung eines Erkenntnisgewinns für die Wissenschaft hervorgehoben wurde, werden die erwarteten Erkenntnisse dieser Arbeit in einer abschließenden Betrachtung vor dem Hintergrund des neuen Konstruktivismus als Theorie der wissenschaftlichen Beobachtung eingeordnet. Die konstruktivistische These verwirft die Idee einer objektiven Wirklichkeit. Die zu beschreibende Wirklichkeit besteht aus subjektiven Wahrnehmungen und der durch die Kommunikation von Wahrnehmungen erzeugten Konstruktion einer gemeinsamen Vorstellungswelt.[57] Im Konstruktivismus ist eine Erkenntnis folglich „[...] keine Erkenntnis der Wirklichkeit, sondern ein Teil der Konstruktion von Wirklichkeit.“[58] Dem konstruktivistischen Verständnis folgend, kann diese Arbeit also keinen Anspruch auf absolute Wahrheit und Objektivität haben. Sie soll jedoch in ihrer Funktion als Medium durch die Kommunikation der durch den Autor basierend auf subjektiven Wahrnehmungen erzeugten Erkenntnisse zu deren Verbreitung sowie zum Aufbau einer gemeinsamen Vorstellung beitragen und so den Grad der Objektivität erhöhen.

1.3 Struktur der Arbeit

Das vorliegende Kapitel gibt einen Überblick über den Inhalt und Aufbau dieser Arbeit. Entsprechend der dargelegten forschungstheoretischen Einordnung der Arbeit orientiert sich die Kapitelstruktur an der Strategie angewandter Forschung nach ULRICH. Die Forschungsmethodik nach ULRICH kommt in dieser Arbeit zum Einsatz, da sie als etablierte Methode im Forschungsfeld der Montageplanung fokussiert auf die angewandten Wissenschaften ausgelegt ist, einen Fokus auf den Anwendungszusammenhang legt und explizit die Einbindung der für diese Arbeit wichtigen Disziplinen der Systemtheorie und Kybernetik fördert. Der Forschungsprozess beginnt mit der Erfassung von Problemen in der Praxis, untersucht den Anwendungszusammenhang und endet wieder in der Praxis (vgl. Abbildung 1-3).[59] Er beschreibt einen Spannungsbogen, welcher durch

[55] Eine Beschreibung der methodischen Vorgehensweise findet sich in den Anhängen 8.1 und 8.2.

[56] Vgl. Ulrich, P. et al. (1976), Wissenschaftstheoretische Grundlagen (Teil 1), S. 306f.

[57] Vgl. Jensen, S. (1999), Erkenntnis - Konstruktivismus - Systemtheorie, S. 170f.

[58] Jensen, S. (1999), Erkenntnis - Konstruktivismus - Systemtheorie, S. 170.

[59] Vgl. Ulrich, H. (1984), Management, S. 192f.

die sieben Kapitel, in die diese Arbeit gegliedert ist, abgebildet wird. Die einzelnen Kapitel nach ULRICH werden an den Schwerpunkt und die Zielsetzung dieser Arbeit adaptiert.

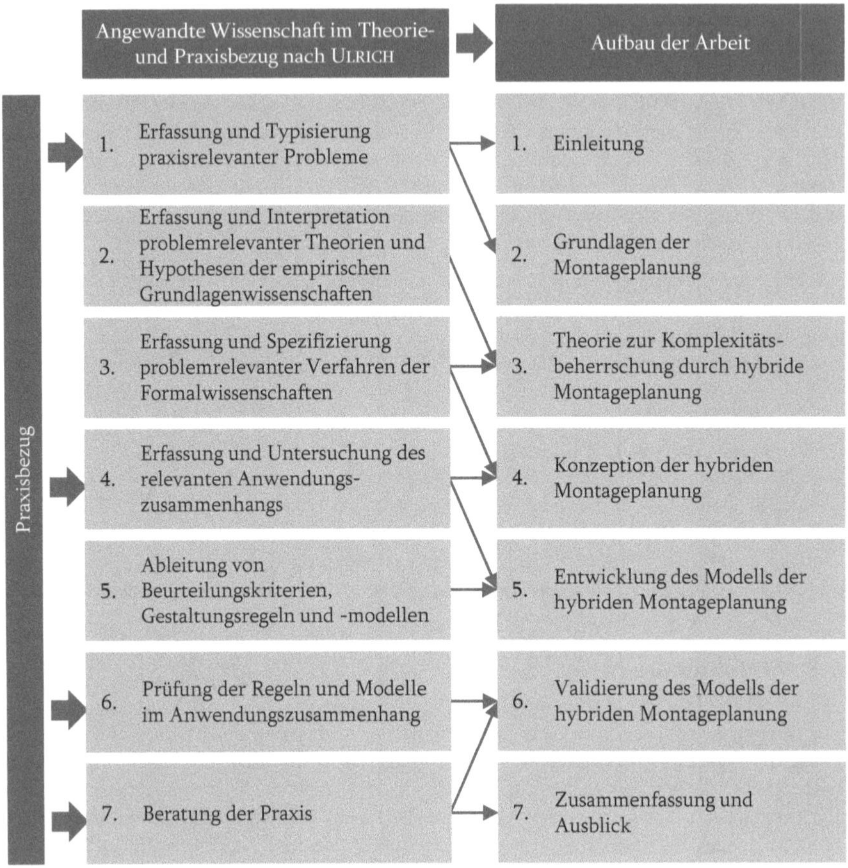

Abbildung 1-3: Angewandte Wissenschaft im Theorie- und Praxisbezug [60]

Zunächst wurden im vorliegenden ersten Kapitel die Motivation, Zielsetzung und forschungsmethodische Konzeption der Arbeit dargelegt. Dabei werden die zu lösenden praxisrelevanten Probleme dargestellt.

Das zweite Kapitel beschäftigt sich anschließend mit den Grundlagen und Herausforderungen der Montageplanung. Es fokussiert so den Entdeckungszusammenhang der Arbeit. Entsprechend dem Vorgehen in den angewandten Wissenschaften werden aktuelle Herausforderungen neben einer

[60] I. A. a. ebd. S. 193.

Analyse der Literatur im Rahmen einer empirischen Studie erfasst. Weiterhin wird die problemrelevante Theorie zur Komplexität, welche die zentrale Herausforderung in der Montageplanung darstellt, behandelt. Abschließend wird der Handlungsbedarf zur Komplexitätsbeherrschung in der Montageplanung aus Sicht der Praxis abgeleitet.

Der Fokus des dritten Kapitels liegt auf der Identifikation und Spezifizierung formalwissenschaftlicher Theorien und Verfahren zur Komplexitätsbeherrschung. Nach der allgemeinen Untersuchung von Ansätzen zum Umgang mit Komplexität werden insbesondere die Potenziale von plangetriebenen und agilen Methoden sowie deren Kombination in Hybridformen zur Komplexitätsbeherrschung beleuchtet, woraus der Handlungsbedarf aus Sicht der Theorie hergeleitet wird. Aus den Handlungsbedarfen ergibt sich anschließend die zentrale Forschungsfrage dieser Arbeit.

Die Untersuchungsergebnisse aus Praxis und Theorie bilden die Grundlage für die Entwicklung des Modells zur systematischen Auswahl der planungsfallspezifisch dominanten Planungsmethoden mit dem Ziel der Komplexitätsbeherrschung im Anwendungszusammenhang der Montageplanung. Im vierten Kapitel erfolgt zunächst die Konzeption des Lösungsmodells, wobei der Schwerpunkt auf einem Komplexitätsmaß zur umfassenden Komplexitätsbewertung liegt.

Die Teilmodelle zur Komplexitätsbeherrschung in der Montageplanung werden im fünften Kapitel ausgestaltet und detailliert. Zunächst wird dazu ein systemisches Modell der Montageplanung erweitert. Auf dieser Basis wird die Komplexität der Montageplanung durch die Entwicklung eines Komplexitätsmaßes bewertbar gemacht. Weiterhin werden die Potenziale plangetriebener und agiler Methoden zur Komplexitätsbeherrschung ermittelt. Basierend auf der Bewertung der Komplexität und der methodischen Potenziale zur Komplexitätsbeherrschung wird abschließend eine Systematik zur Bestimmung und Konfiguration der planungsfallspezifisch dominanten Methoden in einem hybriden Montageplanungsvorgehen entwickelt. Die Kapitel 4 und 5 thematisieren damit den Begründungszusammenhang dieser Arbeit.

Im sechsten Kapitel werden die entwickelten Ergebnisse und deren praktische Anwendbarkeit mit Fachleuten aus dem Bereich der Montageplanung geprüft und kritisch reflektiert. Damit werden der für die angewandten Wissenschaften konstitutive Praxisbezug und die Validierung der entwickelten Modelle im Anwendungszusammenhang sichergestellt[61].

Auf Basis der Ergebnisreflexion wird im abschließenden siebten Kapitel ein Ausblick für Praxis und Theorie gegeben. Die von ULRICH geforderte direkte Beratung der Praxis auf Basis der erzielten Ergebnisse ist nicht Teil dieser Arbeit, wird jedoch durch die kritische Darlegung der Implikationen für Praxis und Wissenschaft vorbereitet. Der praktische Nutzen der erzielten Ergebnisse und Erkenntnisse wird als Schwerpunkt des Verwendungszusammenhangs in den Kapiteln 6 und 7 dieser Arbeit fokussiert.

[61] Vgl. ebd. S. 175.

2 Grundlagen der Montageplanung

Ziel dieses Kapitels ist die umfassende Darlegung der Grundlagen der Montageplanung als Forschungsfeld dieser Arbeit sowie die Darstellung des Wissensstands im Anwendungszusammenhang. Nach der Schaffung der begrifflichen Grundlagen für die Abhandlung dieser Arbeit und der Einordnung der Montageplanung in den Kontext der Fabrikplanung (Kapitel 2.1) werden die aktuellen Herausforderungen der Montageplanung mit einem Fokus auf der agilen Produktentwicklung als Anforderungsgeber dargestellt (Kapitel 2.2). Im Anschluss wird die Komplexität als zentrale Herausforderung der Montageplanung beleuchtet (Kapitel 2.3). Auf dieser Basis wird der praktische Handlungsbedarf für die weiteren Ausarbeitungen abgeleitet (Kapitel 2.4).

2.1 Einführung in die Montageplanung

Die folgenden Kapitel dienen der Einführung in die Montageplanung als Forschungsfeld dieser Arbeit. Zunächst wird ein einheitliches Begriffsverständnis bezüglich der grundlegenden Konzepte und Elemente der Montageplanung aufgebaut (Kapitel 2.1.1), bevor eine Einordnung der Montageplanung als Teilbereich der Fabrikplanung erfolgt (Kapitel 2.1.2). Die terminologische Definition und Einordnung der Montageplanung bildet die Grundlage für das Verständnis der aktuellen Herausforderungen in diesem Bereich.

2.1.1 Terminologische Grundlagen der Montageplanung

In diesem Kapitel werden die Begriffe *Montage*, *Montagesystem* und *Montageplanung* definiert und beschrieben. Der Oberbegriff *Produktion* umfasst die Teilbereiche Fertigung und Montage[62]. Der Begriff *Montage* leitet sich etymologisch vom französischen Wort *‚montage'* ab und beschreibt die Aufstellung, den Auf- oder Zusammenbau von beispielsweise Maschinen[63]. Nach DIN-Normung umfasst die Montage das Fügen von Werkstücken sowie alle zugehörigen Handhabungs- und Hilfsvorgänge inklusive Messen und Prüfen[64]. Die Aufgaben der Montage beinhalten demnach neben dem Fügen das Lagern, Transportieren, Handhaben und Kontrollieren von Werkstücken durch Personal und Betriebsmittel zur Herstellung eines Produkts aus Einzelteilen und vormontierten Baugruppen[65].

Nach REFA umfasst das Montagesystem „[...] alle Einrichtungen, die als Betriebsmittel den Produktionsfortschritt am Produkt im Sinne der Aufgaben des Produktionssystems bewirken."[66] Das

---

[62] Vgl. Gottschalk, S. F. (2006), Dedicated Flexibility, S. 9.

[63] Vgl. Dudenredaktion (2020), Das Herkunftswörterbuch, S. 563.

[64] Vgl. DIN Deutsches Institut für Normung (2003), DIN 8593-0, Fertigungsverfahren Fügen, S. 2.

[65] Vgl. Eversheim, W. (1996), Organisation in der Produktionstechnik, S. 136; Konold, P. et al. (2003), Praxis der Montagetechnik, S. 3.

[66] REFA (1987), Planung und Gestaltung, S. 42.

Montagesystem ist ein Teilsystem des Produktionssystems, welches die für die Montage relevante Teilmenge aller Fertigungsprozesse enthält[67]. Innerhalb des Produktentstehungsprozesses, welcher alle Arbeitsschritte von der Herstellung von Komponenten, Bauteilen und Baugruppen bis zu deren Montage zum Gesamtprodukt beinhaltet[68], ist das Montagesystem über Material- und Informationsflüsse mit der vorgelagerten Teilefertigung und dem nachgelagerten Versand verknüpft[69]. Dementsprechend wird das Montagesystem als offenes System definiert[70].

Die Montageplanung beschreibt den „[…] Prozess zur Erstellung eines Montageplans von der Analyse, über den Entwurf und die Gestaltung bis zur Einführung von Montagesystemen."[71] Die Aufgabe der Montageplanung ist die Entwicklung eines Systems, mit dem unter gegebenen Bedingungen ausgehend von einem Montageproblem Komponenten und Baugruppen zusammengefügt werden können[72]. Der Begriff *Montageplanung* ist eine Kombination von Planung und der zuvor definierten Montage. Planung ist dabei nicht einheitlich, sondern variabel in Abhängigkeit von Einsatzfeld und Zielen definiert[73]. Nach VDI-Normung ist Planung als die „[gedankliche] Vorwegnahme eines angestrebten Ergebnisses einschließlich der zur Erreichung als erforderlich erachteten Handlungsabfolge"[74] definiert. Nach DEHAENE UND CHANGEUX ist Planung die zielgerichtete, auf Versuch und Irrtumsbeseitigung basierende Exploration von Alternativen mit dem Ziel, ein Problem weiter in eine Lösung zu überführen[75]. Aus psychologischer Sicht beschreibt Planung eine aufwändige, kognitive Tätigkeit[76]. Planung ist stets auf die Zukunft bezogen und kann das Erreichen eines Ziels nie garantieren, sondern nur unkontrolliertes Abdriften vom Zielzustand verhindern[77]. Analog zum Fabrikplanungsverständnis des VDI umfasst der Begriff *Montageplanung* in dieser Arbeit neben der Planung auch die Realisierungsbegleitung[78].

Die Aufgaben der Montageplanung schließen die Festlegung einer geeigneten Montagesystemstruktur sowie die Planung einzelner Montagetätigkeiten ein. Dabei sind die diversen Planungsschritte durch die jeweils generierten und benötigten Informationsflüsse eng miteinander vernetzt. Die Planung eines Montagesystems erfolgt in einem iterativen Prozess, in dem Lösungen fortwährend optimiert werden.[79] Die Montageplanung weist dabei typische Projekteigenschaften wie vor allem einen temporären Charakter auf und wird daher häufig als Projekt klassifiziert[80].

[67] Vgl. Bäumers, Y. (2017), Wirtschaftlicher Detaillierungsgrad, S. 20.
[68] Vgl. Feldhusen, J. et al. (2013), Der Produktentstehungsprozess, S. 14.
[69] Vgl. Konold, P. et al. (2003), Praxis der Montagetechnik, S. 3.
[70] Vgl. Gartzen, T. (2012), Diskrete Migration, S. 13.
[71] CIRP (2020), Dictionary of Production Engineering IV, S. 255.
[72] Vgl. Fusch, T. (2005), Prozessplanung in der Montage, S. 19.
[73] Vgl. Schneider, S. (2015), Agile Prozessplanung, S. 11; Patzak, G. (1982), Systemtechnik, S. 79.
[74] Verein Deutscher Ingenieure VDI (2011), VDI 5200, Fabrikplanung, S. 4.
[75] Vgl. Dehaene, S. et al. (1997), A hierarchical neuronal network, S. 13294; Rowe, J. B. et al. (2001), Imaging the mental components, S. 315.
[76] Vgl. Saifoulline, R. et al. (2011), Kognitive Kernkompetenzen, S. 33.
[77] Vgl. Patzak, G. (1982), Systemtechnik, S. 78f.
[78] Vgl. Verein Deutscher Ingenieure VDI (2011), VDI 5200, Fabrikplanung, S. 4.
[79] Vgl. Eversheim, W. (1996), Organisation in der Produktionstechnik, S. 136.
[80] Vgl. DIN Deutsches Institut für Normung (2009), DIN 69901-5, Projektmanagement; Westkämper, E. et al. (2001), Montageplanung; Bullinger, H.-J. (1995), Arbeitsgestaltung, S. 155; DIN Deutsches Institut für Normung (2015), DIN EN ISO 9000, Qualitätsmanagementsysteme, S. 34.

Entsprechend werden auch in der Montageplanung die allgemeinen Projektziele hinsichtlich Zeit, Kosten und Leistung als Planungsziele verfolgt, welche übertragen auf die Montageplanung häufig als Termin-, Effizienz- und Effektivitätsziele bezeichnet werden (vgl. Abbildung 2-1)[81].

Abbildung 2-1: Zielsystem der Montageplanung [82]

Die Montageplanung beschreibt eine Teilmenge der Prozessplanung[83]. Sie ist ein Teilbereich der Arbeitsplanung sowie Arbeitsvorbereitung und damit im Produktentstehungsprozess direkt zwischen Konstruktion bzw. Produktentwicklung und Fertigung verortet[84]. Besonders die Relation zur vorgelagerten Produktentwicklung ist im Verlauf der Arbeit von großer Wichtigkeit.

Die Granularität der Montageplanung determiniert den Detailgrad der Planung[85], wobei der Detailgrad und die Genauigkeit der Planungsergebnisse als *Planungstiefe* zusammengefasst werden[86]. Abhängig vom Detailgrad wird Montageplanung in Makro- und Mikroplanung unterteilt[87]. Nach der Einführung der grundlegenden Begriffe im Kontext der Montageplanung wird diese im folgenden Kapitel in das System der Fabrikplanung eingeordnet.

2.1.2 Die Montageplanung als Teilsystem der Fabrikplanung

Im weiteren Verlauf der Arbeit wird die Montageplanung stets als Teilbereich der Fabrikplanung betrachtet. In diesem Kapitel wird dazu die Grundlage gelegt, indem die Montageplanung als Teilsystem der Fabrikplanung eingeführt wird.

[81] Vgl. Burggräf, P. (2012), Wertorientierte Fabrikplanung, S. 139; Bäumers, Y. (2017), Wirtschaftlicher Detaillierungsgrad, S. 44f.

[82] I. A. a. Burggräf, P. (2012), Wertorientierte Fabrikplanung, S. 139; Bäumers, Y. (2017), Wirtschaftlicher Detaillierungsgrad, S. 44.

[83] Vgl. Schneider, S. (2015), Agile Prozessplanung, S. 15; Rudolf, H. (2006), Wissensbasierte Montageplanung, S. 40.

[84] Vgl. Jonas, C. (2000), Planung von Montageanlagen, S. 11.

[85] Vgl. Hu, S. J. et al. (2011), Assembly system design, S. 723.

[86] Vgl. Bäumers, Y. (2017), Wirtschaftlicher Detaillierungsgrad, S. 2.

[87] Vgl. Hu, S. J. et al. (2011), Assembly system design, S. 723.

Nach VDI-Normung ist die Fabrikplanung ein „[systematischer], zielorientierter, in aufeinander aufbauende Phasen strukturierter und unter Zuhilfenahme von Methoden und Werkzeugen durchgeführter Prozess zur Planung einer Fabrik von der Zielfestlegung bis zum Hochlauf der Produktion."[88] Die Montageplanung als Teilbereich der Prozessplanung ist wiederum Teil der Fabrikplanung[89]. Folglich sind die Grundlagen und Ansätze der Fabrikplanung in weiten Teilen auf die Montageplanung übertragbar.

Die Montageplanung wird analog zum Montagesystem, dem Objekt der Montageplanung[90], als soziotechnisches System verstanden[91]. Diese Betrachtungsweise lässt sich auf die systemtheoretische Betrachtung des Produktionssystems nach SCHENK UND WIRTH zurückführen[92]. Ein System lässt sich als Komplex interagierender Elemente in der Systemumwelt definieren[93]. Es umfasst „Elemente und zwischen ihnen vorhandene Relationen, [die] durch eine Systemgrenze vom Umfeld abgegrenzt und durch Input- und Output-Größen mit diesem Umfeld verbunden"[94] sind. Ein System lässt sich hierarchisch in Subsysteme und Elemente strukturieren[95]. In der vereinfachten funktionalen Betrachtungsweise als Black-Box wird ein System über seine von außen zu beobachtenden Ein- und Ausgangsinformationen charakterisiert (vgl. Abbildung 2-2)[96].

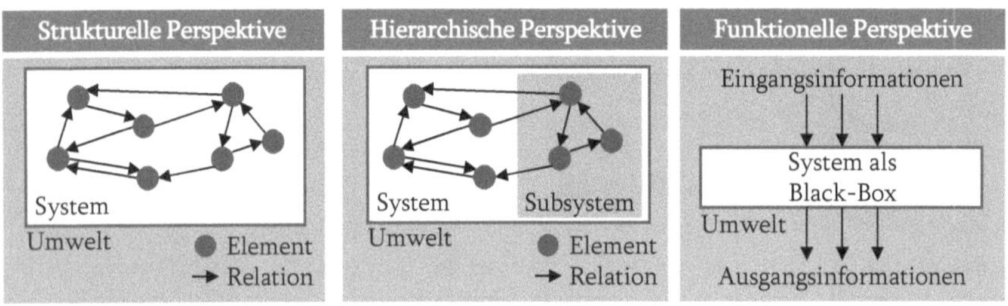

Abbildung 2-2: Perspektiven auf den Systembegriff[97]

Für die systemische Betrachtung der Fabrik- und Montageplanung wird für diese Arbeit das Rahmenwerk der projektneutralen Modullandkarte zugrunde gelegt. Diese Modullandkarte wurde initial durch NÖCKER[98] im Rahmen der zustandsbasierten Fabrikplanung entwickelt und in der

[88] Verein Deutscher Ingenieure VDI (2011), VDI 5200, Fabrikplanung, S. 3.

[89] Vgl. Schneider, S. (2015), Agile Prozessplanung, S. 15.

[90] Analoges Begriffsverständnis zu vgl. Burggräf, P. (2012), Wertorientierte Fabrikplanung, S. 14f.; Dannapfel, M. (2020), Ein systemisches Management-Modell, S. 16f.

[91] Vgl. Gartzen, T. (2012), Diskrete Migration, S. 49.

[92] Vgl. Schenk, M. et al. (2004), Fabrikplanung und Fabrikbetrieb, S. 225.

[93] Vgl. Bertalanffy, L. v. (1950), General system theory, S. 143.

[94] Lindemann, U. (2007), Methodische Entwicklung technischer Produkte, S. 334.

[95] Vgl. Pawellek, G. (2008), Ganzheitliche Fabrikplanung, S. 24.

[96] Vgl. Ropohl, G. (2009), Allgemeine Technologie, S. 75.

[97] I. A. a. ebd. S. 76.

[98] Vgl. Nöcker, J. C. (2012), Zustandsbasierte Fabrikplanung.

Folge durch MECKELNBORG[99] sowie in diversen Forschungsaktivitäten am Werkzeugmaschinenlabor WZL der RWTH Aachen weiterentwickelt und detailliert[100]. Sie bildet die Grundlage des Aachener Fabrikplanungsvorgehens. Die Modullandkarte ist eine dem Grundprinzip der IDEF0-Methode folgende Modellierung modularisierter Fabrikplanungsinhalte. Planungsmodule beschreiben in diesem Rahmen die Kapselung von Planungsaufgaben in abgeschlossene und logisch abgegrenzte Einheiten, die über definierte Schnittstellen mit anderen Planungsmodulen vernetzt sind.[101] Die Vernetzung der Module und deren Wirkbeziehungen werden über Ein- und Ausgangsinformationen spezifiziert, welche als Planungsinformationen definiert sind. Eine interne Planungsinformation wird in genau einem Modul als Ausgangsinformation generiert und stellt ein finales Ergebnis oder eine Eingangsinformation für weitere Module dar. Externe Planungsinformationen werden außerhalb des Systems erzeugt. Die Sicherheit einer Planungsinformation wird durch ihren im Projektverlauf steigenden Reifegrad beschrieben[102]. Den generischen Aufbau eines Planungsmoduls zeigt Abbildung 2-3.

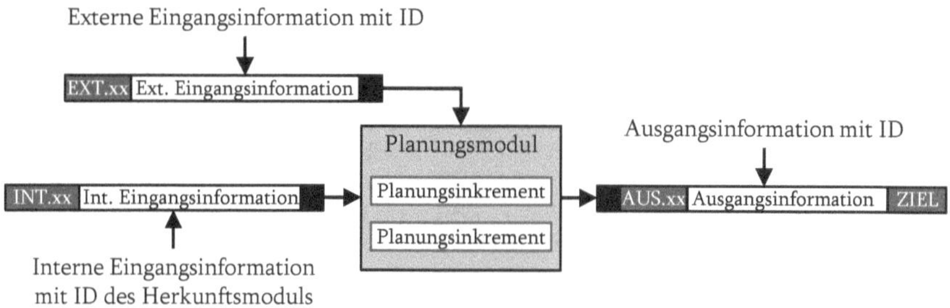

Abbildung 2-3: Generischer Aufbau eines Planungsmoduls der projektneutralen Modullandkarte [103]

In den bisherigen Ausführungen zur Modullandkarte wurden Planungsmodule als Black-Boxes modelliert[104], wobei die enthaltenen Planungsinkremente nicht näher betrachtet wurden. Für eine detaillierte Analyse der Montageplanung und der einzusetzenden Planungsmethoden wird eine Auflösung der Black-Boxes durch die Definition einzelner Planungsaufgaben notwendig.

Einzelne, klar abgegrenzte Planungsaufgaben, in denen Eingangsinformationen zu Ausgangsinformationen verarbeitet werden, werden als **Planungsinkremente** definiert. Sie sind die kleinsten Einheiten eines Planungsprojekts und die untergeordneten Elemente der Planungsmodule.[105]

[99] Vgl. Meckelnborg, A. (2015), Integrative Fabrikplanung.

[100] Vgl. Schuh, G. et al. (2011), Condition based factory planning, S. 89ff.; Kampker, A. et al. (2013), Factory Planning Scrum, S. 345ff.

[101] Vgl. Nöcker, J. C. (2012), Zustandsbasierte Fabrikplanung, S. 131ff.; Burggräf, P. et al. (2021), Fabrikplanung, S. 33; Burggräf, P. et al. (2021), Die Modullandkarte, S. 866.

[102] Vgl. Nöcker, J. C. (2012), Zustandsbasierte Fabrikplanung, S. 134f.

[103] I. A. a. Burggräf, P. et al. (2021), Die Modullandkarte, S. 867.

[104] Vgl. Westphal, J. R. (2001), Komplexitätsmanagement, S. 63; Krunke, M. (2017), Reifegradmanagement, S. 101.

[105] Vgl. Burggräf, P. et al. (2019), Agile Montage, S. 625.

Damit unterscheidet sich die Definition eines Planungsinkrements von dem Begriff *Inkrement* aus der agilen Entwicklung, der das fertige und verwendbare Ergebnis eines Entwicklungssprints beschreibt[106]. Die Unterscheidung ist darin begründet, dass die erzeugten Ergebnisse im Rahmen der Modullandkarte durch die generierten Ausgangsinformationen beschrieben werden.

Die projektneutrale Modullandkarte als System bildet für die Fabrikplanung relevante Planungsmodule als Elemente sowie deren Vernetzung durch Planungsinformationen ab[107]. Durch die Auswahl konkreter Module aus der Modullandkarte im Rahmen des Aachener Fabrikplanungsvorgehens können spezifische Projekte konfiguriert werden[108]. Inhaltlich umfasst die aktuelle Version der Modullandkarte jeweils 14 Module in den Bereichen Produktionssystemplanung und Industriebauplanung sowie fünf kommunale Planungsmodule[109].

Wie oben dargelegt, ist die Montageplanung Teil der Fabrikplanung. Dieser Auffassung folgend, wird das System der Montageplanung im Folgenden als Teilsystem des Fabrikplanungssystems im Modell der projektneutralen Modullandkarte verortet[110]. Die dargestellten Aufgaben der Montageplanung (vgl. Kapitel 2.1.1) werden im Wesentlichen durch die 14 Module der Produktionssystemplanung abgebildet, welche sich inhaltlich klar von den restlichen Planungsmodulen abgrenzen (vgl. Abbildung 2-4). Die kommunalen Planungsmodule sind nicht spezifisch für die Montageplanung und somit nicht Teil des Betrachtungsbereichs. Die Montageplanungsmodule beinhalten die Arbeitsvorbereitung, Prozessplanung, Produktionssteuerungsplanung, Kapazitätsplanung, Technologieplanung, Produktanalyse, Produktionsstrukturplanung, Produktionsprogrammanalyse, Personal- und Organisationsplanung, IT-Planung, Layoutplanung, Produktionsmittelplanung, Arbeitsplatzgestaltung sowie Produktionslogistikplanung. Diese Module bilden den systemischen Betrachtungsrahmen der Montageplanung in dieser Arbeit und grenzen sich durch eine gedankliche Systemgrenze von der restlichen Modullandkarte ab[111]. Gemäß der Grundlogik der Modullandkarte bilden die 14 Module einen Katalog, aus dem Montageplanungsprojekte spezifisch konfiguriert werden können[112]. Über die Systemgrenze hinweg bestehen diverse Relationen des offenen Systems der Montageplanung zur externen Umwelt und zu den übrigen Modulen der Modullandkarte[113].

---

[106] Vgl. Schwaber, K. et al. (2017), Der Scrum Guide, S. 17.

[107] Vgl. Nöcker, J. C. (2012), Zustandsbasierte Fabrikplanung, S. 135.

[108] Vgl. Schuh, G. et al. (2011), Condition based factory planning, S. 92; Burggräf, P. et al. (2021), Fabrikplanung, S. 35; Burggräf, P. et al. (2021), Die Modullandkarte, S. 866f.

[109] Vgl. Meckelnborg, A. (2015), Integrative Fabrikplanung, S. 101; Burggräf, P. et al. (2021), Die Modullandkarte, S. 867.

[110] Vgl. Fölling, C. et al. (2022), Mastering complexity, S. 160.

[111] Vgl. ebd. S. 160f.

[112] Vgl. Burggräf, P. (2012), Wertorientierte Fabrikplanung, S. 155.

[113] Vgl. Rudolf, H. (2006), Wissensbasierte Montageplanung, S. 41; Meckelnborg, A. (2015), Integrative Fabrikplanung, S. 101.

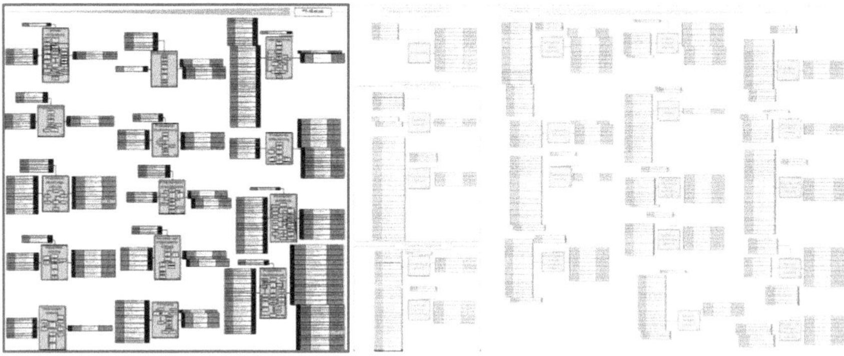

System der Montageplanung

Abbildung 2-4: Das System der Montageplanung im Rahmenwerk der projektneutralen Modullandkarte

Diese Verbindungen des Systems zur Umwelt und die interne Vernetzung verursachen Dynamik und damit eine zeitliche Veränderung der Systemzustände der Montageplanung[114]. Der Definition von BÄUMERS folgend, wird ein Systemzustand der Montageplanung im Rahmen dieser Arbeit als *Planungsfall* bezeichnet. Abhängig vom Betrachtungsfokus bezieht sich ein Planungsfall auf ein gesamtes Montageplanungsprojekt, einzelne Planungsmodule oder Planungsinkremente innerhalb des Projekts[115] (vgl. Abbildung 2-5).

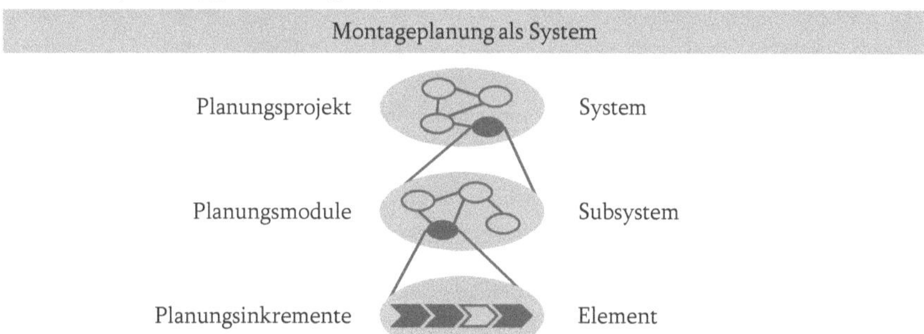

Abbildung 2-5: Systemisches Verständnis der Montageplanung [116]

Die Betrachtung der Montageplanung als Teilsystem des Rahmenwerks der projektneutralen Modullandkarte bildet im Verlauf dieser Arbeit die Grundlage für die Bewertung der Montageplanung und die Bestimmung der planungsfallspezifisch dominanten Planungsmethoden.

---

[114] Vgl. Gartzen, T. (2012), Diskrete Migration, S. 72.

[115] Vgl. Bäumers, Y. (2017), Wirtschaftlicher Detaillierungsgrad, S. 118.

[116] I. A. a. Nöcker, J. C. (2012), Zustandsbasierte Fabrikplanung, S. 130.

2.2 Herausforderungen in der Montageplanung

Aufbauend auf den Inhalten und der systemischen Einordnung der Montageplanung werden in diesem Kapitel die zentralen Herausforderungen der Montageplanung erläutert. Aus diesen Herausforderungen leiten sich die Zielsetzung sowie der Lösungsansatz dieser Arbeit ab. Basierend auf den grundlegenden Herausforderungen in der produzierenden Industrie wird die zunehmend agile Produktentwicklung als Anforderungsgeber für die Montageplanung näher beleuchtet (Kapitel 2.2.1). Anschließend werden die Ergebnisse einer durch den Autor durchgeführten empirischen Studie zur aktuellen Situation und Herausforderungen von Unternehmen der industriellen Praxis in der Montageplanung präsentiert (Kapitel 2.2.2).

2.2.1 Die agile Produktentwicklung als Anforderungsgeber der Montageplanung

In diesem Kapitel wird die Reaktion der Produktentwicklung produzierender Unternehmen auf aktuelle Marktanforderungen beleuchtet. In der Folge wird dargestellt, inwiefern aus der Komplexität und Dynamik der Märkte sowie den Vorgehensweisen der Produktentwicklung Herausforderungen für die Montageplanung resultieren.

Wichtige Ausgangspunkte für die heute vorherrschende Herausforderungssituation in der produzierenden Industrie sind die fortschreitende Globalisierung und die Entwicklung von Verkäufer- hin zu Käufermärkten[117]. Diese Marktform mit stark heterogener Nachfrage, erhöhter Variantenvielfalt und verkürzten Produktlebenszyklen in Folge zunehmender Individualisierung bedeutet eine intensive Wettbewerbssituation mit erhöhter Komplexität und steigender Dynamik bezüglich der zeitlich veränderlichen Herausforderungen der Unternehmen[118]. In dieser volatilen und wettbewerbsintensiven Marktsituation ist es für produzierende Unternehmen essenziell, die Markteinführungszeit neuer Produkte zu reduzieren und mit Produktänderungen schnell auf veränderliche Marktanforderungen zu reagieren[119]. Hierbei kommt der Produktentwicklung als Kernprozess der Produktentstehung, welche den gesamten Prozess[120] von der Produktidee bis zum fertigen Produkt umspannt, eine zentrale Rolle zu[121]. In der Produktentwicklung werden „[...] neue Produkte [entwickelt] oder bestehende Produkte [verbessert], um einen spezifischen Nutzen für Kund*innen zu erfüllen und die Zielsetzung des Unternehmens zu erreichen."[122] Hierbei wirkt sich die Dynamik der Märkte über Produktanforderungen direkt auf die Produktentwicklung aus. Dabei stellen sich die plangetriebenen Ansätze der konventionellen Produktentwicklung im Umgang mit dynamischen Marktsituationen und zur Reaktion auf volatile

[117] Vgl. Westphal, J. R. (2001), Komplexitätsmanagement, S. 1.

[118] Vgl. Bliss, C. (1998), Management von Komplexität, S. 8; Adam, D. et al. (1998), Die Komplexitätsfalle, S. 7; Westphal, J. R. (2001), Komplexitätsmanagement, S. 1; Hu, S. J. et al. (2011), Assembly system design, S. 724; Adam, D. (1998), Produktions-Management, S. 30, 37; Dannapfel, M. (2020), Ein systemisches Management-Modell, S. 28.

[119] Vgl. McMahon, P. E. (2015), Hybrid-Agile, S. 22.

[120] Ein Prozess beschreibt zusammenhängende Tätigkeiten zum Erreichen eines definierten Ergebnisses. Vgl. DIN Deutsches Institut für Normung (2015), DIN EN ISO 9000, Qualitätsmanagementsysteme, S. 33.

[121] Vgl. Diels, F. (2018), Indikatoren, S. 25; Feldhusen, J. et al. (2013), Der Produktentstehungsprozess, S. 11.

[122] Diels, F. (2018), Indikatoren, S. 27.

Marktanforderungen als zu starr und unflexibel heraus[123], sodass agile Methoden[124] in der Folge zunehmend Einzug in die Produktentwicklung halten[125].

Produktanforderungen werden in der Produktentwicklung umgesetzt und in Form von Anforderungen an das Produktionssystem direkt an die Montageplanung, welche den im Produktentstehungsprozess direkt nachgelagerten Prozess darstellt (vgl. Kapitel 2.1.1), weitergegeben[126]. Die Produktentwicklung fungiert somit als Schnittstelle zwischen Markt und Produktion und als Anforderungsgeber für die Montageplanung. Das dynamische Marktumfeld der produzierenden Industrie mit häufigen Änderungen von Planungsprämissen und -ergebnissen stellt folglich gleichermaßen die Rahmenbedingungen für die Montageplanung auf[127]. Die Zunahme von Dynamik im Umfeld der Unternehmen wirkt sich über eine Vielzahl von Schnittstellen besonders auf die Montageplanung aus.[128]

In diesem Kontext ergibt sich eine signifikante Herausforderung für die Montageplanung aus der Zunahme von Produktionsanläufen infolge kürzerer Produktlebenszyklen[129]. Diese Zunahme führt zu einer Erhöhung der Frequenz von Montageplanungsaktivitäten und damit zu einem gesteigerten Planungsaufwand[130]. Insbesondere die Montageplanung für neue Produkte erfordert einen erheblichen Zeitaufwand[131]. Mit den verkürzten Innovationszyklen in der Produktentwicklung reduziert sich die verfügbare Zeit für die Montageplanung, was für einen zunehmenden Zeitdruck in der Planung sorgt[132]. Weiterhin bedeuten die iterativen Produktänderungen der agilen Produktentwicklung einen erhöhten Aufwand für die Montageplanung[133], da hochfrequente Planungsanpassungen notwendig werden. Der erforderliche Organisations- und Planungsaufwand in der Montageplanung steigt dabei überproportional zu den erforderlichen Produktanpassungen an[134]. Somit stehen erhöhte Planungsumfänge und gesteigerte Planungshäufigkeit einer reduzierten verfügbaren Planungszeit gegenüber[135].

---

[123] Vgl. Guerineau, B. et al. (2016), Agile and Project-Planned, S. 109; Cooper, R. G. et al. (2018), Agile–Stage-Gate, S. 18; Takeuchi, H. et al. (1986), The new new product development game, S. 137.

[124] Für eine detailliertere Übersicht über die konstituierenden Eigenschaften plangetriebener sowie agiler Methoden sei an dieser Stelle auf die Ausführungen in Kapitel 3.3 verwiesen.

[125] Vgl. Burggräf, P. et al. (2019), Agile Montage, S. 625; Guerineau, B. et al. (2016), Agile and Project-Planned, S. 109.

[126] Vgl. Molitor, M. et al. (2017), Generative Assembly Planning, S. 313; Bertling, M. et al. (2018), MVPS, S. 29; Nöcker, J. C. (2012), Zustandsbasierte Fabrikplanung, S. 127.

[127] Vgl. Meckelnborg, A. (2015), Integrative Fabrikplanung, S. 102.

[128] Vgl. Schuh, G. et al. (2002), Serienanlauf, S. 656; Bäumers, Y. (2017), Wirtschaftlicher Detaillierungsgrad, S. 49.

[129] Vgl. Tücks, G. (2010), Ramp-Up Management, S. 1f.

[130] Vgl. Rudolf, H. (2006), Wissensbasierte Montageplanung, S. 5; Bäumers, Y. (2017), Wirtschaftlicher Detaillierungsgrad, S. 47.

[131] Vgl. Laperrière, L. et al. (1994), Assembly Sequences Planning, S. 231.

[132] Vgl. Bäumers, Y. (2017), Wirtschaftlicher Detaillierungsgrad, S. 48; Deutschländer, A. (1989), Integrierte rechnerunterstützte Montageplanung, S. 3; Eversheim, W. et al. (2005), Integrierte Produkt- und Prozessgestaltung, S. 5.

[133] Vgl. Molitor, M. et al. (2017), Generative Assembly Planning, S. 313; Schuh, G. et al. (2017), Generative Stücklistenerstellung, S. 392; Schuh, G. et al. (2018), Process model, S. 363f.

[134] Vgl. Schuh, G. et al. (2018), Entwicklung, S. 386; Schmitt, R. H. et al. (2017), Agile datenbasierte Prozessgestaltung, S. 395.

[135] Vgl. Deutschländer, A. (1989), Integrierte rechnerunterstützte Montageplanung, S. 5; Merz, K.-P. (1987), Methode zur Planung der Struktur, S. 11.

Eine weitere essenzielle Herausforderung ergibt sich aus einer Steigerung der Planungskomplexität in der Montageplanung. Die erhöhte Planungskomplexität resultiert aus der Komplexität von Produkt und Technologie sowie insbesondere aus der Notwendigkeit der Planung unter Unsicherheit und mit unscharfen Informationen[136]. Die Unsicherheit von Planungsinformationen, Anforderungen und Planungszielen als Eingangsgrößen der Montageplanung ergibt sich aus schnell veränderlichen Anforderungen und aus der Dynamik der Märkte[137]. Mit der Planungskomplexität steigt wiederum der Planungsaufwand hinsichtlich Zeit und Kosten[138].

Neben den genannten Herausforderungen mit einem Ursprung in der Dynamik der Märkte entstehen weitere Herausforderungen durch unterschiedliche Vorgehensweisen und Methoden in Produktentwicklung und Montageplanung. Während in der Produktentwicklung zunehmend agile Methoden zum Einsatz kommen, werden in Montageplanungsprojekten weiterhin vornehmlich plangetriebene Methoden genutzt[139]. Herausforderungen für die Montageplanung ergeben sich in der Folge unter anderem aus den divergierenden Rhythmen des kurzzyklischen, iterativen Ansatzes der agilen Produktentwicklung einerseits und der sequenziellen, plangetriebenen Montageplanung mit langen Planungszyklen andererseits[140].

Zusammenfassend lässt sich feststellen, dass die Produktentwicklung als direkter Anforderungsgeber für die Montageplanung fungiert. Die Dynamik der Marktumgebung produzierender Unternehmen ist ein wesentlicher Treiber neuer Herausforderungen, welche in Form von Anforderungen an die Montageplanung weitergegeben werden. Diese Herausforderungen beinhalten erhöhte Planungsaufwände, gesteigerten Zeit- und Kostendruck und vor allem eine gesteigerte Planungskomplexität infolge hoher Unsicherheiten. Weitere Herausforderungen werden durch prozessuale, organisatorische und methodische Diskrepanzen zwischen der agilen Produktentwicklung und der konventionell plangetriebenen Montageplanung verursacht. Insgesamt hat die agile Produktentwicklung einen starken Einfluss auf die Fabrik- und Montageplanung[141].

2.2.2 Empirische Erkenntnisse über die Montageplanung

Nachdem die generell in der Montageplanung vorherrschenden Herausforderungen kurz dargestellt wurden, werden in diesem Kapitel empirische Beobachtungen aus der industriellen Praxis zu aktuellen Herausforderungen und Schwierigkeiten in der Montageplanung sowie zum Charakter moderner Montageplanungsprojekte vorgestellt.

---

[136] Vgl. Schuh, G. et al. (2005), Holistic approach, S. 256; Kampker, A. et al. (2010), Flexibel und effizient Fabriken planen, S. 218.

[137] Vgl. Westphal, J. R. (2001), Komplexitätsmanagement, S. 3; Hanschke, I. (2016), Agile Planung, S. 73; Schuh, G. et al. (2018), Agile Product Scopes, S. 1; Adam, D. (1998), Produktions-Management, S. 39; Hanschke, I. (2016), Agile Planung, S. 72f.

[138] Vgl. Bäumers, Y. (2017), Wirtschaftlicher Detaillierungsgrad, S. 53.

[139] Vgl. Burggräf, P. et al. (2020), Hybrid approach, S. 1173.

[140] Vgl. ebd. S. 1170; Molitor, M. (2019), Generative Montageablaufplanung, S. 47.

[141] Vgl. Bertling, M. et al. (2018), MVPS, S. 27.

Die Ergebnisse entstammen einer durch den Autor dieser Arbeit empirisch-induktiv durchgeführten Studie zur Untersuchung des Methodeneinsatzes in der Montageplanung mit 138 Teilnehmenden aus der produzierenden Industrie. Teile der Studienergebnisse wurden bereits in BURGGRÄF ET AL.[142] veröffentlicht. Für eine vollständige Übersicht über die Ergebnisse und den methodischen Aufbau der Primärstudie sei an dieser Stelle auf den Anhang 8.1 verwiesen.

Zunächst wurde die Intensität und Frequenz der Montageplanungsaktivitäten der Unternehmen untersucht. Während in 32% der befragten Unternehmen zeitlich begrenzte Montageplanungsprojekte durchgeführt werden, betreibt die Mehrheit von 62% der Befragten Montageplanung in einem kontinuierlichen Prozess. Zudem prognostizierten 72% der Teilnehmenden einen stetigen Anstieg der Frequenz von Montageplanungsaktivitäten. Die bereits hohe Intensität einer kontinuierlichen Planung und die prognostizierte weitere Zunahme der Häufigkeit von Montageplanungsprojekten belegen die hohe Bedeutung dieser Disziplin und motivieren eine weitere Optimierung der angewandten Planungsvorgehen.[143] Auch die Erkenntnisse aus der Praxis belegen demnach eine gesteigerte Planungsfrequenz, welche erhöhte Planungsaufwände verursacht.

Weiterhin wurde die Komplexität in heutigen Montageplanungsprojekten untersucht. Die durchschnittliche Komplexität der Montageplanungsprojekte in den Unternehmen wurde von einem Großteil der Befragten (77%) als hoch oder sehr hoch bewertet, während 23% die Komplexität als gering oder sehr gering einschätzten (Abbildung 2-6). Bezüglich der weiteren Entwicklung der Komplexität in der Montageplanung erwarteten 80% der Teilnehmenden eine Zunahme, während 18% eine Stagnation und 2% eine Abnahme der Komplexität prognostizierten. Die Mehrheit der Befragten erwartet also eine weitere Zunahme der ohnehin als hoch bewerteten Planungskomplexität. Für ein differenzierteres Bild wurde die Komplexitätsverteilung innerhalb der Montageplanung untersucht. Eine Mehrheit von 78% der Befragten gab an, dass sich einzelne Planungsinkremente signifikant in ihrer Komplexität unterscheiden. Hieraus folgt eine heterogene Verteilung der Planungskomplexität innerhalb der Montageplanung, welcher gesondert Rechnung zu tragen ist.[144]

[142] Vgl. Burggräf, P. et al. (2020), Hybrid approach.
[143] Vgl. ebd. S. 1172.
[144] Vgl. ebd. S. 1172.

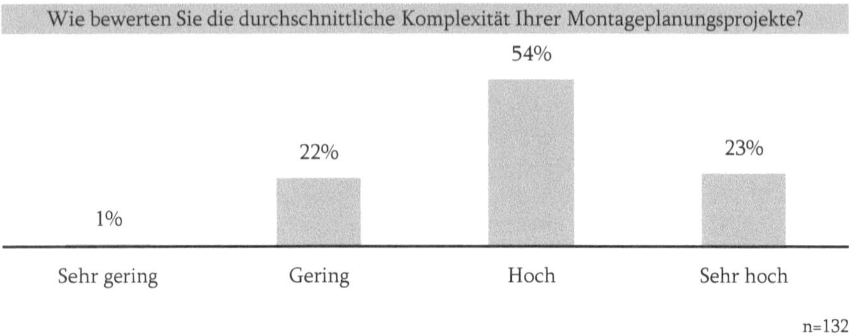

Abbildung 2-6: Durchschnittliche Komplexität von Montageplanungsprojekten [145]

In der Folge wurden komplexitätsverursachende Faktoren untersucht. Laut den Befragten sind die Dynamik der Produktentwicklung (58%), Veränderlichkeit der Planungsprämissen (55%), Volatilität der Anforderungen und Informationsunsicherheit (je 48%) sowie die Dynamik des Unternehmensumfeldes (43%) zentrale Komplexitätstreiber in der Montageplanung. Die Studienergebnisse bestätigen die Dynamik der Märkte, resultierende Planungsunsicherheiten sowie die Dynamik der agilen Produktentwicklung als wichtige Herausforderungen der Montageplanung.

Um ein Verständnis für die Auswirkungen der identifizierten Herausforderungen zu generieren, wurde weiterhin die Erreichung der Planungsziele (vgl. Kapitel 2.1.1) untersucht. Hierbei ergab sich, dass die Terminziele von Montageplanungsprojekten in 61% der Unternehmen regelmäßig nicht erreicht werden. Kosten- und Leistungsziele werden in je 35% der Unternehmen regelmäßig verfehlt.[146] Verglichen mit einer Studie von REINEMA zum agilen Projektmanagement in der Fabrikplanung ist der Wert zur Erreichung der Terminziele nahezu unverändert, während Kostenziele in der Montageplanung deutlich häufiger und Leistungsziele seltener erreicht wurden[147].

Die Teilnehmenden nannten die Veränderlichkeit von Planungsprämissen (59%), Informationsunsicherheit (50%), die Dynamik des Unternehmensumfeldes und der Produktentwicklung, die Volatilität der Anforderungen (je 41%) und ungeeignete Planungsvorgehen (37%) als wichtigste Gründe für die Nichterreichung der Planungsziele in der Montageplanung. Die Überschneidungen zwischen den oben identifizierten Komplexitätstreibern und den Gründen für die Nichterreichung von Planungszielen sind signifikant. Daraus lässt sich ein deutlich negativer Einfluss der Komplexität in der Montageplanung auf die Erreichung der Planungsziele ableiten.[148]

Im Rahmen der empirischen Studie mit Fachleuten der industriellen Praxis konnte die hohe und voraussichtlich weiter steigende Planungskomplexität neben der steigenden Frequenz von Montageplanungsaktivitäten mit entsprechend hohem Planungsaufwand als zentrale Herausforderung

[145] I. A. a. ebd. S. 1172.
[146] Vgl. ebd. S. 1172.
[147] Vgl. Reinema, C. et al. (2013), Agiles Projektmanagement, S. 115.
[148] Vgl. Burggräf, P. et al. (2020), Hybrid approach, S. 1172.

der Montageplanung identifiziert werden. Die wichtigsten Faktoren der Komplexität sind die Dynamik der Marktumgebung mit volatilen Anforderungen und unsicheren Planungsinformationen sowie insbesondere die Dynamik der agilen Produktentwicklung. Die Studienergebnisse suggerieren einen engen Zusammenhang zwischen der Planungskomplexität und der Nichterreichung der Planungsziele in Montageplanungsprojekten. Um eine Verfehlung der Planungsziele zu vermeiden, muss ein suffizienter Umgang mit der als Kernherausforderung identifizierten Komplexität in der Montageplanung der industriellen Praxis sichergestellt werden. Aufgrund der Dynamik als wichtiger Komplexitätsfaktor muss in Analogie zur Entwicklung in der Produktentwicklung (vgl. Kapitel 2.2.1) die Eignung konventionell plangetriebener Montageplanungsvorgehen untersucht und kritisch hinterfragt werden. Aufgrund der hohen Bedeutung der Komplexität wird zunächst der vielschichtige Begriff der Komplexität untersucht (Kapitel 2.3).

2.3 Komplexität der Montageplanung

In diesem Kapitel wird die Komplexität als zentrale Herausforderung der Montageplanung detailliert beleuchtet. Dabei wird insbesondere die identifizierte Heterogenität der Komplexität innerhalb der Montageplanung weiter untersucht. Vor dem Hintergrund der signifikanten Auswirkungen der Komplexität auf die Erreichung der Planungsziele ist das Ziel dieses Kapitels die Schaffung der Grundlagen für eine suffiziente Komplexitätsbeherrschung. In Kapitel 3.3 werden schließlich verschiedene Planungsmethoden und deren Potenzial zur Komplexitätsbeherrschung untersucht.

Im Folgenden wird zunächst der vielschichtige Komplexitätsbegriff definiert (Kapitel 2.3.1). Anschließend werden die verschiedenen Faktoren der Komplexität in Komplexitätsdimensionen strukturiert (Kapitel 2.3.2), bevor die Montageplanung als komplexes System interpretiert wird (Kapitel 2.3.3). Nachdem die Komplexität nicht nur als Herausforderung, sondern auch als Fähigkeit eines Systems diskutiert wurde (Kapitel 2.3.4) wird die Bedeutung der Komplexität für die Montageplanung resümiert (Kapitel 2.3.5).

2.3.1 Multidimensionale Definition der Komplexität

Der Begriff *Komplexität* wird im Alltag sowie im Kontext von Forschung und Wirtschaft seit Jahren mit großer Häufigkeit verwendet. Systeme, Zusammenhänge, Probleme, Märkte, Produkte und Prozesse werden regelmäßig als *komplex* beschrieben.[149] Dabei wird die Bedeutung des Begriffs häufig gedehnt und bisweilen überstrapaziert. Ziel dieses Kapitels ist daher die Erläuterung der originären und für den Umfang dieser Arbeit relevanten Bedeutung des Begriffs sowie die umfassende Darstellung der Komplexität als zentrale Herausforderung der Montageplanung.

[149] Vgl. Malik, F. (2007), Management, S. 40.

Der Begriff *Komplexität* entstammt dem lateinischen Partizipialadjektiv *complexus*, welches verflochten, umfassend oder vernetzt bedeutet[150]. Etwas Komplexes ist laut DUDEN etwas Zusammenhängendes, Umfassendes[151]. Entsprechend beschreibt der Komplexitätsbegriff im Alltagsgebrauch zumeist komplizierte, unverständliche oder undurchschaubare Situationen sowie die Überforderung durch Unverständlichkeit, Schwierigkeiten oder Chaos[152].

In Abgrenzung zum umgangssprachlichen Gebrauch steht eine Reihe wissenschaftlicher Komplexitätsdefinitionen. Die Vielfalt der Definitionen erschwert einen Überblick über den facettenreichen Begriff. NICOLIS UND PRIGOGINE stellen dazu fest, dass Komplexität „[...] einer jener Begriffe [ist], deren Definition ganz wesentlich mit zu den Problemen gehört, die er aufwirft."[153] Zahlreiche Autoren weisen auf die Vielfalt wissenschaftlicher Komplexitätsdefinitionen in der Literatur hin[154]. Diese Vielschichtigkeit der Definitionen resultiert aus spezifischen Betrachtungsweisen je Fachgebiet[155]. Trotz der Abwesenheit einer einheitlichen Komplexitätsdefinition[156] wird Komplexität meist mit einer mehrdimensionalen Beschreibung definiert[157].

Für einen umfangreichen Überblick über bestehende Komplexitätsdefinitionen sei an dieser Stelle auf die Synopsen von STÜTTGEN[158] und GOTTSCHALK[159] verwiesen. Als Resultat einer synoptischen Betrachtung verschiedener Komplexitätsdefinitionen definiert BLISS Komplexität als „[...] die immanente Vielschichtigkeit eines Systems, dessen zahlreiche, unterschiedliche und weitgehend unabhängige Selektionsvariablen eine Vielzahl heterogener Beziehungen zueinander aufweisen und hierbei umfangreiche Konfigurationsdimensionen des Systems ermöglichen [...]"[160].

Einen großen Beitrag zum Verständnis und zur Einordnung von Komplexität leistet die Abgrenzung gegenüber Einfachheit und Kompliziertheit[161]. Während einfache Systeme eine geringe Vielfalt sowie eine geringe Dynamik und komplizierte Systeme eine hohe Vielfalt bei gleichzeitig geringer Dynamik aufweisen, grenzt sich Komplexität dagegen durch eine gleichermaßen hohe Vielfalt und Dynamik ab[162] (vgl. Abbildung 2-7).

---

[150] Vgl. Gell-Mann, M. (2002), The Quark and the Jaguar, S. 27; Stüttgen, M. (2003), Strategien der Komplexitätsbewältigung, S. 16; Bliss, C. (1998), Management von Komplexität, S. 91; ElMaraghy, W. et al. (2012), Complexity, S. 794.

[151] Vgl. Dudenredaktion (2020), Das Herkunftswörterbuch, S. 458.

[152] Vgl. Fricker, A. R. (1996), Methodik zur Modellierung, S. 9; Malik, F. (2003), Strategie, S. 185; Flückiger, M. et al. (1995), Komplexität, S. 4; Gell-Mann, M. (2002), The Quark and the Jaguar, S. 27; Kirchhof, R. (2003), Ganzheitliches Komplexitätsmanagement, S. 11.

[153] Nicolis, G. et al. (1987), Die Erforschung des Komplexen, S. 58.

[154] Vgl. Burggräf, P. (2012), Wertorientierte Fabrikplanung, S. 157; Bliss, C. (1998), Management von Komplexität, S. 90; Gottschalk, S. F. (2006), Dedicated Flexibility, S. 57.

[155] Vgl. Bäumers, Y. (2017), Wirtschaftlicher Detaillierungsgrad, S. 24.

[156] Vgl. ElMaraghy, W. et al. (2012), Complexity, S. 794.

[157] Vgl. Gottschalk, S. F. (2006), Dedicated Flexibility, S. 61.

[158] Vgl. Stüttgen, M. (2003), Strategien der Komplexitätsbewältigung, S. 18f.

[159] Vgl. Gottschalk, S. F. (2006), Dedicated Flexibility, S. 57ff.

[160] Bliss, C. (1998), Management von Komplexität, S. 126.

[161] Vgl. Gell-Mann, M. (2002), The Quark and the Jaguar, S. 27; Stüttgen, M. (2003), Strategien der Komplexitätsbewältigung, S. 22.

[162] Vgl. Dannapfel, M. (2020), Ein systemisches Management-Modell; Stüttgen, M. (2003), Strategien der Komplexitätsbewältigung, S. 22; Ulrich, H. et al. (1995), Anleitung, S. 61.

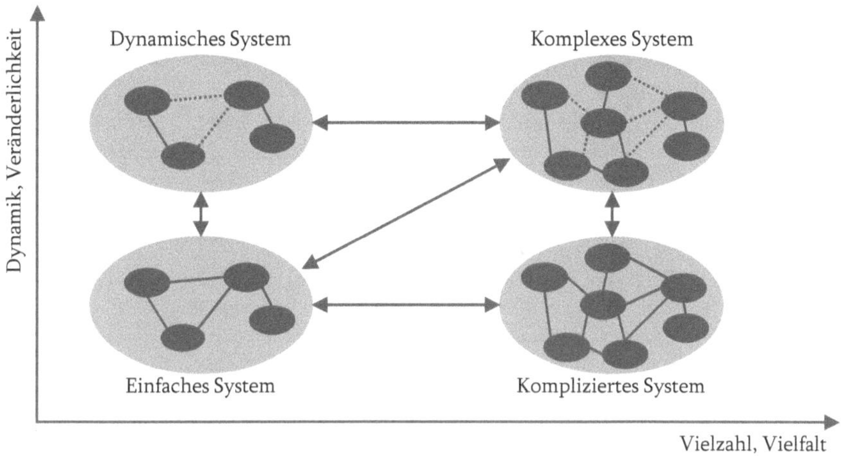

Abbildung 2-7: Abgrenzung komplexer Systeme [163]

Basierend auf den vorgestellten Definitionen und den Ergebnissen der folgenden Kapitel wird Komplexität in Kapitel 2.3.5 im Rahmen dieser Arbeit aus der Perspektive der Montageplanung definiert. Das folgende Kapitel beschäftigt sich mit den verschiedenen Faktoren von Komplexität, welche in zwei zentrale Komplexitätsdimensionen gegliedert werden. Diese mehrdimensionale Betrachtungsweise bildet die Basis zur gezielten Erfassung und Beherrschung von Komplexität.

2.3.2 Quasistatisch-strukturelle und dynamisch-funktionale Komplexität

Ziel dieses Kapitels ist die Einordnung und Strukturierung der vielschichtigen Komplexitätsfaktoren in zwei zentrale und grundlegend unterscheidbare Komplexitätsdimensionen. Diese bilden die Grundlage für eine differenzierte Betrachtung und Lösung des zugrundeliegenden Problems insuffizient behandelter Komplexität in der Montageplanung. Auf diese Weise wird der in Kapitel 2.3.1 beschriebenen Mehrdimensionalität der Komplexität Rechnung getragen.

Statische Komplexität ist zeitunabhängig und beschreibt die Systemstruktur, während dynamische Komplexität zeitabhängig ist und das Systemverhalten beschreibt[164]. Die Systemstruktur der Montageplanung besitzt einen quasistatischen, das heißt nur näherungsweise statischen, Charakter[165]. Strukturelle Komplexität fokussiert die Systemstruktur und beschreibt die potenzielle Variationsfähigkeit eines Systems durch seine Struktur. Demgegenüber beschreibt funktionale Kom-

[163] I. A. a. ebd. S. 61.

[164] Vgl. ElMaraghy, H. A. et al. (2005), Manufacturing Systems, S. 445f.; Vidal, G. H. et al. (2021), Study of the effects of complexity, S. 70.

[165] Vgl. Gottschalk, S. F. (2006), Dedicated Flexibility, S. 125f.

plexität das Systemverhalten und die situative Variationsfähigkeit eines Systems durch sein Verhalten.[166] Aus diesen Perspektiven auf die Komplexität werden für den Rahmen dieser Arbeit in einem terminologisch-deskriptiven Ansatz die quasistatisch-strukturelle und die dynamisch-funktionale Komplexität als relevante Komplexitätsdimensionen definiert.[167]

Im Folgenden werden die verschiedenen in der Literatur beschriebenen und für die Montageplanung relevanten Faktoren der Komplexität vorgestellt und diesen beiden Komplexitätsdimensionen zugeordnet. Als Faktoren der Komplexität werden diejenigen Größen verstanden, die in Abhängigkeit von ihrer Ausprägung zur Komplexität beitragen.

Quasistatisch-strukturelle Komplexität

Definitionsgemäß beschreibt die quasistatisch-strukturelle Komplexität die näherungsweise zeitunabhängige Struktur sowie die potenzielle, strukturelle Variationsfähigkeit eines Systems. KIRCHHOF definiert statisch-strukturelle Komplexität als eine Funktion der Anzahl und Relationen von Systemelementen und deren unterscheidbarer Vielfalt[168]. Entsprechend gestalten sich die Faktoren der quasistatisch-strukturellen Komplexitätsdimension.

Ein wichtiger Faktor der quasistatisch-strukturellen Komplexität ist die Varietät. Die Varietät als Maß für Komplexität wurde durch ASHBY als Anzahl unterscheidbarer Systemelemente eingeführt[169]. Analog definiert MALIK Varietät als die Anzahl unterscheidbarer Systemzustände, die ein System im Sinne der mathematischen Kombinatorik annehmen kann[170]. Bestandteile der Varietät und damit Komplexitätsfaktoren sind die Vielzahl und Vielfalt von Systemelementen, welche zusammenfassend als *Elementekomplexität* definiert sind[171]. Der Begriff *Vielzahl* bezieht sich in diesem Kontext auf die Anzahl an Elementen oder Variablen eines Systems, die Anzahl der Wirkgrößen, Aktionen oder Informationen einer Aufgabe oder die Anzahl an Informationen und Entscheidungen[172]. Neben der reinen Anzahl an Elementen beschreibt der Begriff *Vielfalt* die Heterogenität von Elementen, Aufgaben, Zielen, Informationen oder Systemzuständen[173]. Vielfalt ist ein Ausdruck „[...] für die Verschiedenartigkeit von Systemen, die von homogen und wenig komplex bis heterogen und hochkomplex reichen kann."[174] Häufig werden diese Komplexitätsfaktoren auch als Umfang oder Größe eines Systems, eines Projekts oder eines Problems umschrieben[175].

---

166 Vgl. ebd. S. 61; Kirchhof, R. (2003), Ganzheitliches Komplexitätsmanagement, S. 12ff.

167 Vgl. Fölling, C. et al. (2022), Mastering complexity, S. 161.

168 Vgl. Kirchhof, R. (2003), Ganzheitliches Komplexitätsmanagement, S. 13.

169 Vgl. Ashby, W. R. (1957), Introduction to Cybernetics, S. 126; Beer, S. (1959), Cybernetics and Management, S. 43.

170 Vgl. Malik, F. (2003), Strategie, S. 186.

171 Vgl. Fölling, C. et al. (2022), Mastering complexity, S. 162; Kirchhof, R. (2003), Ganzheitliches Komplexitätsmanagement, S. 18.

172 Vgl. Shenhar, A. J. et al. (2002), One Size Does Not Fit All, S. 101; Saifoulline, R. et al. (2011), Kognitive Kernkompetenzen, S. 32; Wood, R. E. (1986), Task Complexity, S. 66f.; ElMaraghy, W. H. et al. (2004), Assessment, S. 402; DIN Deutsches Institut für Normung (2000), DIN EN ISO 10075-2, Ergonomische Grundlagen, S. 4; Gell-Mann, M. (2002), The Quark and the Jaguar, S. 29.

173 Vgl. Weth, R. v. d. (2001), Management der Komplexität, S. 23; Gottschalk, S. F. (2006), Dedicated Flexibility, S. 143; Fricker, A. R. (1996), Methodik zur Modellierung, S. 39.

174 Kirchhof, R. (2003), Ganzheitliches Komplexitätsmanagement, S. 18.

175 Vgl. Bliss, C. (1998), Management von Komplexität, S. 92f.; Weth, R. v. d. (2001), Management der Komplexität, S. 32; Shenhar, A. J. et al. (2002), One Size Does Not Fit All, S. 103.

Ein weiterer Faktor der quasistatisch-strukturellen Komplexität ist die Vernetzung der Elemente eines Systems, einer Aufgabe oder Situation[176]. Die Vernetzung eines Systems beschreibt die Anzahl, Art und Intensität der Beziehungen zwischen den Systemelementen sowie die Vernetzung des Systems mit seiner Umwelt. Diese Komplexitätsform wird als *Relationenkomplexität* bezeichnet[177]. Der Faktor der Vernetzung wird in der Literatur häufig gleichbedeutend als *Konnektivität* bezeichnet[178]. Die Relationen zwischen den Elementen beziehen sich auf Abhängigkeiten, Interaktionen und Wirkbeziehungen hinsichtlich Wirkrichtung, Zeithorizont und Intensität[179].

Zusammenfassend beschreiben BURGGRÄF und PATZAK die strukturelle Komplexität als Kombination von Varietät und Konnektivität[180]. Die Vielzahl und Vielfalt an Elementen eines Systems und deren Verbindungen werden zusammenfassend häufig als Kompliziertheit beschrieben[181]. In dieser Betrachtungsweise wird der Begriff kongruent zu dem dieser Arbeit zugrundeliegenden Begriffsverständnis der quasistatisch-strukturellen Komplexität genutzt. Davon abzugrenzen ist die Kompliziertheit von Situationen oder Aufgaben im Sinne von Intransparenz, Schwierigkeit oder Unverständlichkeit[182]. KIRCHHOF beschreibt neben der statisch-strukturellen auch eine dynamisch-strukturelle Komplexität bezogen auf Veränderungen von Systemzuständen oder -strukturen[183]. Diese dynamischen Veränderungen der Struktur werden gemäß dem oben dargestellten Begriffsverständnis dieser Arbeit als Systemverhalten und damit als Bestandteil der dynamisch-funktionalen Komplexität gewertet. Insgesamt steigt die quasistatisch-strukturelle Komplexität eines Systems mit der Vielzahl und Vielfalt seiner Elemente sowie deren Relationen untereinander und zur Systemumwelt.

Neben der Elemente- und Relationenkomplexität wird die quasistatisch-strukturelle Komplexität durch die Aufgabenkomplexität als Ausdruck für die Anforderungen und den Aufwand einer Planungsaufgabe sowie die Kritikalität einzelner Planungsinkremente für das Gesamtprojekt beeinflusst[184]. Die Kritikalität beschreibt die Auswirkungen einzelner Planungsinkremente auf das Gesamtprojekt, welche durch die Propagation der im Planungsinkrement erzeugten Planungsinformationen determiniert werden. Beide Faktoren werden im Rahmen dieser Arbeit der quasistatisch-strukturellen Komplexitätsdimension zugerechnet, da sie über den Projektverlauf zeitlich nahezu unveränderlich sind und da beide inhaltlich direkt mit den Planungsaufgaben als Elementen der Systemstruktur verknüpft sind.

[176] Vgl. Brinzer, B. et al. (2017), Komplexitätsbewertung, S. 343; Vester, F. (2015), Die Kunst vernetzt zu denken, S. 16; Weth, R. v. d. (2001), Management der Komplexität, S. 40; Ulrich, H. et al. (1995), Anleitung, S. 110.

[177] Vgl. Kirchhof, R. (2003), Ganzheitliches Komplexitätsmanagement, S. 18.

[178] Vgl. Fricker, A. R. (1996), Methodik zur Modellierung, S. 24.

[179] Vgl. Krunke, M. (2017), Reifegradmanagement, S. 127.

[180] Vgl. Burggräf, P. (2012), Wertorientierte Fabrikplanung, S. 157; Patzak, G. (1982), Systemtechnik, S. 22f.

[181] Vgl. Westphal, J. R. (2001), Komplexitätsmanagement, S. 77f.; Ulrich, H. et al. (1995), Anleitung, S. 61.

[182] Vgl. Flückiger, M. et al. (1995), Komplexität, S. 5.

[183] Vgl. Kirchhof, R. (2003), Ganzheitliches Komplexitätsmanagement, S. 14.

[184] Vgl. Weth, R. v. d. (2001), Management der Komplexität, S. 41; Shenhar, A. J. et al. (2002), One Size Does Not Fit All, S. 101; ElMaraghy, W. H. et al. (2004), Assessment, S. 403; Burggräf, P. (2012), Wertorientierte Fabrikplanung, S. 158; Braha, D. et al. (20), A Mathematical Theory of Design, S. 253f.

Dynamisch-funktionale Komplexität

Die dynamisch-funktionale Komplexität beschreibt das zeitabhängige Verhalten und die realisierbare situative Anpassungsfähigkeit eines Systems, das Systemverhalten über die Zeit sowie die Wahrscheinlichkeit für die Kontrolliertheit des Systems[185]. Die Veränderlichkeit des Systemverhaltens wird als Vielfalt seiner potenziellen Zustandsfolgen ausgedrückt[186]. In diesem Kontext beschreibt funktionale Komplexität die Adaptivität eines Systems an die Komplexität seiner Umwelt durch die selektive Variation seiner Zustände[187].

Der zentrale Faktor der dynamisch-funktionalen Komplexität ist die Unsicherheit von Informationen, welche unter anderem aus der für diese Komplexitätsdimension namensgebenden Dynamik resultiert. EVERSHEIM unterscheidet diesbezüglich den Inhalt und den Kontext einer Information als deren potenziell unsichere Komponenten. Inhaltliche Unsicherheit bezeichnet demnach ungenaue, unvollständige oder vage Informationen, während Kontextunsicherheit die Zuverlässigkeit einer Information über deren Kontext bewertet.[188] Hier wird deutlich, dass informatorische Unsicherheit stark mit den Attributen der Informationsqualität *Genauigkeit*, *Aktualität*, *Richtigkeit*, *Vollständigkeit* und *Relevanz* zusammenhängt, welche entscheidend für die Nutzbarkeit von Informationen sind.[189] In der Literatur werden Entscheidungen unter Unsicherheit und unter Risiko differenziert. Während Risiko über die Eintrittswahrscheinlichkeit von Zuständen bewertet werden kann, ist eine Beurteilung dieser Wahrscheinlichkeit bei Entscheidungen unter Unsicherheit nicht möglich.[190] Auf dieser Basis definiert FISCHI Komplexität als die Schwierigkeit, das zukünftige Systemverhalten genau vorherzusagen[191]. Die Ungenauigkeit und Vagheit von Informationen wird auch als Unschärfe beschrieben[192]. KRUNKE definiert den Begriff *Unschärfe* als mit einer Eintrittswahrscheinlichkeit abweichende oder inhaltlich ungenügend detaillierte Informationen[193]. Wichtige Faktoren für die Unsicherheit von Planungsinformationen sind Dynamik und Volatilität. Dynamik als Eigenschaft von Systemen, Anforderungen, Aufgaben und Situationen beschreibt deren Veränderlichkeit bezogen auf Bedingungen, Informationen, Ziele und das Systemverhalten[194]. Dabei liegt der Fokus auf der Veränderungsgeschwindigkeit sowie auf Veränderungsrichtungen und -prinzipien[195]. Die Existenz oder Abwesenheit von Dynamik

[185] Vgl. Papakostas, N. et al. (2009), Modelling the complexity, S. 437.

[186] Vgl. Fricker, A. R. (1996), Methodik zur Modellierung, S. 39.

[187] Vgl. Kirchhof, R. (2003), Ganzheitliches Komplexitätsmanagement, S. 15.

[188] Vgl. Eversheim, W. et al. (1995), Kurze Produktentwicklungszeiten, S. 48.

[189] Vgl. Fölling, C. et al. (2022), Mastering complexity, S. 163; Wang, R. Y. et al. (1996), Beyond Accuracy, S. 6f.; Burggräf, P. et al. (2018), Data Quality-Based Process Enabling, S. 36; Weth, R. v. d. (2001), Management der Komplexität, S. 45; Krunke, M. (2017), Reifegradmanagement, S. 32; Saifoulline, R. et al. (2011), Kognitive Kernkompetenzen, S. 31.

[190] Vgl. Laux, H. et al. (2014), Entscheidungstheorie, S. 33.

[191] Vgl. Fischi, J. et al. (2017), Dynamic Complexity Measures, S. 2018.

[192] Vgl. Hawer, S. et al. (2015), Klassifizierung unscharfer Planungsdaten, S. 348f.

[193] Vgl. Krunke, M. (2017), Reifegradmanagement, S. 34f.

[194] Vgl. Weth, R. v. d. (2001), Management der Komplexität, S. 32; Burggräf, P. (2012), Wertorientierte Fabrikplanung, S. 104; Ulrich, H. et al. (1995), Anleitung, S. 108; Westphal, J. R. (2001), Komplexitätsmanagement, S. 65.

[195] Vgl. Kirchhof, R. (2003), Ganzheitliches Komplexitätsmanagement, S. 18.

wird auch als Instabilität bzw. Stabilität oder Determiniertheit von Systemen beschrieben[196]. Der Begriff *Volatilität* wird häufig austauschbar mit Dynamik verwendet. Er beschreibt Veränderungen, Instabilität, Unvorhersehbarkeit und Unbeständigkeit. Typische Konnotationen von Volatilität sind Variabilität und Unsicherheit, wobei Variabilität alle Veränderungen und Unsicherheit nur unbekannte Veränderungen beschreibt. Entsprechend weist Volatilität einen vorhersehbaren und einen unvorhersehbaren Anteil auf.[197] In der populärwissenschaftlichen Literatur werden diese Faktoren der dynamisch-funktionalen Komplexität häufig unter dem Akronym *VUCA* zusammengefasst[198]. Insbesondere Dynamik, Volatilität und Unsicherheit als Treiber der dynamisch-funktionalen Komplexität wurden bereits in Kapitel 2.2 als wichtige Herausforderungen in der Montageplanung beschrieben.

Insgesamt erhöht sich die dynamisch-funktionale Komplexität mit der Unsicherheit der zu verarbeitenden Informationen, welche aus der Dynamik des Systems und seiner Umwelt resultiert. Die Gesamtkomplexität der Montageplanung ergibt sich aus den Faktoren der quasistatisch-strukturellen sowie der dynamisch-funktionalen Komplexität. Eine Zusammenfassung der vorgestellten Komplexitätsdimensionen und -faktoren gibt Abbildung 2-8.

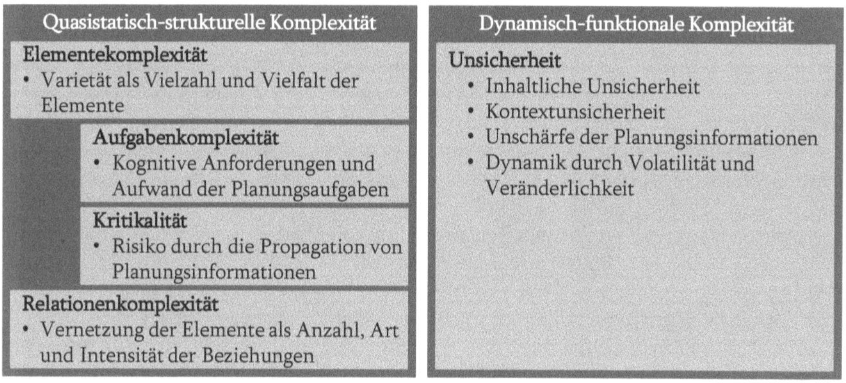

Abbildung 2-8: Die Dimensionen und Faktoren der Komplexität

Zur detaillierten Beschreibung der Komplexität wird im Rahmen dieser Arbeit ein spezifisches Komplexitätsmaß für die Montageplanung entwickelt. Im folgenden Kapitel erfolgt der Transfer der dargestellten Komplexitätsfaktoren beider Dimensionen auf das System der Montageplanung.

[196] Vgl. Burggräf, P. (2012), Wertorientierte Fabrikplanung, S. 158; Gartzen, T. (2012), Diskrete Migration, S. 59f.; Gottschalk, S. F. (2006), Dedicated Flexibility, S. 58.

[197] Vgl. Wolf, H. (2005), Volatility, S. 48f.

[198] Das Akronym VUCA wird aus den englischsprachigen Begriffe *volatility*, *uncertainty*, *complexity* und *ambiguity* gebildet. vgl. Rodriguez, A. et al. (2015), Metaphors, S. 855.

2.3.3 Die Montageplanung als komplexes System

Dieses Kapitel dient der Charakterisierung der Montageplanung als komplexem System hinsichtlich ihrer quasistatisch-strukturellen sowie dynamisch-funktionalen Komplexitätsdimension.

Wie im vorangegangenen Kapitel verdeutlicht, ist Komplexität im Kern eine Eigenschaft von Systemen. Komplexe, adaptive Systeme bestehen per Definition aus einer Vielzahl miteinander und mit der Umwelt agierender Komponenten. Sie weisen ein nicht-lineares, dynamisches Verhalten auf und entwickeln sich kontinuierlich mit ihrer Umwelt weiter.[199] BURGGRÄF beschreibt Fabrikplanung als komplexes, soziotechnisches System und gibt einen Überblick über dessen komplexitätsverursachende Eigenschaften[200]. Im Folgenden werden die komplexitätstreibenden Systemeigenschaften mit den in Kapitel 2.1 dargestellten Eigenschaften der Montageplanung verglichen.

Die quasistatisch-strukturelle Komplexität der Montageplanung lässt sich anhand des Rahmenwerks der projektneutralen Modullandkarte erörtern (vgl. Kapitel 2.1.2). Die Montageplanung als System umfasst demnach eine große Vielzahl und Vielfalt an Planungsinkrementen, welche in Planungsmodule gekapselt sind[201]. Sie unterliegt folglich einer hohen Elementekomplexität. Planungsmodule und -inkremente sind die Systemelemente der Montageplanung. Die Vielzahl der Planungsmodule und -inkremente ist projektspezifisch, sodass auch die strukturelle Komplexität zwischen verschiedenen Montageplanungsprojekten divergiert. In der Diversität der einzelnen Planungsinkremente liegt die heterogene Komplexitätsverteilung innerhalb des Projekts begründet. Die Komplexität einzelner Planungsaufgaben ergibt sich aus der Komplexität der Systemumwelt sowie aus der Interaktion der Planenden mit der Umwelt[202]. Ein weiterer Komplexitätsfaktor sind die zahlreichen internen und externen Planungsinformationen, welche die Planungsmodule und -inkremente miteinander verknüpfen. Die Vielzahl der Informationsflüsse der Modullandkarte enthält eine große Vielfalt an Informationen und Wirkbeziehungen, welche eine hohe Relationenkomplexität der Montageplanung verursachen. Die Modullandkarte ist durch komplex vernetzte Wirkbeziehungen in Form von Informationsflüssen zwischen den Planungsmodulen und -inkrementen gekennzeichnet[203]. Entsprechend können komplexe Systeme nach SIMON in ihrer Struktur als beinahe zerlegbare Systeme beschrieben werden, welche ein integriertes Ganzes aus separaten, nahezu unabhängigen Unterstrukturen darstellen[204]. Die Vielzahl und Vielfalt der Planungsmodule und -inkremente sowie deren Vernetzung charakterisieren die Systemstruktur und konstituieren folglich die quasistatisch-strukturelle Komplexität der Montageplanung.

Neben der Vielzahl und Vielfalt der informatorischen Verknüpfungen sind insbesondere die Eigenschaften der Planungsinformationen wichtige Faktoren der dynamisch-funktionalen Komplexität der Montageplanung. Die Dynamik der Umwelt wird vor allem durch Anforderungen der

---

[199] Vgl. Stüttgen, M. (2003), Strategien der Komplexitätsbewältigung, S. 42.
[200] Vgl. Burggräf, P. (2012), Wertorientierte Fabrikplanung, S. 2.
[201] Vgl. Burggräf, P. et al. (2021), Fabrikplanung, S. 11f., 33.
[202] Vgl. Saifoulline, R. et al. (2011), Kognitive Kernkompetenzen, S. 32.
[203] Vgl. Haberfellner, R. et al. (2019), Systems Engineering, S. 177.
[204] Vgl. Simon, H. A. (1962), The Architecture of Complexity, S. 473f.; Stüttgen, M. (2003), Strategien der Komplexitätsbewältigung, S. 149.

Produktentwicklung in Form von externen Informationsflüssen an die Montageplanung weitergegeben (vgl. Kapitel 2.2.1). Die Dynamik und Turbulenz des Marktumfeldes äußern sich in der Montageplanung insbesondere durch volatile, veränderliche Anforderungen und Planungsinformationen[205]. Diese zeitlichen Veränderungen der Systemzustände kennzeichnen das dynamische Systemverhalten der Montageplanung. Die schnelle Veränderlichkeit von Planungsinformationen resultiert in informatorischer Unsicherheit, welche den zentralen Komplexitätsfaktor dieser Dimension bildet. Neben der veränderungsbedingten Unsicherheit sind Montageplanungsprojekte stets auch durch eine initiale Unsicherheit gekennzeichnet, welche im Planungsverlauf mit steigendem Reifegrad reduziert wird[206]. Die Unsicherheit ist ebenfalls Teil der Planungskomplexität[207]. Die dynamisch veränderlichen, volatilen und mit Unsicherheit behafteten Informationsflüsse innerhalb der Montageplanung sind demnach Kennzeichen für deren dynamisch-funktionale Komplexität.

Zusammenfassend wird die Montageplanung als komplexes System mit sowohl quasistatisch-strukturellen als auch dynamisch-funktionalen Komplexitätsanteilen charakterisiert. Entsprechend definiert BURGGRÄF Planungskomplexität als „[...] Zusammenspiel aus Varietät und Dynamik der planerischen Ausgangsbedingung [...]"[208].

Die dargelegte Einordnung der Montageplanung als komplexes System bildet einen Grundstein für die im weiteren Verlauf dieser Arbeit diskutierten und entwickelten Ansätze zur Operationalisierung und Beherrschung der inhärenten Komplexität der Montageplanung. In den bisherigen Ausführungen wurde Komplexität vordergründig als Herausforderung der Montageplanung und als Merkmal von Systemen dargestellt. Als Resultat dieser weit verbreiteten Perspektive ergibt sich eine zumeist negative Konnotation des Begriffs[209]. Darüber hinaus kann Komplexität jedoch auch als positive Eigenschaft und wichtige Fähigkeit von Systemen gewertet werden.[210] Diese Perspektive wird im folgenden Kapitel näher beleuchtet.

2.3.4 Komplexität als Fähigkeit eines Systems

Nach den Ausführungen über die zentralen Komplexitätsfaktoren wird Komplexität in diesem Kapitel als positive Eigenschaft und Fähigkeit eines Systems im Umgang mit Komplexität diskutiert. Diese positive Sichtweise klingt ebenfalls in der Komplexitätsdefinition nach ULRICH als

[205] Vgl. Bäumers, Y. (2017), Wirtschaftlicher Detaillierungsgrad, S. 49.

[206] Vgl. Shenhar, A. J. et al. (2002), One Size Does Not Fit All, S. 101; Burggräf, P. (2012), Wertorientierte Fabrikplanung, S. 47; Papakostas, N. et al. (2018), Facility layout and complex production line design, S. 452; Krunke, M. (2017), Reifegradmanagement, S. 90.

[207] Vgl. Burggräf, P. (2012), Wertorientierte Fabrikplanung, S. 195.

[208] Burggräf, P. (2012), Wertorientierte Fabrikplanung, S. 104.

[209] Vgl. Malik, F. (2007), Management, S. 40.

[210] Vgl. Schuh, G. et al. (2013), Chefsache Komplexität, S. 30f.; Dannapfel, M. (2020), Ein systemisches Management-Modell, S. 58.

„[...] Fähigkeit eines Systems, in einer gegebenen Zeitspanne eine [große] Zahl von verschiedenen Zuständen annehmen zu können [...]“[211] an. DANNAPFEL bezeichnet Komplexität in diesem Zusammenhang als notwendiges Kriterium zur Bewältigung komplexer Situationen[212].

Diese Betrachtungsweise von Komplexität ist ein zentraler Bestandteil der Systemtheorie und der Kybernetik[213]. Deren elementare These besagt, dass die Komplexität der Umwelt nur durch die Komplexität des Systems kontrolliert werden kann. Zu dieser formal identischen Aussage existieren zwei diametral kontradiktorische Ansätze der bedeutenden Kybernetiker ASHBY und LUHMANN, was als Paradoxon der Komplexität bezeichnet wird.[214] Zunächst postulierte ASHBY in seinem Gesetz der erforderlichen Varietät, dass Varietät nur durch Varietät zerstört werden könne[215]. Er verfolgt dabei den Ansatz einer hohen Systemkomplexität, um durch die Vielfalt der Konfigurationsmöglichkeiten des Systems eine maximale Adaptionsfähigkeit an die Umweltkomplexität zu erreichen[216]. LUHMANN widerspricht diesem Ansatz mit der These, dass die Umweltkomplexität immer höher als die Systemkomplexität sei. Aufgrund dieses Komplexitätsgefälles, welches System und Umwelt abgrenzt, können Systeme die erforderliche Komplexität zur Reaktion auf alle Umweltzustände nicht aufbringen. Er fordert stattdessen, dass die geringere Systemkomplexität durch adäquate Selektionsstrategien hinsichtlich des Systemverhaltens kompensiert werde. Er vertritt damit die These, dass Komplexität nur durch Komplexität reduziert werden könne.[217] Der Ansatz nach ASHBY entspricht also im Kern der Definition der strukturellen Komplexität als systemische Variationsfähigkeit durch den Vorhalt von Freiheitsgraden bzw. Varietät in der Systemstruktur, während der Ansatz nach LUHMANN der Definition von funktionaler Komplexität als selektiver Variationsfähigkeit des Systemverhaltens gleichkommt (vgl. Kapitel 3.2.1).

Nach BLISS lässt sich das vermeintliche Paradoxon durch die Integration des Gesetzes der erforderlichen Varietät nach ASHBY und des Satzes der erforderlichen Selektion nach LUHMANN als Fundamentalsätze der Systemtheorie auflösen (vgl. Abbildung 2-9). Eine Erhöhung der strukturellen Komplexität führt zu einer Erhöhung der potenziellen Umweltentsprechung sowie der funktionalen Komplexität und damit des Selektionsaufwandes, wodurch die Fähigkeit zur situativen Umweltentsprechung vermindert wird. Analog vermindert die Reduktion funktionaler Komplexität die Verhaltensmöglichkeiten des Systems, wodurch einerseits die Selektion vereinfacht und damit die Fähigkeit zur situativen Umweltentsprechung gesteigert und andererseits die Fähigkeit zur potenziellen Umweltentsprechung verringert wird.[218] Die quasistatisch-strukturelle und die dynamisch-funktionale Komplexität sind also voneinander abhängig und können demnach nicht als separat koexistierende Größen betrachtet werden[219].

---

211 Ulrich, H. et al. (1995), Anleitung, S. 58.

212 Vgl. Dannapfel, M. (2020), Ein systemisches Management-Modell, S. 58.

213 Die Forschungstheorie der Kybernetik wird in Kapitel 3.2.2 detaillierter behandelt.

214 Vgl. Bliss, C. (1998), Management von Komplexität, S. 156f.

215 Vgl. Ashby, W. R. (1957), Introduction to Cybernetics, S. 207.

216 Vgl. Bliss, C. (1998), Management von Komplexität, S. 156f.

217 Vgl. Luhmann, N. (2001), Soziale Systeme, S. 47ff.

218 Vgl. Bliss, C. (1998), Management von Komplexität, S. 161ff.

219 Vgl. Dannapfel, M. (2020), Ein systemisches Management-Modell, S. 59.

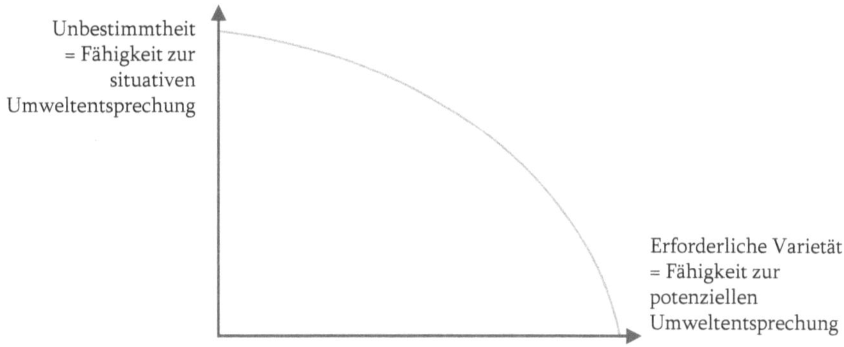

Abbildung 2-9: Auflösung des Paradoxons der Komplexitätsbeherrschung [220]

Aus der Betrachtung der Komplexität als notwendige Fähigkeit von Systemen zur Beherrschung der Komplexität ihrer Umwelt ergibt sich ein elementarer Lösungsbaustein dieser Arbeit. Das komplexe System der Montageplanung spielt eine entscheidende Rolle in der Beherrschung von Planungskomplexität. Neben der Systemstruktur, welche durch die projektspezifischen Montageplanungsmodule und -inkremente sowie deren informatorische Vernetzung beschrieben wird, wird das Systemverhalten maßgeblich durch das Planungsvorgehen im Projekt beeinflusst. Die verschiedenen Planungsmethoden werden vor diesem Hintergrund in Kapitel 3.3 behandelt.

2.3.5 Bedeutung der Komplexität für die Montageplanung

In diesem Kapitel erfolgt die zusammenfassende Darstellung der Komplexität als mehrdimensionale Herausforderung der Montageplanung einerseits sowie als positive Eigenschaft und Fähigkeit der Montageplanung zur Komplexitätsbeherrschung andererseits. Dazu wird die Komplexität der Montageplanung basierend auf den Ergebnissen der Kapitel 2.3.1 bis 2.3.4 im Rahmen dieser Arbeit wie folgt definiert[221]:

Die **Komplexität** als Merkmal und Fähigkeit bezeichnet die Diversität der Systemstrukturen und des Systemverhaltens der Montageplanung als Resultat der Varietät und dynamischen Veränderlichkeit von Planungsmodulen und -inkrementen sowie deren informatorischer Vernetzung.

Im Fokus dieser Arbeit steht die Komplexität als Herausforderung der Montageplanung, die es zu beherrschen gilt. Zu diesem Zweck muss die vorliegende Komplexität detailliert verstanden und als Indikator für die Auswahl eines erfolgreichen Ansatzes zur Komplexitätsbeherrschung eingesetzt werden. Die Komplexität der Montageplanung weist immer eine quasistatisch-strukturelle sowie eine dynamisch-funktionale Dimension auf, welche wie folgt definiert werden[222]:

---

[220] I. A. a. Bliss, C. (1998), Management von Komplexität, S. 162.

[221] Vgl. Kirchhof, R. (2003), Ganzheitliches Komplexitätsmanagement, S. 18 ; Malik, F. (2000), Systemisches Management, S. 103.

[222] Vgl. Kirchhof, R. (2003), Ganzheitliches Komplexitätsmanagement, S. 12ff.; ElMaraghy, H. A. et al. (2005), Manufacturing Systems, S. 445f.; Gottschalk, S. F. (2006), Dedicated Flexibility, S. 61.

Die **quasistatisch-strukturelle Komplexität** bezeichnet die näherungsweise zeitunabhängige Systemstruktur der Montageplanung als Funktion der Varietät der Planungsmodule, -inkremente und deren informatorischer Vernetzung sowie ihre potenzielle Variationsfähigkeit.[223]

Die **dynamisch-funktionale Komplexität** bezeichnet das zeitabhängige Systemverhalten der Montageplanung als Funktion der Unsicherheit der Planungsinformationen sowie ihre situative, selektive Variationsfähigkeit.[224]

Die Gesamtkomplexität der Montageplanung ergibt sich aus der Kombination dieser beiden Komplexitätsdimensionen. Die in Kapitel 2.3.2 diskutierten Komplexitätsfaktoren zeigen, dass die Herausforderungen der Montageplanung weitgehend unter dem Begriff der Komplexität subsummiert werden können. Die Ergebnisse der empirischen Untersuchung verdeutlichen, dass bei insuffizientem Umgang mit Komplexität gerade in dynamischen Entwicklungsumgebungen ein erhebliches Risiko besteht, die Planungsziele hinsichtlich Zeit, Kosten und Leistung zu verfehlen.

Basierend auf den bisher generierten Erkenntnissen zur hohen Bedeutung der Komplexität als bedeutsame Anforderung aber auch als Potenzial für die Montageplanung, wird in Kapitel 2.4 erörtert, welche Defizite zur suffizienten Komplexitätsbeherrschung in der Montageplanung in der Praxis bestehen, um auf dieser Grundlage Handlungsbedarfe abzuleiten.

2.4 Handlungsbedarf zur Komplexitätsbeherrschung in der Montageplanung aus Sicht der Praxis

Der Zweck dieses Kapitels umfasst die Herleitung des bestehenden Handlungsbedarfs zur suffizienten Beherrschung von Komplexität in der Montageplanung vor dem Hintergrund der beschriebenen Herausforderungen, Probleme und Defizite in der industriellen Praxis. Sowohl der identifizierte Handlungsbedarf aus Sicht der montageplanerischen Praxis als auch der im Folgenden grob skizzierte Lösungsansatz leiten sich maßgeblich aus den Ergebnissen der durchgeführten empirisch-induktiven Primärstudie ab (vgl. Anhang 8.1), in der sowohl aktuelle Herausforderungen als auch Best-Practice-Ansätze zum Methodeneinsatz in der Montageplanung untersucht wurden. Auf diese Weise wird der von ULRICH geforderte Praxisbezug von Problemstellung und Lösungsansatz sichergestellt und untermauert[225].

Die empirische Untersuchung der montageplanerischen Praxis hat ergeben, dass die hohe und weiter zunehmende Komplexität in der Montageplanung die zentrale Herausforderung dieser Disziplin darstellt. Aus den Studienergebnissen lässt sich weiter schließen, dass ein insuffizienter Umgang mit der Komplexität in Montageplanungsprojekten zu schlechteren Ergebnissen hinsichtlich der Planungsziele führt (vgl. Kapitel 2.2.2). Zur Optimierung der Planungsergebnisse in der Montageplanung muss folglich, gemäß der Zielsetzung dieser Arbeit, eine Lösung entwickelt werden, welche eine gezielte Komplexitätsbeherrschung ermöglicht.

[223] Vgl. Fölling, C. et al. (2022), Mastering complexity, S. 162.
[224] Vgl. ebd. S. 164.
[225] Vgl. Ulrich, H. (1984), Management, S. 192f.

Wie in Kapitel 2.3.5 beschrieben, ergeben sich die Herausforderungen in der Montageplanung durch Komplexität mit einem sowohl quasistatisch-strukturellen als auch dynamisch-funktionalen Anteil. Es wurde gezeigt, dass sich bei einer inadäquaten Berücksichtigung der Planungskomplexität signifikante Probleme hinsichtlich der Erreichung der Projekt- und Planungsziele ergeben. Folglich besteht das zentrale Praxisdefizit, zu dessen Lösung diese Arbeit beitragen soll, in der fehlenden Eignung bestehender Montageplanungsansätze zum suffizienten Umgang mit Planungskomplexität, wodurch Planungsziele regelmäßig verfehlt werden. Dieses Praxisdefizit sowie der industrielle Bedarf an einer Lösung lassen sich aus den Ergebnissen der im Rahmen dieser Arbeit durchgeführten empirischen Studie (vgl. Anhang 8.1) ableiten und werden durch die Projekterfahrung des Autors im Bereich der Montageplanung belegt. Für eine erfolgreiche Montageplanung muss folglich eine suffiziente Beherrschung der im jeweiligen Planungsfall vorliegenden Komplexität in beiden Komplexitätsdimensionen sichergestellt werden.

Die planungsfallspezifisch zu beherrschende Komplexität der Montageplanung ist eine Anforderung an die einzusetzenden Planungsmethoden und wird als **Komplexitätsbedarf** definiert.

Als grundlegende Voraussetzung für die erfolgreiche Komplexitätsbeherrschung in der Montageplanung, muss die planungsfallspezifische Komplexität zunächst detailliert bekannt sein und dazu beschreibbar und messbar gemacht werden. Aus dieser Anforderung leiten sich zwei praxisbezogene Handlungsbedarfe ab, die es im Verlauf dieser Arbeit zu adressieren gilt:

- **Handlungsbedarf 1:** Zur exakten Beschreibung und Messung des Komplexitätsbedarfs ist eine Detaillierung und Erweiterung des Modells der Montageplanung als Betrachtungsobjekt dieser Arbeit erforderlich. Aufgrund der heterogenen Komplexitätsverteilung auf Ebene der Planungsinkremente müssen die Planungsmodule im Rahmenwerk der projektneutralen Modullandkarte dekomponiert und die untergeordneten Planungsinkremente definiert werden, um die planungsfallspezifische Komplexität präzise erfassen und bewerten zu können.
- **Handlungsbedarf 2:** Zur vollständigen Erfassung und Bewertung des Komplexitätsbedarfs der Montageplanung besteht Handlungsbedarf hinsichtlich der Entwicklung eines Komplexitätsmaßes. Dazu muss die planungsfallspezifische Komplexität der Montageplanung in ihrer quasistatisch-strukturellen sowie dynamisch-funktionalen Dimension operationalisiert und messbar gemacht werden.

Die Lösungshypothesen zur Definition des Komplexitätsmaßes für die Montageplanung basieren auf den in Kapitel 2.3.2 erörterten Charakteristika der Komplexitätsdimensionen.

Neben der Messung von Komplexität durch ein umfassendes Komplexitätsmaß bedarf es zum erfolgreichen Umgang mit Komplexität in der Montageplanung geeigneter Ansätze zur Komplexitätsbeherrschung. Nach der zugrundeliegenden Komplexitätsdefinition trägt die Komplexität der Montageplanung maßgeblich zur Beherrschung der Planungskomplexität bei. Eine zentrale Rolle kommt diesbezüglich den im Projekt eingesetzten Planungsmethoden zu, über welche die Varietät bzw. Selektion der Montageplanung realisiert und determiniert wird. Gemäß der Zielsetzung dieser Arbeit sollen entsprechend diejenigen Planungsmethoden bestimmt und eingesetzt werden, welche das größte Potenzial zur Komplexitätsbeherrschung aufweisen.

Das Potenzial einer Planungsmethode zur Beherrschung der planungsfallspezifischen Komplexität in der Montageplanung wird als **Komplexitätspotenzial** definiert.

Zum Umgang mit Komplexität werden in den folgenden Kapiteln zunächst bestehende Ansätze zur Operationalisierung, Reduktion und Beherrschung von Komplexität analysiert. Anschließend werden die Komplexitätspotenziale plangetriebener und agiler Planungsmethoden untersucht, welche in der Montageplanung eingesetzt werden und somit einen Beitrag zur Komplexitätsbeherrschung leisten können.

Die detaillierte Kenntnis über den Komplexitätsbedarf der Montageplanung einerseits und das Komplexitätspotenzial plangetriebener und agiler Methoden andererseits schaffen die Grundlage für die systematische Bestimmung der dominanten Planungsmethoden. Der Einsatz planungsfallspezifisch dominanter Methoden ist das zentrale Lösungselement zur Beherrschung der Komplexität der Montageplanung. Eine gezielte Methodenauswahl muss über den systematischen Abgleich von Komplexitätsbedarf und Komplexitätspotenzialen erfolgen.

Die **Methodenauswahl** bezeichnet die systematische Bestimmung der zur Beherrschung der planungsfallspezifischen Komplexität der Montageplanung dominanten Methoden durch den Abgleich von Komplexitätsbedarf und Komplexitätspotenzialen.

Die Wichtigkeit einer systematischen Methodenauswahl auf Basis der planungsfallspezifischen Komplexität wird durch die Ergebnisse der empirischen Studie unterstrichen (vgl. Anhang 8.1). Diese besagen zum einen, dass suboptimale Planungsvorgehen zur Verfehlung von Planungszielen beitragen. Zum anderen wird deutlich, dass eine planungsfallspezifische, komplexitätsabhänge Methodenauswahl hohe Potenziale zur Optimierung der Montageplanungsergebnisse aufweist (vgl. Abbildung 2-10).[226]

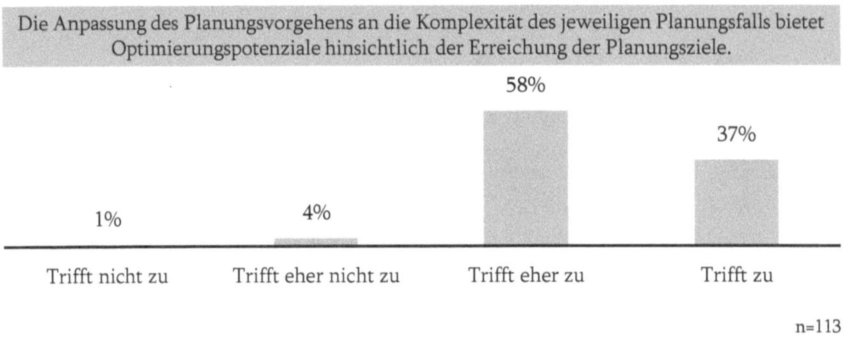

Abbildung 2-10: Potenziale durch eine komplexitätsabhängige Methodenauswahl

Bestehende Ansätze zur systematischen Methodenauswahl werden im folgenden Kapitel behandelt. Sie sind die Grundlage für die zielgerichtete Kombination plangetriebener und agiler Methoden in Hybridformen.

[226] Vgl. Burggräf, P. et al. (2020), Hybrid approach, S. 1174.

3 Theorie zur Komplexitätsbeherrschung in der Montageplanung

Im vorigen Kapitel wurde der Handlungsbedarf aus Sicht der Praxis hinsichtlich der Schaffung eines Komplexitätsmaßes zur Erfassung und Bewertung der Komplexität in der Montageplanung einerseits und zur Identifikation und Bewertung der Komplexitätspotenziale von Planungsmethoden andererseits identifiziert. In diesem Kapitel werden darauf aufbauend problemrelevante Theorien und Verfahren der Formalwissenschaften diskutiert und so der Wissensstand im Theoriezusammenhang dargelegt. Zur Spezifizierung der Zielsetzung dieser Arbeit werden zunächst Anforderungen an die Komplexitätsbeherrschung in der Montageplanung definiert (Kapitel 3.1). Aufbauend darauf werden bestehende Ansätze zur Operationalisierung, Reduktion und Beherrschung von Komplexität diskutiert und hinsichtlich ihrer Eignung für die Montageplanung kritisch reflektiert (Kapitel 3.2). Als Grundlage für die Bewertung der Komplexitätspotenziale plangetriebener und agiler Methoden werden deren Eigenschaften, Stärken und Schwächen analysiert (Kapitel 3.3). Weiterhin werden Ansätze zur Kombination plangetriebener und agiler Methoden in Hybridformen vorgestellt und nach ihrer Eignung zur Komplexitätsbeherrschung in der Montageplanung bewertet (Kapitel 3.4), bevor abschließend die Forschungsfrage dieser Arbeit aus dem aus Sicht der Theorie festgestellten Handlungsbedarf abgeleitet wird (Kapitel 3.5). Der Stand der Forschung und Technik bildet die Grundlage für die Entwicklung eines hybriden Montageplanungsvorgehens, in dem agile und plangetriebene Methoden kombiniert werden.

3.1 Anforderungen an die Komplexitätsbeherrschung in der Montageplanung

In diesem Kapitel wird die Zielsetzung dieser Arbeit, die Komplexität in der Montageplanung durch ein Modell zur systematischen Auswahl planungsfallspezifisch dominanter Methoden zu beherrschen, durch Anforderungen an eine suffiziente Komplexitätsbeherrschung spezifiziert.

Zunächst erfordern die Individualität von Montageplanungsprojekten und Planungsfällen sowie die heterogene Komplexitätsverteilung von Planungsmodulen und -inkrementen eine hohe **Spezifität** der Lösung. Zur erfolgreichen Abdeckung verschiedener Planungsfälle, wird ein planungsfallspezifisch differenziertes und individuell konfigurierbares Planungsvorgehen benötigt[227]. Eine notwendige Bedingung dafür, und damit eine weitere Anforderung an eine suffiziente Komplexitätsbeherrschung, ist die **Objektivierung** der Komplexität. Die Komplexität der Montageplanung muss operationalisiert und gemessen werden, um dann zielgerichtet adressiert und beherrscht werden zu können. Um eine vollständige Komplexitätsbeherrschung zu erreichen, muss sowohl die quasistatisch-strukturelle als auch die dynamisch-funktionale Komplexitätsdimension

[227] Vgl. Müller, W. (2015), Hybrid ist Pflicht, S. 105; Krunke, M. (2017), Reifegradmanagement, S. 40; Shenhar, A. J. et al. (2002), One Size Does Not Fit All, S. 99.

der Montageplanung operationalisiert werden (vgl. Kapitel 3.2.1). Folglich ist eine **Universalität** der Lösung bezogen auf die Komplexitätsdimensionen vonnöten. Aufgrund der dynamischen Planungsumgebung muss die Lösung weiterhin eine ausreichende **Adaptivität** aufweisen, um angemessen auf die veränderliche Komplexität im Projektverlauf und veränderliche Anteile der Komplexitätsdimensionen reagieren zu können. Planungsvorgehen müssen entsprechend flexibel und adaptiv an die veränderlichen Rahmenbedingungen individueller Projekte anpassbar sein und können nicht deterministisch a priori festgelegt werden[228]. In Bezug auf das Forschungsfeld dieser Arbeit muss die zu entwickelnde Lösung zur Komplexitätsbeherrschung schließlich einen umfassenden **Domänenbezug** aufweisen. Die Lösung muss dazu inhaltlich auf die spezifischen Charakteristika der Montageplanung und deren Komplexitätsausprägungen Bezug nehmen. Zudem darf keine inhaltliche Einschränkung der Montageplanungsumfänge erfolgen.

Die genannten Anforderungen dienen im weiteren Verlauf der Arbeit als Bewertungsgrundlage für die Eignung bestehender Ansätze zur Komplexitätsbeherrschung. Im Folgenden werden Ansätze zum Umgang mit Komplexität dargestellt und auf ihre Eignung zur Komplexitätsbeherrschung in der Montageplanung untersucht.

3.2 Ansätze zum Umgang mit Komplexität

Das folgende Kapitel widmet sich der Vorstellung, Analyse und Abgrenzung existierender Theorien und Ansätze zur Operationalisierung und Beherrschung von Komplexität. Bezogen auf die in Kapitel 3.1 spezifizierten Anforderungen an die zu entwickelnde Lösung sollen geeignete Ansätze für eine Anwendung im Bereich der Montageplanung identifiziert werden. Zunächst werden verschiedene Ansätze zur Operationalisierung und Messung von Komplexität vorgestellt (Kapitel 3.2.1). Weiterhin werden Ansätze zur Reduktion und zur Beherrschung von Komplexität dargestellt, wobei zwischen einer konstruktivistisch-technomorphen und einer systemisch-evolutionären Herangehensweise unterschieden wird (Kapitel 3.2.2). Abschließend werden die diskutierten Theorien und Ansätze auf ihre Eignung für die Montageplanung bewertet.

3.2.1 Operationalisierung von Komplexität

Im vorliegenden Kapitel werden verschiedene Ansätze zur Messung und Bewertung der quasistatisch-strukturellen sowie der dynamisch-funktionalen Komplexität vorgestellt. Diese Ansätze bilden die Grundlage für eine objektive Beschreibung und Operationalisierung der Komplexität in der Montageplanung und ermöglichen so deren gezielte Beherrschung. Bezüglich der zugrundeliegenden These, dass nur die Dinge beherrscht werden können, welche messbar sind, wird PETER DRUCKER häufig der Aphorismus „what gets measured, gets managed" zugeschrieben[229]. Obwohl

[228] Vgl. Schuh, G. et al. (2018), Process model, S. 364; Vijayasarathy, L. R. et al. (2016), Choice of Software Development Methodologies, S. 86; Seel, C. et al. (2017), Ein adaptives Vorgehensmodell, S. 20; Project Management Institute (PMI) (2017), PMBOK Guide, S. 58.

[229] Vgl. Klaus, P. (2015), Measuring, S. 81; Grosswiele, L. (2015), Corporate Performance Management, S. 1; Prusak, L. (2010), Decision Making; Ahmed, S. et al. (2020), What Gets Measured Gets Managed, S. 2.

diese Aussage tatsächlich wohl nicht auf PETER DRUCKER zurückgeht[230], beschreibt sie treffend den Bedarf, ein Problem genau zu erfassen, um es dann zielgerichtet lösen zu können. Zur Wahrung der wissenschaftlichen Korrektheit und vor dem Hintergrund der eingangs erwähnten Zielsetzung der Wissenserzeugung wird die Motivation zur Messung der Komplexität in dieser Arbeit aus einem Zitat von THOMSON abgeleitet: „[...] when you can measure what you are speaking about and express it in numbers you know something about it [...]“.[231] Um also mehr über die Komplexität der Montageplanung zu wissen, muss diese anhand bewertbarer Messgrößen quantifiziert und operationalisiert werden. Zwar sind die messbaren Ausprägungen der Komplexität nicht deren Ursachen, jedoch ist das Wissen über die Komplexität Voraussetzung für deren Beherrschung.[232] Folglich ist die Messung der Komplexität notwendige Bedingung für die fundierte Entscheidungsfindung hinsichtlich der Methodenauswahl[233].

Anforderungen an die Operationalisierung von Komplexität

Zur Bewertung der Ansätze zur Operationalisierung von Komplexität werden die Anforderungen aus Kapitel 3.1 durch weitere untergeordnete Anforderungen detailliert, welche sich explizit auf die Operationalisierung von Komplexität als Teilaspekt der Komplexitätsbeherrschung beziehen.

Eine wichtige Funktion der Operationalisierung von Komplexität ist die Vermeidung subjektiver Betrachtungsweisen. Nach GOTTSCHALK lassen sich ein subjektiver und ein objektiver Komplexitätsbegriff differenzieren, wobei eine beobachterabhängige Systemwahrnehmung und eine beobachterunabhängige Systembeschreibung unterschieden werden[234]. Subjektive Komplexität wird qualitativ beschrieben und abhängig von Motivation, Qualifikation und Zustand der Betrachtenden individuell unterschiedlich wahrgenommen, wohingegen sich objektive Komplexität quantifizieren lässt[235]. Eine subjektive Beschreibung der Komplexität kann nicht die Grundlage für eine systematische Methodenauswahl sein. Folglich muss das Maß der Komplexität objektiv und quantifizierbar sein[236]. Zur Überwindung der Subjektivität in der Komplexitätsbewertung ist eine Konvention über die Bewertungssprache und Unterscheidungsfähigkeit der Betrachtenden sowie die Granularität der Betrachtung unerlässlich[237]. Bestrebungen zur Komplexitätsmessung wird in der Literatur häufig entgegengehalten, dass das vielschichtige Konstrukt der Komplexität gar nicht objektiv messbar sei, da eine Messung von Komplexität den Begriff ad absurdum führen würde[238]. Schwierigkeiten ergeben sich zusätzlich aus der Nichtlinearität des Einflusses einzelner Messgrößen auf die Komplexität[239]. Wenn Komplexität auch nicht in allen Facetten messbar ist,

---

[230] Vgl. Drucker, P. F. (1954), The Practice of Management; Buerkli, D. (2019), It's wrong.

[231] Thomson, W. (1891), Popular Lectures and Addresses, S. 80.

[232] Vgl. Westphal, J. R. (2001), Komplexitätsmanagement, S. 129; Malik, F. (2000), Systemisches Management, S. 90f.

[233] Vgl. ElMaraghy, H. A. et al. (2005), Manufacturing Systems, S. 446.

[234] Vgl. Gottschalk, S. F. (2006), Dedicated Flexibility, S. 61.

[235] Vgl. Brinzer, B. et al. (2017), Komplexitätsbewertung, S. 343; Weth, R. v. d. (2001), Management der Komplexität, S. 13; Stüttgen, M. (2003), Strategien der Komplexitätsbewältigung, S. 22.

[236] Vgl. Flückiger, M. et al. (1995), Komplexität, S. 4.

[237] Vgl. Gell-Mann, M. (2002), The Quark and the Jaguar, S. 29, 34; Luczak, H. et al. (1997), Komplexitätsmanagement, S. 318.

[238] Vgl. Malik, F. (2000), Systemisches Management, S. 116; Weth, R. v. d. (2001), Management der Komplexität, S. 12.

[239] Vgl. Adam, D. (1998), Produktions-Management, S. 32.

so können doch die Auswirkungen der zentralen Einflussfaktoren auf die Komplexität erklärt und gemessen werden[240]. Da kein eindeutiges Komplexitätsmaß existiert, muss die Messung der Komplexität als mehrdimensionales Konstrukt über Ersatzgrößen erfolgen[241]. Das in dieser Arbeit zu entwickelnde Komplexitätsmaß muss folglich die Elemente-, Relationen- und Aufgabenkomplexität sowie die Kritikalität als Komplexitätsfaktoren der quasistatisch-strukturellen Komplexität und die informatorische Unsicherheit als Faktor der dynamisch-funktionalen Komplexität aggregieren. Aufgrund der Vielschichtigkeit der Komplexität (vgl. Kapitel 2.3.1) und der Abwesenheit definierter Relationen zwischen der quasistatisch-strukturellen und dynamisch-funktionalen Komplexität ist die direkte Operationalisierung beider Komplexitätsdimensionen in einem eindeutigen Maß nicht umsetzbar[242]. Daher wird in dieser Arbeit der Ansatz verfolgt, dass je ein partielles Maß für die quasistatisch-strukturelle und die dynamisch-funktionale Komplexität entwickelt wird. Beide werden dann in einem integrativen Komplexitätsmaß aggregiert. Auf diese Weise wird die Zusammensetzung der Komplexität berücksichtigt. Das Komplexitätsmaß muss weiterhin domänenbezogen sein, um die Anwendbarkeit auf die Montageplanung als Objektbereich zu gewährleisten. Die Anwendung soll sowohl für das Gesamtprojekt als auch für einzelne Planungsmodule möglich sein. Entscheidend ist diesbezüglich zudem die Praxistauglichkeit des Ansatzes hinsichtlich einer strukturierten und aufwandsarmen Durchführung. Eine Übersicht über die Anforderungen an die Operationalisierung gibt Abbildung 3-1.

Anforderungen an die Operationalisierung der Komplexität

- **Objektivität** und Quantifizierbarkeit
- **Separate Operationalisierung** beider Komplexitätsdimensionen
- **Integratives Komplexitätsmaß** als Aggregation beider Komplexitätsdimensionen
- **Domänenbezug** durch Anwendbarkeit auf Projekt- und Modulebene
- **Praxistauglichkeit** durch Strukturiertheit und reduzierten Aufwand

Abbildung 3-1: Anforderungen an die Operationalisierung der Komplexität

Operationalisierung der quasistatisch-strukturellen Komplexität

In diesem Kapitel werden Ansätze zur Operationalisierung der quasistatisch-strukturellen Komplexität vorgestellt. Bei der Operationalisierung dieser Dimension stehen die Komplexitätsfaktoren *Varietät* und *Vernetzung* und damit die Art und Anzahl der Systemelemente (Elementekomplexität) und Systemrelationen (Relationenkomplexität) im Fokus. Weitere Komplexitätsfaktoren dieser Komplexitätsdimensionen sind die *Aufgabenkomplexität* und die *Kritikalität.*

Im Folgenden werden zunächst Ansätze zur Operationalisierung der Varietät und Vernetzung diskutiert. Hierbei gilt es zu beachten, dass die für diese Komplexitätsfaktoren wesentlichen Formen der Elemente- und Relationenkomplexität in einem Substitutionsverhältnis stehen, welches durch Iso-Komplexitätskurven ausgedrückt wird (vgl. Abbildung 3-2)[243].

[240] Vgl. Gartzen, T. (2012), Diskrete Migration, S. 55.
[241] Vgl. Bliss, C. (1998), Management von Komplexität, S. 123; Adam, D. et al. (1998), Die Komplexitätsfalle, S. 11.
[242] Vgl. Adam, D. (1998), Produktions-Management, S. 32f.
[243] Vgl. Bliss, C. (1998), Management von Komplexität, S. 94.

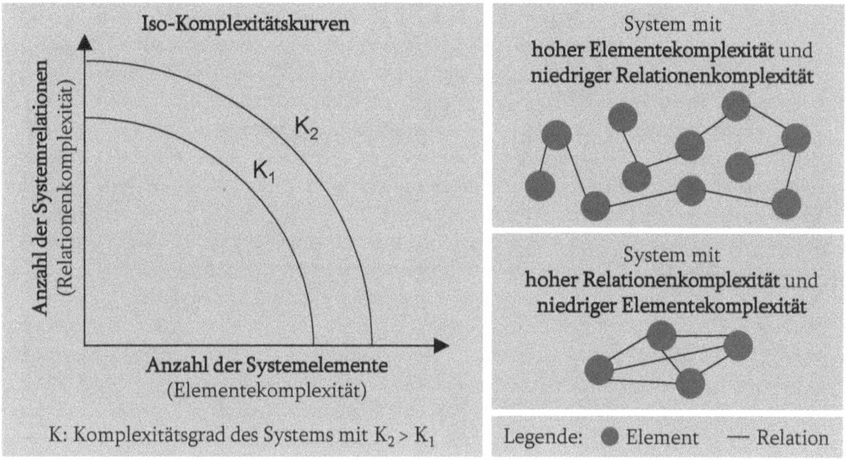

Abbildung 3-2: Iso-Komplexitätskurven über Relationen- und Elementekomplexität[244]

Es lassen sich Ansätze zur Operationalisierung der tatsächlichen und der potenziellen Elemente- und Relationenkomplexität unterscheiden. Die Ansätze zur Messung der tatsächlichen Elemente- und Relationenkomplexität basieren auf dem Zählen der in einem System vorliegenden Elemente und Relationen[245]. So wird die statische Größe eines Systems gemessen. Darauf aufbauend schlägt ASHBY vor, die Varietät eines Systems anhand der Anzahl unterscheidbarer Zustände zu messen[246]. Ein auf dem Zählen der Elemente und Relationen basierender Ansatz zur Berechnung und Quantifizierung der statischen Varietät *V* geht auf ESPEJO zurück (Formel 3-1)[247].

$$V = m_R \cdot \frac{n(n-1)}{2}, mit \qquad \text{Formel 3-1}$$

m_R: Anzahl der Relationen zwischen den Elementen eines Systems
n: Anzahl der Elemente eines Systems

Weiterführende Ansätze betrachten nicht nur die tatsächliche Elemente- und Relationenkomplexität, sondern die kombinatorische Varietät eines Systems bezogen auf die Anzahl der Zustände, die ein System im Sinne der mathematischen Kombinatorik potenziell annehmen kann. Die Varietät wird jeweils aus einer statischen Perspektive betrachtet.[248]

Ein Ansatz zur Messung veränderungsinduzierter Komplexität geht auf SCHOETTL ET AL. zurück. Zur Bewertung der tatsächlichen Komplexität in der Planung von Produktionssystemen werden Parameter bezüglich der Anzahl von Komponenten, Personal und Relationen vor und nach einer

[244] I. A. a. ebd. S. 94.
[245] Vgl. Fricker, A. R. (1996), Methodik zur Modellierung, S. 26; Gottschalk, S. F. (2006), Dedicated Flexibility, S. 62.
[246] Vgl. Ashby, W. R. (1957), Introduction to Cybernetics, S. 126.
[247] Vgl. Espejo, R. (1996), Organizational Transformation and Learning, S. 60.
[248] Vgl. Malik, F. (2003), Strategie, S. 186ff.; Bliss, C. (1998), Management von Komplexität, S. 94f.

Modifikation des Produktionssystems erhoben und in Vektoren dokumentiert. Durch den Vergleich der Vektoren werden die Auswirkung einzelner Modifikationen auf die Komplexität verschiedener Systemzustände bzw. Produktionssysteme bewertet.[249] WINDT ET AL. entwickelten einen ähnlichen Ansatz zur Bewertung der tatsächlichen Komplexität von Logistiksystemen, um so die Erreichung logistischer Zielgrößen in verschiedenen Logistikprozessen zu evaluieren. Zur multidimensionalen Erfassung der Komplexität wird diese in eine zeitliche (statische vs. dynamische Komplexität), eine organisatorische (prozessbezogene vs. strukturelle Komplexität) und eine systemische Dimension (interne vs. externe Komplexität) strukturiert. Diese Komplexitätsdimensionen werden in einem Komplexitätswürfel visualisiert. Die Ausprägungen, die das Logistiksystem charakterisieren, werden anhand von Komplexitätsvektoren dargestellt. Durch den Differenzvektor zweier Komplexitätsvektoren kann schließlich die durch mehrere Kennzahlen operationalisierte Komplexität unterschiedlicher Systeme verglichen werden.[250] In den Ansätzen nach SCHOETTL ET AL. und WINDT ET AL. werden diverse Faktoren und Kennzahlen der Komplexität durch das Zählen von Systemelementen und -relationen simultan erfasst, was eine aufwandsarme Anwendung ermöglicht. Die Kennzahlen werden anwendungsfallspezifisch gewählt und in die Bewertung integriert, sodass die Ansätze umfassend anwendbar sind. Beide Ansätze sehen keine Transformation der Vektoren in ein zentrales Komplexitätsmaß vor, sodass sie für die vorliegende Arbeit lediglich Anknüpfungspunkte für die Operationalisierung einzelner Messgrößen bieten.

Ein weiteres Maß für die quasistatisch-strukturelle Komplexität geht auf ELMARAGHY ET AL. zurück. Die Autoren beschreiben den *Layout Complexity Index* (LCI) als Maß für die Komplexität eines Produktionslayouts. Der LCI umfasst sechs Komplexitätsindikatoren bezüglich der Vernetzungsdichte sowie der Anzahl an Elementen und Relationen in Graphen, die sich aus den Verknüpfungen verschiedener Bereiche im Produktionslayout ergeben. Die Aggregation der Komplexitätsindikatoren zum LCI als Gesamtkomplexitätsmaß erfolgt geometrisch anhand der durch die Werte der Indikatoren in einem Netzdiagramm aufgespannten Fläche (vgl. Formel 3-2).[251]

$$LCI = \left(\sum_{i=1}^{n} C_i\right)^2 - \sum_{i=1}^{n} C_i^2 \text{ ,mit} \qquad \text{Formel 3-2}$$

C_i*: Komplexitätsindikator i*
n_C*: Anzahl der Komplexitätsindikatoren*

Anders als in den zuvor vorgestellten Ansätzen werden die verschiedenen Komplexitätsfaktoren in diesem Ansatz zu einem zentralen Maß zusammengefasst. Allerdings ist dieser Ansatz mit Indikatoren, die sich auf zyklische Verbindungen und redundante Relationen beziehen, nur bedingt auf das Modell der Montageplanung anwendbar, da in der projektneutralen Modullandkarte weder zyklische noch redundante Informationsflüsse vorkommen. Weiterhin umfassen die Komplexitätsindikatoren dieses Ansatzes hauptsächlich die Relationenkomplexität und die topologische Systemstruktur, nicht aber die Elementekomplexität, welche es ebenfalls zu berücksichtigen gilt.

[249] Vgl. Schoettl, F. et al. (2014), Approach for Measuring Change-Induced Complexity, S. 173ff.
[250] Vgl. Windt, K. et al. (2008), Complexity Cube, S. 195ff.; Böse, F. et al. (2007), Der Komplexitätswürfel, S. 295ff.
[251] Vgl. ElMaraghy, H. et al. (2014), Assessing the layout structural complexity, S. 54ff.

Weitere Ansätze zur Beschreibung der quasistatisch-strukturellen Komplexität fokussieren die Länge der kürzesten Beschreibung eines Systems[252]. Die Basis dieser informationstheoretischen Ansätze ist die Annahme, dass komplexe Systeme wechselseitige Informationsgehalte enthalten, die redundant an mehreren Stellen des Systems vorkommen[253]. Bezüglich der Systemkomplexität leitet sich die Frage nach dem Beitrag redundanter und demzufolge komprimierbarer Information ab. KOLMOGOROV greift den Ansatz der Beschreibungskomplexität auf und überführt ihn in den Ansatz der *algorithmischen Komplexität*. Dieser basiert auf der binären Codierung der Systembeschreibung und ermöglicht so universelle und quantitative Messungen der Komplexität als Länge des minimal benötigten Binärcodes zur Beschreibung der Systemeigenschaften.[254] ADAM widerspricht diesen Ansätzen der Komplexitätsmessung, da sie von der Elemente- bzw. Relationenkomplexität abweichen und nicht den realen Koordinationsbedarfs eines Systems ausdrücken[255]. Die *Berechnungskomplexität* beschreibt einen ähnlichen Ansatz zur Komplexitätsmessung, der auf der für die Lösung eines komplexen Problems benötigten Zeit beruht[256]. Da es sich bei der Modullandkarte um ein System handelt, zu dem nativ keine Beschreibung oder Problemstellung existiert, werden diese Ansätze für die angestrebte Lösung nicht weiterverfolgt.

PATZAK erfasst Komplexität über die Konnektivität und Varietät eines Systems (vgl. Kapitel 3.2.1). Die Konnektivität beschreibt die Art und Anzahl der Beziehungen in einem System. Sie wird über die Vernetzungsdichte r als Verhältnis der tatsächlichen zur maximal möglichen Anzahl an Relationen operationalisiert (Formel 3-3), wobei sich die maximal mögliche Anzahl an Relationen R_{max} in einem System ungerichteter Beziehungen nach Formel 3-4 berechnet. Die Varietät wird folglich anhand der Art und Anzahl der Systemelemente bestimmt.[257]

$$r = \frac{R}{R_{max}}, mit \qquad \text{Formel 3-3}$$

$$R_{max} = \frac{n \cdot (n-1)}{2}, mit \qquad \text{Formel 3-4}$$

R: tatsächliche Anzahl der Relationen
R_{max}: *Maximal mögliche Anzahl der Relationen*
n: Anzahl der Elemente

Der Ansatz enthält keine Aussage zum Verhältnis der beiden Faktoren, sodass kein Gesamtmaß der quasistatisch-strukturellen Komplexität entsteht. Die Operationalisierung der quasistatisch-strukturellen Komplexität anhand von Varietät und Vernetzung lässt sich auf die Systemstruktur der projektneutralen Modullandkarte transferieren. Während sich die Vernetzungsdichte jedoch

[252] Vgl. Gell-Mann, M. (2002), The Quark and the Jaguar, S. 34; Stüttgen, M. (2003), Strategien der Komplexitätsbewältigung, S. 22.
[253] Vgl. Bliss, C. (1998), Management von Komplexität, S. 109; Horgan, J. (1995), From Complexity, S. 107.
[254] Vgl. Kolmogorov, A. N. (1968), Logical Basis, S. 662ff.; Kolmogorov, A. N. (1968), Quantitative Definition, S. 163ff.; Cambel, A. B. (1992), Applied Chaos Theory, S. 37; Flückiger, M. et al. (1995), Komplexität, S. 7.
[255] Vgl. Adam, D. (1998), Produktions-Management, S. 31.
[256] Vgl. Gell-Mann, M. (2002), The Quark and the Jaguar, S. 28.
[257] Vgl. Patzak, G. (1982), Systemtechnik, S. 22ff.

auf die maximal mögliche Anzahl an Relationen im Sinne der mathematischen Kombinatorik bezieht (Formel 3-4), ist diese Anzahl durch die Informationsflüsse in der projektneutralen Modullandkarte definiert. In der Kennzahl der Vernetzungsdichte bleibt die topologische Struktur der Relationen hinsichtlich ihrer Art und Anordnung unberücksichtigt. Der Ansatz der Operationalisierung der Verknüpfungs- bzw. Strukturdichte wird durch weitere Autoren verfolgt[258].

Das Maß zur Operationalisierung der Komplexität technischer Produkte nach SINHA UND DE WECK enthält drei Komplexitätsfaktoren (Formel 3-5). Der erste Faktor C_1 beschreibt die Komplexität der Produktelemente als lokale Elementekomplexität, welche sich aus individuellen Komplexitätsanteilen α_i zusammensetzt. Der zweite Faktor C_2 umfasst die Relationenkomplexität der Relationen des Systems. Diese werden gewichtet mit der individuellen Komplexität einer Relation β_{ij} in der Adjazenzmatrix A dargestellt. Über den dritten Faktor C_3 wird die topologische Komplexität erfasst, welche sich aus der globalen Anordnung der Relationen ergibt. Die topologische Komplexität ermöglicht die Differenzierung der quasistatisch-strukturellen Komplexität unterschiedlicher Vernetzungsstrukturen mit der gleichen Anzahl an Elementen und Relationen anhand unterschiedlicher Systemarchitekturen. Die topologische Komplexität korreliert mit der Energie der Adjazenzmatrix $E(A)$.[259] Dieses Komplexitätsmaß berücksichtigt sowohl die lokale Komplexität der Elemente und Relationen als auch die globale Systemstruktur. Dieser Ansatz ist somit relevant für diese Arbeit, da im Kontext der Modullandkarte nicht nur die Anzahl an Planungsinkrementen, -modulen und -informationen, sondern insbesondere auch die Form deren informatorischer Vernetzung entscheidend sind. Zur Nutzung des Ansatzes in dieser Arbeit ist eine inhaltliche Adaption auf die Montageplanung erforderlich. Ein Nachteil dieses Ansatzes ist der hohe mathematische Aufwand in der Anwendung und die damit reduzierte Praxistauglichkeit. Da die Energie der Adjazenzmatrix $E(A)$ aus mathematischer Sicht der Summe der Eigenwerte der Matrix A entspricht, erfordert deren Berechnung bei der hohen Anzahl an Planungsinkrementen und -modulen in der projektneutralen Modullandkarte eine hohe Rechenleistung.

$$C(C_1, C_2, C_3) = C_1 + C_2 \cdot C_3 = \sum_{i=1}^{n} \alpha_i + \left[\sum_{i=1}^{n}\sum_{j=1}^{n} \beta_{ij} A_{ij}\right] \cdot \gamma \cdot E(A)\text{ ,}mit \qquad \text{Formel 3-5}$$

n: Anzahl der Elemente
α_i*: Komplexität des Elements i*
β_{ij}*: Komplexität der Relation zwischen den Elementen i und j*
A_{ij}*: Wert ij der Adjazenzmatrix des Systems*
$E(A)$*: Matrixenergie der Adjazenzmatrix A*
γ*: Skalierungswert der Komplexitätsfaktoren*

BONCHEV UND BUCK präsentieren diverse Ansätze zur Operationalisierung der quasistatisch-strukturellen Komplexität von Graphen und Netzwerken, welche auf der Entropie nach SHANNON und der Graphentheorie basieren. Komplexe Graphen sind nach dem Ansatz der Small-World-Netzwerke nach WATTS UND STROGATZ durch eine hohe Vernetzung bei gleichzeitig geringen

[258] Vgl. Gottschalk, S. F. (2006), Dedicated Flexibility, S. 63; Fricker, A. R. (1996), Methodik zur Modellierung, S. 24.

[259] Vgl. Sinha, K. et al. (2013), Network-based Structural Complexity Metric, S. 426ff.; Sinha, K. et al. (2012), Structural Complexity Metric, S. 183ff.

Pfadlängen ausgezeichnet[260]. Die Operationalisierung erfolgt durch die Auswertung von Adjazenz- und Distanzmatrizen eines Systems. Ein wichtiger Ansatz zur Operationalisierung von Komplexität in diesem Ansatz ist der *Informationsgehalt der Knotengradverteilung* I_{vd}. In diesem Maß wird der Informationsgehalt aller Knoten eines Graphen aggregiert (Formel 3-6).

$$I_{vd} = \sum_{i=1}^{n_K} a_i \log_2 a_i \ , mit \qquad \text{Formel 3-6}$$

a_i: *Grad des Knoten i*

n_K: *Anzahl der Knoten eines Graphen*

Der Informationsgehalt bezieht sich auf die erforderliche Menge an Informationen zur Beschreibung der Struktur des Systems. Das Maß eignet sich zur Operationalisierung der Vernetzung, da es mit der Konnektivität sowie der Anzahl von Relationen ansteigt und neben der Anzahl an Relationen auch deren Topologie berücksichtigt.[261] Der Informationsgehalt der Knotengradverteilung I_{vd} lässt sich aufwandsarm aus der Adjazenzmatrix eines Graphen ablesen. Das Maß ermöglicht den Vergleich unterschiedlicher Systemstrukturen nach ihrer Komplexität.

Die Faktoren *Aufgabenkomplexität* und *Kritikalität* beziehen sich auf einzelne Planungsinkremente. Im Rahmen dieser Arbeit bezeichnet die Kritikalität eines Planungsinkrements, dessen Auswirkungen auf andere Planungsinkremente. Die Auswirkungen werden anhand der Propagation der generierten Planungsinformationen beschrieben. Diese Propagation beschreibt die Auswirkungen der Planungsinformationen auf nachfolgende Planungsinkremente und -module, welche die betrachteten Planungsinformationen weiterverarbeiten. Je mehr nachfolgende Planungsinkremente von einer Planungsinformation abhängig sind, desto höher ist deren Kritikalität für das Gesamtprojekt (vgl. Kapitel 2.3.2). Diesem Verständnis folgend, bedarf es keiner theoriebasierten Ansätze zur Operationalisierung der Kritikalität, da sich diese Größe präzise aus den informatorischen Verknüpfungen des Rahmenwerks der projektneutralen Modullandkarte ablesen lässt.

Die Aufgabenkomplexität bezieht sich auf den Umfang, die Vernetzung, die erforderliche Informationsverarbeitung sowie die Varietät von Zielen, Variablen und Handlungsalternativen bezüglich eines Planungsinkrements[262]. Entsprechende Ansätze zur Operationalisierung der Aufgabenkomplexität werden im Folgenden analysiert.

In einem pädagogischen Ansatz entwickelten BLOOM ET AL. eine Taxonomie zur Bewertung kognitiver Lernziele. Der Ansatz bietet eine Klassifizierung der Ziele eines Bildungssystems und eine Grundlage zur Bewertung der Komplexität von Lernzielen. Die Taxonomie umfasst mit aufsteigender Komplexität die Stufen *Wissen, Verstehen, Anwenden, Analyse, Synthese* und *Evaluation.*

---

[260] Vgl. Bonchev, D. et al. (2005), Quantitative Measures of Network Complexity, S. 213; Watts, D. J. et al. (1998), Collective dynamics, S. 440.

[261] Vgl. Bonchev, D. et al. (2005), Quantitative Measures of Network Complexity, S. 204f.

[262] Vgl. Weth, R. v. d. (2001), Management der Komplexität, S. 10; Saifoulline, R. et al. (2011), Kognitive Kernkompetenzen, S. 32; Gardner, D. G. (1990), Task complexity, S. 216; Wood, R. E. (1986), Task Complexity, S. 66ff.

In dieser Hierarchie beinhaltet eine Klassifikationsstufe die jeweils darunterliegenden.[263] Eine überarbeitete Version der Taxonomie nach BLOOM geht auf ANDERSON UND KRATHWOHL zurück. In der überarbeiteten Taxonomie wurden die beiden oberen Klassifizierungsstufen miteinander vertauscht und alle Stufen durch Verben statt durch Subjektive bezeichnet (vgl. Abbildung 3-3). Somit kann die Komplexität einer Aufgabe direkt aus deren Formulierung abgeleitet werden. Der Ansatz beinhaltet eine Zuordnung typischer Verben zu den Klassifizierungsstufen.[264]

1) Erinnern	Relevantes Wissen aus dem Langzeitgedächtnis abrufen
2) Verstehen	Eine Bedeutung aus mündlich, schriftlich oder kommunizierten Anweisungen konstruieren
3) Anwenden	Ein Verfahren in einer gegebenen Situation ausführen oder anwenden
4) Analysieren	Eine Aufgabe in ihre Bestandteile zerlegen und deren Verhalten zueinander sowie bezogen auf eine Gesamtstruktur und ein Gesamtziel bestimmen
5) Bewerten	Urteile auf Basis von Kriterien und Standards fällen
6) Gestalten	Elemente zu einem kohärenten oder funktionalen Ganzen zusammenfügen; Elemente zu einem neuen Muster oder einer neuen Struktur reorganisieren

Abbildung 3-3: Die Komplexitätsstufen der überarbeiteten Taxonomie nach BLOOM[265]

Eine weitere Perspektive auf die kognitive Aufgabenkomplexität eröffnet der Depth-of-Knowledge (DOK)-Ansatz nach WEBB. Die Komplexität wird im DOK-Ansatz nach dem Inhalt und der Art einer Aufgabe bewertet und in die vier Stufen *Erinnern*, *Fähigkeit/ Konzept*, *strategisches Denken* und *erweitertes Denken* gegliedert (vgl. Abbildung 3-4). Auch dieser Ansatz beinhaltet Verben, anhand derer die Zuordnung von Aufgaben zu den Stufen der Aufgabenkomplexität erfolgen kann. Im DOK-Ansatz erfolgt die Bewertung, anders als in der Taxonomie nach BLOOM, nicht nur anhand der durch Verben beschriebenen Tätigkeiten, sondern auch anhand des jeweiligen Bezugsobjekts. Somit werden Inhalt und Kontext einer Aufgabe explizit berücksichtigt.[266]

---

263 Vgl. Bloom, B. S. (1956), Taxonomy of Educational Objectives, S. 1, 15, 18.

264 Vgl. Anderson, L. W. et al. (2001), A Taxonomy for Learning, Teaching, and Assessing, S. 27ff.

265 I. A. a. ebd. S. 31.

266 Vgl. Webb, N. L. (1999), Alignment of Science and Mathematics, S. 3, 21ff.

DOK-1	Erinnern	Eine Tatsache, einen Begriff, ein Prinzip oder ein Konzept abrufen
DOK-2	Fähigkeit/ Konzept	Informationen, konzeptionelles Wissen oder Vorgehen in zwei oder mehr Schritten anwenden
DOK-3	Strategisches Denken	Eine komplexe Aufgabe mit mehreren möglichen Lösungen durch Schlussfolgerungen, einen Plan oder eine Folge von Schritten lösen
DOK-4	Erweitertes Denken	Eine neuartige Aufgabe durch Untersuchungen, Nachdenken, und die Verarbeitung diverser Bedingungen lösen

Abbildung 3-4: Die Komplexitätsstufen des Depth-of-Knowledge Modells nach WEBB[267]

Zwischen diesen beiden Ansätzen zur Operationalisierung der Aufgabenkomplexität besteht eine große Ähnlichkeit bezüglich der Fokussierung der kognitiven Komplexität. Jedoch unterscheiden sich beide hinsichtlich ihres Umfangs und der Anwendung. Während der Fokus der Taxonomie nach BLOOM auf den benötigten kognitiven Fähigkeiten zur Lösung einer neuen Aufgabe liegt, werden im DOK-Ansatz nach WEBB die Tiefe des inhaltlichen Verständnisses und der Umfang von Lernaktivitäten, die zur Erfüllung einer Aufgabe erforderlich sind, fokussiert.[268] Aufgrund des in Kapitel 2.1.1 herausgestellten Projektcharakters der Montageplanung eignet sich insbesondere die Taxonomie nach BLOOM zur Operationalisierung der Aufgabenkomplexität als Faktor der quasistatisch-strukturellen Komplexität. In der Taxonomie wird der Umgang mit neuartigen Aufgaben fokussiert, womit eine typische Charaktereigenschaft von Montageplanungsprojekten abgedeckt wird. Der im DOK-Ansatz in den Vordergrund gerückte langfristige Wissenserwerb in Bezug auf eine Planungsaufgabe ist im montageplanerischen Projektgeschäft von untergeordneter Wichtigkeit, sodass dieser Ansatz für die vorliegende Arbeit nicht verfolgt wird.

Operationalisierung der dynamisch-funktionalen Komplexität

Gemäß den formulierten Anforderungen gilt es, neben der quasistatisch-strukturellen auch die dynamisch-funktionale Komplexität operationalisierbar und messbar zu machen. In dieser Dimension steht der Komplexitätsfaktor *Unsicherheit* im Vordergrund. Im Folgenden werden Ansätze zur Operationalisierung der informatorischen Unsicherheit vorgestellt.

Die Messung der zeitabhängigen dynamisch-funktionalen Komplexitätsdimension ist aufgrund ihrer immanenten Dynamik, Volatilität und stochastischen Unsicherheit aufwändig und kompliziert. Zur Lösung dieses Problems lohnt ein Blick in die Thermodynamik. Bereits 1864 formulierte CLAUSIUS im zweiten Hauptsatz der Thermodynamik, dass ein Wärmeübergang aus einem kälteren in einen wärmeren Körper niemals ohne Kompensation stattfinden könne[269]. Dem daraus folgenden thermodynamischen Grundsatz, dass Entropie als physikalisches Maß für die Unordnung in einem System niemals abnehmen kann, widersprach MAXWELL 1871 in einem bekannten Gedankenexperiment. Er erdachte ein kleines, intelligentes Wesen in einer geschlossenen Kammer mit einer Trennwand, welches die in der Kammer befindlichen Moleküle beobachtet und in die

[267] I. A. a. ebd. S. 3; Hess, K. K. et al. (2009), Cognitive Rigor, S. 4.
[268] Vgl. ebd. S. 4.
[269] Vgl. Clausius, R. (1879), The Mechanical Theory of Heat, S. 341.

beiden Hälften der Kammer sortiert, indem es eine reibungslose Klappe in der Trennwand bedient (vgl. Abbildung 3-5).[270]

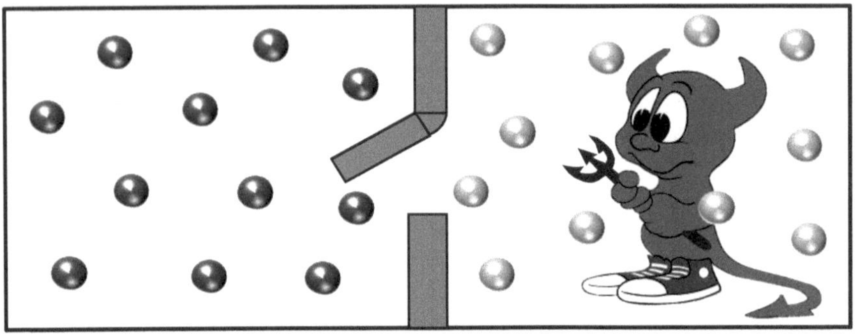

Abbildung 3-5: Der Maxwell'sche Dämon[271]

Das Wesen verringert so die Unordnung und damit die Entropie der Kammer als System, was folglich dem zweiten Hauptsatz der Thermodynamik widerspräche. Das Wesen wurde nach einem Beitrag in der *Nature* als der *MAXWELL'sche Dämon* („the sorting demon of Maxwell") bekannt[272]. Dieses Paradoxon wurde erst 1929 durch den Physiker SZILÁRD aufgelöst. Anders als MAXWELL argumentierte er, dass der Dämon als Bestandteil des Systems zu sehen sei. Ein intelligentes Wesen könne nur unter Aufbringung von Energie, beispielsweise Licht[273], Informationen generieren und diese nutzen, um die Entropie eines Systems durch Ordnung zu senken. Der erforderliche Aufwand zur Informationsgenerierung erzeugt wie alle Betätigungen des Nervensystems Entropie, welche die erzielbare Entropiesenkung vollständig kompensiert.[274] Auch durch das Löschen der erzeugten Informationen kann die Entropie des Systems nicht reduziert werden, da das irreversible Löschen von Informationen Wärme erzeugt[275].

Das Paradoxon des MAXWELL'schen Dämons verletzt demnach nicht die Gesetze der Thermodynamik, zeigt aber einen direkten Zusammenhang zwischen Informationen und Entropie auf. Entsprechend definiert SHANNON die Informationsentropie als Maß für Informationen, Entscheidungen und Unsicherheit[276]. Als Informationsmaß definiert er einen Makrozustand mit der Einheit *Bit*, der aus den Mikrozuständen *null* und *eins* besteht und somit einer einfachen ja/nein-Entscheidung entspricht[277]. Entsprechend dieser informatorischen Dualität erfolgt die mathematische Beschreibung häufig über den Logarithmus Dualis (log_2)[278]. Die Entropie eines Systems steigt

270 Vgl. Maxwell, J. C. (1899), Theory of Heat, S. 338.
271 i.A.a. Lutz, E. et al. (2015), Information, S. 31; Pixabay (2012), Teufel.
272 Vgl. Thomson, W. (1879), The Sorting Demon of Maxwell, S. 126.
273 Vgl. Brillouin, L. (1949), Life, Thermodynamics, and Cybernetics, S. 565.
274 Vgl. Szilard, L. (1929), Über die Entropieverminderung, S. 840ff.
275 Vgl. Landauer, R. (1961), Irreversibility and Heat Generation, S. 187f.
276 Vgl. Shannon, C. E. (1948), A Mathematical Theory of Communication, S. 393.
277 Vgl. ebd. S. 380.
278 Vgl. Ashby, W. R. (1957), Introduction to Cybernetics, S. 126.

mit dem benötigten Informationsgehalt für die Beschreibung eines Systemzustands[279]. Die Entropie ist also minimal bei einem sicheren Planungsergebnis und maximal zu Beginn der Planung bzw. bei gleich wahrscheinlichen Ereignissen.

Das Paradoxon des MAXWELL'schen Dämons weist Parallelen zum soziotechnischen System der Montageplanung auf. Das Planungssubjekt ist jeweils integraler Bestandteil des Systems. Zudem werden Ordnung bzw. Reifegrad in der Planung durch die Aufwendung von Energie in Form von Planungsaufwand gesteigert, was zu einer Verminderung der Entropie im System der Montageplanung führt. Die informatorische Entropie nach SHANNON als Maß für den mittleren Informationsgehalt bietet also einen Ansatz zur Messung von informatorischer Unsicherheit.

Informatorische Unsicherheit wird in der Entropiebetrachtung nach SHANNON über Wahrscheinlichkeiten ausgedrückt. Zur Herleitung des Entropiemaßes dient in der Informationstheorie häufig die Sprache. Sprache wird dabei als Informationsquelle $Q = (X, P)$ mit der endlichen Menge $X = \{x_i\}$ aus n Zeichen und der Wahrscheinlichkeitsverteilung P definiert. Wird nun ein Zeichen x_i mit der Wahrscheinlichkeit p_i aus der Menge X ausgewählt, besteht vor der Auswahl eine Unsicherheit über das eintretende Ergebnis. Wenn das Ergebnis nach erfolgter Auswahl bekannt ist, wird eine entsprechende Menge an Informationen gewonnen. Bei voneinander unabhängigen Zeichen berechnet sich die Entropie H als Logarithmus des Produkts der Wahrscheinlichkeiten unabhängiger Zustände gemäß Formel 3-7. Wenn die Wahrscheinlichkeiten für die Auswahl aller Zeichen gleich sind, ist das System ungeordnet und Unsicherheit sowie Entropie sind maximal. Bei steigender Wahrscheinlichkeit für die Auswahl bestimmter Zeichen steigt die Ordnung des Systems, während Unsicherheit und Entropie sinken. Im Grenzfall, das heißt bei Sicherheit über die Auswahl, liegt keine Entropie vor.[280]

$$H = -\sum_{i=1}^{n_Z} p_{Z,i} \cdot \log_2 p_{Z,i} \text{ , } mit \qquad \text{Formel 3-7}$$

$p_{Z,i}$: *Auswahlwahrscheinlichkeit des Zeichens i*
n_Z: *Anzahl der Zeichen der Menge X*

Der Ansatz der Operationalisierung von Komplexität über die Entropie eines Systems wird von FRIZELLE UND WOODCOCK aufgegriffen. Die Autoren wenden das Entropiemaß auf Produktionssysteme an, indem sie verschiedene Systemzustände während des Betriebs mit entsprechenden Auftretenswahrscheinlichkeiten betrachten. Zu deren Messung werden die relevanten Größen in regelmäßigen Abständen erfasst, um Abweichungen vom Toleranzbereich zu registrieren. Da die Anzahl der Ressourcen, deren Zustände sowie Wahrscheinlichkeiten für verschiedene Zustände in die Berechnung integriert werden, ist die Berechnungsvorschrift komplex und nur begrenzt praxistauglich. Ausgehend von ihrem Maß für die dynamische Komplexität leiten die Autoren ein Maß für die statische Komplexität ab, wobei diese mit einer stationären Betrachtung des Systems über einen großen Zeitraum gleichgesetzt wird. Diese Interpretation der statischen Komplexität weicht vom Verständnis dieser Arbeit ab, erlaubt jedoch eine vereinfachte Berechnung

[279] Vgl. Bliss, C. (1998), Management von Komplexität, S. 105.

[280] Vgl. Shannon, C. E. et al. (1976), Mathematische Grundlagen, S. 24f.; Shannon, C. E. (1948), A Mathematical Theory of Communication, S. 384ff.

der Entropie H gemäß Formel 3-8.[281] Eine Anwendung des statischen und des dynamischen Komplexitätsmaßes nach FRIZELLE UND WOODCOCK findet sich bei CALINESCU ET AL.[282].

$$H = -\sum_{M}\sum_{N_j} p_{ij} \log_2 p_{ij} \text{ , } mit \qquad \text{Formel 3-8}$$

N: *Anzahl der Zustände eines Produktionssystems*
M: *Anzahl der Ressourcen eines Produktionssystems*
p_{ij}: *Bedingte Wahrscheinlichkeit für Ressource i in Zustand j*

Der Ansatz nach HUACCHO HUATUCO ET AL. fokussiert ebenfalls die Bewertung der Komplexität von Produktionssystemen. Die Autoren adaptieren dazu das dynamische Komplexitätsmaß nach FRIZELLE UND WOODCOCK, um die Komplexität in industriellen Organisationen zu messen. Die dynamische Komplexität wird in diesem Ansatz als die erwartete Menge an benötigten Informationen zur Beschreibung des Systemzustands im Betrieb definiert. Zur Messung der Komplexität werden die relevanten Größen in regelmäßigen Intervallen erfasst, um Abweichungen vom geplanten Zustand zu detektieren. Die Berechnung der Entropie H_D erfolgt über die Formel 3-9. Im Fokus der Betrachtung stehen die Zustände, in denen ein Plan eingehalten und in denen vom Plan abgewichen wird sowie wertschöpfende und nicht wertschöpfende Zustände.[283]

$$H_D = -P_K \sum_{i=1}^{M}\sum_{j=1}^{S} p_{ij} \log_2 p_{ij} - (1 - P_K) \sum_{i=1}^{M}\sum_{j=1}^{NS} p_{ij} \log_2 p_{ij} \text{ , } mit \qquad \text{Formel 3-9}$$

P_K: *Wahrscheinlichkeit, dass das System unter Kontrolle ist*
M: *Anzahl der Ressourcen eines Produktionssystems*
S: *Anzahl der geplanten Zustände eines Produktionssystems*
NS: *Anzahl der ungeplanten Zustände eines Produktionssystems*
p_{ij}: *Bedingte Wahrscheinlichkeit für Ressource i in Zustand j*

Die im Ansatz nach FRIZELLE UND WOODCOCK sowie in den inhaltlich aufbauenden Ansätzen gewählte Unterteilung der Komplexität deckt sich nicht mit den dieser Arbeit zugrundeliegenden Definitionen der quasistatisch-strukturellen und der dynamisch-funktionalen Komplexität. Sowohl die statische als auch die dynamische Komplexität beziehen sich auf Wahrscheinlichkeiten mit denen Produktionsressourcen bestimmte Zustände annehmen. Diese Betrachtungsweisen auf Basis probabilistischer Unsicherheiten ordnen sich nach den zugrundeliegenden Definitionen dieser Arbeit in die dynamisch-funktionale Komplexitätsdimension ein.

Der Ansatz nach HU ET AL. zielt auf die Messung der Komplexität von Montagesystemen und Lieferketten ab, welche durch die Vielfalt an Produkten und Modellen induziert wird, um Systeme auf diese Weise robuster auszulegen. Im Fokus der Betrachtung stehen Mixed-Model-Montagelinien und Multi-Echelon-Lieferketten. Die Messung der Komplexität erfolgt auf der Ebene von Montagestationen, -systemen und Lieferketten. Die Gesamtkomplexität einer Lieferkette C_{SC} ergibt sich als Summe der Komplexitätswerte C_{ij} der Beziehungen zwischen Lieferant*in i und

[281] Vgl. Frizelle, G. et al. (1995), Measuring complexity, S. 29ff.
[282] Vgl. Calinescu, A. et al. (1998), Applying and assessing, S. 723ff.
[283] Vgl. Huaccho Huatuco, L. et al. (2001), The value of dynamic complexity, S. 183f.

Kund*in *j* (Formel 3-10 und Formel 3-11). Dabei hängt die Komplexität einer solchen Beziehung von der Produktvielfalt sowie der Unsicherheit über die Nachfrage ab.[284]

$$C_{SC} = \sum_i \sum_j C_{ij} \text{ ,} mit \qquad \text{Formel 3-10}$$

$$C_{ij} = - \sum_u \sum_v \tilde{q}_{uv}^{ij} \log_2 \tilde{q}_{uv}^{ij} \text{ ,} mit \qquad \text{Formel 3-11}$$

$\tilde{q}_{uv}^{ij}$: *Wahrscheinlichkeit für die Ausprägung v der Komponente u*

Ein wichtiger Vorteil der vorgestellten entropiebasierten Ansätze ist, dass die Operationalisierung der Komplexität anhand einer einzigen Kennzahl erfolgt. Grund dafür ist deren Berechnung anhand einer Wahrscheinlichkeitsfunktion, welche stets dieselbe Dimension besitzt und dadurch den Vergleich mehrerer Systeme nach ihrer Komplexität erleichtert. Die Ermittlung der benötigten Wahrscheinlichkeitswerte stützt sich in den vorgestellten Ansätzen auf historische Daten der Produktion, wobei nicht spezifiziert wird, welche Betrachtungsobjekte in die Bewertung integriert werden. Die Höhe des Entropiemaßes wird folglich stark durch die Anzahl an Zuständen und Betrachtungsobjekten beeinflusst. Daraus resultieren Schwierigkeiten für die Anwendung dieser Ansätze auf die Montageplanung und die projektneutrale Modullandkarte, da eine Prämisse der entropiebasierten Ansätze die Definition voneinander unabhängiger Zustände für alle Planungsinkremente des Montageplanungsprojekts als Bewertungsgrundlage ist. Aufgrund der Heterogenität von Montageplanungsprojekten, -modulen und -inkrementen ist eine Definition diskreter Zustände zu aufwändig und nicht zielführend. Zudem können Wahrscheinlichkeitswerte aufgrund der Einzigartigkeit der Projekte zumeist nicht aus historischen Daten abgeleitet werden. Zu den Nachteilen der vorgestellten Ansätze zählen die Unklarheit, anhand welcher Ereignisse die Zustandsbewertung erfolgen soll, sowie die Annahme unabhängiger Zustände[285]. Dennoch stellt die aus der Thermodynamik hergeleitete informatorische Entropie nach SHANNON einen essenziellen Ansatz zur Operationalisierung der informatorischen Unsicherheit und damit der dynamisch-funktionalen Komplexität dar, welcher in weiteren Ansätzen aufgegriffen wird.

Neben den vorgestellten entropiebasierten Ansätzen stellt das axiomatische Design nach SUH einen solchen Ansatz zur Operationalisierung von Komplexität dar. Das axiomatische Design ist ein Rahmenwerk der Produkt- und Prozessentwicklung zur Optimierung des Entwicklungsprozesses hinsichtlich der Erfüllung von Anforderungen und der erzielten Qualität. Der Ansatz basiert auf zwei zentralen Axiomen: Das Unabhängigkeitsaxiom fordert die Unabhängigkeit funktionaler Anforderungen, während das Informationsaxiom die Minimierung des Informationsgehalts der Alternativen fordert, die das Unabhängigkeitsaxiom erfüllen. Diese Axiome bilden die Richtlinien zur Beurteilung und Entscheidungsfindung während der Entwicklung. Das axiomatische Design umfasst die vier Domänen *Kund*innendomäne, funktionale Domäne, physische Domäne und Prozessdomäne* mit jeweils spezifischen Variablen. Die in der Kund*innendomäne enthaltenen Anforderungen werden in der funktionalen Domäne in Funktionsanforderungen übersetzt. Ziel

[284] Vgl. Hu, S. J. et al. (2008), Product variety and manufacturing complexity, S. 46ff.

[285] Vgl. ElMaraghy, H. A. et al. (2005), Manufacturing Systems, S. 446; Papakostas, N. et al. (2009), Modelling the complexity, S. 437.

der Entwicklung ist dann die Maximierung der Schnittmenge von Funktionsanforderungen und Designparametern in der physischen Domäne. Gemäß dem Informationsaxiom wird der Informationsgehalt I als Wahrscheinlichkeit für die Erfüllung einer Funktionsanforderung ausgedrückt. Der benötigte Informationsgehalt I zur Erreichung der Entwicklungsziele ist in diesem Ansatz das quantitative Maß der Komplexität. Die Berechnung erfolgt nach Formel 3-12.[286]

$$I = \sum_{i=1}^{n_A} -\log_2 p_{A,i} \text{ ,} mit \qquad \text{Formel 3-12}$$

$p_{A,i}$: *Wahrscheinlichkeit für die Erfüllung der Anforderung i*
n_A: *Anzahl der Funktionsanforderungen*

Nach dem Informationsaxiom besitzt also die Designalternative, welche den geringsten Informationsgehalt erfordert, die größte Wahrscheinlichkeit zur Erfüllung der Funktionsanforderungen. Die Bewertung des Informationsgehalts erfolgt über den Vergleich des erwarteten Leistungsbereichs der Funktionsanforderungen mit dem tatsächlichen Leistungsbereich der Designparameter. Die Wahrscheinlichkeit für die Erfüllung der Anforderungen steigt mit dem Grad der Überdeckung beider Bereiche.[287]

Das Informationsaxiom nach SUH findet weiterhin Anwendung im Ansatz zur Bewertung der Komplexität in der Systementwicklung nach FISCHI ET AL. Die Komplexitätsdefinition der Autoren bezieht sich auf die Schwierigkeit, das zukünftige Systemverhalten exakt vorherzusagen, wobei das System, die Fähigkeiten der Beobachtenden und das relevante Systemverhalten berücksichtigt werden. Je leichter ein Systemverhalten also prognostiziert werden kann, desto weniger komplex ist das entsprechende System. Die Wahrscheinlichkeiten für die Vorhersagbarkeit des Systemverhaltens werden über den *Goal-Question-Metric-Ansatz (GQM)* nach BASILI ET AL.[288] erfasst. Dazu müssen aus den konzeptionellen Projektzielen, wie dem Erkennen und Vorhersagen des Systemverhaltens, Fragen auf operativer Ebene abgeleitet und in quantitative Maße überführt werden. Anders als der Informationsgehalt nach SUH basiert dieser Ansatz nicht auf der Erfolgswahrscheinlichkeit p, sondern auf der Fehlerwahrscheinlichkeit $p_b = (1 - p)$. Die Komplexität zu einem bestimmten Zeitpunkt C_t berechnet sich entsprechend gemäß Formel 3-13.[289]

$$C_t = \sum_{i=1}^{l} -\log_2(1 - p_{b_i}) \text{ ,} mit \qquad \text{Formel 3-13}$$

p_{b_i}: *Fehlerwahrscheinlichkeit für Faktor i*
l: *Anzahl der Komplexitätsfaktoren*

Eine Schwierigkeit dieses Ansatzes ergibt sich aus der erforderlichen Bewertung der Systemkomplexität. Die Autoren empfehlen hierzu die Erfassung der Maße über Expertenschätzungen.[290] Der Ansatz berücksichtigt also explizit die Unsicherheit von Informationen und gibt konkret vor,

[286] Vgl. Suh, N. P. (1995), Designing-in of Quality, S. 257ff.
[287] Vgl. ebd. S. 259f.
[288] Vgl. Basili, V. R. et al. (1994), The Goal Question Metric Approach.
[289] Vgl. Fischi, J. et al. (2017), Dynamic Complexity Measures, S. 2018ff.
[290] Vgl. ebd. S. 2026.

anhand welcher Wahrscheinlichkeitsmaße die Komplexität zu berechnen ist. Insgesamt erfüllt der Ansatz nach FISCHI ET AL. somit viele der formulierten Anforderungen an die Operationalisierung der Komplexität. Jedoch ist eine Adaption an die Montageplanung erforderlich.

Die diskutierten Ansätze bilden eine gute Grundlage für das im Rahmen dieser Arbeit zu entwickelnde Komplexitätsmaß. Zur Operationalisierung der quasistatisch-strukturellen Komplexität gilt es zunächst, die Elemente- und Relationenkomplexität messbar zu machen. Angelehnt an die vorgestellten Ansätze kann dazu als Grundlage die Anzahl an Systemelementen und Relationen bestimmt werden. Bei der Bewertung der Relationenkomplexität müssen dabei sowohl die Vernetzungsdichte als auch die topologische Struktur der Vernetzung eines Systems anhand seiner Adjazenzbeziehungen berücksichtigt werden. Während die Operationalisierung der Kritikalität auf der Propagation von Planungsinformationen im System der Montageplanung basiert, wird die Aufgabenkomplexität anhand der kognitiven Anforderungen einer Planungsaufgabe bewertet. Vor dem Hintergrund der Verschiedenartigkeit der Faktoren der quasistatisch-strukturellen Komplexitätsdimension müssen die verschiedenen Messgrößen in einem Komplexitätsmaß aggregiert werden. Bei der Operationalisierung der dynamisch-funktionalen Komplexität liegt der Fokus auf der informatorischen Unsicherheit. Zu deren Bestimmung werden entropiebasierte Ansätze im Rahmen dieser Arbeit aufgrund der Fokussierung diskreter Systemzustände, welche im heterogenen System der Montageplanung nur schwer zu identifizieren sind, vernachlässigt. Stattdessen erfolgt die Bewertung der informatorischen Unsicherheit gemäß dem Informationsaxiom über den wahrscheinlichkeitsbasierten Informationsgehalt.

3.2.2 Ansätze zur Komplexitätsbeherrschung

Die Operationalisierung und Messung der Komplexität bilden die Grundlage für den zielgerichteten Umgang mit der Komplexität in der Montageplanung. Viele Unternehmen müssen mit einer hohen Komplexität umgehen, was zu einer Reihe von Herausforderungen führt (vgl. Kapitel 2.2).

Im Umgang mit Komplexität werden in der Literatur Ansätze zur Komplexitätsreduktion und zur Komplexitätsbeherrschung unterschieden. Die Reduktion der Komplexität ist dabei meist der vorbereitende Schritt für die Beherrschung der verbleibenden Komplexität. Ansätze zur Komplexitätsreduktion und -beherrschung lassen sich jedoch nicht immer trennscharf unterscheiden, da der Abbau von Komplexität immer auch zu einer besseren Beherrschbarkeit beiträgt.[291] Beide Ansätze sind im Universalansatz des Komplexitätsmanagements nach BLISS kombiniert[292]. Im vorliegenden Kapitel werden zunächst die grundlegenden Ansätze zur Komplexitätsreduktion vorgestellt und hinsichtlich ihrer Anwendbarkeit auf die Montageplanung evaluiert, bevor zwei elementare Ansätze zur Komplexitätsbeherrschung diskutiert werden.

LUHMANN definiert das Konzept der Komplexitätsreduktion als Rekonstruktion des „[Relationsgefüges] eines komplexen Zusammenhanges durch einen zweiten Zusammenhang mit weniger Relationen [...]“[293]. Nach ADAM umfasst die Komplexitätsreduktion Maßnahmen zur Reduktion

[291] Vgl. Adam, D. (1998), Produktions-Management, S. 30, 52f.

[292] Vgl. Bliss, C. (1998), Management von Komplexität, S. 18f.

[293] Luhmann, N. (2001), Soziale Systeme, S. 49.

der Elemente und Beziehungen in einem System[294]. Gerade die Verringerung der Anzahl an Systemelementen wird als effektiver Ansatz zur Komplexitätsreduktion bewertet[295]. Ein weiterer wichtiger Ansatz zur Reduktion von Komplexität ist die Dekomposition bzw. Modularisierung eines Systems oder das Zerlegen von Aufgaben in kleinere Einheiten. Durch die Strukturierung komplexer Systeme in überschaubare Teilprobleme lassen sich die Planungs- und Entscheidungskomplexität senken.[296] ELMARAGHY ET AL. sprechen hierbei vom *Divide & Conquer-Prinzip*, dessen Anwendung jedoch auf unabhängige, nicht miteinander verbundene Teilsysteme beschränkt ist[297]. Weiterhin werden klassische Management- und Produktionsansätze wie Lean Management, Business Reengineering und Variantenmanagement der Komplexitätsreduktion zugeordnet[298]. Konventionelle Ansätze zur Komplexitätsreduktion basieren auf Führung und strenger Kontrolle[299].

Es wird offensichtlich, dass die Ansätze zur Komplexitätsreduktion im Hinblick auf die Montageplanung deutlichen Limitationen unterliegen. Zwar trägt die modulare Struktur der Modullandkarte zu einer gesteigerten Übersichtlichkeit und damit zur Reduktion der Komplexität bei, jedoch kann keine Reduktion der Systemelemente erfolgen, ohne die in Kapitel 3.1 formulierte Anforderung der inhaltlichen Vollständigkeit der Montageplanungsumfänge zu verletzen. Gerade die Komplexitätsreduktion durch Führung erfordert Wissen über zukünftige Entwicklungen, welches in komplexen und dynamischen Systemen nicht vorhanden ist. Entsprechend entfaltet die Komplexitätsreduktion ihren Nutzen zwar bei bekannten Zielen und bekannten Lösungswegen, nicht aber in neuen und unbekannten Situationen.[300] In komplexen Systemen wie der Montageplanung mit multikausalen Komplexitätstreibern und nicht isolierbaren Wirkzusammenhängen fehlen aufgrund der starken Vernetzung der Systemelemente folglich die Anwendungsvoraussetzungen für reduktionistische Ansätze[301]. Eine Komplexitätsreduktion durch die Verringerung der Anzahl an Elementen oder Relationen im System der Montageplanung verletzt die Anforderung eines umfassenden Domänenbezugs ohne inhaltliche Einschränkung der Montageplanungsumfänge. Die Reduktion von Planungsmodulen, -inkrementen oder Informationsflüssen im Rahmenwerk der projektneutralen Modullandkarte führt zu logischen Inkonsistenzen und inhaltlichen Einschränkungen der Montageplanungsumfänge, was den zuvor definierten Anforderungen widerspricht. Lediglich die projektspezifische Auswahl aus den verfügbaren Planungsmodulen im Sinne der zustandsbasierten Fabrikplanung bewirkt eine Komplexitätsreduktion, zu der auch die Kapselung von Planungsinkrementen in inhaltlich und logisch abgegrenzte Planungsmodule beiträgt.

[294] Vgl. Adam, D. (1998), Produktions-Management, S. 53.
[295] Vgl. ElMaraghy, W. et al. (2012), Complexity, S. 794.
[296] Vgl. Westphal, J. R. (2001), Komplexitätsmanagement, S. 184ff.; Weth, R. v. d. (2001), Management der Komplexität, S. 25; Gartzen, T. (2012), Diskrete Migration, S. 93f.
[297] Vgl. ElMaraghy, W. et al. (2012), Complexity, S. 794.
[298] Vgl. Bliss, C. (1998), Management von Komplexität, S. 18; Adam, D. (1998), Produktions-Management, S. 59ff.
[299] Vgl. Ulrich, H. et al. (1995), Anleitung, S. 266.
[300] Vgl. ebd. S. 63, 266.
[301] Vgl. Bliss, C. (1998), Management von Komplexität, S. 27f.

Da die Potenziale der Komplexitätsreduktion in der Montageplanung unter den in Kapitel 3.1 aufgestellten Prämissen durch die Modularisierung bereits weitgehend ausgeschöpft und deutlich limitiert sind, werden im Folgenden Ansätze zur Komplexitätsbeherrschung betrachtet.

Vor dem Hintergrund zunehmend komplexer Systeme wird die Komplexitätsbeherrschung in der Literatur häufig als Grundproblem, zentrale Aufgabe und Kernziel des Managements bewertet[302]. Der Begriff *Komplexitätsbeherrschung* beschreibt nach LUDWIG die Fähigkeit zur Kontrolle komplexer Systeme, wozu inakzeptable Zustände vermieden und akzeptable erzeugt und erhalten werden[303]. Wie in Kapitel 2.3.4 erläutert, trägt die Komplexität eines Systems maßgeblich zur Beherrschung der Komplexität der Systemumwelt bei. In Abhängigkeit von der Höhe der quasi-statisch-strukturellen und dynamisch-funktionalen Komplexität der Systemumwelt kann die Beherrschung der Komplexität also durch eine Reduktion oder Erhöhung der Systemkomplexität erreicht werden[304]. Zur Beherrschung der Komplexität muss ein Komplexitätsausgleich zwischen dem System und seiner Umwelt geschaffen werden. Dazu werden Informationen über Umweltveränderungen benötigt und es müssen geeignete Systemverhaltensweisen zur Reaktion auf die Umwelt vorgehalten werden.[305] Ansätze der Komplexitätsbeherrschung befähigen die vereinfachte und aufwandsreduzierte Koordination von Systemen[306]. Mit Bezug auf die Produktion benennt ADAM die integrierte Produktion mit den Grundsätzen des umfassenden Qualitätsmanagements (auch Total Quality Management, TQM), der kontinuierlichen Verbesserungen und des Lean-Managements als Voraussetzungen für die Komplexitätsbeherrschung[307].

Bezüglich der Komplexitätsbeherrschung lassen sich nach MALIK zwei diametral gegensätzliche Theorietypen bzw. Managementansätze differenzieren. Konkret handelt es sich dabei um den konstruktivistisch-technomorphen und den systemisch-evolutionären Ansatz, welche im Folgenden detailliert dargestellt werden.[308]

Der konstruktivistisch-technomorphe Ansatz der Komplexitätsbeherrschung

Der konstruktivistisch-technomorphe Ansatz ist der traditionelle Denkansatz der Komplexitätsbeherrschung. In diesem Theorietyp wird ein System als Maschine betrachtet. Das Verständnis einer Maschine umfasst ein gegen eine definierte Zielsetzung entwickeltes System, dessen Einzelteile im Zusammenspiel die geplante Funktion realisieren. Weiterhin beinhaltet das Bild die Vorstellung, dass alle Komponenten der Maschine detailliert geplant, entwickelt und implementiert werden. Die präzise Planung und Umsetzung sieht keine Unbestimmtheiten vor.[309] Der konstruktivistisch-technomorphe Ansatz setzt als Prämissen eine hohe Determiniertheit, vollständi-

[302] Vgl. Malik, F. (2000), Systemisches Management, S. 103, 169f.; Malik, F. (2003), Strategie, S. 184.
[303] Vgl. Ludwig, R. (2005), Komplexitätsbeherrschung in der Produktspezifikationserstellung, S. 123.
[304] Vgl. Ulrich, H. et al. (1995), Anleitung, S. 63f.
[305] Vgl. Malik, F. (2003), Strategie, S. 170, 172.
[306] Vgl. Adam, D. (1998), Produktions-Management, S. 53.
[307] Vgl. ebd. S. 63ff.
[308] Vgl. Malik, F. (2000), Systemisches Management, S. 103f.
[309] Vgl. ebd. S. 104f., 43; Westphal, J. R. (2001), Komplexitätsmanagement, S. 66f.

ges Wissen über alle Systemelemente und deren Interaktion sowie ein kontrollierbares Systemverhalten voraus[310]. Entsprechend herrscht die Annahme einer ausreichenden Informationsbasis zur Problemlösung vor und unvollständige Informationen werden als Hindernis bewertet[311].

Gemäß dieser Grundausrichtung verfolgt der Ansatz das Ziel, eine deterministisch geplante Ordnung zu schaffen, nach welcher Ziele planmäßig verfolgt und erreicht werden können. Eine solche Ordnung des Systems soll durch zweckrationales und absichtsvolles Handeln erzeugt werden[312]. Kernelemente des Ansatzes sind eine Ausweitung der konzeptionellen Planung zu Projektbeginn, eine detaillierte Dokumentation und gesteigerte Formalität des Managements sowie eine weitreichende Organisation und Koordination bei hoher Komplexität[313]. Zur angestrebten Ordnung der Systemstrukturen wird ein analytisches Vorgehen verfolgt, in welchem das System in seine Elemente zerlegt wird, welche dann detailliert nach einzelnen Parametern beschrieben werden[314]. Aufgrund seiner großen Erfolge im Bereich der Ingenieurswissenschaften wurde der konstruktivistisch-technomorphe Ansatz auch auf weitere Bereiche übertragen[315].

Jedoch weist der konstruktivistisch-technomorphe Ansatz der Komplexitätsbeherrschung auch Limitationen auf. Während der Ansatz die Optimierung von Systemen fokussiert, schränkt er durch die deterministische Detailplanung deren Flexibilität und Reaktionsfähigkeit ein[316]. Weiterhin stößt die angestrebte detaillierte Systembeschreibung schnell an ihre Grenzen. Ein komplexes System kann nicht allein über die Aggregation von Wissen über seine Subsysteme beschrieben werden[317]. Auch kann in komplexen Situationen nicht alles notwendige Wissen zur Entscheidungsfindung beschafft werden[318]. Fehlende Informationen über spezifische Situationen in komplexen Systemen verhindern das im Ansatz vorgesehene rationale Verhalten[319]. Der zielführende Einsatz des konstruktivistisch-technomorphen Ansatzes ist folglich auf einfache Probleme mit geringer Unsicherheit beschränkt, in denen alle Informationen im Vorfeld erfasst werden können[320]. Die langfristige und globale Planung, die diesem Ansatz inhärent ist, kann in dynamischen und komplexen Umgebungen nicht funktionieren, da keine ausreichende Flexibilität für den Umgang mit dynamischer Komplexität vorgesehen ist[321]. Auch die im Ansatz verankerten klassischen Organisationsstrukturen sind zu starr für den Umgang mit hoher dynamischer Komplexität[322].

[310] Vgl. Malik, F. (2000), Systemisches Management, S. 104f., 114f.

[311] Vgl. Malik, F. (2003), Strategie, S. 63; Malik, F. (2000), Systemisches Management, S. 111.

[312] Vgl. ebd. S. 105.

[313] Vgl. Bullinger, H.-J. (1995), Arbeitsgestaltung, S. 86; Shenhar, A. J. et al. (2002), One Size Does Not Fit All, S. 103; Schneider, S. (2015), Agile Prozessplanung, S. 11.

[314] Vgl. Westphal, J. R. (2001), Komplexitätsmanagement, S. 68.

[315] Vgl. Malik, F. (2000), Systemisches Management, S. 104f.

[316] Vgl. ebd. S. 136f.

[317] Vgl. Stüttgen, M. (2003), Strategien der Komplexitätsbewältigung, S. 43.

[318] Vgl. Ulrich, H. et al. (1995), Anleitung, S. 108.

[319] Vgl. Malik, F. (2000), Systemisches Management, S. 110f.

[320] Vgl. ebd. S. 113f.

[321] Vgl. Stacey, R. (2011), Strategic Management, 82, 416f.; Westphal, J. R. (2001), Komplexitätsmanagement, S. 79, 85; Malik, F. (2000), Systemisches Management, S. 137f.

[322] Vgl. Malik, F. (2003), Strategie, S. 77; Westphal, J. R. (2001), Komplexitätsmanagement, S. 4.

Bezogen auf die in Kapitel 3.2.1 vorgestellten Dimensionen der Komplexität in der Montageplanung lässt sich also folgern, dass der konstruktivistisch-technomorphe Ansatz seine Berechtigung für den Umgang mit quasistatisch-struktureller Komplexität hat, jedoch ungeeignet für dynamisch-funktionale Komplexität ist. Wird diese kritische Unterscheidung nicht vorgenommen, führt dies zum Fehler der unzulässigen Verallgemeinerung (engl.: *fallacy of misplaced generalization*), bei dem ein Ansatz aufgrund seines Erfolgs in bestimmten Situationen unreflektiert auch auf andersartige Situationen übertragen wird, für die eine Eignung nicht gegeben ist. So wird Planung häufig als System mit geringer dynamisch-funktionaler Komplexität interpretiert und die konstruktivistisch-technomorphe Denkweise zum Umgang mit Komplexität angewandt. Dieses Vorgehen kann dann zur Verfehlung von Planungszielen führen. In der Konsequenz wird aufgrund der zunehmend turbulenten Planungsumgebung nach Alternativem zum konstruktivistisch-technomorphen Ansatz und nach alternativen Denkstrukturen und Methoden gesucht.[323]

Der systemisch-evolutionäre Ansatz der Komplexitätsbeherrschung

Die wichtigste Alternative ist der systemisch-evolutionäre Ansatz der Komplexitätsbeherrschung. In diesem Theorietyp wird das System als lebender, sich selbst weiterentwickelnder Organismus in seiner natürlichen Umgebung betrachtet. Dieses Grundmodell begründet auch die Unterschiede der Ansätze. Aufgrund der hohen Eigendynamik und der spontanen, sich selbst generierenden Ordnung solcher komplexer Systeme fokussiert der Ansatz Veränderungen und berücksichtigt explizit volatile und unsichere Planungsprämissen sowie das Treffen von Entscheidungen unter bestmöglicher Berücksichtigung ihrer Wirkung auf die Zukunft.[324] Entsprechend seiner Veränderungsorientierung geht der systemisch-evolutionäre Ansatz der Komplexitätsbeherrschung davon aus, dass aufgrund der großen Dynamik komplexer Systeme in der Regel nicht genügend Informationen für eine fundierte Entscheidung vorliegen und dass die vollständige Beherrschung und Kontrolle dieser Systeme folglich unmöglich ist[325].

Der Ansatz ist entsprechend dieser Prämissen und der Erkenntnis, dass Dynamik und Komplexität in der Systemumwelt ein flexibles Vorgehen erfordern, aufgebaut[326]. Statt einer detaillierten Planung stellt der Ansatz die Schaffung günstiger Bedingungen in den Vordergrund, nach denen sich die Eigendynamik des Systems in eine gewünschte Richtung entfalten kann. Solche Bedingungen sind in einem soziotechnischen System durch Werte wie Achtung, Respekt, Vertrauen und Motivation geprägt.[327] Zum Umgang mit Veränderungen werden revisionistische Entscheidungen angestrebt, die möglichst weit an veränderliche Rahmenbedingungen angepasst werden können[328]. Hier wird zur Komplexitätsbeherrschung also bewusst der Grundlogik von Versuch und Irrtumsbeseitigung gefolgt. Zur Orientierung in Bereichen großer Komplexität fokussiert der Ansatz die Befolgung generischer Regeln und den Einsatz wenig detaillierter Modelle.[329]

---

[323] Vgl. Malik, F. (2000), Systemisches Management, S. 43f., 116f., 118.
[324] Vgl. Malik, F. (2003), Strategie, S. 65; Malik, F. (2000), Systemisches Management, S. 44, 105, 138, 140f.
[325] Vgl. ebd. S. 115; Malik, F. (2003), Strategie, S. 64.
[326] Vgl. Ulrich, H. et al. (1995), Anleitung, S. 269.
[327] Vgl. Malik, F. (2000), Systemisches Management, S. 44f.
[328] Vgl. Malik, F. (2003), Strategie, S. 64; Malik, F. (2000), Systemisches Management, S. 140.
[329] Vgl. ebd. S. 46f., 115, 169.

Die Denkweise des systemisch-evolutionären Ansatzes zum Umgang mit komplexen Systemen ist durch die Systemtheorie und die Kybernetik geprägt[330]. In der Systemtheorie wird ein System nicht als Summe seiner Elemente, sondern als lebendiger Organismus mit untereinander vernetzten Prozessen und Systemelementen betrachtet[331]. Die Kybernetik ist eine bedeutende Forschungsrichtung im Bereich der Systemtheorie, in der Systeme auf selbsttätige Regelungs- und Steuerungsmechanismen untersucht werden. Der etymologische Ursprung des Begriffs *Kybernetik* ist das griechische Wort *kybernetike*, welches *Steuermannskunst* bedeutet.[332] Entsprechend ist die maßgeblich durch WIENER[333] und BEER[334] geprägte Kybernetik die Wissenschaft der Regelung und Steuerung dynamischer Systeme[335]. Das Ziel der Kybernetik ist Beherrschung der aus Veränderungen resultierenden und damit der dynamisch-funktionalen Komplexität[336]. Dazu werden Systeme zur Anpassung an Änderungen und Störungen befähigt, um Planungsziele zu erreichen und Planabweichungen zu vermeiden[337]. In der Kybernetik werden alle Systeme als komplex betrachtet. Die Systemkomplexität wird im kybernetischen Management explizit anerkannt und einbezogen. Kybernetisches Management umfasst Veränderungen der Informationslage in einem System zu dessen Lenkung in Richtung eines Ziels. *Lenkung* bedeutet dabei, alle potenziellen Zustände auf die im Sinne des Ziels wünschenswerten zu reduzieren. Da reale Systeme als zu komplex angesehen werden, um alle nötigen Informationen für eine fundierte Entscheidung beschaffen zu können, liegt der Fokus der Kybernetik auf dem zielgerichteten Handeln bei unvollständigen Informationen.[338] Systeme werden dabei nach ihrer maximalen Varietät bewertet[339]. Da komplexe Systeme aufgrund ihrer Veränderlichkeit nie exakt erfasst und ihre zukünftigen Zustände nicht genau prognostiziert werden können, basiert kybernetisches Management auf systemtheoretischem Denken, Kommunikation und der Auflösung starrer Prinzipien[340].

Eine der wichtigsten Erkenntnisse der Kybernetik - das Gesetz der erforderlichen Varietät nach ASHBY[341] - besagt, dass ein komplexes System nur durch ein mindestens ebenso komplexes System kontrolliert werden kann[342]. Die Lenkungskomplexität der Verhaltensmöglichkeiten muss folglich mindestens so groß sein wie die Komplexität des zu lenkenden Systems[343]. Dieser Zusammenhang wird bildlich durch ein Zitat nach VICKERS beschrieben: „The nature of the trap is a function of the nature of the trapped."[344] Es besagt, dass eine Falle erst für diejenigen zur Falle

330 Vgl. ebd. S. 14.
331 Vgl. Westphal, J. R. (2001), Komplexitätsmanagement, S. 67f.
332 Vgl. Dudenredaktion (2020), Das Herkunftswörterbuch, S. 489.
333 Vgl. Wiener, N. (1969), Cybernetics.
334 Vgl. Beer, S. (1959), Cybernetics and Management.
335 Vgl. Stüttgen, M. (2003), Strategien der Komplexitätsbewältigung, S. 25; Westphal, J. R. (2001), Komplexitätsmanagement, S. 68f.
336 Vgl. Malik, F. (2003), Strategie, S. 77.
337 Vgl. Westphal, J. R. (2001), Komplexitätsmanagement, S. 69.
338 Vgl. Malik, F. (2000), Systemisches Management, S. 300ff.
339 Vgl. Malik, F. (2003), Strategie, S. 190.
340 Vgl. Ulrich, H. et al. (1995), Anleitung, S. 108; Malik, F. (2003), Strategie, S. 76.
341 Vgl. Ashby, W. R. (1957), Introduction to Cybernetics, S. 207; Siehe dazu auch Kapitel 2.3.4.
342 Vgl. Malik, F. (2003), Strategie, S. 191; Malik, F. (2000), Systemisches Management, S. 300f.
343 Vgl. Malik, F. (2003), Strategie, S. 194.
344 Vickers, G. C. (1970), Freedom in Rocking Boat, S. 15.

wird, welche die durch die Falle gestellten Probleme nicht lösen können. Er verdeutlicht dies beispielhaft daran, dass sich ein Mensch in der Größe eines Hummers aufgrund seiner Intelligenz nicht in einer Hummerreuse fangen ließe.[345] Die Aufgabe des Managements ist aus Sicht der Kybernetik die Gestaltung der Komplexität eines Systems entsprechend der zu beherrschenden Komplexität[346]. Das im Rahmen dieser Arbeit fokussierte Mittel zur Gestaltung der Komplexität der Montageplanung ist der zielgerichtete Einsatz spezifisch ausgewählter Planungsmethoden.

Der kybernetische Managementansatz besitzt ein hohes Potenzial in Bereichen hoher Komplexität sowie zum Umgang mit komplexen Systemen[347]. Insgesamt erlaubt der systemisch-evolutionäre Ansatz insbesondere die Beherrschung der Komplexität infolge von Unsicherheiten[348]. Der Ansatz erzeugt nur eine geringfügige Kontrolle über komplexe Systeme, ist aber von hoher Relevanz für den Umgang mit der Komplexität realer Systeme. Das Kriterium für erfolgreiche Komplexitätsbeherrschung ist im Sinne des systemisch-evolutionären Ansatzes die Lebensfähigkeit des betrachteten Systems.[349] Der systemisch-evolutionäre Ansatz der Komplexitätsbeherrschung eignet sich in der Konsequenz besonders zur Beherrschung der in Kapitel 3.2.1 vorgestellten dynamisch-funktionalen Komplexitätsdimensionen der Montageplanung. Seine Prämissen und Grundlagen beziehen sich nicht auf den quasistatisch-strukturellen Anteil der Komplexität.

3.2.3 Eignung der Ansätze für die Montageplanung

Nachdem verschiedene Ansätze zur Operationalisierung, Reduktion und Beherrschung von Komplexität vorgestellt wurden, wird nun deren Eignung für die Montageplanung sowie deren Übertrag- und Anwendbarkeit nach den in Kapitel 3.1 und 3.2.1 definierten Anforderungen bewertet.

Zunächst wurden in Kapitel 3.2.1 Ansätze zur Operationalisierung und Messung von Komplexität vorgestellt. Dort hat sich gezeigt, dass die Ansätze durchgängig auf einer objektiven und quantitativen Bewertung der Komplexität basieren. Subjektive Bewertungselemente tauchen lediglich dort auf, wo Wahrscheinlichkeiten durch Fachleute mit entsprechender Expertise abzuschätzen sind. Alle dargestellten Ansätze betrachten die in dieser Arbeit grundlegenden Dimensionen der quasistatisch-strukturellen und dynamisch-funktionalen Komplexität separat, wobei sich jeder Ansatz auf lediglich eine der Dimension bezieht. In den bestehenden Ansätzen existieren also zahlreiche Anknüpfungspunkte zur umfassenden Operationalisierung beider Komplexitätsdimensionen. Eine Aggregation der Maße für die quasistatisch-strukturelle und dynamisch-funktionale Komplexität wurde jedoch in keinem der Ansätze durchgeführt. Damit bietet keiner der diskutierten Ansätze eine Lösung zur umfassenden Betrachtung der Komplexität in beiden Dimensionen. Basierend auf den bestehenden Ansätzen zur separaten Operationalisierung der Komplexitätsdimensionen gilt es also, die partiellen Komplexitätsmaße in einem integrativen Kom-

[345] Vgl. ebd. S. 15.

[346] Vgl. Westphal, J. R. (2001), Komplexitätsmanagement, S. 86f.

[347] Vgl. Stüttgen, M. (2003), Strategien der Komplexitätsbewältigung, S. 25; Malik, F. (2000), Systemisches Management, S. 14; Ashby, W. R. (1957), Introduction to Cybernetics, S. 5.

[348] Vgl. Malik, F. (2000), Systemisches Management, S. 109.

[349] Vgl. ebd. S. 146ff.

plexitätsmaß zusammenzuführen. Abgesehen von einigen Ansätzen im Bereich der Komplexitätsreduktion verletzt keiner der vorgestellten Ansätze zur Komplexitätsbeherrschung die Anforderung eines umfassenden Bezugs zur Domäne der Montageplanung ohne inhaltliche Einschränkungen. Insgesamt ist eine gute Übertragbarkeit der diskutierten Ansätze auf die Montageplanung gegeben, da sich ein Großteil der Ansätze auf Elemente der System-, Graphen- oder Informationstheorie stützt. Somit ist die Übertragbarkeit auf die projektneutrale Modullandkarte als System der Montageplanung mit durch informatorische Relationen verknüpften Elementen gegeben. Zuletzt erfüllen die vorgestellten Ansätze zur Operationalisierung der Komplexität in großen Teilen auch die Anforderung an die Praxistauglichkeit, was auf den hohen Anwendungsbezug der meisten Ansätze zurückzuführen ist. Limitationen bezüglich der Anwendbarkeit und Praxistauglichkeit ergeben sich aus teils aufwändigen Berechnungsvorschriften.

Die in Kapitel 3.2.2 vorgestellten Maßnahmen zur Komplexitätsreduktion werden in der Literatur als notwendige Bedingung für eine erfolgreiche Komplexitätsbeherrschung genannt. Es hat sich jedoch herausgestellt, dass die Potenziale in Bezug auf die Montageplanung bereits weitgehend ausgeschöpft sind und dass einige Ansätze durch die zugrundeliegenden Anforderungen limitiert sind. Die Komplexitätsreduktion ist zunächst unspezifisch und wenig adaptiv, da unterschiedliche Planungsfälle nicht differenziert werden und da die entsprechenden Maßnahmen zu Projektbeginn erfolgen müssen und im Verlauf nicht angepasst werden können. Der Ansatz adressiert im Kern die Systemstrukturen hinsichtlich der Varietät von Elementen und deren Verbindungen, sodass der Fokus klar auf der quasistatisch-strukturellen Komplexität liegt. Die Vernachlässigung der dynamisch-funktionalen Komplexität und die fehlende Eignung für von Unsicherheit geprägte Situationen verletzen die Anforderung der Universalität. Bezüglich des Domänenbezugs lässt sich festhalten, dass im Rahmenwerk der projektneutralen Modullandkarte bereits Aspekte der Komplexitätsreduktion umgesetzt wurden. Die projektspezifische Auswahl und die inhaltliche Kapselung der Planungsmodule reduzieren die Komplexität der Montageplanung insgesamt sowie in spezifischen Projekten. Eine Verringerung der Anzahl an Planungsmodulen, -inkrementen oder Informationsflüssen ist gleichwohl nicht möglich, ohne die inhaltliche Vollständigkeit der Montageplanung zu verletzen. Aufgrund der engen Vernetzung und der hohen Modularisierung der Planungsmodule und -inkremente in der Modullandkarte haben die diskutierten Ansätze zur Komplexitätsreduktion, entsprechend den definierten Bewertungskriterien, kein signifikantes Potenzial zum Umgang mit der Komplexität der Montageplanung. Diese Ansätze sind eher auf das Montagesystem anzuwenden, welches jedoch nicht im Betrachtungsbereich dieser Arbeit liegt.

Großes Potenzial zur Beherrschung der quasistatisch-strukturellen und der dynamisch-funktionalen Komplexität in der Montageplanung weisen hingegen der konstruktivistisch-technomorphe und der systemisch-evolutionäre Ansatz der Komplexitätsbeherrschung sowie deren mögliche Kombination auf. Bei beiden Ansätzen handelt es sich um Theorietypen bzw. Managementansätze, welche auf die betriebliche Praxis der Montageplanung zu übertragen sind, um dort anwendbar und operativ umsetzbar zu sein. Diese fundamentalen Ansätze unterscheiden sich in einigen Aspekten, welche in der folgenden Abbildung 3-6 gegenübergestellt werden. Anhand der

Charakteristika beider Ansätze wird deren Eignung für die Komplexitätsbeherrschung in der Montageplanung diskutiert.

Konstruktivistisch-technomorph	Paradigmen der Ansätze	Systemisch-evolutionär
Gewinnmaximierung durch Optimierung	Unternehmensziel	Maximierung der Lebensfähigkeit durch Steuerbarkeit
Führung vieler und Aufgabe weniger	Managementverständnis	Führung weniger und Aufgabe vieler
Menschenführung	Managementaufgabe	Gestaltung und Lenkung ganzer Institutionen
Verhalten einer Maschine	Unternehmensbild	Verhalten eines Organismus
Im Großen und Ganzen ausreichende Informationen	Informationslage	Nie ausreichende Informationen
Vollständige Beherrschbarkeit komplexer Systeme	Systemverständnis	Vollständige Beherrschung unmöglich
Variantenfixierung und Elimination von Freiheitsgraden	Komplexitätsbeherrschung	Optimierung der Systemlenkungsfähigkeit

Abbildung 3-6: Vergleich der Managementansätze der Komplexitätsbeherrschung[350]

Die relevanteste Unterscheidung im Rahmen dieser Arbeit ist die Berücksichtigung von Unsicherheiten und Veränderungen, welche im systemisch-evolutionären Ansatz essenziell ist, während sie im konstruktivistisch-technomorphen Ansatz nicht erfolgt. In der Folge eignet sich der systemisch-evolutionäre Ansatz zur Beherrschung dynamisch-funktionaler Komplexität, wobei der konstruktivistisch-technomorphe Ansatz einen Beitrag zur Beherrschung der quasistatisch-strukturellen Komplexität leisten kann. Trotz ihrer Unterschiede schließen sich beide Ansätze in ihrer Anwendung nicht aus. Durch eine Auswahl der Ansätze entsprechend der Dimensionen und dem Umfang der vorliegenden Komplexität kann somit eine erfolgreiche Komplexitätsbeherrschung erreicht werden.[351] Weiterhin gelingt es so, die formulierten Anforderungen nach Spezifität bezüglich des Planungsfalls und nach Universalität bezüglich der Komplexitätsdimensionen zu erfüllen. Zur Gewährleistung einer adaptiven Lösung müssen Veränderungen hinsichtlich Art und Höhe der Komplexität bei der Auswahl des Ansatzes berücksichtigt werden. Beide Ansätze bedingen keine inhaltliche Einschränkung der Montageplanung.

Insgesamt stellen der konstruktivistisch-technomorphe und der systemisch-evolutionäre Ansatz somit wichtige und potente Ansätze zur Komplexitätsbeherrschung in der Montageplanung dar, worauf in den folgenden Kapiteln aufgebaut wird.

[350] I. A. a. ebd. S. 119; Fricker, A. R. (1996), Methodik zur Modellierung, S. 17.

[351] Vgl. Malik, F. (2000), Systemisches Management, S. 45f., 91, 111, 115, 136.

3.3 Plangetriebene und agile Methoden in der Montageplanung

In den vorangegangenen Kapiteln wurde die Komplexität der Montageplanung als mehrdimensionales Konstrukt, zentrale Herausforderung und wichtige Fähigkeit der Montageplanung diskutiert. Die suffiziente Beherrschung der Komplexität ist eine zentrale Aufgabe der Montageplanung, um die Erreichung der Planungsziele sicherzustellen. Im vorherigen Kapitel wurden Ansätze zur Operationalisierung, Reduktion und Beherrschung von Komplexität analysiert. Es hat sich gezeigt, dass insbesondere die spezifische Anwendung und Kombination des konstruktivistisch-technomorphen und des systemisch-evolutionären Ansatzes große Potenziale zur Komplexitätsbeherrschung in der Montageplanung besitzen. Die beiden Theorietypen müssen nun in eine praktisch anwendbare Form überführt werden, um ihre Potenziale in der Montageplanung der betrieblichen Praxis entfalten zu können. Ein wichtiger Stellhebel in der Durchführung von Montageplanungsprojekten sind die eingesetzten Planungs- und Projektvorgehensmethoden, welche im Folgenden zusammenfassend als *Methoden* bezeichnet werden. Abgeleitet vom griechischen Ausdruck *méthodos* beschreibt der Begriff *Methode* ein planmäßiges Vorgehen[352]. Es wird nun untersucht, inwiefern sich die dargestellten Ansätze der Komplexitätsbeherrschung in den verfügbaren Methoden zur Durchführung der Montageplanung identifizieren respektive verankern lassen und über welche Komplexitätspotenziale diese Methoden verfügen.

Der Zweck dieses Kapitels ist entsprechend die Beleuchtung und Abgrenzung der verfügbaren Methoden zur Durchführung der Montageplanung sowie die Betrachtung der jeweiligen Komplexitätspotenziale. Auf diese Weise wird dem Erkenntnisdefizit bezüglich der systematischen Differenzierung agiler und plangetriebener Methoden[353] entgegengewirkt. Die Untersuchung plangetriebener und agiler Methoden auf ihre konstituierenden Eigenschaften ist die Voraussetzung für deren spezifische Implementierung und Nutzung[354]. Die Aufgaben der Fabrik- und Montageplanung werden in Projekten mit Methoden des Projektmanagements bearbeitet[355], sodass sich Montageplanungsansätze über die eingesetzten Methoden charakterisieren lassen. Hierbei werden im Rahmen dieser Arbeit grundsätzlich agile und plangetriebene Methoden unterschieden. Diese beiden Lager werden in den folgenden Kapiteln im Detail beleuchtet und gegeneinander abgegrenzt. Nach der Definition der Aggregationsebene für die folgenden Abhandlungen (Kapitel 3.3.1) werden die konstituierenden Eigenschaften, Stärken und Schwächen plangetriebener (Kapitel 3.3.2) und agiler Methoden (Kapitel 3.3.3) dargestellt. Anschließend werden plangetriebene und agile Methoden voneinander abgegrenzt (Kapitel 3.3.4), bevor abschließend die jeweiligen Komplexitätspotenziale diskutiert werden (Kapitel 3.3.4). Ein Großteil der in diesem Kontext präsentierten Ergebnisse zu plangetriebenen und agilen Methoden basiert auf einer durch den Autor durchgeführten systematischen Literaturrecherche. Die angewandte Methodik und die erzielten Ergebnisse werden detailliert in Anhang 8.2 dargelegt.

[352] Vgl. Dudenredaktion (2020), Das Herkunftswörterbuch, S. 550.
[353] Vgl. Schuh, G. et al. (2018), Agile Product Scopes, S. 1.
[354] Vgl. Ays, J. et al. (2018), Constitutive Features, S. 477f.
[355] Vgl. Verein Deutscher Ingenieure VDI (2011), VDI 5200, Fabrikplanung, S. 3.

3.3.1 Aggregationsebene zur Betrachtung der Methoden

Bevor plangetriebene und agile Methoden im Detail betrachtet werden, wird in diesem Kapitel die Aggregationsebene für die weitere Betrachtung festgelegt. Angelehnt an die Betrachtungsweise nach BOEHM UND TURNER[356] erfolgt im Rahmen dieser Arbeit die generelle Betrachtung der agilen und plangetriebenen Methoden als Methodencluster ohne Fokussierung einzelner, spezifischer Formen und Ausprägungen dieser Methoden. Lediglich zur Herleitung und Erläuterung der konstituierenden Methodeneigenschaften werden in den folgenden Kapiteln beispielhaft einige typische Methoden aus beiden Clustern vorgestellt. Die identifizierten konstituierenden Eigenschaften werden generalisiert je Methodencluster betrachtet.

Die Motivation für diese aggregierte Betrachtungsweise hat verschiedene Aspekte. Einerseits trägt die Aggregation aufgrund der klaren Abgrenzung zu einer gesteigerten Übersichtlichkeit bei. Die zwangsläufig bei einer solchen Vereinfachung entstehenden Ungenauigkeiten sind für die Zielsetzung dieser Arbeit vernachlässigbar, da innerhalb beider Methodencluster eine große Homogenität hinsichtlich der konstituierenden Eigenschaften herrscht. Weiterhin stellt die Aggregation eine notwendige Bedingung für die Effizienz der Analyse und Bewertung der Methoden sowie für die anschließende systematische Methodenauswahl dar. Neben der Homogenität der Methodeneigenschaften ist vor allem die weitgehend domänenübergreifende Anwendbarkeit agiler und plangetriebener Methoden ein Argument für die aggregierte Betrachtung. Obwohl viele plangetriebene und agile Methoden ihren Ursprung im Projektmanagement oder in der Entwicklung von physischen Produkten oder Software haben, werden die Methoden zunehmend auch in anderen Bereichen zur Anwendung gebracht[357]. Zudem ähneln sich die Domänen von Entwicklung und Planung stark hinsichtlich der erzeugten Ergebnisse. Statt eines physischen Produkts wird in der Montageplanung ein System zur Produktion physischer Produkte entwickelt. Weiterhin bestehen inhaltliche Parallelen von Entwicklung und Montageplanung aufgrund des jeweils vorherrschenden Projektcharakters. Angesichts der domänenspezifischen Unterschiede können die Methoden jedoch nicht ohne eine entsprechende Adaption auf andere Domänen transferiert werden[358]. Eine ausführliche Untersuchung der Übertragbarkeit aus der Software-Entwicklung stammender agiler Methoden auf die Montage- bzw. Prozessplanung wurde durch SCHNEIDER durchgeführt. Über eine Systemanalogiebetrachtung, Anforderungserfüllungsprüfung und Adaptionsprüfung leitet er die gegebene Übertragbarkeit her.[359] Aufgrund der jeweils kommunalen Eigenschaften plangetriebener und agiler Methoden wird im Folgenden eine aggregierte Betrachtung unter Vernachlässigung spezifischer Formen und Ausprägungen der Methoden gewählt.

[356] Vgl. Boehm, B. W. et al. (2003), Using Risk; Haberfellner, R. et al. (2019), Systems Engineering, S. 56.

[357] Vgl. Karlström, D. et al. (2006), Integrating agile software development, S. 204; Meckelnborg, A. (2015), Integrative Fabrikplanung, S. 80; Feldhusen, J. et al. (2013), Der agile Entwicklungs- und Konstruktionsprozess, S. 809; Conforto, E. C. et al. (2015), Agile project management, S. 3.

[358] Vgl. Bertling, M. et al. (2018), MVPS, S. 27.

[359] Vgl. Schneider, S. (2015), Agile Prozessplanung, S. 80ff.

3.3.2 Plangetriebene Methoden

In diesem Kapitel werden typische plangetriebene Methoden vorgestellt und deren Eigenschaften, Stärken und Schwächen dargestellt. Zunächst wird an dieser Stelle die einheitliche Nutzung des Begriffs *plangetrieben* als beschreibendes Adjektiv dieses Methodenclusters festgelegt. Die in der Literatur häufig synonym verwendeten Adjektive *phasenorientiert*, *diszipliniert*, *sequenziell*, *klassisch* und *traditionell* werden in dieser Arbeit unter dem Begriff *plangetrieben* zusammengefasst. Teilweise werden auch konkrete Methodenbezeichnungen aus dem plangetriebenen Methodencluster, wie *Stage-Gate* oder *Wasserfall*, als Überbegriff genutzt.[360]

Viele plangetriebene Methoden haben ihren Ursprung in der Mitte des 20. Jahrhunderts motiviert durch den technologischen Wettstreit beispielsweise in der Raumfahrt[361]. Entsprechend entstammen plangetriebene Methoden der Produktentwicklung der produzierenden Industrie[362]. Plangetriebene Methoden finden neben der Entwicklung physischer Produkte ebenfalls in der Software-Entwicklung, der Architektur, dem Projektmanagement und insbesondere auch in der Fabrik- und Montageplanung Anwendung. Im Folgenden werden einige typische plangetriebene Methoden vorgestellt, um daraus im Anschluss deren konstituierende Eigenschaften abzuleiten.

Das **Wasserfallmodell** ist das älteste Modell der Systementwicklung. Es verfolgt einen Top-Down-Entwicklungsansatz mit einem linearen, nicht-iterativen Prozessmodell. Das namensgebende Charakteristikum des Wasserfallmodells sind seine linear und sequenziell kaskadierenden Phasen, deren Ergebnis jeweils die Eingangsgröße für die nächste Phase darstellt.[363] Das Modell wurde 1970 durch ROYCE als Weiterentwicklung des 1956 durch BENNINGTON entwickelten *Stagewise-Modells* formalisiert[364]. Das Wasserfallmodell stammt aus der Software-Industrie, wird aber auch in diversen anderen Branchen angewandt[365]. Es ist besonders dort geeignet, wo Anforderungen, Ziele und Vorgehensweisen stabil sind und schon in der Planungsphase detailliert beschrieben werden können[366]. Entsprechend gewann das Wasserfallmodell besonders in stark regulierten Branchen wie der Raumfahrt- und der produzierenden Industrie an Bedeutung[367].

Im **V-Modell**, welches nach seiner typischen V-förmigen Darstellungsform benannt ist, werden ein Top-Down- und ein Bottom-Up-Entwicklungsansatz kombiniert. Im linken, absteigenden Ast des V-Modells werden Marktanforderungen schrittweise in Spezifikationen für Systeme und Subsysteme heruntergebrochen, welche dann im rechten, aufsteigenden Ast umgesetzt und integriert werden. Mit dem Ziel der Verbesserung des Wasserfallmodells sind im V-Modell Verifizierungs- und Validierungszyklen zwischen Spezifikation und Umsetzung vorgesehen, um Abweichungen

[360] Vgl. Papadakis, E. et al. (2018), Hybrid methods, S. 740; Cooper, R. G. (2016), Agile–Stage-Gate, S. 21; Schuh, G. et al. (2017), Agile-Waterfall Hybrid, S. 725.

[361] Vgl. Timinger, H. et al. (2016), Ordnungsrahmen, S. 55.

[362] Vgl. Ahmed-Kristensen, S. et al. (2015), Pioneering, S. 1.

[363] Vgl. Riesener, M. et al. (2018), Hybridization, S. 602; Datta, S. (2006), Agility Measurement Index, S. 271; Haberfellner, R. et al. (2019), Systems Engineering, S. 57.

[364] Vgl. Benington, H. D. (1983), Production of Large Computer Programs, S. 356f.; Royce, W. (1987), Managing the development, S. 328f.

[365] Vgl. Molitor, M. et al. (2017), Generative Assembly Planning, S. 314.

[366] Vgl. Haberfellner, R. et al. (2019), Systems Engineering, S. 57ff.

[367] Vgl. Mahadevan, L. et al. (2015), Running on Hybrid, S. 78.

von den zugrundeliegenden Anforderungen zu vermeiden. Die Prinzipien des V-Modells werden nicht nur in der Software-Entwicklung, sondern auch in der Entwicklung von physischen Produkten und mechatronischen Systemen angewandt.[368] Eine Weiterentwicklung des V-Modells ist das V-Modell XT als Referenzmodell für Systementwicklungsprojekte, welches eine stärkere methodische Adaption an projektspezifische Anforderungen erlaubt (vgl. Kapitel 3.4.2)[369].

Basierend auf einer Studie zu Best Practice-Ansätzen erfolgreicher Unternehmen wurde in den späten 1980er Jahren das **Stage-Gate-Modell** entwickelt, welches breite Anwendung in der Produktentwicklung findet[370]. Das ursprüngliche Stage-Gate-Modell teilt den gesamten Produktentstehungsprozess von der Idee bis zur Markteinführung in die fünf Phasen (engl. *stages*) *vorläufige Bewertung*, *detaillierte Untersuchung*, *Entwicklung*, *Tests und Validierung* sowie *Produktion und Markteinführung* ein. Die Phasen sind sequenziell angeordnet und durch Meilensteine (engl. *gates*) getrennt, in welchen der Projektfortschritt bewertet und auf dieser Grundlage über die Fortführung des Projekts entschieden wird.[371]

In der **VDI-Richtlinie 2221**[372] wurden die bis dato gewonnenen Erkenntnisse zum Entwicklungs- und Konstruktionsprozess in einem allgemeingültigen Prozessmodell zusammengefasst. Das Modell enthält ein Vorgehen mit sieben Schritten, welche in die vier Phasen *Planen und Klären der Aufgabe*, *Konzipieren*, *Entwerfen* und *Ausarbeiten* gegliedert sind. Die Phasen sind sequenziell angeordnet, erlauben aber eine iterative Bearbeitung. Das Prozessmodell wurde Anfang der 1990er Jahre zu einem Standard in der Software- und Produktentwicklung.[373]

Das Spiralmodell beschreibt ein zyklisches Vorgehen in der Software-Entwicklung und verbindet verschiedene Vorgehensmodelle miteinander. Die radiale Ausdehnung des spiralförmigen Modells ist ein Maß für den Aufwand. Die Sektoren des Modells beschreiben die vier Phasen *Festlegung der Ziele*, *Beurteilung von Alternativen und Risikoanalyse*, *Entwicklung und Tests* sowie *Planung des nächsten Zyklus*. Der Projektfortschritt je Zyklus wird durch den Drehwinkel beschrieben. Die Anzahl der im Modell zu durchlaufenden Zyklen ist nicht vorgegeben.[374]

Neben den genannten Modellen existieren diverse weitere plangetriebene Ansätze in den Bereichen der Produktentwicklung und des Projektmanagements, welche häufig auf den vorgestellten Modellen basieren. Daneben existieren auch einige plangetriebene Montageplanungsvorgehen, welche in der Folge betrachtet werden. Im Bereich der Montageplanung sind plangetriebene Methoden bisher ein weitverbreiteter Standard mit erst wenigen Ausnahmen. Der Zielsetzung dieser Arbeit entsprechend, liegt der Betrachtungsfokus auf der grundlegenden Struktur und den Gemeinsamkeiten hinsichtlich des Planungsvorgehens. Für die inhaltlichen Details wird an dieser Stelle auf die Werke der genannten Autoren verwiesen.

---

[368] Vgl. Haberfellner, R. et al. (2019), Systems Engineering, S. 61f.

[369] Vgl. Verein zur Weiterentwicklung des V-Modell XT (WEIT e.V.) (2019), Das V-Modell XT; XT steht für extreme tailoring und bezeichnet einen Ansatz zur Anpassung des Modells an spezifische Projekte.

[370] Vgl. Cooper, R. G. (2017), Idea-to-Launch, S. 48; Cooper, R. G. et al. (2018), Agile–Stage-Gate, S. 18.

[371] Vgl. Cooper, R. G. (1990), Stage-Gate Systems, S. 46.

[372] Vgl. Verein Deutscher Ingenieure VDI (2019), VDI-Richtlinie 2221-1, Entwicklung.

[373] Vgl. Feldhusen, J. et al. (2013), Der Produktentstehungsprozess, S. 16ff.

[374] Vgl. Boehm, B. W. (1988), A spiral model, S. 64ff.

BULLINGER beschreibt ein praxisorientiertes Vorgehen zur systematischen Montageplanung in den sieben chronologischen Phasen *Projektorganisation*, *Konzeption*, *Ablaufplanung*, *Montagesystementwurf*, *Ausarbeitung*, *Realisierung* und *Betrieb*.[375] Ein zweiter wichtiger Ansatz ist die Systematik zur Planung und Gestaltung komplexer Produktionssysteme nach REFA. Die Planungssystematik beinhaltet einen Leitfaden mit den sechs konsekutiven Planungsstufen *Analyse der Ausgangssituation*, *Konkretisierung der Planungsaufgaben*, *Grobplanung des Produktionssystems*, *Feinplanung des Produktionssystems*, *Systemeinführung* und *Systembetrieb*.[376] Die Systematik für Montageplanungen nach DEUTSCHLÄNDER beinhaltet die Stufen *Analyse*, *Gestaltung*, *Dokumentation*, *Konzipierung*, *Wirtschaftlichkeitsprüfung*, *Detaillierung* und *Einführung*[377]. Die Planungsrichtlinie nach LOTTER fokussiert automatische Montageanlagen. Sie beschreibt ein detailliertes Vorgehen mit zehn Phasen zur Entwicklung einer optimierten Gesamtlösung. Die Phasen beinhalten die *Anforderungsaufnahme*, *Produkt-*, *Montageanlauf-* und *Funktionsanalyse*, *Taktzeitermittlung*, *Layoutplanung*, *Personalbedarfsbestimmung*, *Verfügbarkeitsermittlung*, *Investitionsrechnung* sowie *Bewertung und Auswahl*[378]. Einen weiteren Montageplanungsleitfaden stellen KONOLD UND REGER vor. Ihr Ansatz umfasst die fünf Planungsstufen *Aufgabenstellung*, *Grobplanung*, *Feinplanung*, *Realisierung* und *Fertigungsanlauf*.[379] Neben den hier vorgestellten existiert eine Vielzahl weiterer Systematiken zur Montageplanung in der Literatur. Für eine umfassende Aufstellung sei diesbezüglich auf SCHNEIDER und BÄUMERS verwiesen[380].

Eine Zusammenfassung verschiedener plangetriebener Montageplanungsansätze liefert SLAMA, der das Vorgehen zwischen Planungsanstoß und Systemrealisierung in die drei Phasen *Erfassung und Analyse*, *Grobplanung mit Montagesystementwicklung und Grobablaufplanung* sowie *Feinplanung mit Montagesystemkonkretisierung und Feinablaufplanung* gliedert[381]. Eine ähnliche Zusammenfassung mit Fokus auf der Fabrikplanung geht auf GRUNDIG zurück, der die Phasen *Vorbereitung*, *Strukturplanung*, *Detailplanung*, *Ausführungsplanung* und *Ausführung* als kommunale Phasen identifiziert[382]. Mit einem stärkeren Fokus auf den konkreten Planungsinhalten stellt JONAS einen prinzipiellen Ablauf der Montageplanung mit den typischen in der Literatur genannten Planungsschritten vor[383]. MOLITOR identifiziert eine Strukturierung in Grob- und Feinplanungsphasen sowie in die Montageablauf- und Montagesystemplanung als konstituierende Merkmale der Montageplanung[384]. Die vorgestellten Methodenbeispiele zeigen, dass plangetriebene Methoden aus verschiedenen Domänen grundlegende Gemeinsamkeiten aufweisen.

---

[375] Vgl. Bullinger, H.-J. (1986), Systematische Montageplanung, S. 50ff.
[376] Vgl. REFA (1987), Planung und Gestaltung, S. 84ff.
[377] Vgl. Deutschländer, A. (1989), Integrierte rechnerunterstützte Montageplanung, S. 46ff.
[378] Vgl. Lotter, B. (1992), Wirtschaftliche Montage, S. 360ff.
[379] Vgl. Konold, P. et al. (2003), Praxis der Montagetechnik, S. 32f.
[380] Vgl. Schneider, S. (2015), Agile Prozessplanung, S. 15f.; Bäumers, Y. (2017), Wirtschaftlicher Detaillierungsgrad, S. 27ff.
[381] Vgl. Slama, S. (2004), Effizienzsteigerung in der Montage, S. 20.
[382] Vgl. Grundig, C.-G. (2009), Fabrikplanung, S. 38.
[383] Vgl. Jonas, C. (2000), Planung von Montageanlagen, S. 13.
[384] Vgl. Molitor, M. (2019), Generative Montageablaufplanung, S. 24ff.

Es wird deutlich, dass sich die plangetriebenen Montageplanungsansätze zwar in der Anzahl und Benennung ihrer Phasen unterscheiden, dabei aber klare inhaltliche Parallelen aufweisen[385].

Im Folgenden werden die konstituierenden Eigenschaften plangetriebener Methoden domänenübergreifend identifiziert und dargestellt. Plangetriebene Methoden sind durch eine Reihe konstituierender Eigenschaften charakterisiert und gegenüber agilen Methoden abgegrenzt. Im Rahmen einer systematischen Literaturrecherche (vgl. Anhang 8.2) wurden zahlreiche Aussagen zu den typischen Eigenschaften plangetriebener Methoden aus den Domänen der Produkt- und Software-Entwicklung, dem Projektmanagement sowie der Fabrik- und Montageplanung identifiziert. Die maßgeblichen kommunalen und damit konstituierenden Eigenschaften wurden anschließend durch agglomeratives Clustering aggregiert.

Konstituierende Eigenschaften plangetriebener Methoden

In der systematischen Literaturrecherche wurden insgesamt 273 Aussagen aus 57 Quellen zu den Eigenschaften plangetriebener Methoden identifiziert, welche ausschnitthaft vorgestellt werden.

Ein konstituierendes Merkmal plangetriebener Methoden ist das typische **sequenzielle Vorgehen** in Projekten, welches durch die lineare Abfolge fester Projektphasen mit definierten Meilensteinen charakterisiert wird[386]. Einzelne Phasen repräsentieren Planungs- bzw. Entwicklungsschritte mit großer Länge[387]. Ein zyklisches oder iteratives Vorgehen ist zumeist nicht vorgesehen[388]. Dieses Merkmal einer festen Phasenstruktur kennzeichnet alle zuvor vorgestellten plangetriebenen Methoden[389]. Ein Kernaspekt sequenzieller Planungsvorgehen ist die Leistungs- und Qualitätskontrolle an definierten Meilensteinen. Hier wird der Projektfortschritt gegen initial definierte Ziele bewertet und über eine Fortführung des Projekts entschieden.[390] Neben den Meilensteinen erfolgt die Validierung mit Kund*innen lediglich zu Projektbeginn und am Projektende[391].

Eine weitere konstituierende Eigenschaft plangetriebener Methoden ist der zugrundeliegende **Determinismus**. Laut DUDEN bezeichnet der Begriff *Determinismus* die „[...] Auffassung von der kausalen [Vor]bestimmtheit allen Geschehens bzw. Handelns."[392] In der Planung wird entsprechend von bekannten, stabilen Geschäftsbedingungen und Restriktionen ausgegangen[393]. Ziele

[385] Vgl. Schneider, S. (2015), Agile Prozessplanung, S. 82.

[386] Vgl. Lesmana, I. P. D. et al. (2016), Agile-Waterfall hybrid, S. 3; Ahmed-Kristensen, S. et al. (2015), Pioneering, S. 1f.; Bertling, M. et al. (2018), MVPS, S. 25.

[387] Vgl. Cooper, R. G. (2016), Agile–Stage-Gate, S. 22; Feldhusen, J. et al. (2009), Agile Methods, S. 455.

[388] Vgl. Schneider, S. (2015), Agile Prozessplanung, S. 84; Spurrier, G. et al. (2014), When is agile appropriate, S. 2538.

[389] Vgl. Schneider, S. (2015), Agile Prozessplanung, S. 82; Karlström, D. et al. (2006), Integrating agile software development, S. 204; Cram, W. A. et al. (2018), Managing knowledge, S. 323.

[390] Vgl. Cooper, R. G. et al. (2016), New idea-to-launch method, S. 171; Cooper, R. G. et al. (2018), Agile–Stage-Gate, S. 19.

[391] Vgl. Lorenz, K. et al. (2016), Ein hybrider Projektmanagementansatz, S. 70; Lom, M. et al. (2016), Hybrid-Agile Approach, S. 51.

[392] Dudenredaktion (2015), Duden - Deutsches Universalwörterbuch, S. 414.

[393] Vgl. Guerineau, B. et al. (2016), Agile and Project-Planned, S. 110; Schuh, G. et al. (2017), Agile-Waterfall Hybrid, S. 725; Cobb, C. G. (2011), Making sense, S. 6.

und Anforderungen werden zu Projektbeginn fest definiert[394]. Der deterministische Planungsansatz fokussiert eine detaillierte Initialplanung und eine umfassende, prädiktive Makroplanung mit weitem Planungshorizont[395]. Die deterministische Haltung bedingt einen Widerstand gegen nicht vorgesehene Änderungen und damit eine geringe Adaptivität des plangetriebenen Ansatzes[396]. Änderungen und Anpassungen sind nur bis zu einem gewissen Zeitpunkt vorgesehen[397]. Eine wichtige, deterministische Eigenschaft plangetriebener Methoden ist eine hohe Planorientierung, nach der fest definierte Pläne, Prozesse und Formalismen diszipliniert verfolgt werden[398]. Das Primärziel des Determinismus ist folglich eine hohe Planungssicherheit[399]. Neben der grundsätzlichen Haltung gegenüber Veränderungen lässt sich die deterministische Natur plangetriebener Methoden in ihren strikten Projektphasen mit definierten Zielen und Meilensteinen erkennen.

Die dritte konstituierende Eigenschaft plangetriebener Methoden ist eine ausgeprägte **Prozessorientierung**. Diese äußert sich insbesondere in strengen, standardisierten Prozessen, klar festgelegten Strukturen sowie umfassenden Richtlinien, Regeln, Vorgaben und Standards[400]. Prozessorientierung impliziert einen starken Formalismus plangetriebener Vorgehen. Ein Aspekt der Prozessorientierung ist eine klare Hierarchie mit einer in der Projektleitung zentralisierten Verantwortung[401]. Diese starke Prozessorientierung resultiert aus dem zugrundeliegenden Determinismus, der sich neben den Inhalten des Projekts auch auf dessen Prozesse und Strukturen bezieht.

Weiterhin zeichnen sich plangetriebene Methoden durch eine **komplizierte Projektstruktur**[402] aus. Die Kompliziertheit ergibt sich aus der Größe von Projekten und Organisationen sowie aus komplizierten Teamstrukturen mit vielen Rollen und Funktionen in großen, teils örtlich verteilten Teams[403]. Auch die zuvor genannten umfangreichen Prozesse und Vorgaben tragen zur Kompliziertheit der Projektstruktur bei. Ein weiterer wichtiger Aspekt dieser Eigenschaft ist die in der Literatur oft beschriebene stark ausgeprägte Dokumentationsorientierung. Zur Nachverfolgung

---

394 Vgl. Cooper, R. G. et al. (2016), From Experience, S. 514; Diels, F. (2018), Indikatoren, S. 100; Schlauderer, S. et al. (2015), Acceptance Factors, S. 3f.; Hayata, T. et al. (2011), A Hybrid Model for IT Project with Scrum, S. 288; Datta, S. (2006), Agility Measurement Index, S. 271.

395 Vgl. Meckelnborg, A. (2015), Integrative Fabrikplanung, S. 102; Baird, A. et al. (2012), Planning and Sprinting, S. 243; Barlow, J. B. et al. (2011), Overview and Guidance, S. 27; Cooper, R. G. (2016), Agile–Stage-Gate, S. 22; Gill, A. Q. et al. (2018), Scaling for agility, S. 316.

396 Vgl. Jimenez-Hernandez, E. M. et al. (2011), META, S. 47.

397 Vgl. Kettner, H. et al. (1984), Leitfaden der systematischen Fabrikplanung, S. 8.

398 Vgl. Molitor, M. et al. (2017), Generative Assembly Planning, S. 318.

399 Vgl. Rahimian, V. et al. (2008), Designing, S. 339.

400 Vgl. Cooper, R. G. et al. (2018), Agile–Stage-Gate, S. 18; Schlauderer, S. et al. (2015), Acceptance Factors, S. 3f.; Theocharis, G. et al. (2015), Is water-scrum-fall reality?, S. 1; Guerineau, B. et al. (2016), Agile and Project-Planned, S. 110f.; Zaki, K. M. et al. (2010), A hybrid disciplined process model, S. 6f.

401 Vgl. Sommer, A. F. et al. (2013), Scrum integration, S. 1278.

402 Der Begriff *kompliziert* wird in diesem Kontext gemäß der Definition aus Kapitel 2.3.1 verwendet, da er sich auf Projektstrukturen bezieht. Der Begriff ist damit explizit nicht wertend oder negativ konnotiert.

403 Vgl. Cooper, R. G. (2016), Agile–Stage-Gate, S. 22; Rahimian, V. et al. (2008), Designing, S. 339; Špundak, M. (2014), Mixed Agile/Traditional Project Management, S. 945.

des Projektfortschritts und zur Sicherstellung einer hohen Nachvollziehbarkeit und Kontrollierbarkeit liegt bei plangetriebenen Methoden ein Fokus auf einer ausführlichen und formellen Dokumentation von Anforderungen und Ergebnissen, insbesondere für kritische Systeme.[404]

Zusammenfassend sind plangetriebene Methoden durch eine deterministische Ausrichtung, ein sequenzielles Projektvorgehen, eine ausgeprägte Prozessorientierung und komplizierte Projektstrukturen als konstituierende Eigenschaften charakterisiert. Im Hinblick auf die in Kapitel 2.3 erörterte Komplexität lässt sich feststellen, dass plangetriebene Projekte mit ausgeprägtem Determinismus und geringer Adaptivität einerseits sowie komplexen Projektstrukturen, großen Organisationen und Teams andererseits im Kern durch quasistatisch-strukturelle Komplexität gekennzeichnet sind.

Stärken und Schwächen plangetriebener Methoden

Basierend auf den konstituierenden Eigenschaften werden nun die in der Literatur genannten Stärken und Schwächen plangetriebener Methoden dargestellt. Die Grundlage hierfür sind die entsprechenden Ergebnisse der systematischen Literatur mit 167 Aussagen aus 51 Quellen.

Die zumeist genannten Vorteile plangetriebener Methoden sind hohe **Planungssicherheit, Planbarkeit und Verlässlichkeit** infolge der deterministischen Grundausrichtung und der damit einhergehenden detaillierten Planung und disziplinierten Befolgung von Vorgaben und Rahmenbedingungen[405]. Diese Stärke plangetriebener Methoden muss allerdings relativiert und auf die im Determinismus angenommenen stabilen Geschäftsumgebungen beschränkt werden. In dynamischen und volatilen Umgebungen kann eine langfristige Makroplanung aufgrund notwendiger Anpassungen nicht zum Erfolg bzw. zur angestrebten Planungssicherheit führen[406]. Ein weiterer Vorteil plangetriebener Methoden ist die **Klarheit der Projektstruktur**, welche initial definiert wird. Präzise Zielbeschreibungen, strikte Vorgehensmodelle und klar definierte Anforderungen schaffen Klarheit und ein gutes Prozessverständnis.[407] Der klaren Projektstruktur plangetriebener Methoden werden weiterhin **vereinfachte Koordination** von Informationen und Aufgaben sowie **gute projektübergreifende Kommunikation** als Vorteile zugeschrieben[408], wobei auch hier eine weitgehend stabile Umwelt vorausgesetzt wird. Eine weitere Stärke lässt sich auf die sequenzielle Projektstruktur mit Meilensteinen sowie auf die umfangreiche Dokumentation zurückführen. Die damit verbundenen Kontrollen sorgen für eine **Risikominimierung** hinsichtlich Abweichungen von Termin-, Kosten- oder Qualitätszielen[409]. Zuletzt wurde noch eine **gute Skalierbarkeit** als

[404] Vgl. Carpenter, S. E. et al. (2014), Is agile too fragile?, S. 39; Boehm, B. W. et al. (2003), Observations, S. 32; Kusters, van de R. J. et al. (2017), When agile meets waterfall, S. 271; Volland, M. F. (2019), Hybride Agilität, S. 27; Tanveer, M. (2015), Agile for large scale, S. 16.

[405] Vgl. Kuhrmann, M. et al. (2019), Hybrid Software Development, S. 31; Boehm, B. W. et al. (2004), Balancing, S. 718; Eklund, U. et al. (2017), Scaling Agile, S. 173.

[406] Vgl. Stacey, R. (2011), Strategic Management, S. 416f.; Westphal, J. R. (2001), Komplexitätsmanagement, S. 85.

[407] Vgl. Klünder, J. et al. (2017), HELENA Study, S. 428; Lom, M. et al. (2016), Hybrid-Agile Approach, S. 51; Timinger, H. et al. (2016), Ordnungsrahmen, S. 55; Lesmana, I. P. D. et al. (2016), Agile-Waterfall hybrid, S. 2.

[408] Vgl. Kurtz, J. et al. (2018), Auswirkungen, S. 78; Cooper, R. G. et al. (2016), New idea-to-launch method, S. 169.

[409] Vgl. Tanveer, M. (2015), Agile for large scale, S. 16; Cooper, R. G. (2016), Agile–Stage-Gate, S. 26.

Stärke plangetriebener Methoden identifiziert, woraufhin sich diese insbesondere für große Organisationen, Teams und Projekte eignen[410].

Den genannten Stärken plangetriebener Methoden stehen einige Schwächen gegenüber, welche ebenfalls in den konstituierenden Eigenschaften begründet liegen. Die zentrale und in der Literatur meistgenannte Schwäche plangetriebener Methoden ist deren **fehlende Adaptivität bzw. Flexibilität**[411]. Plangetriebene Methoden sind demnach zu starr, linear und träge, um flexibel auf veränderliche Bedingungen reagieren zu können[412]. Viele Autoren bewerten plangetriebene Methoden daher als ungeeignet für die Komplexität dynamischer, iterativer Prozesse, instabiler Umweltbedingungen, volatiler Anforderungen und später Änderungen[413]. Diese Schwäche ist direkt auf die deterministische Grundhaltung zurückzuführen, in der die Möglichkeit von Veränderungen nicht berücksichtigt wird. Ein weiterer Nachteil plangetriebener Methoden ist ein **erhöhter Aufwand**. Dazu tragen insbesondere der hohe Planungsaufwand für eine initiale, langfristige Detailplanung und Anforderungsaufnahme, der hohe Anpassungsaufwand bei unvorhergesehenen Änderungen sowie der Aufwand für die ausführliche, bürokratische Dokumentation bei[414]. Eine weitere Schwäche plangetriebener Methoden sind langsame und schwerfällige Prozesse, die zu **Ineffizienz und Ineffektivität** führen[415]. Ein anderer Kritikpunkt ist die **späte Validierung** von Ergebnissen durch spätes Feedback. Dadurch entsteht das Risiko, Anforderungen nicht zu erfüllen. Zudem werden Fehler und Abweichungen erst spät erkannt, was wiederum zu erhöhtem Anpassungsaufwand führt.[416] Zudem wird das **restriktive Verhalten** plangetriebener Methoden durch starke Regulationen, strenge Steuerung und enge Kontrollen als Schwäche gewertet[417]. Auch dieser Punkt ergibt sich direkt aus dem zugrundeliegenden Determinismus. Er trägt zur Kompliziertheit der Projektstruktur bei und verhindert flexible Anpassungen an Veränderungen. Weitere Schwächen plangetriebener Methoden sind deren **geringe Transparenz** sowie ein **geringer Personenfokus** bezogen auf die Planungssubjekte, welche aus der zentralistischen Verantwortungsstruktur sowie einer fehlenden Förderung von Kommunikation und Synchronisation der Beteiligten resultiert[418].

---

[410] Vgl. Afflerbach, P. et al. (2017), Analyzing the Trade-Off, S. 448f.; Ahmed-Kristensen, S. et al. (2015), Pioneering, S. 1.

[411] Vgl. Schuh, G. et al. (2018), Process model, S. 363; Afflerbach, P. et al. (2017), Analyzing the Trade-Off, S. 447; Schuh, G. et al. (2017), Application Suitability, S. 1.

[412] Vgl. Müller, W. (2015), Hybrid ist Pflicht, S. 93; Cooper, R. G. (2017), Idea-to-Launch, S. 48; Molitor, M. et al. (2017), Generative Assembly Planning, S. 316.

[413] Vgl. Meckelnborg, A. (2015), Integrative Fabrikplanung, S. 99; Aldushyna, A. et al. (2015), Erfolgsfaktoren, S. 44; Kampker, A. et al. (2013), Factory Planning Scrum, S. 346; Rajagopalan, S. et al. (2016), Fit of development methodologies, S. 7; Sommer, A. F. et al. (2015), Improved product development, S. 34; Cobb, C. G. (2011), Making sense, S. 6.

[414] Vgl. Diels, F. (2018), Indikatoren, S. 100; Carpenter, S. E. et al. (2014), Is agile too fragile?, S. 40; Karlström, D. et al. (2005), Combining, S. 47; Lorenz, K. et al. (2016), Ein hybrider Projektmanagementansatz, S. 70.

[415] Vgl. Cooper, R. G. (2016), Agile–Stage-Gate, S. 22; Henninger, S. et al. (2002), Supporting adaptable methodologies, S. 33; Cobb, C. G. (2011), Making sense, S. 5.

[416] Vgl. Schuh, G. et al. (2018), Agile Product Scopes, S. 1; Tanveer, M. (2015), Agile for large scale, S. 16.

[417] Vgl. Smoczyńska, A. et al. (2019), Hybrid agile method, S. 101; Guerineau, B. et al. (2016), Agile and Project-Planned, S. 112.

[418] Vgl. ebd. S. 112; Reinema, C. et al. (2013), Agiles Projektmanagement, S. 116.

In der gesichteten Literatur überwiegt die Nennung der Schwächen plangetriebener Methoden deutlich die der Stärken. Dies lässt sich durch die gemäß dem inhaltlichen Fokus der systematischen Literaturrecherche häufig geführte Argumentation für agile Methoden als Alternative zu konventionell plangetriebenen Methoden begründen. Aus den durch Determinismus, detaillierte Makroplanung und feste Strukturen geprägten konstituierenden Eigenschaften plangetriebener Methoden ergeben sich somit typische Stärken auf der einen und Schwächen auf der anderen Seite. Die Stärken und Schwächen plangetriebener Methoden wurden bisher generisch und ohne direkten Bezug zu den damit verbundenen Komplexitätspotenzialen beschrieben. Diese Betrachtung erfolgt im Kapitel 3.3.4.

3.3.3 Agile Methoden

Nach der Diskussion plangetriebener Methoden, dient dieses Kapitel der Vorstellung typischer agiler Methoden sowie deren Eigenschaften, Stärken und Schwächen. Zunächst wird dazu ein gemeinsames Begriffsverständnis der Agilität als modernes Schlagwort mit diversen Interpretationen[419] geschaffen. Das Adjektiv *agil* bedeutet beweglich oder geschäftig. Es wurde im 17. Jahrhundert dem lateinischen Begriff *agilis* entlehnt.[420] In Anlehnung an bestehende Definitionen in der Literatur wird der Begriff *Agilität* im Rahmen dieser Arbeit wie folgt definiert[421]:

Agilität ist die Fähigkeit und kontinuierliche Bereitschaft, externe und interne, erwartete oder unerwartete Veränderungen schnell umzusetzen und darauf zu reagieren, um relevante Ergebnisse kurzfristig und kosteneffizient zu erzeugen.

Agilität ist nicht gleichbedeutend mit agilen Methoden[422]. Die Entwicklung agiler Methoden begann bereits Mitte der 1950er Jahre[423]. Getrieben durch häufige Änderungsbedarfe und die Anforderung der Software-Industrie nach schnelleren Entwicklungsansätzen gewann die Entwicklung agiler Methoden zwischen den 1970er und 1990er Jahren an Geschwindigkeit[424]. Eine frühe Beschreibung agiler Methoden in der Produktentwicklung liefern TAKEUCHI UND NONAKA[425].

Im Jahr 2001 wurden agile Methoden schließlich durch eine Gruppe unabhängiger Software-Entwickler im sogenannten *Agilen Manifest* formalisiert. Im Agilen Manifest werden die vier zentralen agilen Werte als Abgrenzung zu den Werten plangetriebener Methoden vorgestellt (vgl. Abbildung 3-7).[426]

---

419 Vgl. Ortmann, G. (2017), Flottierende Signifikanten, S. 128.

420 Vgl. Dudenredaktion (2020), Das Herkunftswörterbuch, S. 82.

421 Vgl. Matthews, P. C. et al. (2006), Foundations, S. 29; Conboy, K. (2009), Agility from First Principles, S. 337; Walenta, T. (2017), Agile Transformation, S. 1.

422 Vgl. Cobb, C. G. (2011), Making sense, S. 3.

423 Vgl. Larman, C. et al. (2003), Iterative and Incremental Development: A Brief History, S. 47; LARMAN UND BASILI geben einen umfassenden chronologischen Überblick über die Entstehung agiler Methoden.

424 Vgl. Zaki, K. M. et al. (2010), A hybrid disciplined process model, S. 1; Ahmed-Kristensen, S. et al. (2015), Pioneering, S. 1f.; Kettunen, P. (2009), Adopting key lessons, S. 409.

425 Vgl. Takeuchi, H. et al. (1986), The new new product development game.

426 Vgl. Fowler, M. et al. (2001), The Agile Manifesto; Beck, K. et al. (2001), Manifesto for Agile Software Development.

Agile Werte	◀▶	Klassische Werte
Individuen und Interaktionen	über	Prozesse und Werkzeuge
Funktionierende Software	über	Umfassende Dokumentation
Zusammenarbeit mit Kunden	über	Vertragsverhandlungen
Reagieren auf Veränderungen	über	Befolgen eines Plans

Abbildung 3-7: Abgrenzung agiler und klassischer Werte

Diese Werte werden in zwölf agilen Prinzipien konkretisiert. Diese legen einen Fokus auf die kontinuierliche Schaffung von Nutzen, Berücksichtigung von Veränderungen, kurzzyklische Entwicklung, enge und interdisziplinäre Kooperation, Motivation und Befähigung von Individuen, direkte Kommunikation, funktionale Prototypen, konstante Entwicklungsgeschwindigkeit, Exzellenz, Einfachheit, Selbstorganisation und regelmäßige Verbesserung.[427] Das Agile Manifest bildet die gemeinsame Grundlage aller agilen Methoden[428]. Die agilen Werte und Prinzipien sind damit fundamental für agile Methoden diverser Domänen und Grundlage für deren kommunale, konstituierende Eigenschaften, charakteristische Stärken und Schwächen. Im Folgenden werden einige typische agile Methoden aus verschiedenen Domänen vorgestellt.

Die größte Verbreitung im Bereich der agilen Entwicklungsansätze hat **Scrum**[429]. Der Begriff *Scrum* bezeichnet das Gedränge beim Rugby und steht so für eine gemeinsam erbrachte Teamleistung[430]. Scrum wird seit den 1990er Jahren zur Organisation und zum Management der Entwicklung komplexer Produkte eingesetzt. Die Einsatzfelder von Scrum wurden seither vielfältig erweitert und fokussieren komplexe Umweltbedingungen. Scrum beschreibt ein Rahmenwerk, in dem diverse Prozesse und Techniken genutzt werden. Entsprechend ist Scrum selbst kein Prozess, keine Technik und keine vollständige Methode. Das Scrum-Rahmenwerk umfasst Scrum-Teams mit definierten Rollen, Ereignisse, Artefakte und Regeln. Scrum basiert auf einer empirischen, erfahrungsbasierten Prozesssteuerung, die in einem iterativen und inkrementellen Ansatz umgesetzt wird. Die drei Kernelemente dieses Prinzips sind *Transparenz*, *Überprüfung* und *Anpassung*. Die Arbeit in Scrum-Teams basiert auf den Werten *Selbstverpflichtung*, *Mut*, *Fokus*, *Offenheit* und *Respekt*. Das Scrum-Team umfasst einen für den Produktwert verantwortlichen *Product Owner*, das Entwicklungsteam und einen *Scrum Master*, der die Anwendung von Scrum fördert. Das Herzstück von Scrum sind zeitlich begrenzte *Sprints*, in denen nutzbare Produktinkremente entwickelt werden. Der Inhalt eines Sprints wird im *Sprint Planning* definiert und die tägliche Synchronisation während des Sprints erfolgt im *Daily Scrum*. Abschließend wird das erzeugte Produktinkrement im *Sprint Review* beurteilt, bevor die iterative Entwicklung im nächsten Sprint fortgesetzt wird. Die insgesamt und je Sprint geforderten Produkteigenschaften werden im *Product* bzw. *Sprint Backlog* festgehalten und kontinuierlich neu priorisiert.[431]

[427] Vgl. Fowler, M. et al. (2001), The Agile Manifesto; Beck, K. et al. (2001), Manifesto for Agile Software Development.

[428] Vgl. Feldmüller, D. et al. (2016), Agile Methoden, S. 15.

[429] Vgl. Cooper, R. G. (2016), Agile–Stage-Gate, S. 24.

[430] Vgl. Takeuchi, H. et al. (1986), The new new product development game, S. 137.

[431] Vgl. Schwaber, K. et al. (2017), Der Scrum Guide, S. 3ff.

Eine weitere bekannte agile Methode ist das **Extreme Programming (XP)**, welches zwischen 1995 und 2000 durch BECK, CUNNINGHAM und JEFFRIES entwickelt wurde[432]. Die Methode wurde im Bereich der Software-Entwicklung vor dem Hintergrund ungenauer und ständig veränderlicher Anforderungen entwickelt. Ein Fokus von XP liegt auf der Umsetzung und Validierung von Software. So werden einzelne Inkremente ebenso getestet wie das Gesamtsystem, welches sich aus der regelmäßigen Integration aller Komponenten ergibt. Zur Umsetzung wird auf paarweises Programmieren in kleinen Teams und auf ein einfaches und minimalistisches Design mit möglichst reduzierter Funktionalität gesetzt. XP setzt dazu auf Gemeinschaftsgefühl und gut qualifizierte Teams.[433] Insgesamt liegt der Methodenschwerpunkt auf operativen Entwicklungs- und Testprozessen. Innerhalb von XP wird häufig Scrum im Projektmanagement eingesetzt.[434]

Ein weiterer Software-Entwicklungsprozess aus dem Bereich der agilen Methoden ist **Feature-Driven Development (FDD)**. Der Prozess wurde im Rahmen eines komplexen Software-Projekts entwickelt und basiert auf einem iterativen Entwicklungsvorgehen mit einem stetigen Fokus auf Qualität. Ziel ist die regelmäßige Bereitstellung konkreter Arbeitsergebnisse. Auf diese Weise werden exakte Statusinformationen ohne Mehraufwand und Unterbrechungen der Entwickler generiert.[435] FDD beinhaltet eine Reihe von Arbeitstechniken, Strukturen, Rollen und Methoden für die agile Software-Entwicklung. Entsprechende Projekte durchlaufen dabei fünf Schritte. Zunächst wird das Produkt in einem übergreifenden Modell beschrieben. Auf dieser Basis werden die einzelnen Produkteigenschaften im Detail beschrieben, deren Entwicklungsreihenfolge anschließend bestimmt wird. Danach werden die Produkteigenschaften konzipiert und schließlich umgesetzt. Die ersten drei Schritte werden in wenigen Tagen abgeschlossen, während die letzten beiden kontinuierlich durchgeführt werden, bis alle Produkteigenschaften umgesetzt sind.[436]

Ein weiterer, von COCKBURN und HIGHSMITH entwickelter agiler Ansatz wird als **Crystal** bezeichnet. Crystal beschreibt eine Familie erprobter Methoden mit gemeinschaftlichen, kommunikativen Ansätzen, welche durch die Anwender projektspezifisch angepasst werden können.[437] Die Crystal-Methoden sind durch Farben beschrieben und in Abhängigkeit von der Größe des Entwicklungsteams anzuwenden. Bei kleinen Teams mit zwei bis sechs Personen wird der Einsatz von *Crystal Clear* und bei 200 bis 500 Personen *Crystal Blue* als größte Variante empfohlen. Die Crystal-Methoden sind weniger dogmatisch und formalisiert als andere agile Methoden. Stattdessen liegt der Fokus auf der ständigen Anpassung und Weiterentwicklung der Methoden.[438]

Neben den vorgestellten existieren zahlreiche weitere agile Methoden wie *IT-Kanban*, *Dynamic Systems Development Method (DSDM)* und *Adaptive Software Development (ASD)*. COOPER berichtet von mindestens 26 bekannten agilen Methoden[439]. Für eine Übersicht wird an dieser Stelle

[432] Vgl. Beck, K. et al. (2001), Planning Extreme Programming.
[433] Vgl. Haberfellner, R. et al. (2019), Systems Engineering, S. 75f.
[434] Vgl. Schneider, S. (2015), Agile Prozessplanung, S. 69f.
[435] Vgl. Palmer, S. R. et al. (2002), Feature-Driven Development, xxi-xxii.
[436] Vgl. ebd. S. 57.
[437] Vgl. Cockburn, A. (2002), Agile Software Development, S. 165.
[438] Vgl. Haberfellner, R. et al. (2019), Systems Engineering, S. 78.
[439] Vgl. Cooper, R. G. et al. (2016), New idea-to-launch method, S. 171.

auf die Zusammenstellungen verschiedener Autoren verwiesen[440]. Aus den vorgestellten typischen Beispielen für agile Methoden ergeben sich grundlegende Gemeinsamkeiten und konstituierende Eigenschaften, welche im Folgenden dargestellt werden.

Konstituierende Eigenschaften agiler Methoden

Aus den Ergebnissen der systematischen Literaturrecherche (vgl. Anhang 8.2) wurden 214 Aussagen aus 51 Quellen zu den kommunalen und konstituierenden Eigenschaften agiler Methoden extrahiert und durch agglomeratives Clustern aggregiert. Die Gemeinsamkeiten agiler Methoden ergeben sich nicht zuletzt aus den Werten und Prinzipien des Agilen Manifests.

Eine wichtige konstituierende Eigenschaft aller agilen Methoden, welche direkt aus den agilen Werten folgt, ist ein **iteratives Vorgehen** in kurzen Zyklen bzw. Sprints. Auf diese Weise werden kontinuierlich Produktinkremente oder Prototypen erschaffen, deren Reifegrad in den folgenden Iterationen gesteigert wird. Der Ansatz kleiner, zeitlich begrenzter Iterationsschritte ermöglicht eine schnelle Wertschöpfung bei hoher Anpassungs- und Reaktionsfähigkeit sowie kontinuierliche Verbesserungen.[441] Die iterative Entwicklung dekomponierter Umfänge geht mit einer iterativen Validierung einher. Die Entwicklungsergebnisse werden regelmäßig durch Kund*innen und weitere Beteiligte bewertet und validiert, wobei die Bewertung direkt in die folgenden Entwicklungszyklen eingeht.[442] Das iterative Vorgehen aus Entwicklung und Validierung ermöglicht ein kontinuierliches Lernen über veränderliche Anforderungen und eine entsprechende Priorisierung der Umfänge sowie etwaige Umplanungen. Aufgrund der kontinuierlichen Steigerung des Reifegrads im Prozess wird weitgehend auf eine umfassende Initialplanung verzichtet und früh mit der iterativen Entwicklung bzw. Planung begonnen.[443]

Die umfassende **Kooperationsorientierung** agiler Methoden ist eine weitere konstituierende Eigenschaft. Im Fokus stehen hier eine enge Kooperation und aktive Kommunikation innerhalb der Teams sowie mit Kund*innen und weiteren Organisationseinheiten. Zur Gewährleistung dieser Interaktionsformen wird in kleinen, örtlich vereinten Teams gearbeitet.[444] Ein Kernaspekt und Befähiger für diese Form der Kooperation ist ein hohes Maß an Eigenverantwortung innerhalb der Teams. Selbstorganisierte, autonome Teams schaffen eine hohe Transparenz und damit die Grundlage für eine enge Kommunikation und Interaktion.[445] Diese Grundsätze basieren auf einer hohen Personenorientierung, welche eine weitere Eigenschaft agiler Methoden darstellt. Hier

[440] Vgl. Papadakis, E. et al. (2018), Hybrid methods, S. 743f.; Sommer, A. F. et al. (2015), Improved product development, S. 35; Gill, A. Q. et al. (2018), Scaling for agility, S. 323.

[441] Vgl. Cooper, R. G. (2016), Agile–Stage-Gate, S. 22; Port, D. et al. (2009), Simulating, S. 324; Smoczyńska, A. et al. (2019), Hybrid agile method, S. 102.

[442] Vgl. Diels, F. et al. (2015), Highly iterative product development, S. 536; Mahadevan, L. et al. (2015), Running on Hybrid, S. 78; Schneider, S. (2015), Agile Prozessplanung, S. 60.

[443] Vgl. Brehm, L. et al. (2017), Konfiguration, S. 31; Feldmüller, D. et al. (2016), Agile Methoden, S. 16f.; Port, D. et al. (2009), Simulating, S. 323f.; Walenta, T. (2017), Agile Transformation, S. 2.

[444] Vgl. Cram, W. A. et al. (2018), Managing knowledge, S. 323; Eklund, U. et al. (2017), Scaling Agile, S. 173; Rahimian, V. et al. (2008), Designing, S. 339.

[445] Vgl. Feldmüller, D. et al. (2016), Agile Methoden, S. 15; Seel, C. et al. (2017), Ein adaptives Vorgehensmodell, S. 20; Schneider, S. (2015), Agile Prozessplanung, S. 76.

liegt ein Fokus auf den Personen der interdisziplinären Teams, ihren Fähigkeiten und Qualifikationen, welche ein charakteristisches Element aller agilen Methoden bilden und durch Selbstorganisation bestmöglich eingesetzt werden sollen.[446] Neben der internen Kooperation nimmt vor allem die enge externe Kooperation mit Kund*innen eine wichtige Rolle in agilen Methoden ein. Sie ist Voraussetzung für iterative Anpassungen an die Bedürfnisse der Kund*innen.[447]

Die zentrale konstituierende Eigenschaft agiler Methoden ist deren immanente **Veränderungsorientierung**. Agile Methoden fokussieren die Berücksichtigung von Veränderungen und volatilen Anforderungen oder Zielen. Sie beziehen somit die diametrale Position zum Determinismus plangetriebener Methoden. Agile Methoden sind auf eine hohe Adaptivität und Flexibilität ausgerichtet, um auf diese Weise schnell und aufwandsarm auf erwartete und unerwartete Veränderungen reagieren zu können. Dies wird unter anderem durch das iterative Vorgehen realisiert.[448] Der Veränderungsorientierung wird beispielsweise durch Mikroplanung Rechnung getragen. Mikroplanung beschreibt eine kurzfristig ausgerichtete, adaptierbare Planung, bei der der Fokus auf groben, breit angelegten statt festen und detaillierten Plänen liegt.[449] Agile Methoden fokussieren schnelle, flexible Reaktionen auf Veränderungen und nicht das starre Verfolgen eines Plans[450]. Veränderungsorientierung ist Ausdruck der zentralen Haltung und Einstellung, welche die Grundlage agiler Methoden bildet und welche durch deren Kernelemente realisiert wird.

Die vierte konstituierende Eigenschaft agiler Methoden ist eine **schlanke Projektstruktur** mit einer geringen strukturellen Kompliziertheit. Eine schlanke Projektstruktur ist durch eine geringe Größe von Projekten und Teams mit wenigen Rollen und Artefakten sowie flachen Hierarchien charakterisiert. Weiterhin tragen reduzierte Kontrollen, Standards, Prinzipien, Prozesse und Formalismen zu einer schlanken Projektstruktur bei.[451] Die Reduktion solcher Formalismen und Vorgaben äußert sich vor allem in der Minimierung von Dokumentation und Bürokratie[452]. Durch die schlanken und schnellen Prozesse ohne hemmende Bürokratie wird besonders eine hohe Reaktionsfähigkeit auf und die flexible Adaptivität an Veränderungen gefördert.

Agile Methoden sind durch iteratives Vorgehen, ausgeprägte Kooperationsorientierung, schlanke Prozesse und Veränderungsorientierung gekennzeichnet. Diese konstituierenden Eigenschaften lassen sich auf die im Agilen Manifest festgeschriebenen agilen Werte und Prinzipien zurückführen. Bezogen auf die Komplexitätsdimensionen aus Kapitel 2.3 weisen agile Methoden einen starken Bezug zur dynamisch-funktionalen Komplexität auf.

---

[446] Vgl. Hayata, T. et al. (2011), A Hybrid Model for IT Project with Scrum, S. 286; Špundak, M. (2014), Mixed Agile/Traditional Project Management, S. 945; Ahmed-Kristensen, S. et al. (2015), Pioneering, S. 2.

[447] Vgl. Rahimian, V. et al. (2008), Designing, S. 339; Cobb, C. G. (2011), Making sense, S. 13.

[448] Vgl. Baird, A. et al. (2012), Planning and Sprinting, S. 243; Lesmana, I. P. D. et al. (2016), Agile-Waterfall hybrid, S. 3; Jimenez-Hernandez, E. M. et al. (2011), META, S. 47; Špundak, M. (2014), Mixed Agile/Traditional Project Management, S. 945.

[449] Vgl. Karlström, D. et al. (2005), Combining, S. 46.

[450] Vgl. Reinema, C. et al. (2013), Agiles Projektmanagement, S. 114.

[451] Vgl. Eklund, U. et al. (2017), Scaling Agile, S. 173; Schneider, S. (2015), Agile Prozessplanung, S. 79; Jimenez-Hernandez, E. M. et al. (2011), META, S. 47.

[452] Vgl. Carpenter, S. E. et al. (2014), Is agile too fragile?, S. 39; Karlström, D. et al. (2005), Combining, S. 46; Lorenz, K. et al. (2016), Ein hybrider Projektmanagementansatz, S. 70.

Stärken und Schwächen agiler Methoden

Im Folgenden werden die sich aus den konstituierenden Eigenschaften ergebenden Stärken und Schwächen agiler Methoden dargestellt. Diese wurden im Rahmen der systematischen Literaturrecherche aus 278 Aussagen aus 62 Quellen abgeleitet, welche in Ausschnitten dargelegt werden.

Bedeutende Stärken agiler Methoden sind deren **hohe Adaptivität, Flexibilität und Reaktionsfähigkeit** im Umgang mit Veränderungen. Agile Methoden ermöglichen aufwandsarme und schnelle Reaktionen auf volatile, unklare Anforderungen, veränderliche Ziele und späte Änderungen.[453] So werden Ziele durch kurzfristige Anpassungen besser erreicht und Anforderungen präziser erfüllt. Daraus ergeben sich **minimierte Risiken** als Vorteil agiler Methoden. Die iterative Entwicklung mit frühem und regelmäßigem Feedback ermöglicht kontinuierliche Verbesserungen und die Beseitigung von Unsicherheiten, wodurch das Risiko später Anpassungen aufgrund von Diskrepanzen zwischen Anforderungen und Umsetzungsergebnis deutlich reduziert wird[454]. Eine weitere Stärke ist die **hohe Geschwindigkeit**, die sich mit agilen Methoden nicht nur bezüglich Anpassungen und Reaktionen realisieren lässt. Aufgrund kurzer Iterationszyklen, der Zeitersparnis durch minimierte Dokumentation, schlanker Prozesse und hoher Reaktionsgeschwindigkeiten können reduzierte Planungs- und Entwicklungszeiten, früh und schnell umgesetzte Ergebnisse sowie kurze Lieferzeiten realisiert werden[455]. Neben der hohen Geschwindigkeit wird agilen Methoden ebenfalls die Sicherstellung einer **guten Ergebnisqualität** zugeschrieben. Die hohe Qualität als Resultat kontinuierlicher Verbesserungen und Anpassungen an Marktanforderungen sorgt durch bessere Zielerreichung und verminderte Fehlerraten zu einer gesteigerten Zufriedenheit der Kund*innen.[456] Ein weiterer Vorteil agiler Methoden sind **reduzierte Aufwände** infolge von verminderter Initialplanung, geringerem Dokumentationsaufwand und verminderten Änderungsbedarfen[457]. Weiterhin ergeben sich aus dem iterativen und inkrementellen Vorgehen eine **hohe Transparenz** sowie eine **kurzfristige Planbarkeit**, was kurzfristig eine gute Projektkontrolle erlaubt[458]. Weitere Stärken agiler Methoden sind eine **hohe Effizienz und Produktivität** durch den Fokus auf Wertschöpfung, gute und direkte Kommunikation, internes Wissensmanagement und interne Koordination sowie die individuelle Befähigung der Teams durch Eigenverantwortung, was zu gesteigerter Motivation und Kreativität führt.[459]

Diese in der Literatur identifizierten Stärken agiler Methoden werden durch die Ergebnisse der im Rahmen dieser Arbeit durchgeführten empirischen Studie belegt (vgl. Anhang 8.1.3). Bezogen

[453] Vgl. Cooper, R. G. et al. (2016), New idea-to-launch method, S. 168; Boehm, B. W. (2006), One-Size-Fits-All, S. 30; Henninger, S. et al. (2002), Supporting adaptable methodologies, S. 33.

[454] Vgl. Shimoda, A. et al. (2017), A Method of Setting the Order, S. 301; Walenta, T. (2017), Agile Transformation, S. 2; Feldmüller, D. et al. (2016), Agile Methoden, S. 15.

[455] Vgl. Boehm, B. W. et al. (2003), Using Risk, S. 57; Papadakis, E. et al. (2018), Hybrid methods, S. 744; Eklund, U. et al. (2017), Scaling Agile, S. 177.

[456] Vgl. Tanveer, M. (2015), Agile for large scale, S. 16; Venkatesh, U. (2011), Design For Hybrid Agile Adoption, S. 10; Boehm, B. W. et al. (2004), Balancing, S. 718.

[457] Vgl. Karlström, D. et al. (2005), Combining, S. 46; Port, D. et al. (2009), Simulating, S. 324.

[458] Vgl. Schneider, S. (2015), Agile Prozessplanung, S. 79; Karlström, D. et al. (2005), Combining, S. 46.

[459] Vgl. Afflerbach, P. et al. (2017), Analyzing the Trade-Off, S. 441; Carpenter, S. E. et al. (2014), Is agile too fragile?, S. 43; Lesmana, I. P. D. et al. (2016), Agile-Waterfall hybrid, S. 2.

auf den Einsatz in der Montageplanung nannten die Teilnehmenden gesteigerte Reaktionsfähigkeit bei dynamischen Änderungen und Unsicherheiten, erhöhte Termintreue und Leistungsfähigkeit, reduzierte Projektrisiken und erhöhte Budgettreue als Potenziale agiler Methoden.[460]

Neben den vorgestellten Stärken weisen agile Methoden auch Schwächen auf. Die diesbezüglichen Ergebnisse der Literaturrecherche relativieren teilweise die zuvor genannten Stärken. Ein Beispiel hierfür ist der **hohe Implementierungsaufwand** im Zusammenhang mit agilen Methoden. Während agile Methoden durch reduzierte Planung und Dokumentation einerseits reduzierte Aufwände bedeuten, erzeugen sie andererseits verschiedene weitere Aufwände. Dazu zählen der Realisierungsaufwand für regelmäßige Produktinkremente und Prototypen, erhöhter Ressourcen- und Personalbedarf sowie insbesondere gesteigerter Koordinationsaufwand infolge der intensiven Kommunikation und Kooperation sowie der Proliferation von Terminen.[461] Somit gleichen sich die Vor- und Nachteile bezogen auf verschiedene Aufwandsarten teilweise aus. Ein weiterer Nachteil agiler Methoden ist eine **schlechte langfristige Planbarkeit**, welche aus der groben Mikroplanung mit kurzem Planungshorizont resultiert und welche sich nachteilig auf Vertragsgestaltung und Termintreue auswirkt[462]. In diesem Fall steht eine verminderte langfristige Planbarkeit als Nachteil dem Vorteil der kurzfristig guten Planbarkeit gegenüber. Ein weiterer Widerspruch findet sich bezüglich der Dokumentation. Während die minimale Dokumentation in agilen Methoden reduzierte Aufwände und schlanke Prozesse ermöglicht, genügt diese Form der Dokumentation in der Regel nicht für stark regulierte Umgebungen und kritische Systeme mit hohen nicht-funktionalen Anforderungen an Sicherheit und Verlässlichkeit. Die **fehlende formale Dokumentation** birgt zudem das Risiko von Wissensverlust, unzureichender Qualitätssicherung, unklar definierter Anforderungen und mangelnder strukturierter Grundlagen für Tests und Validierungen.[463] Aus der intensiven Kommunikation und Kooperation ergeben sich als weitere Schwäche Limitation hinsichtlich der Teamgröße und damit eine **schlechte Skalierbarkeit** agiler Methoden auf große, umfangreiche Projekte und Organisationsformen[464].

In der Zusammenfassung resultieren aus den konstituierenden Eigenschaften agiler Methoden typische Stärken aber auch Schwächen. Auch die Eigenschaften, Stärken und Schwächen agiler Methoden wurden bisher nicht explizit vor dem Hintergrund ihrer Komplexitätspotenziale betrachtet. Eine detaillierte Untersuchung dieses Zusammenhangs folgt im folgenden Kapitel.

3.3.4 Komplexitätspotenziale plangetriebener und agiler Methoden

Nach der Darstellung der konstituierenden Eigenschaften und der resultierenden Stärken und Schwächen plangetriebener und agiler Methoden in den Kapiteln 3.3.2 und 3.3.3 werden beide Methodencluster in diesem Kapitel zusammenfassend gegeneinander abgegrenzt und auf ihre

[460] Vgl. Burggräf, P. et al. (2020), Hybrid approach, S. 1173.

[461] Vgl. Sommer, A. F. et al. (2015), Improved product development, S. 36; Volland, M. F. (2019), Hybride Agilität, S. 29; Eklund, U. et al. (2017), Scaling Agile, S. 178.

[462] Vgl. Lom, M. et al. (2016), Hybrid-Agile Approach, S. 52; Müller, W. (2015), Hybrid ist Pflicht, S. 99.

[463] Vgl. McMahon, P. E. (2015), Hybrid-Agile, S. 22; Gennen, K. (2016), Auswirkungen, S. 41; Theobald, S. et al. (2018), Interface Problems, S. 124.

[464] Vgl. Boehm, B. W. et al. (2003), Observations, S. 32; Eklund, U. et al. (2017), Scaling Agile, S. 178.

Komplexitätspotenziale hin untersucht. Damit werden die grundlegenden Optionen der planungsfallspezifischen Methodenauswahl definiert und eigenschaftsbasiert differenziert.

Das zentrale Entscheidungsmerkmal ist die jeweilige Grundhaltung der Methoden zu Veränderungen und damit zur dynamisch-funktionalen Komplexität. Während Dynamik und Veränderungen in Planungskontext, Zielen und Anforderungen in der deterministischen Einstellung plangetriebener Methoden nicht vorgesehen sind und entsprechend nicht berücksichtigt werden, orientieren sich agile Methoden mit dem Ziel einer hohen Adaptivität und Reaktionsfähigkeit explizit an Veränderungen. Dies äußert sich auch in unterschiedlich ausgeprägten Ablauforganisationsformen. Plangetriebene Methoden fokussieren ein sequenzielles Vorgehen mit festen Phasen und Meilensteinen, wohingegen agile Methoden auf kurzzyklischen Iterationen basieren. Demzufolge orientieren sich plangetriebene Methoden in ihrer grundlegenden Arbeitsweise stark an definierten Prozessen, Vorgaben und Richtlinien. Im Gegensatz dazu fokussieren agile Methoden die Kooperation und Kommunikation kleiner Teams und die enge Abstimmung mit Kund*innen. Dabei werden strikte Prozesse möglichst reduziert, was zusammen mit flachen Hierarchien zu schlanken Projektstrukturen in der Aufbauorganisation führt. Plangetriebene Methoden hingegen weisen kompliziertere Projektstrukturen[465] mit zahlreichen Rollen und Verantwortlichkeiten sowie steilen Hierarchien auf. Es wird deutlich, dass sich die zentralen konstituierenden Eigenschaften plangetriebener und agiler Methoden direkt diametral gegenüberstehen (vgl. Abbildung 3-8). Passend dazu vergleichen TAKEUCHI UND NONAKA mit einer bildlichen Betrachtungsweise aus dem Sport plangetriebene Methoden mit einem sequenziellen Staffellauf und agile Methoden mit Rugby als hochdynamischem Mannschaftssport.[466]

	Plangetriebene Methoden	Agile Methoden
Grundhaltung	Determinismus	Veränderungsorientierung
Ablauforganisation	Sequenzielles Vorgehen	Iteratives Vorgehen
Aufbauorganisation	Komplizierte Projektstruktur	Schlanke Projektstruktur
Arbeitsweise	Prozessorientierung	Kooperationsorientierung

Abbildung 3-8: Abgrenzung plangetriebener und agiler Methoden [467]

Neben diesen inhaltlichen Methodenschwerpunkten lassen sich plangetriebene und agile Methoden ebenfalls über die zugrundeliegenden Projektziele differenzieren. Im traditionellen, plangetriebenen Projektmanagement werden Leistungsziele initial festgelegt, während Kosten- und Terminziele angepasst werden können. Dieser Grundsatz passt auch zu den in Kapitel 2.2.2 beschriebenen Beobachtungen zu verfehlten Planungszielen in der weitgehend plangetrieben durchgeführten Montageplanung. Im agilen Projektmanagement auf der anderen Seite werden feste Vorgaben hinsichtlich Kosten- und Terminzielen gemacht, wohingegen die Leistungsziele an Veränderungen und Marktbedürfnisse angepasst werden können (vgl. Abbildung 3-9).

[465] Der Begriff *kompliziert* wird in diesem Kontext gemäß der Definition aus Kapitel 2.3.1 verwendet, da er sich auf Projektstrukturen bezieht. Der Begriff ist damit explizit nicht wertend oder negativ konnotiert.

[466] Vgl. Takeuchi, H. et al. (1986), The new new product development game, S. 137.

[467] I. A. a. Fölling, C. et al. (2022), Mastering complexity, S. 165.

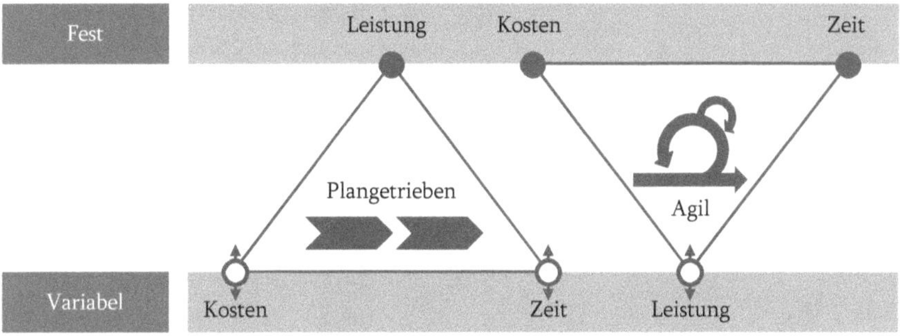

Abbildung 3-9: Zieldreiecke im plangetriebenen und agilen Projektmanagement [468]

Agile und plangetriebene Methoden können also anhand ihrer konstituierenden Merkmale charakterisiert und voneinander abgegrenzt werden. Auf dieser Basis können spezifische Formen und Ausprägungen plangetriebener und agiler Methoden den Methodenclustern zugeordnet werden.

Dem Schwerpunkt dieser Arbeit entsprechend wird anhand der konstituierenden Eigenschaften plangetriebener und agiler Methoden auch deren jeweiliges Komplexitätspotenzial bezüglich der quasistatisch-strukturellen sowie dynamisch-funktionalen Komplexität der Montageplanung betrachtet. Dazu werden die konstituierenden Methodeneigenschaften den Grundsätzen des konstruktivistisch-technomorphen und des systemisch-evolutionären Ansatzes der Komplexitätsbeherrschung gegenübergestellt. Vergleicht man also die Ergebnisse der Kapitel 3.2.2, 3.3.2 und 3.3.3, sind deutliche Parallelen zwischen den konstituierenden Methodeneigenschaften und den Grundsätzen der beiden Ansätze der Komplexitätsbeherrschung evident.

Plangetriebene Methoden und der konstruktivistisch-technomorphe Ansatz der Komplexitätsbeherrschung weisen eine ausgeprägt deterministische Grundhaltung auf. Beide fokussieren eine detaillierte und umfassende Makroplanung mit weitem Planungshorizont und basieren auf einer entsprechend starken Planorientierung. Plangetriebene sowie konstruktivistisch-technomorph geprägte Vorgehensmodelle basieren auf einer sequenziellen, klar strukturierten Ablauforganisation mit definierten Phasen[469]. Eine weitere Gemeinsamkeit sind strenge Formalismen, Dokumentationsorientierung und eine insgesamt hohe Formalität mit strenger Führung und Kontrolle.

In Abgrenzung dazu basieren sowohl agile Methoden als auch der systemisch-evolutionäre Ansatz der Komplexitätsbeherrschung auf einer starken Veränderungsorientierung. Beide Seiten berücksichtigen explizit Unsicherheiten und Volatilität und konzentrieren sich auf eine hohe Adaptivität und schnelle Reaktionsfähigkeit. Dazu wird auf eine reduzierte Initialplanung und auf Mikroplanung gesetzt. Das strikte Verfolgen eines Plans ist nicht vorgesehen. Eine weitere Gemeinsamkeit von agilen Methoden und dem systemisch-evolutionären Ansatz ist ein iteratives Vorgehen. Hier ist insbesondere die iterative Methodik des vernetzten Denkens nach PROBST UND

[468] I. A. a. Cooper, R. G. (2016), Agile–Stage-Gate, S. 23; Burggräf, P. et al. (2020), Hybrid approach, S. 1174.
[469] Vgl. Dannenberg, M. (2001), Stategisches Bankmanagement, S. 89.

GOMEZ als typisches, systemisch-evolutionär geprägtes Vorgehensmodell zu nennen[470]. Die Kooperationsorientierung mit einem Fokus auf Kommunikation, Gruppenarbeit, Interaktion und Motivation ist eine weitere Parallele[471]. Im Gegensatz zu plangetriebenen und agilen Methoden ist die Aufbauorganisation in beiden Ansätzen der Komplexitätsbeherrschung nicht spezifiziert.

Diese hohen Ähnlichkeiten legen nun die Überlegung nahe, von der jeweiligen Eignung der beiden Ansätze der Komplexitätsbeherrschung auf die Komplexitätspotenziale plangetriebener und agiler Methoden zu schließen. Entsprechend werden an dieser Stelle in einem empirisch-induktiven Schritt[472] zwei Hypothesen[473] formuliert:

Hypothese 1: Plangetriebene Methoden besitzen aufgrund starker inhaltlicher Parallelen zum konstruktivistisch-technomorphen Ansatz der Komplexitätsbeherrschung große Potenziale zur Beherrschung der quasistatisch-strukturellen Komplexität der Montageplanung.

Hypothese 2: Agile Methoden besitzen aufgrund starker inhaltlicher Parallelen zum systemisch-evolutionären Ansatz der Komplexitätsbeherrschung große Potenziale zur Beherrschung der dynamisch-funktionalen Komplexität der Montageplanung.

Entsprechend dem pragmatischen Ziel der angewandten Wissenschaften, welches in dieser Arbeit verfolgt wird, liegt der Fokus im Folgenden nicht auf der empirischen Überprüfung dieser Hypothesen. Sie dienen im weiteren Verlauf der Arbeit vielmehr als Ausgangspunkt für tiefergehende Untersuchungen zur Beherrschung der Komplexität in der Montageplanung durch den Einsatz planungsfallspezifisch dominanter Methoden.

Aufgrund der großen inhaltlichen Überschneidungen wird deutlich, dass plangetriebene und agile Methoden geeignete Werkzeuge darstellen, um den konstruktivistisch-technomorphen und den systemisch-evolutionären Theorietyp der Komplexitätsbeherrschung in eine praktisch anwendbare Form zu überführen. Auf diese Weise können die spezifischen Potenziale beider Ansätze zur Komplexitätsbeherrschung in der Montageplanung der betrieblichen Praxis gehoben werden. Zur umfassenden und simultanen Beherrschung beider Komplexitätsdimensionen ist jedoch eine zielgerichtete Kombination der Ansätze vonnöten. Dazu wird im Folgenden die Kombination plangetriebener und agiler Methoden in Hybridformen untersucht.

3.4 Komplexitätsbeherrschung durch Hybridformen

In den bisherigen Kapiteln wurde gezeigt, dass der planungsfallspezifisch heterogene Komplexitätsbedarf der Montageplanung in seiner quasistatisch-strukturellen und dynamisch-funktionalen Dimension den Komplexitätspotenzialen plangetriebener und agiler Methoden gegenübersteht.

---

[470] Vgl. ebd. S. 142; Probst, G. J. B. et al. (1991), Vernetztes Denken, S. 8.

[471] Vgl. Leimer, H. W. (1990), Vernetztes Denken, S. 130; Dannenberg, M. (2001), Stategisches Bankmanagement, S. 201.

[472] Vgl. Ulrich, P. et al. (1976), Wissenschaftstheoretische Grundlagen (Teil 2), S. 348.

[473] Der Begriff *Hypothese* wird in dieser Arbeit gemäß der Definition nach ULRICH UND HILL verwendet; vgl. ebd. S. 348.

Zur umfassenden Beherrschung beider Komplexitätsdimensionen müssen die konträren Komplexitätspotenziale der Methoden in einem Montageplanungsprojekt kombiniert werden. Dieses Kapitel widmet sich der Kombination plangetriebener und agiler Methoden in Hybridformen.

Dazu erfolgt zunächst die Definition von Hybridformen als Kombination plangetriebener und agiler Methoden (Kapitel 3.4.1), bevor konkrete Hybridformen sowie Ansätze zur Konfiguration von Hybridformen aus verschiedenen Domänen vorgestellt werden (Kapitel 3.4.2). Weiterhin werden Ansätze und Kriterien (Kapitel 3.4.3) zur systematischen Auswahl der Methoden innerhalb von Hybridformen vorgestellt. Abschließend werden die Eignung und Bedeutung der vorgestellten hybriden Ansätze für die Montageplanung bewertet (Kapitel 3.4.4). Die Ergebnisse der folgenden Kapitel basieren zu einem großen Teil auf den Erkenntnissen aus der im Rahmen dieser Arbeit durchgeführten systematischen Literaturrecherche (vgl. Anhang 8.2).

3.4.1 Hybridformen als Kombination plangetriebener und agiler Methoden

In diesem Kapitel werden zunächst die terminologischen Grundlagen zu Hybridformen in der Montageplanung gelegt, bevor deren Ursprung erläutert wird und typische Hybridformen dargestellt werden.

Das der Biologie entlehnte Fachwort *Hybrid* bezeichnet „ein durch Kreuzung entstandenes Wesen“[474]. Der etymologische Ursprung des Begriffs ist das lateinische Wort *hybrida*, welches sich mit *Mischling* übersetzen lässt. Der Begriff wird seit dem Ende des 20. Jahrhunderts auch im technischen Bereich genutzt.[475] Daran anknüpfend und in Anlehnung an die Definition hybrider Software-Entwicklung nach KUHRMANN ET AL. werden Hybridformen und im Spezifischen die hybride Montageplanung im Rahmen dieser Arbeit nach BURGGRÄF ET AL. wie folgt definiert[476]:

Die **hybride Montageplanung** bezeichnet jede mögliche Kombination plangetriebener und agiler Methoden in einer an den Kontext der Montageplanung adaptierten Form.

Im Kontext dieser Arbeit beschreiben Hybridformen also das gesamte Spektrum zwischen rein plangetriebenen und rein agilen Methoden[477]. Die in der Literatur ebenfalls als Hybridform bezeichnete Mischung verschiedener agiler Methoden wird in dieser Arbeit nicht betrachtet[478].

Die Motivation zur Untersuchung und Einführung von Hybridformen hat in der Montageplanung wie auch in anderen Domänen mehrerlei Ursprung. Basierend auf der Erkenntnis über die Insuffizienz plangetriebener Methoden in zunehmend durch dynamische Komplexität geprägten Projektumgebungen wurden zunächst agile Methoden zur Adressierung der neuen Herausforderungen entwickelt und in Planungs- und Entwicklungsvorgehen implementiert[479]. Weiterhin wurde

[474] Dudenredaktion (2020), Das Herkunftswörterbuch, S. 384.

[475] Vgl. ebd. S. 384.

[476] Vgl. Burggräf, P. et al. (2020), Hybrid approach, S. 1171; Kuhrmann, M. et al. (2017), Hybrid software, S. 30f.

[477] Vgl. Cobb, C. G. (2011), Making sense, S. 4f.

[478] Vgl. Kuhrmann, M. et al. (2019), Hybrid Software Development, S. 26; Linssen, O. et al. (2018), Jenseits des Hypes, S. 55; Smoczyńska, A. et al. (2019), Hybrid agile method, S. 105.

[479] Vgl. Cooper, R. G. (2017), Idea-to-Launch, S. 48; Kampker, A. et al. (2013), Factory Planning Scrum, S. 345; Meckelnborg, A. (2015), Integrative Fabrikplanung, S. 99.

erkannt, dass keine Methode universell für alle Projekte, Situationen oder Planungsfälle und deren spezifische Komplexität geeignet ist, sodass plangetriebene sowie agile Methoden benötigt werden[480]. Da Projekte in der Regel eine heterogene Komplexitätsverteilung aufweisen, besteht innerhalb eines Projekts Bedarf an sowohl plangetriebenen als auch agilen Methoden und damit an Hybridformen[481]. Die grundsätzliche Kombinierbarkeit plangetriebener und agiler Methoden zeigt sich trotz der beschriebenen Unterschiede in zahlreichen Beispielen und Anwendungsfällen in Theorie und Praxis[482]. Hybridformen ermöglichen somit die Kombination der methodenspezifischen Potenziale[483]. Für den Fokus dieser Arbeit sind Hybridformen insbesondere aufgrund der Kombination der konträren Komplexitätspotenziale plangetriebener und agiler Methoden hinsichtlich der quasistatisch-strukturellen und dynamisch-funktionalen Komplexität relevant.

Gemäß der zugrundeliegenden Definition lassen sich drei generelle Typen von Hybridformen differenzieren, die sich in der Art der Kombination plangetriebener und agiler Methoden unterscheiden (vgl. Abbildung 3-10). In der **direkten Hybridform** werden die originären Methoden dekomponiert und einzelne Elemente oder Prinzipien plangetriebener und agiler Methoden werden durch Method Engineering oder Tailoring-Ansätze[484] zu neuen Methoden kombiniert[485]. Die **vertikale Hybridform** ist dadurch gekennzeichnet, dass unterschiedliche Methoden auf verschiedenen Ebenen eines Projekts zum Einsatz kommen. So können beispielsweise auf der Mikroebene eines Projekts agile Methoden innerhalb der Phasen bzw. zwischen den Meilensteinen eines plangetriebenen Rahmenwerks, welches die Makroebene bildet, eingesetzt werden.[486] Im Gegensatz dazu werden in der **horizontalen Hybridform** plangetriebene und agile Methoden auf derselben Projektebene eingesetzt. Diese Hybridform lässt sich abhängig von der zeitlichen Gliederung des Methodeneinsatzes weiter unterteilen. Im **alternierenden Einsatz** werden plangetriebene und agile Methoden im Projektverlauf zeitlich gestuft in verschiedenen Projektphasen genutzt[487], während sie im **parallelen Einsatz** zeitgleich in verschiedenen Teilprojekten oder Elementen eines Projekts zum Einsatz kommen[488]. Auch Mischformen der genannten Hybridformen sind möglich. Insbesondere zur Befähigung der erfolgreichen Gestaltung vertikaler und horizontaler Hybridformen ist die Modularisierung eines Projekts eine wichtige Voraussetzung[489].

---

480 Vgl. Boehm, B. W. (2006), One-Size-Fits-All, S. 31; Faßbinder, P. (2012), How can you be Agile, S. 117.

481 Vgl. Keith, M. et al. (2014), Service-Oriented Methodology, S. 227.

482 Vgl. Komus, A. et al. (2017), Status Quo Agile; Boehm, B. W. et al. (2003), Observations; Faßbinder, P. (2012), How can you be Agile; Schuh, G. et al. (2017), Agile-Waterfall Hybrid; Timinger, H. et al. (2016), Ordnungsrahmen; Cooper, R. G. et al. (2016), New idea-to-launch method, S. 167.

483 Vgl. Boehm, B. W. et al. (2003), Using Risk, S. 57, 65; Fahad, M. et al. (2017), A Comparative Analysis, S. 259; Shimoda, A. et al. (2017), A Method of Setting the Order, S. 301f.

484 Der Begriff *Tailoring* (engl. Schneiderei) beschreibt in Anlehnung an die selektive, maßgeschneiderte Kombination von Methodenelementen zur bestmöglichen Entsprechung der Anforderungen eines spezifischen Projekts; vgl. Project Management Institute (PMI) (2017), PMBOK Guide, S. 58; Whitaker, S. (2014), The Benefits of Tailoring, S. 4; Brinkkemper, S. (1996), Method engineering, S. 276.

485 Vgl. Kurtz, J. et al. (2018), Auswirkungen, S. 73; Faßbinder, P. (2012), How can you be Agile, S. 118; Brehm, L. et al. (2017), Konfiguration, S. 31.

486 Vgl. Diels, F. (2018), Indikatoren, S. 93f.; Linssen, O. et al. (2018), Jenseits des Hypes, S. 55.

487 Vgl. Ahmed-Kristensen, S. et al. (2015), Pioneering, S. 7; Brehm, L. et al. (2017), Konfiguration, S. 31.

488 Vgl. Aldushyna, A. et al. (2015), Erfolgsfaktoren, S. 40f.; Brehm, L. et al. (2017), Konfiguration, S. 31.

489 Vgl. Boehm, B. W. et al. (2003), Using Risk, S. 58; Keith, M. et al. (2014), Service-Oriented Methodology, S. 232.

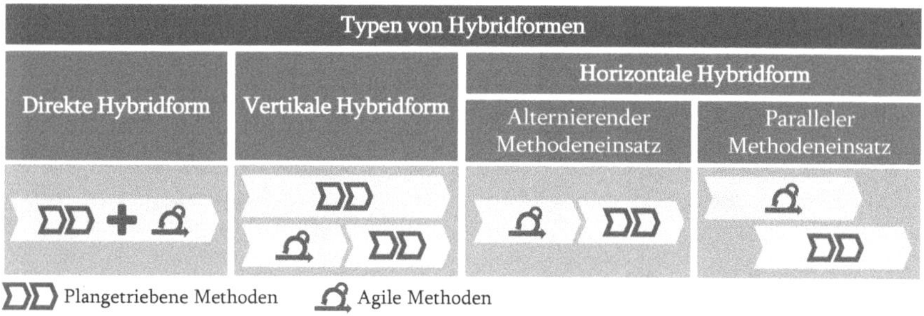

Abbildung 3-10: Typen von Hybridformen

Die Entstehung der verschiedenen Hybridformen aus den Methoden in Reinform kann auf mehrere Arten erfolgen. Häufig werden Methoden dadurch abgewandelt, dass in der Umsetzung von den Vorgaben der reinen Lehre abgewichen wird, um eine Methode an die jeweilige Umgebung anzupassen[490]. Neben dieser natürlichen Evolution entstehen Hybridformen häufig auch als Zwischenschritt in der Entwicklung von rein plangetriebenen zu rein agilen Methoden, da eine direkte Umstellung für die meisten Unternehmen nicht praktikabel ist[491]. Bei der Methodenkombination in Hybridformen ist die Richtung entsprechend der Entstehungsreihenfolge plangetriebener und agiler Methoden meist dieselbe. So werden in der Regel agile Methoden in plangetriebene Prozesse oder einzelne agile Teilaufgaben in ein plangetriebenes Gesamtvorhaben integriert, wobei aber beide Integrationsrichtungen möglich sind.[492] Es lassen sich drei Formen der Integration mit unterschiedlichen Vor- und Nachteilen unterscheiden: Neben der Bildung direkter Hybridformen aus Methodenelementen können separate agile Prozessvarianten eingeführt oder plangetriebene Prozesse mit agilen Richtlinien und Elementen als Zusatz komplementiert werden. Je weniger plangetriebene und agile Methoden adaptiert werden, desto einfacher gestaltet sich deren Implementierung aufgrund reduzierter Anpassungsaufwände, Kompatibilitätsprobleme und Ambiguität. Je mehr die Methoden adaptiert und in eine Hybridform integriert werden, desto größer sind die Nutzenpotenziale aus den Synergien und Gemeinsamkeiten der Methoden und desto geringer ist der Aufwand in der Pflege und Aktualisierung der Methoden.[493]

Die Kombination und Integration plangetriebener und agiler Methoden stellt ein offenes Forschungsfeld dar, welches das Interesse der wirtschaftlichen und akademischen Gemeinschaft geweckt hat[494]. Entsprechend lässt sich eine zunehmende Verbreitung von Hybridformen in der Software-Entwicklung, der Entwicklung physischer und vor allem mechatronischer Produkte, im

[490] Vgl. Volland, M. F. (2019), Hybride Agilität, S. 29f.; Kuhrmann, M. et al. (2017), Hybrid software, S. 38; Kurtz, J. et al. (2018), Auswirkungen, S. 73.

[491] Vgl. Gennen, K. (2016), Auswirkungen, S. 38; Diebold, P. et al. (2016), Prozessverbesserung, S. 136; Schlauderer, S. et al. (2015), Acceptance Factors, S. 4.

[492] Vgl. Linssen, O. et al. (2018), Jenseits des Hypes, S. 55; Schmitz, K. et al. (2019), User Engagement, S. 32; Ahmed-Kristensen, S. et al. (2015), Pioneering, S. 7; Cobb, C. G. (2011), Making sense, S. 67.

[493] Vgl. Faßbinder, P. (2012), How can you be Agile, S. 118f.

[494] Vgl. Ahmed-Kristensen, S. et al. (2015), Pioneering, S. 4; Carvalho, W. C. S. et al. (2011), A Comparative Analysis, S. 75.

Anforderungs-, Qualitäts- und Projektmanagement feststellen[495]. Konkrete Hybridformen aus verschiedenen Domänen werden im folgenden Kapitel dargestellt.

3.4.2 Hybridformen verschiedener Domänen

In diesem Kapitel werden konkrete Hybridformen aus den Domänen Software- und Produktentwicklung, Projektmanagement sowie Fabrik- und Montageplanung vorgestellt. Der Zielsetzung dieser Arbeit entsprechend liegt der Fokus auf den grundlegenden Strukturen und Typen der Hybridformen. Die verschiedenen Typen von Hybridformen zeigen Optionen für die Kombination planungsfallspezifisch dominanter Methoden in einem hybriden Planungsvorgehen auf. Analog zu den Ausführungen in Kapitel 3.3.1 werden die Methoden aufgrund der domänenübergreifenden Anwendbarkeit auch hier aggregiert als Methodencluster betrachtet.

Die Entstehung von Hybridformen geht auf die Software-Industrie zurück, in der basierend auf der Erkenntnis über die Komplementierung der Methoden, agile Methoden der Software-Entwicklung mit plangetriebenen Ansätzen kombiniert wurden[496]. Eine bekannte Hybridform dieser Domäne ist das für die Bundesrepublik Deutschland entwickelte **V-Modell XT**, in welchem die Vorgehensstruktur des klassischen V-Modells (vgl. Kapitel 3.3.2) aufgegriffen und um Ansätze des Methoden-Tailorings erweitert wird[497]. Das V-Modell XT stellt einen generischen Vorgehensstandard dar, der hinsichtlich der erforderlichen Produkte, Aktivitäten, Rollen und der Projektdurchführungsstrategie projektspezifisch adaptierbar ist. Die Projektdurchführungsstrategie gibt das Durchlaufen der Stufen des Modells vor und kann inkrementell, komponentenbasiert oder agil orientiert sein. Weiterhin sieht das V-Modell XT Meilensteine zur Überprüfung des Projektfortschritts vor. Der Fokus des Modells liegt auf dem Tailoring, in dem der Projekttyp, anzuwendende Vorgehensbausteine und die Projektdurchführungsstrategie spezifisch festgelegt werden. Das Modell enthält Phasen und Meilensteine, die projektspezifisch plangetrieben oder agil gestaltet werden.[498] Das V-Modell XT ist ein interessantes Beispiel für die Übertragbarkeit klassisch plangetriebener Vorgehensmodelle in Hybridformen zur Erhöhung der Spezifität des Vorgehens. Komplexität wird dabei nicht explizit adressiert und obwohl die Wichtigkeit eines spezifischen Tailorings betont wird, wird keine Entscheidungssystematik zur Methodenauswahl oder zur Adaption der gewählten Methodik an veränderliche Rahmenbedingungen vorgegeben.

HAYATA UND HAN stellen das **Hybrid Model for IT Project with Scrum** vor. Auch dieser Ansatz basiert auf dem klassischen V-Modell. Die Bereiche höherer Abstraktion wie die initiale *Anforderungsanalyse und Entwicklung* sowie abschließende *Integrations- und Systemtests* werden nach dem Wasserfall-Modell bearbeitet, während die weniger abstrakten Phasen *Entwicklung*, *Implementierung* und *Komponententests* in der Spitze des V-Modells nach agilen Methoden

[495] Vgl. Komus, A. et al. (2017), Status Quo Agile; Riesener, M. et al. (2018), Hybridization, S. 602; Felderer, M. et al. (2017), Hybrid development, S. 439; Kuhrmann, M. et al. (2017), 2nd Workshop, S. 399; Baird, A. et al. (2012), Planning and Sprinting, S. 245.

[496] Vgl. Karlström, D. et al. (2005), Combining, S. 43f.; Cooper, R. G. et al. (2018), Agile–Stage-Gate, S. 17; Cooper, R. G. (2016), Agile–Stage-Gate, S. 23; Cooper, R. G. (2017), Idea-to-Launch, S. 50.

[497] XT steht für *extreme Tailoring*, also die umfassende Anpassung der Methodik an das Projekt.

[498] Vgl. Broy, M. et al. (2005), V-Modell XT; Meisinger, M. et al. (2007), Extension of the V-Modell XT, S. 260ff.

durchgeführt werden.[499] Obwohl der Bedarf an einer situationsspezifischen Anwendung der Methoden explizit genannt wird, enthält der Ansatz keine über die Differenzierung der Projektphasen hinausgehende Systematik zur Entscheidung über den Methodeneinsatz oder eine Methodik zur spezifischen Anpassbarkeit des Modells an situative Bedingungen wie die Komplexität.

CARVALHO ET AL. präsentieren mit dem **Hybrid Process Approach** eine horizontale Hybridform, in welcher plangetriebene und agile Ansätze in Abhängigkeit von der Projektphase zum Einsatz kommen. Zur Sicherstellung der Kernziele *Vorhersagbarkeit*, *Stabilität* und *Sicherheit* kommen in den frühen Projektphasen *Konzept- und Anforderungsdefinition* sowie *Architekturgestaltung* plangetriebene Methoden zur Anwendung. Anschließend werden die Phasen *Entwicklung*, *Tests* und *Implementierung* sowie das begleitende Backlog-Management agil durchgeführt, um die Vorteile agiler Methoden im Umgang mit Dynamik zu nutzen.[500] Dasselbe Prinzip einer horizontalen Hybridform mit alternierendem Methodeneinsatz beschreiben auch LESMANA ET AL. in ihrem **Agile-Waterfall Hybrid Framework**. Flankiert durch plangetriebene Phasen kommen auch hier agile Methoden in der Entwicklungs-, Test- und Implementierungsphase zum Einsatz.[501] Beide Hybridformen sind Beispiele für die Umsetzung horizontaler Hybridformen mit alternierendem Methodeneinsatz in der Software-Entwicklung. In beiden Modellen ist jedoch keine spezifische Methodenauswahl vorgesehen und die Hybridform wird nicht an spezifische Projektanforderungen angepasst. Beide Ansätze berücksichtigen die Projektkomplexität nicht.

In der **Water-Scrum-Fall**-Methode nach WEST ET AL. ist der Einsatz plangetriebener und agiler Methoden ebenfalls an Projektphasen geknüpft. Wie durch die Namensgebung suggeriert, sieht die Methode den Einsatz des Wasserfallmodells in den initialen Projektphasen *Projektinitiierung* und *Anforderungsdefinition* sowie in den abschließenden Phasen *Test* und *Markteinführung* vor, während die eigentliche Software-Entwicklung und -Implementierung in der mittleren Prozessphase nach dem Scrum-Rahmenwerk erfolgt. Auf diese Weise soll sichergestellt werden, dass Anforderungen präzise und vollständig erfasst, Änderungen während der Entwicklung berücksichtigt und die Umsetzung der Anforderungen abschließend abgesichert und dokumentiert werden. Die Autoren verweisen in der Herleitung ihrer Methode auf ein Diagramm nach STACEY, in dem Komplexität zur Entscheidung über den Methodeneinsatz nach der Ausrichtung von Anforderungen und der Sicherheit von Technologie bewertet wird.[502] Dieses Diagramm wird in Kapitel 3.4.3 im Detail diskutiert. Neben der Herleitung der Komplexität als Entscheidungskriterium enthält der Ansatz keine Elemente zur Operationalisierung von Komplexität oder zur spezifischen Methodenauswahl und sieht stattdessen deren phasenspezifischen Einsatz vor. Anpassungen der Methode an veränderliche Projektbedingungen sind nicht vorgesehen.

Das **Hybrid Disciplined Agile Software Process Model** nach ZAKI UND MOAWAD unterscheidet sich von den bisher dargestellten Ansätzen dahingehend, dass sein Vorgehen grundsätzlich agil ausgelegt ist, wobei bedarfsmäßig plangetriebene Praktiken integriert werden. So sollen einfache

[499] Vgl. Hayata, T. et al. (2011), A Hybrid Model for IT Project with Scrum, S. 287ff.
[500] Vgl. Carvalho, W. C. S. et al. (2011), A Comparative Analysis, S. 76f.
[501] Vgl. Lesmana, I. P. D. et al. (2016), Agile-Waterfall hybrid, S. 3ff.
[502] Vgl. West, D. et al. (2011), Water-Scrum-Fall, S. 6ff.; Schlauderer, S. et al. (2015), Acceptance Factors, S. 4f.

Prozesse und schnelle Reaktionsfähigkeit um Struktur, Stabilität und Verlässlichkeit ergänzt werden[503]. Offen bleibt jedoch, an welchen Stellen und in welchen Situationen die Kombination der Methoden erfolgen soll. Interessant ist besonders die Erkenntnis über die bidirektionale Integrierbarkeit der Methoden. Das Prozessmodell enthält ansonsten keine Elemente zur Methodenauswahl oder zur Anpassung des Vorgehens und keinen Bezug zur Komplexität.

Ausgehend von der Entwicklung in der Software-Industrie besteht auch in der Entwicklung physischer Produkte die Tendenz zur Kombination plangetriebener und agiler Methoden sowie zur Integration agiler Methoden in plangetriebene Strukturen[504]. Eine der bekanntesten Hybridformen im Bereich der Produktentwicklung ist das **Agile-Stage-Gate**-Modell nach COOPER, welches auf dem plangetriebenen Stage-Gate-Modell (vgl. Kapitel 3.3.2) basiert. Die Phasen und Meilensteine des ursprünglichen Modells werden beibehalten, wobei einzelne Phasen situationsspezifisch mit agilen Methoden durchgeführt werden. Der Fokus liegt dabei auf den technischen Entwicklungs- und Testphasen, lässt sich aber auch auf die frühen Entwicklungsphasen ausweiten. Dieser Ansatz stellt eine Kombination aus einer vertikalen und einer horizontalen Hybridform mit alternierendem Methodeneinsatz dar. Zwar werden Kriterien wie der Risikograd des Projekts genannt, nach denen über den Methodeneinsatz in den Projektphasen zu entschieden ist, eine explizite Entscheidungssystematik mit konkreten Regeln oder Bewertungsgrundlagen wird jedoch nicht beschrieben.[505] Komplexität wird im Agile-Stage-Gate-Modell nicht explizit berücksichtigt. Das Modell fokussiert zwar den spezifischen Methodeneinsatz, sieht aber keine situationsspezifischen Anpassungen des Vorgehens vor.

GUERINEAU ET AL. beschreiben mit dem **Hybrid Agile-PP Approach** eine vertikale Hybridform, in welcher der Methodeneinsatz zwischen den hierarchischen Projektebenen variiert. Während das Projektmanagement auf der strategischen Ebene im Top-Down-Ansatz nach plangetriebenen Methoden erfolgt, nutzen die Entwicklungsteams auf der operativen Ebene agile Methoden. Auf der mittleren, taktischen Ebene kommen je nach Projektkonfiguration plangetriebene oder agile Methoden mit variablem Schwerpunkt zum Einsatz. Abgeleitet von den Stärken agiler, plangetriebener und hybrider Methoden nennen die Autoren Kriterien zur Methodenauswahl jedoch keine Entscheidungssystematik.[506] Viele der Kriterien beziehen sich auf Komplexitätsfaktoren wie Projektgröße oder Organisationsstruktur, Komplexität wird aber nicht explizit adressiert. Ein Schwerpunkt des Ansatzes liegt auf der Adaptivität der Methodenauswahl während des Entwicklungsprozesses. Situationsspezifisch kann der Fokus auf plangetriebene oder agile Methoden gelegt werden, um so auf spezifische Projektcharakteristika einzugehen.

Eine weitere vertikale Hybridform beschreiben SOMMER ET AL. als **Industrial Scrum**. Der Ansatz sieht ein plangetriebenes Vorgehen in fünf Phasen für das strategische Projektmanagement und ein agiles Vorgehen nach Scrum auf der operativen Ebene vor. Als Besonderheit werden hier alle fünf Phasen in einer deutlich reduzierten Form gegen Ende der ersten Ideenphase durchlaufen,

[503] Vgl. Zaki, K. M. et al. (2010), A hybrid disciplined process model, S. 1ff.

[504] Vgl. Aldushyna, A. et al. (2015), Erfolgsfaktoren, S. 47; Auer, B. et al. (2018), Why hybrid projects fail, S. 1.

[505] Vgl. Cooper, R. G. et al. (2016), New idea-to-launch method, S. 171ff.; Cooper, R. G. et al. (2016), From Experience, S. 521ff.; Cooper, R. G. et al. (2018), Agile–Stage-Gate, S. 19ff.; Cooper, R. G. (2017), Idea-to-Launch, S. 48ff.

[506] Vgl. Guerineau, B. et al. (2016), Agile and Project-Planned, S. 115ff.

bevor das Projekt weiter fortschreitet. Für die mittlere taktische Ebene ist lediglich die Art der Kooperation als visueller Ansatz, nicht aber die zu verwendende Methode beschrieben.[507] Auch beim Industrial Scrum erfolgt der Methodeneinsatz abhängig von der hierarchischen Planungsebene ohne eine spezifische Entscheidungslogik und ohne eine Systematik zur Adaption des Vorgehens an veränderliche Situationen. Auch hier wird die Komplexität nicht berücksichtigt.

Die **Iterative and Visual Project Management Method (IVPM2)** nach CONFORTO UND AMARAL beschreibt eine weitere vertikale Hybridform. Die Methode sieht den Einsatz agiler Entwicklungsmethoden innerhalb der Projektphasen zwischen den definierten Meilensteinen vor. Die Autoren fokussieren in ihrem Ansatz die Implementierung und prozessuale Umsetzung der agilen Methoden, Praktiken und Artefakte. Zwar wird die Wichtigkeit einer Entscheidungssystematik betont, außer der Nennung von Entscheidungskriterien gibt es aber keine Aussage zur spezifischen Methodenauswahl.[508] Ein Bezug zur Projektkomplexität existiert ebenfalls nicht.

Auch im allgemeinen Projektmanagement existieren diverse Hybridformen. Im **Cocktail-Modell** nach BINDER ET AL. sind die DIN-Leitlinien zum Projektmanagement[509] und das Scrum-Rahmenwerk zu einer Hybridform kombiniert. In dieser Hybridform wird das Scrum-Rahmenwerk in der Initialplanung, in einer Kontrollinstanz während der Entwicklung und im Projektabschluss durch plangetriebene Methoden komplementiert[510]. Außer der Zuordnung von Methoden zu Projektphasen gehen die Autoren nicht darauf ein, wie und nach welchen Kriterien über den Einsatz plangetriebener oder agiler Methoden zu entscheiden ist. Durch die feste, unspezifische Methodenzuordnung ist das Modell wenig adaptiv und nicht komplexitätsspezifisch.

Die **PRINCE2 Agile**-Methode nach AXELOS basiert auf der plangetriebenen und phasenorientierten *PRINCE2-Methode* und erweitert diese um agile Prinzipien. Diese Methode ist ein weiteres Beispiel für eine vertikale Hybridform mit einem plangetriebenen Makro-Projektmanagementansatz gepaart mit agilen Prinzipien, Werten und Arbeitsweisen auf der operativen Ebene. Die Methode fokussiert die sieben Grundprinzipien *fortlaufende geschäftliche Berechtigung*, *Lernen aus Erfahrung*, *definierte Rollen und Verantwortlichkeiten*, *Steuern über Managementphasen* sowie *Steuern nach dem Ausnahmeprinzip*, *Produktorientierung* und *Anpassung an die Projektumgebung*. Durch den gezielten Einsatz agiler Methodenelemente sollen diese Grundprinzipien bestmöglich umgesetzt werden. Der Schwerpunkt der Methode liegt auf dem Scrum-Rahmenwerk, wobei weitere agile Methoden explizit nicht ausgeschlossen werden.[511] Das Modell enthält keine Aussage zu einer spezifischen Methodenauswahl oder -anpassung für verschiedene Situationen oder Anwendungsfälle und auch der Umgang mit Komplexität wird nicht thematisiert.

In der Montageplanung sind Hybridformen bislang selten. Dies belegen auch die Ergebnisse der im Rahmen dieser Arbeit durchgeführten empirischen Studie, in der nur 23% der Unternehmen

[507] Vgl. Sommer, A. F. et al. (2015), Improved product development, S. 42f.

[508] Vgl. Conforto, E. C. et al. (2015), Agile project management, S. 3ff.; Conforto, E. C. et al. (2010), Evaluating an Agile Method, S. 75ff.

[509] Vgl. DIN Deutsches Institut für Normung (2016), DIN ISO 21500, Leitlinien Projektmanagement.

[510] Vgl. Binder, J. et al. (2014), The project management cocktail, S. 189ff.

[511] Vgl. Cooke, J. L. (2016), Prince2 Agile, S. 42ff.; Lorenz, K. et al. (2016), Ein hybrider Projektmanagementansatz, S. 70ff.

angaben, plangetriebene und agile Methoden in Montageplanungsprojekten zu kombinieren[512]. Dieser Anteil ist gering gegenüber der großen Mehrheit an Unternehmen (77%), die durch hohe Komplexität in der Montageplanung betroffen sind[513]. Hier zeigt sich der Handlungsbedarf zur Schaffung der Voraussetzungen für den kombinierten Einsatz planungsfallspezifisch dominanter Methoden in einer Hybridform zur umfassenden Komplexitätsbeherrschung. Gleichwohl bestehen Potenziale zur Übertragung von Hybridformen aus anderen Domänen aufgrund der inhaltlichen Parallelen zwischen Entwicklungs- und Montageplanungsprojekten sowie aufgrund der hohen Übertragbarkeit agiler und plangetriebener Methoden (vgl. Kapitel 3.3.1).

Vor dem Hintergrund der Erkenntnis über die mangelnde Eignung plangetriebener Methoden in dynamischen Projektumgebungen forcieren erste hybride Ansätze in diesem Bereich die Integration agiler Methoden in konventionell plangetriebene Vorgehensmodelle. Die **Integrative Fabrikplanung** nach MECKELNBORG beschreibt eine Hybridform im Bereich der Fabrikplanung, welche explizit die Komplexität in dieser Disziplin berücksichtigt. In Abhängigkeit von der Einordnung komplexer Systeme hinsichtlich ihrer Dynamik und Varietät sieht das Modell ein statisches und ein dynamisches Koordinationsmodell vor. Das statische Koordinationsmodell umfasst das Rahmenwerk der projektneutralen Modullandkarte (vgl. Kapitel 2.1.2), welches die Projektstruktur samt inhaltlicher Schnittstellen beinhaltet. Das dynamische Koordinationsmodell, welches der dynamischen Komplexität Rechnung tragen soll, basiert auf einer an die Fabrikplanung adaptierten Version des Scrum-Rahmenwerks (*Factory Scrum*) mit verlängerten Sprints und einem Fokus auf der Synchronisation verschiedener Projektteams[514]. Insgesamt sieht das Modell eine initiale Planungsphase und in der Folge ein iteratives Vorgehen vor. Auf diese Weise enthält das Modell Elemente zur Reaktion auf die quasistatisch-strukturelle sowie auf die dynamisch-funktionale Komplexität. Der Ansatz unterscheidet nur eine initial niedrige und eine im weiteren Projektverlauf hohe dynamische Komplexität.[515] Feinere Abstufungen bezüglich der Komplexitätsdimensionen, verschiedener Projekttypen oder Planungsfälle sind im Modell ebenso wie eine Entscheidungssystematik zur Methodenauswahl nicht enthalten. Insgesamt bietet der Ansatz nach MECKELNBORG jedoch wertvolle Anknüpfungspunkte für die Zielsetzung dieser Arbeit.

Mit dem Konzept der **Generativen Montageablaufplanung** hat MOLITOR eine Hybridform im Bereich der Montageplanung entwickelt, welche explizit die Aufwände und Herausforderungen der Montageplanung durch agile Produktentwicklungsprozesse adressiert. In Abhängigkeit von der Klassifizierung des Reifegrades der zu produzierenden Prototypen sieht das Modell eine bedarfsorientierte Entscheidung über die Planungstiefe in der Montageplanung vor. Zur Befähigung einer spezifischen Entscheidung werden sowohl der Montageplanungs- als auch der Produktentwicklungsprozess modularisiert. Für die einzelnen Prozessabschnitte wird dann abhängig vom Reifegrad des jeweiligen Prototyps das Verhältnis von Initialplanung zur Ergänzung der Planungsergebnisse durch eine iterative, technologiebasierte Auswertung der situationsgetriebenen Umsetzung der Montage definiert. Mit zunehmendem Reifegrad und abnehmender dynamischer

[512] Vgl. Burggräf, P. et al. (2020), Hybrid approach, S. 1173.
[513] Vgl. ebd. S. 1172.
[514] Vgl. Kampker, A. et al. (2013), Factory Planning Scrum, S. 345ff.
[515] Vgl. Meckelnborg, A. (2015), Integrative Fabrikplanung, S. 98ff.

Komplexität aufgrund von Unsicherheiten werden die plangetriebenen Phasen je Zyklus ausgeweitet, während die agilen Phasen auf Basis von Versuch und Irrtumsbeseitigung reduziert werden.[516] Auch dieser Ansatz birgt wertvolle Ansätze für die vorliegende Arbeit, wobei mit der Montageablaufplanung nur ein Teilbereich der Montageplanung abgedeckt wird und die Komplexität der Montageplanung nicht umfänglich in der Methodenauswahl berücksichtigt wird. Interessant ist vor allem der Ansatz zur spezifischen Anpassung des Vorgehens im Projektverlauf.

Neben den dargestellten Hybridformen werden in der Literatur auch Konzepte und Rahmenwerke zur spezifischen Konfiguration von Hybridformen beschrieben. Diese Rahmenwerke geben Anleitung dazu, eine individuelle Hybridform projektspezifisch zu konfigurieren. Zur Gewährleistung der Spezifität der im Rahmen dieser Arbeit zu entwickelnden Lösung steht die Kombinierbarkeit und Konfigurierbarkeit plangetriebener und agiler Methoden im Fokus.

Das Konzept der **Hybrid Adaptive Methodology Reference Architecture (HAMRA)** nach GILL ET AL. beschreibt ein solches Referenzmodell zur kontextspezifischen Gestaltung von Hybridformen aus zwölf Methodenelementen. Innerhalb des Referenzmodells werden sechs Stufen der Agilität beschrieben. Der am besten geeignete Grad an Agilität wird projektspezifisch anhand diverser Einflussfaktoren ausgewählt. Die Auswahl erfolgt nicht nur initial, sondern mit kontinuierlichen Anpassungen über den Projektverlauf hinweg.[517] Eine konkrete, regelbasierte Entscheidungslogik zu den Einflussfaktoren ist im Ansatz nicht enthalten. Zur Sicherstellung der Spezifität von Hybridformen propagiert die HAMRA-Methode den Ansatz des *Situational Method Engineering*, welcher die situationsspezifische Gestaltung von Methoden durch die Konfiguration einzelner Methodenfragmente beschreibt[518]. Das Konzept fokussiert eine spezifische, situativ adaptive Methodenauswahl und bietet diesbezüglich einen wichtigen Anknüpfungspunkt bezüglich der in dieser Arbeit verfolgten Zielsetzung.

KÜPPER ET AL. präsentieren mit dem **ArSPI-Modell**[519] einen Ansatz zur Konfiguration hybrider Vorgehensmethoden für die Software-Entwicklung. Der Ansatz beschreibt generisch die Kombinierbarkeit plangetriebener und agiler Praktiken, Prozesse und Artefakte nach kontextspezifischen Erfolgsfaktoren in einem hybriden Rahmenwerk.[520] Spezifische Richtlinien oder Entscheidungskriterien zur Methodenauswahl beinhaltet der Ansatz nicht. Das Modell umfasst also ein Vorgehen zur generischen Konfiguration von Hybridformen, vernachlässigt aber die situationsspezifische Methodenauswahl. Zudem wird die Projektkomplexität nicht betrachtet.

Ebenso verfolgt auch der **Hybrid Method Engineering Approach** nach RAHIMIAN UND RAMSIN das Ziel, projektspezifisch geeignete Methodenansätze zu gestalten. Dazu sieht der Ansatz die iterative Gestaltung und Anwendung von Methoden im Projektverlauf vor, wobei Elemente bestehender Ansätze zu einer spezifischen Methode kombiniert werden. So werden die Umsetzung

[516] Vgl. Molitor, M. (2019), Generative Montageablaufplanung, S. 98ff.; Molitor, M. et al. (2017), Generative Assembly Planning, S. 318f.

[517] Vgl. Gill, A. Q. et al. (2018), Scaling for agility, S. 315ff.

[518] Vgl. Henderson-Sellers, B. et al. (2010), Situational Method Engineering, S. 1ff.; Brinkkemper, S. (1996), Method engineering, S. 275ff.

[519] ArSPI: Artefact-based model to support a systematic software process improvement and management.

[520] Vgl. Küpper, S. et al. (2018), Hybrid Software Development, S. 158ff.

einer hohen Spezifität hybrider Vorgehensmodelle in der jeweiligen Projektsituation und deren Anpassung im Projektverlauf ermöglicht.[521] Auch dieser Ansatz beschreibt keine Systematik zur Methodenauswahl und orientiert sich nicht an der situativen Komplexität des Projekts.

Mit dem **Ordnungsrahmen für hybrides Projektmanagement (HyProMM)** stellen SEEL UND TIMINGER ein weiteres Referenzmodell zur Konfiguration spezifischer Hybridformen vor. Der Ordnungsrahmen enthält Prozesse und Abläufe des Projektmanagements in den Ebenen *Führung*, *Projektlebenszyklus* und *kontinuierliche Abläufe des Projektmanagements*. Durch den Ordnungsrahmen sind verschiedene Hybridformen mit diversen zeitlichen und inhaltlichen Konfigurationen plangetriebener und agiler Methoden realisierbar. Zur projektspezifischen Auswahl plangetriebener und agiler Methoden je Prozessschritt bedienen sich die Autoren einer risikobasierten Entscheidungslogik nach BOEHM UND TURNER, welche im folgenden Kapitel vorgestellt wird. Die Kompatibilität und Konsistenz der gewählten Methoden in der konfigurierten Hybridform soll durch nicht näher spezifizierte Konsistenzparameter sichergestellt werden.[522] Komplexität wird in HyProMM nicht explizit berücksichtigt.

Ein wichtiger Faktor zur erfolgreichen Konfiguration von Hybridformen ist deren kontextspezifische Anpassung an zeitlich veränderliche Rahmenbedingungen des Projekts und der Organisation[523]. Eine spezifisch konfigurierte Methode birgt die Vorteile einer hohen Eignung für den jeweiligen Anwendungsfall, impliziert jedoch auch signifikante Schwierigkeiten und Aufwände, welche durch die spezifische Anpassung bei einer fehlenden Systematik zur projektspezifischen Methodenauswahl entstehen[524]. Aus diesem Grund und aufgrund der weitgehenden Abwesenheit von Entscheidungssystematiken zur spezifischen Methodenauswahl in den vorgestellten Hybridformen und Konfigurationsansätzen widmet sich das folgende Kapitel explizit bestehenden Ansätzen zur Auswahl der planungsfallspezifisch anzuwendenden Methoden in Hybridformen.

3.4.3 Ansätze zur systematischen Methodenauswahl

Nach der Betrachtung genereller und spezifischer Hybridformen in den vorangegangenen Kapiteln werden in diesem Kapitel Ansätze und Kriterien zur systematischen Entscheidung über den Einsatz agiler und plangetriebener Methoden vorgestellt. Die Fokussierung einer systematischen, planungsfallspezifischen Methodenauswahl ist für die Zielsetzung dieser Arbeit besonders relevant, da durch den gezielten Einsatz dominanter Planungsmethoden ein signifikanter Beitrag zur Beherrschung der Komplexität in der Montageplanung in ihren beiden Dimensionen geleistet

[521] Vgl. Rahimian, V. et al. (2008), Designing, S. 340ff.

[522] Vgl. Seel, C. et al. (2017), Ein adaptives Vorgehensmodell, S. 22ff.; Timinger, H. et al. (2016), Ordnungsrahmen, S. 55ff.

[523] Vgl. Küpper, S. et al. (2018), Hybrid Software Development, S. 158; Feldhusen, J. et al. (2009), Agile Methods, S. 457; Gill, A. Q. et al. (2018), Scaling for agility, S. 316; Riesener, M. et al. (2018), Hybridization, S. 605; West, D. et al. (2011), Water-Scrum-Fall, S. 14.

[524] Vgl. Schuh, G. et al. (2016), Next Generation Hardware Development, S. 2565; Boehm, B. W. et al. (2003), Observations, S. 35.

wird. Die auszuwählende Methode muss als Werkzeug dem planungsfallspezifischen Komplexitätsbedarf der Montageplanung entsprechen. Eine Systematik zur Methodenauswahl muss dazu fundierte, planungsfallspezifische Entscheidungen über den Methodeneinsatz ermöglichen.[525]

Um die zuvor dargestellten Hybridformen effektiv und effizient implementieren zu können, muss systematisch entschieden werden, welche Methode in welchem Kontext oder Projekt mit welchem Ziel einzusetzen ist[526]. Damit wird diese Entscheidung zu einer wichtigen strategischen Entscheidung für Unternehmen[527]. Aufgrund der Heterogenität von Projekten und Planungsfällen muss die Entscheidung systematisch, kontextspezifisch und gestützt auf situative Faktoren getroffen werden[528]. Da die Komplexität der Montageplanung während eines Projekts weder in ihrer Höhe noch in ihrer Zusammensetzung hinsichtlich der Komplexitätsdimensionen konstant bleibt, kann eine systematische Methodenauswahl nicht deterministisch zu Projektbeginn erfolgen, sondern muss im Projektverlauf iterativ validiert und bei Bedarf angepasst werden, um konstant die spezifische Eignung der eingesetzten Methoden sicherzustellen[529]. Grundsätzlich sollte die Entscheidung über die planungsfallspezifisch dominanten Methoden anhand des Vergleichs von Methodeneigenschaften (vgl. Kapitel 3.3) und den Charakteristika sowie Erfordernissen des jeweiligen Projekts erfolgen[530]. Im Rahmen dieser Arbeit werden die entscheidungsrelevanten Projektcharakteristika über den Komplexitätsbedarf eines Montageplanungsprojekts in seiner quasistatisch-strukturellen und seiner dynamisch-funktionalen Dimension ausgedrückt. Im Folgenden werden einige konkrete Ansätze zur systematischen Methodenauswahl vorgestellt.

Ein umfassender und viel zitierter Ansatz zur Entscheidung über den Einsatz plangetriebener und agiler Methoden in Software-Projekten geht auf BOEHM UND TURNER zurück. Basierend auf den Eigenschaften der Methoden definieren die Autoren in ihrem risikobasierten Ansatz sogenannte **Agile and Plan-driven Homegrounds** für plangetriebene und agile Methoden und beschreiben damit in Anlehnung an den Wettbewerbsvorteil bei Heimspielen im Sport die Bereiche, in denen sich die Methoden vorteilhaft einsetzen lassen. Der Ansatz beinhaltet weiterhin fünf Entscheidungsdimensionen zur Methodenauswahl für ein konkretes Projekt. Diese umfassen die Qualifikation des Personals, die Dynamik des Projekts bezogen auf Anforderungsänderungen, die Ausrichtung der Unternehmenskultur zwischen Chaos und Ordnung, die Projektgröße gemessen an der Personenanzahl und die Kritikalität bezüglich möglicher Defekte des Produkts. Die Kriterien sind in einem Netzdiagramm mit diskreten Skalen aufgetragen, wobei ein Wert desto eher für

[525] Vgl. Diels, F. (2018), Indikatoren, S. 64; Küpper, S. et al. (2018), Hybrid Software Development, S. 160; Rockwood, K. (2017), Across the Spectrum, S. 54; Keith, M. et al. (2014), Service-Oriented Methodology, S. 233.

[526] Vgl. Ays, J. et al. (2018), Constitutive Features, S. 478; Cooper, R. G. (2017), Idea-to-Launch, S. 52; Rajagopalan, S. et al. (2016), Fit of development methodologies, S. 3.

[527] Vgl. Cobb, C. G. (2011), Making sense, S. 8.

[528] Vgl. Brinkkemper, S. (1996), Method engineering, S. 278; Küpper, S. et al. (2018), Hybrid Software Development, S. 159; Aldushyna, A. et al. (2015), Erfolgsfaktoren, S. 39.

[529] Vgl. Schuh, G. et al. (2018), Agile Product Scopes, S. 4; Diels, F. (2018), Indikatoren, S. 93f.; Guerineau, B. et al. (2016), Agile and Project-Planned, S. 116; Feldhusen, J. et al. (2009), Agile Methods, S. 457; Vijayasarathy, L. R. et al. (2016), Choice of Software Development Methodologies, S. 86.

[530] Vgl. Afflerbach, P. et al. (2017), Analyzing the Trade-Off, S. 440; Ays, J. et al. (2018), Constitutive Features, S. 478; Küpper, S. et al. (2018), Hybrid Software Development, S. 159; Müller, W. (2015), Hybrid ist Pflicht, S. 94; Gennen, K. (2016), Auswirkungen, S. 37.

den Einsatz agiler Methoden spricht, je näher er am Koordinatenursprung liegt. Die äußeren Werte sprechen für den Einsatz plangetriebener Methoden. Diese Bewertung bildet den ersten Schritt des beschriebenen Entscheidungsvorgehens. Liegt die Bewertung ausschließlich im plangetriebenen oder agilen Spektrum, soll die entsprechende Methode eingesetzt werden. Bei leichten Abweichungen aus einem *Homeground* sollen die abweichenden Faktoren als Risikofaktoren behandelt werden, für die eine angepasste Lösung angestrebt wird. Bei einer unklaren Zuordnung soll eine individuelle, direkte Hybridform aus Methodenbestandteilen konfiguriert werden. Abschließend gilt es, die gewählte Methode kontinuierlich zu verbessern und bei Bedarf iterativ anzupassen.[531] Der Ansatz fokussiert die Methodenauswahl auf Projektebene und berücksichtigt keine Anwendung auf einzelne Projektbereiche. Dennoch bietet der Ansatz wichtige Anknüpfungspunkte für die vorliegende Arbeit, da sowohl wichtige Entscheidungskriterien als auch ein Vorgehen zur Methodenauswahl abhängig von der Bewertung in den einzelnen Bewertungsdimensionen beschrieben werden. Der Fokus liegt auf dem Risiko eines Projekts und nicht auf dessen Komplexität, wobei viele der genannten Kriterien ebenfalls Komplexitätsfaktoren darstellen.

In ihrem Ansatz zur **Konfiguration des hybriden Projektmanagements** in der Entwicklung physischer Produkte greifen BREHM ET AL. den Ansatz von BOEHM UND TURNER auf, um Projekte zur systematischen Methodenauswahl nach ihrem Agilitätspotenzial zu klassifizieren. Sie erweitern die originären fünf Bewertungskriterien um das Produkt als sechstes Kriterium, wobei die Lebensdauer und Modularität des Produkts sowie der Wert seiner Inkremente bewertet werden. Ansonsten folgen die Autoren der Entscheidungssystematik nach BOEHM UND TURNER, weisen aber explizit auf die Anwendbarkeit des Vorgehens auf einzelne Teilprojekte oder Projektphasen hin, was die Spezifität des Ansatzes erhöht.[532] Die Adaption der Bewertung auf veränderliche Rahmenbedingungen wird durch BREHM ET AL. nicht fokussiert.

ALEXANDER UND DAVIS beschreiben in ihrem Ansatz **Criteria for Selecting Software Process Models** 20 Kriterien mit je drei möglichen Ausprägungen zur Entscheidung zwischen plangetriebenen und agilen Software-Prozessmodellen. Zur Entscheidungsfindung wird den einzelnen Ausprägungen ein Wert zugeordnet, der die Eignung der betrachteten Methoden für einen bestimmten Projekttyp beschreibt. Zunächst müssen also die Attribute des betrachteten Projekts bestimmt und Werte zu den Kriterien ausgewählt werden. Durch die Bildung des Summenprodukts wird die Eignung eines Prozessmodells für ein Projekt berechnet. Auf dieser Basis wird das am besten geeignete Prozessmodell ausgewählt.[533] Eine detaillierte Herleitung der Kriterien und der zugehörigen Werte wird nicht dargelegt. Weiterhin können nur definierte Prozessmodelle verglichen werden, was die Spezifität der Lösung limitiert. Der Ansatz liefert jedoch wertvolle Anknüpfungspunkte bezüglich eines quantitativen Vorgehens zur Methodenauswahl.

DATTA beschreibt den **Agility Measurement Index (AMI)** als Maß für die Befähigung einer heuristischen Entscheidung über die Methodenauswahl für Software-Projekte. Der Ansatz basiert auf der Erkenntnis über die zunehmende Wichtigkeit von Agilität zur Reaktion auf Veränderungen,

---

[531] Vgl. Boehm, B. W. et al. (2003), Observations, S. 32ff.; Boehm, B. W. et al. (2003), Rebalancing, S. 1ff.; Boehm, B. W. et al. (2003), Using Risk, S. 57ff.

[532] Vgl. Brehm, L. et al. (2017), Konfiguration, S. 34ff.

[533] Vgl. Alexander, L. C. et al. (1991), Criteria for Selecting Software Process Models, S. 521ff.

wobei die Eigenschaften plangetriebener Methoden ebenfalls benötigt werden. Der AMI umfasst die Dimensionen *Projektdauer*, *Risiko*, *Neuheit*, *Aufwand* und *Interaktion*. Er berechnet sich als Quotient aus der Summe der tatsächlichen Werte und der Summe der maximal möglichen Werte je Dimension auf einer abhängig von der gewünschten Granularität der Messung frei wählbaren Skala. Ohne Nennung eines spezifischen Grenzwerts sollen für geringe Werte des AMI eher plangetriebene und für hohe Werte eher agile Methoden gewählt werden.[534] Die Präzision dieses Maßes ist gering. Dennoch bietet der Ansatz Anknüpfungspunkte bezüglich eines einfachen, quantitativen Ansatzes zur formelmäßig unterstützten, kriterienbasierten Methodenauswahl.

The Agile Continuum als heuristischer Ansatz zur Entscheidung über den Einsatz plangetriebener oder agiler Methoden in der Produktentwicklung geht auf FELDHUSEN ET AL. zurück. In ihrem Ansatz wird ein Entwicklungsprojekt anhand von nur ausschnittsweise genannten Kriterien wie der Anzahl an Projektbeteiligten und dem Wissen über die Bedürfnisse der Kund*innen bewertet. Die Kriterien werden mit Werten zwischen -1 und 1 bewertet und über eine nicht näher hergeleitete normierte Gewichtung zu einem Agilitätsindikator summiert. Abhängig von diesem Indikator zwischen -1 und 1 wird über den Einsatz von agilen oder plangetriebenen Methoden entschieden, wobei die Methoden auf die Länge der Entwicklungsiterationen reduziert werden. Die Entscheidung basiert somit auf dem Risiko von Änderungen, welches mit zunehmender Iterationsdauer steigt.[535] Der Ansatz nach FELDHUSEN ET AL. ist wenig detailliert, da die Entscheidungskriterien weder vollständig genannt noch näher beschrieben werden. Zudem werden die Methodeneigenschaften stark vereinfacht dargestellt. Komplexität wird als Entscheidungskriterium nicht explizit berücksichtigt, ist aber in den genannten Kriterien implizit enthalten.

DIELS stellt ein **Agile-Portfolio** für die Produktentwicklung zur Bestimmung agil zu entwickelnder Produktumfänge vor. Als Bewertungsgrundlage wurden 59 Faktoren identifiziert und den Clustern *Zielvolatilität*, *Zielstreuung*, *Zielbedeutung*, *Unternehmenskultur*, *Lösungsraum*, *Prototypenherstellbarkeit*, *Ressourcenverfügbarkeit* und *Technologiesicherheit* zugeordnet. Die einzelnen Cluster werden für spezifische Produktumfänge anhand einer vierstufigen Ordinalskala operationalisiert. Die ersten drei Cluster werden über eine Gewichtung zu einem externen und die übrigen fünf analog zu einem internen agilen Indikator zusammengefasst. Beide Indikatoren werden im Wertebereich von null bis neun auf den Achsen des zweidimensionalen Agile-Portfolios aufgetragen. Abhängig von der spezifischen Bewertung gibt dieses als grafische Entscheidungshilfe ein plangetriebenes, tendenziell plangetriebenes, tendenziell agiles oder agiles Entwicklungsvorgehen für einzelne Produktumfänge vor. Ein besonderes Augenmerk liegt in diesem Ansatz auf der global optimierten Entscheidung über den Methodeneinsatz. Dazu werden nach der Bewertung einzelner Produktumfänge auch die Relationen zwischen zusammenhängenden Produktumfängen analysiert. Bei einer klaren Empfehlung für eine Methode wird an der Empfehlung festgehalten. Bei schwach ausgeprägten abweichenden Methodenempfehlungen wird die lokal getroffene Entscheidung zugunsten des Gesamtoptimums auf globaler Ebene angepasst.[536] Ein verwandter Ansatz aus dem Bereich der physischen Produktentwicklung geht auf HEIMICKE

---

[534] Vgl. Datta, S. (2006), Agility Measurement Index, S. 271ff.

[535] Vgl. Feldhusen, J. et al. (2009), Agile Methods, S. 455ff.

[536] Vgl. Diels, F. (2018), Indikatoren, S. 91ff.; Diels, F. et al. (2016), Methodology for the Suitability Validation, S. 515ff.

ET AL. zurück[537]. Der Ansatz nach DIELS liefert bezogen auf die grafische Form der Entscheidungsfindung, den Umgang mit den identifizierten Entscheidungskriterien sowie die Optimierung der Methodenauswahl für das Gesamtprojekt eine wichtige Grundlage für die vorliegende Arbeit, wobei der Anwendungsfokus stark auf der physischen Produktentwicklung liegt. Außerdem wird der Komplexität des Projekts oder einzelner Umfänge nicht explizit Rechnung getragen.

Ein in der Literatur sowie in Schulungen zu agilen Methoden weit verbreiteter grafischer Ansatz zur Entscheidung über den Einsatz plangetriebener und agiler Methoden auf Basis der Projektkomplexität wird an dieser Stelle kritisch betrachtet. Das in den Populärwissenschaften als *STACEY-Matrix* bekannte Diagramm, welches die Grundlage dieses Ansatzes bildet, wurde und wird von zahlreichen Autoren adaptiert und als Lösung für die komplexitätsabhängige Methodenauswahl in Projekten propagiert[538]. Problematisch ist, dass diese Grafik durch ihren Schöpfer nie als Entscheidungsvorlage für die Methodenauswahl konzipiert war. In ihrer Originalfassung, welche in den ersten beiden Auflagen von STACEYS Werk *Strategic Management and Organisational Dynamics* zu finden ist, beschreibt sie die Auswahl verschiedener Modi zur Entscheidungsfindung und Kontrolle in Abhängigkeit von Sicherheit und Einigung[539]. In seinen diversen Abwandlungen wird dieses Diagramm zur Bewertung der Komplexität eines Projekts anhand der Ausrichtung von Anforderungen und der Sicherheit von Technologien eingesetzt. Projekte werden dabei nach Bereichen in dem zweidimensionalen Diagramm als *einfach*, *kompliziert*, *komplex* oder *anarchistisch* klassifiziert.[540] Dazu wurden sowohl die Achsen als auch die Fläche des Diagramms in ihrer Bedeutung stark abgewandelt. Bei dem Ansatz handelt es sich also eigentlich um eine **Abwandlung des Diagramms zur Beziehung von Veränderungskontext und Entscheidungsfindung** nach STACEY. Entsprechend seiner häufigen Fehlinterpretation und Zweckentfremdung findet sich das Diagramm nur in den ersten beiden Auflagen von STACEYS Werk und wurde in den folgenden Auflagen nicht mehr veröffentlicht.[541] Das Konzept dieses abgewandelten Ansatzes zur Entscheidung über den Methodeneinsatz nach der über verschiedene Faktoren gemessenen Projektkomplexität ist dennoch relevant für die Zielsetzung dieser Arbeit und bietet gute Anknüpfungspunkte bezüglich einer grafisch unterstützten Entscheidungsfindung. Jedoch erfolgt keine umfassende Betrachtung der Komplexität. Zudem muss die Legitimation dieses bezogen auf seinen Ursprung zweckentfremdeten Ansatzes kritisch hinterfragt werden.

Die diskutierten Ansätze stellen eine wichtige Basis für die Entwicklung eines Modells zur systematischen Bestimmung der planungsfallspezifisch dominanten Methoden dar. Neben konkreten Entscheidungsfaktoren, welche im folgenden Abschnitt detailliert betrachtet werden, wurden Ansätze zur quantitativen, kriterienbasierten und formelmäßig unterstützten Methodenauswahl sowie Ansätze zur grafischen Entscheidungsfindung identifiziert, welche sich gut auf das im Rahmen dieser Arbeit zu entwickelnde Entscheidungsmodell übertragen lassen.

---

537 Vgl. Heimicke, J. et al. (2020), Dealing with development risk and complexity, S. 220ff.

538 Vgl. Schwaber, K. (2004), Agile Project Management, S. 5; West, D. et al. (2011), Water-Scrum-Fall, S. 6.

539 Vgl. Stacey, R. D. (1996), Strategic Management, S. 47.

540 Vgl. Schwaber, K. (2004), Agile Project Management, S. 5; West, D. et al. (2011), Water-Scrum-Fall, S. 6.

541 Vgl. Stacey, R. (2011), Strategic Management; Habermann, F. (2020), Agiler Populismus; Rodgers, C. (2008), Stacey; Schwaber, K. (2004), Agile Project Management, S. 5.

Die Erkenntnisse dieses sowie des vorangegangenen Kapitels zeigen, dass die Methodenkombination in Hybridformen möglich ist, zumeist jedoch ohne eine Entscheidungssystematik auf der Basis von Erfahrungswerten vollzogen wird. Dies wird durch weitere Autoren und Studien belegt[542]. Auch die Ergebnisse der im Rahmen dieser Arbeit durchgeführten empirischen Studie belegen, dass die planungsfallspezifische Methodenauswahl in der Montageplanung in den meisten Fällen (54%) ohne eine explizite Entscheidungssystematik erfolgt. Nur 9% der Teilnehmenden gaben an, Planungsmethoden nach einem systematischen Entscheidungsmuster auszuwählen, während die Methodenauswahl in 37% der Fälle unabhängig von einem spezifischen Planungsfall erfolgt. Bei den Unternehmen mit einer systematischen Methodenauswahl herrscht eine große Varianz hinsichtlich der genutzten Bewertungs- und Entscheidungskriterien.[543] Trotz der zumeist unspezifischen Methodenauswahl in der Praxis, wird das hohe Potenzial einer systematischen, planungsfallspezifischen Methodenauswahl in der Montageplanung erkannt. Diesbezüglich urteilten 90% der Teilnehmenden, dass durch eine planungsfallspezifische Methodenauswahl und Methodenkonfiguration bessere Ergebnisse hinsichtlich der Planungsziele erreicht werden. Bei einer systematischen Methodenauswahl in Abhängigkeit von der planungsfallspezifischen Komplexität erwarteten sogar 95% der Teilnehmenden bessere Planungsergebnisse.[544]

Kriterien zur systematischen Methodenauswahl

Neben den vorgestellten Ansätzen zur systematischen Methodenauswahl lassen sich in der Literatur weitere Kriterien und Faktoren identifizieren, welche innerhalb oder außerhalb einer definierten Methode zur Entscheidung über den Einsatz plangetriebener und agiler Methoden herangezogen werden[545]. Inhaltlich fokussieren diese Kriterien meist projektspezifische Merkmale[546] sowie die Eigenschaften der Planungsmethoden. Der Detailgrad der Betrachtung ist dabei stark unterschiedlich. Teilweise werden den Kriterien spezifische Werte und Ausprägungen zugeordnet, welche die Methodenauswahl determinieren und teilweise werden Kriterien ohne weitere Spezifikation lediglich als zu beachtende Faktoren im Prozess der Methodenauswahl genannt.

Im Rahmen der dieser Arbeit zugrundeliegenden systematischen Literaturrecherche (vgl. Anhang 8.2) wurden in 67 Quellen insgesamt 935 Aussagen zu Entscheidungskriterien bezüglich der Auswahl plangetriebener oder agiler Methoden identifiziert. Zur Sicherstellung einer bestmöglichen Verständlichkeit und Operationalisierbarkeit der Kriterien wurde im Rahmen der Literatursynthese zu jedem Entscheidungskriterium auch das jeweilige Bewertungsobjekt erfasst und extrahiert. Somit wurden 935 Paare aus Bewertungskriterium und Bewertungsobjekt gebildet.

Die Ergebnisse der Literatursynthese wurden in einem mehrstufigen Vorgehen strukturiert und für die Zielstellung dieser Arbeit aufbereitet. Methodisch wurden dazu ein *Topic Modelling-Algorithmus*, der Ansatz des agglomerativen Clustering und ein aufbauendes inhaltliches Clustering

[542] Vgl. Ahmed-Kristensen, S. et al. (2015), Pioneering, S. 1; Diels, F. (2018), Indikatoren, S. 64; Kuhrmann, M. et al. (2017), Hybrid software, S. 37f.; Seel, C. et al. (2017), Ein adaptives Vorgehensmodell, S. 20; Kuhrmann, M. et al. (2019), Hybrid Software Development, S. 26; Linssen, O. et al. (2018), Jenseits des Hypes, S. 55.

[543] Vgl. Burggräf, P. et al. (2020), Hybrid approach, S. 1174.

[544] Vgl. ebd. S. 1174.

[545] Vgl. Ahimbisibwe, A. et al. (2015), A contingency fit model, S. 18; Spurrier, G. et al. (2014), When is agile appropriate, S. 2542; Schuh, G. et al. (2017), Application Suitability, S. 5.

[546] Vgl. Broy, M. et al. (2005), V-Modell XT, S. 223; Brinkkemper, S. (1996), Method engineering, S. 278.

auf die Ergebnisse angewandt. Für eine detaillierte Darstellung des Vorgehens und der Ergebnisse sei an dieser Stelle auf den Anhang 8.3 verwiesen. Zusammenfassend kann aus den Ergebnissen der durchgeführten Literatursynthese gefolgert werden, dass zur systematischen Methodenauswahl in der hybriden Montageplanung das **Projekt** und die zu erfüllenden **Anforderungen** als Bewertungsobjekte nach deren **Komplexität** und **Kritikalität** sowie der vorherrschenden **Unsicherheit** als Entscheidungskriterien bewertet werden sollten.

Dieses Ergebnis unterstreicht die Erkenntnisse aus den vorangegangenen Kapiteln und bestärkt die zugrundeliegenden Arbeitshypothesen dieser Arbeit. Zunächst werden die Entscheidungskriterien *Komplexität*, *Kritikalität* und *Unsicherheit* umfassend durch die Komplexitätsdimensionen der Montageplanung gemäß den Ausführungen in Kapitel 2.3 abgedeckt. Dabei sind die Cluster *Komplexität*, in welchem der Fokus auf Strukturen, Vernetzung und Aufwänden liegt, und *Kritikalität* Bestandteile der quasistatisch-strukturellen Komplexität im Sinne dieser Arbeit, während das Cluster *Unsicherheit* den maßgeblichen Faktor der dynamisch-funktionalen Komplexität darstellt. Diese Erkenntnisse bestätigen die aus dem identifizierten Praxisproblem abgeleitete Arbeitshypothese, dass die Komplexität der Montageplanung als zentrales Entscheidungskriterium für die systematische Methodenauswahl heranzuziehen ist. Weiterhin unterstützen die als Bewertungsobjekte identifizierten Cluster *Projekt* und *Anforderungen* die Arbeitshypothese, dass die Bewertung der Komplexität anhand des systemischen Modells der Montageplanung in der projektneutralen Modullandkarte erfolgen kann. Dieses Modell bietet eine umfassende Beschreibung eines Montageplanungsprojekts anhand der jeweils relevanten Planungsmodule und grenzt dieses gegen seine Umwelt ab. Die Anforderungen an die Montageplanung werden innerhalb des Modells der Montageplanung durch die Informationsflüsse zwischen den Planungsmodulen und die einzelnen Planungsinformationen dargestellt. Damit können die identifizierten Bewertungsobjekte anhand des Modells der Montageplanung operationalisiert werden. Diese Erkenntnisse stellen insgesamt essenzielle Anknüpfungspunkte für das weitere Vorgehen in dieser Arbeit dar.

3.4.4 Eignung und Bedeutung hybrider Ansätze für die Montageplanung

In den vorangegangenen Kapiteln wurden generelle Typen von Hybridformen aus plangetriebenen und agilen Methoden, konkrete hybride Ansätze aus verschiedenen Domänen sowie Ansätze und Entscheidungskriterien zur systematischen Methodenauswahl und zur Gestaltung von Hybridformen vorgestellt. Die diskutierten Ansätze und Hybridformen werden in diesem Kapitel auf ihre Eignung zur Anwendung in der Montageplanung und auf ihr Potenzial zur Beherrschung der quasistatisch-strukturellen sowie dynamisch-funktionalen Komplexität bewertet.

Neben den genannten Vorteilen und Potenzialen, welche die zunehmende Verbreitung und Nutzung von Hybridformen begründen, birgt die Kombination plangetriebener und agiler Methoden auch einige Schwierigkeiten und Herausforderungen und erfordert häufig Kompromisse. Abhängig vom Typ der Hybridform werden die ursprünglichen Methoden in ein übergeordnetes Rahmenwerk eingepasst oder Methoden werden fragmentiert und per Tailoring zu einer neuen Methodik kombiniert. Solche teils notwendigen Anpassungen bergen das Risiko negativer Effekte.

Diese gegensätzlichen Effekte lassen sich bildlich anhand eines Phänomens der physikalischen Optik beschreiben. Gemäß dem Superpositionsprinzip überlagern sich unabhängige elektromagnetische Felder linear in einem Superpositionsfeld[547]. Dieser Effekt trifft auch auf Lichtstrahlen zu. Überlagern sich Lichtstrahlen, entstehen unter bestimmten Bedingungen Zonen gesteigerter und verminderter Helligkeit, welche sich über das Prinzip der Interferenz erklären lassen. Im Doppelspaltversuch resultiert die Überlagerung zweier Lichtstrahlen mit einem Gangunterschied von einem ganzzahligen Vielfachen der Wellenlänge in konstruktiver, also verstärkender Interferenz, während die Überlagerung mit einem Gangunterschied von einem halbzahligen Vielfachen der Wellenlänge in destruktiver, also auslöschender Interferenz resultiert.[548] Dieser Effekt lässt sich auf die Überlagerung von Methoden in einer Hybridform übertragen. Wenn zwei Methoden mit verschiedenen Eigenschaften in einer Kompromisslösung kombiniert werden, kann dies zu destruktiver Methodeninterferenz führen. *Destruktive Methodeninterferenz* beschreibt die gegenseitige Behinderung plangetriebener und agiler Ansätze sowie die Abschwächung oder Eliminierung der Stärken der Ursprungsmethoden[549]. Dieser negative Effekt des methodischen Ungleichgewichts resultiert aus der Inkompatibilität einzelner Methodenelemente[550]. Destruktive Methodeninterferenz kann durch die Kombination widersprüchlicher Methodenfragmente Unsicherheiten und Unklarheiten bezüglich Methoden, Rollen, Verantwortlichkeiten und Kompetenzen und in der Folge Verwirrung, mangelnde Akzeptanz und Konflikte verursachen[551]. Als weitere negative Eigenschaft wird Hybridformen aufgrund der notwendigen Koordination, Implementierung und Pflege verschiedener Methoden ein hoher Aufwand zugeschrieben[552]. Aus diesen Gründen werden Hybridformen in der Literatur als halb-agile bzw. halb-plangetriebene Methoden und durch die Verfechter einer der Methoden teils negativ beschrieben[553].

Den beschriebenen Risiken und Herausforderungen von Hybridformen stehen eine Reihe signifikanter Potenziale und Vorteile gegenüber. Hybridformen sind definitionsgemäß Kombinationen aus plangetriebenen und agilen Methoden bzw. Methodenfragmenten. Dieser Betrachtungsweise folgend, haben Hybridformen keine inhärenten Potenziale oder Stärken. Die durch die Nutzung von Hybridformen realisierbaren Vorteile, welche im Folgenden fokussiert werden, basieren auf den Stärken plangetriebener und agiler Methoden (vgl. Kapitel 3.3). Um im oben angeführten Bild der Interferenz aus der physikalischen Optik zu bleiben, kann durch die Kombination der Vorteile der Einzelmethoden und durch die Nutzung von Synergien *konstruktive Methodeninterferenz* erzielt werden. Insbesondere ergeben sich die Potenziale von Hybridformen aus der zielgerichteten Kombination methodenspezifischer Stärken sowie aus der simultanen

547 Vgl. Meschede, D. (2005), Optik, S. 40.

548 Vgl. ebd. S. 78, 182.

549 Vgl. McMahon, P. E. (2015), Hybrid-Agile, S. 24; Seel, C. et al. (2017), Ein adaptives Vorgehensmodell, S. 20; Eklund, U. et al. (2017), Scaling Agile, S. 173; Kurtz, J. et al. (2018), Auswirkungen, S. 78.

550 Vgl. Cram, W. A. et al. (2018), Managing knowledge, S. 322; Kurtz, J. et al. (2018), Auswirkungen, S. 77; Sommer, A. F. et al. (2015), Improved product development, S. 41.

551 Vgl. Aldushyna, A. et al. (2015), Erfolgsfaktoren, S. 40; Kusters, van de R. J. et al. (2017), When agile meets waterfall, S. 275; Kurtz, J. et al. (2018), Auswirkungen, S. 76.

552 Vgl. Port, D. et al. (2009), Simulating, S. 330; Kurtz, J. et al. (2018), Auswirkungen, S. 77; Karlström, D. et al. (2005), Combining, S. 49; Faßbinder, P. (2012), How can you be Agile, S. 119.

553 Vgl. Diebold, P. et al. (2016), Prozessverbesserung, S. 136.

Kompensation methodenspezifischer Schwächen[554]. Ein konkreter Vorteil, der sich aus der Kombination der methodenspezifischen Stärken ergibt, ist eine robuste und effiziente Planung mit gesteigertem Planungsnutzen[555]. Außerdem wird Hybridformen eine höhere Produktivität zugeschrieben[556]. Ein weiteres Potenzial ist eine hohe Ergebnisqualität bei gesteigerter Geschwindigkeit[557]. Zudem weisen Hybridformen eine hohe methodische Adaptivität und Flexibilität auf, die aus der parallelen Verfügbarkeit plangetriebener und agiler Methoden, Praktiken und Techniken resultiert[558]. In Abhängigkeit von der Art der Hybridform besteht weiterhin der Vorteil einer unkomplizierten Implementierung mit reduzierten Risiken, da jeweils nur ein Teil der Hybridform neu eingeführt wird und auf methodische Grundlagen aufgebaut werden kann[559].

Die Ergebnisse der im Rahmen dieser Arbeit durchgeführten empirischen Studie belegen ein signifikantes Potenzial von Hybridformen zur Erreichung der Planungsziele hinsichtlich Zeit, Kosten und Leistung. Die Teilnehmenden bewerteten das Potenzial von Hybridformen für jedes dieser Ziele höher als die Potenziale plangetriebener oder agiler Methoden.[560] Nachdem in Kapitel 2.2.2 festgestellt wurde, dass die Komplexität in der Montageplanung der maßgebliche Grund für die Nichterreichung von Planungszielen ist, lässt sich nun folgern, dass Hybridformen Potenzial zur Beherrschung der Komplexität in der Montageplanung besitzen. Analog zu den generellen Vorteilen von Hybridformen, lässt sich das Komplexitätspotenzial auf die Kombination der spezifischen Komplexitätspotenziale plangetriebener und agiler Methoden zurückführen.

In Kapitel 3.3.4 wurden Hypothesen zu den Komplexitätspotenzialen plangetriebener und agiler Methoden aus den Parallelen zwischen den konstituierenden Methodeneigenschaften und den beiden zentralen Ansätzen der Komplexitätsbeherrschung abgeleitet. Basierend auf den neuen Erkenntnissen zu den Potenzialen von Hybridformen ergibt sich eine weitere Hypothese:

Hypothese 3: Durch die zielgerichtete Kombination plangetriebener und agiler Methoden in Hybridformen lässt sich die Komplexität in der Montageplanung in ihrer quasistatisch-strukturellen sowie dynamisch-funktionalen Dimension beherrschen.

Auch diese Hypothese wird im Sinne der angewandten Wissenschaften nicht empirisch überprüft, sondern dient als Anknüpfungspunkt für die Entwicklung eines Modells zur umfassenden Komplexitätsbeherrschung in der Montageplanung durch die systematische Auswahl der planungsfallspezifisch dominanten Methoden.

[554] Vgl. Boehm, B. W. et al. (2003), Using Risk, S. 65; Fahad, M. et al. (2017), A Comparative Analysis, S. 259; Shimoda, A. et al. (2017), A Method of Setting the Order, S. 301.

[555] Vgl. Burggräf, P. et al. (2019), Agile Montage, S. 625; Kurtz, J. et al. (2018), Auswirkungen, S. 75; Sommer, A. F. et al. (2013), Scrum integration, S. 1281.

[556] Vgl. Carvalho, W. C. S. et al. (2011), A Comparative Analysis, S. 81; Cooper, R. G. (2016), Agile–Stage-Gate, S. 25; Sommer, A. F. et al. (2015), Improved product development, S. 41.

[557] Vgl. Lesmana, I. P. D. et al. (2016), Agile-Waterfall hybrid, S. 3; Cooper, R. G. et al. (2016), From Experience, S. 516; Broy, M. et al. (2005), V-Modell XT, S. 221.

[558] Vgl. Riesener, M. et al. (2018), Hybridization, S. 604; Aldushyna, A. et al. (2015), Erfolgsfaktoren, S. 40; Kuhrmann, M. et al. (2019), Hybrid Software Development, S. 27.

[559] Vgl. Aldushyna, A. et al. (2015), Erfolgsfaktoren, S. 52.

[560] Vgl. Burggräf, P. et al. (2020), Hybrid approach, S. 1173.

Insgesamt lässt sich zusammenfassen, dass Hybridformen aus plangetriebenen und agilen Methoden in Kombination mit Ansätzen zur systematischen und spezifischen Methodenauswahl große Potenziale zur Erfüllung der Anforderungen an eine suffiziente Komplexitätsbeherrschung in der Montageplanung besitzen. Trotz ihrer großen Potenziale sind Hybridformen in der Montageplanung bisher kaum verbreitet[561]. Da die Implementierung von Hybridformen auch Risiken und Herausforderungen mit sich bringt, gilt es im Verlauf der Arbeit, neben einem Modell zur systematischen Methodenauswahl auch Grundsätze für die prozessuale und organisatorische Einführung hybrider Planungsvorgehen zu entwickeln, um negative Aspekte zu vermeiden. Die Potenziale von Hybridformen sollen einen Beitrag zur Erreichung der Zielsetzung dieser Arbeit leisten, ohne dass dieser durch Schwierigkeiten und Herausforderungen neutralisiert wird.

3.5 Handlungsbedarf zur Komplexitätsbeherrschung in der Montageplanung aus Sicht der Theorie

Der Zweck des vorliegenden Kapitels ist die abschließende Bewertung der diskutierten Ansätze zur Operationalisierung, Reduktion und Beherrschung von Komplexität (vgl. Kapitel 3.2), der Komplexitätspotenziale plangetriebener und agiler Methoden (vgl. Kapitel 3.3) sowie der Eignung von Hybridformen zur Komplexitätsbeherrschung (vgl. Kapitel 3.4) anhand der Anforderungen aus Kapitel 3.1. Aus der Bewertung wird der Handlungsbedarf zur Komplexitätsbeherrschung in der Montageplanung aus Sicht der Theorie abgeleitet und in Forschungsfragen überführt.

Die vorgestellten Ansätze und Methoden der Formalwissenschaften bieten einige Anknüpfungspunkte zur Gewährleistung der geforderten **Spezifität** der zu entwickelnden Lösung. Insbesondere die Hybridformen nach COOPER, GUERINEAU ET AL. und MOLITOR, die Ansätze zur spezifischen Konfiguration von Hybridformen nach RAHIMIAN UND RAMSIN sowie nach SEEL UND TIMINGER und die Ansätze zur systematischen Methodenauswahl nach BREHM ET AL. und DIELS fokussieren eine spezifische Methodenauswahl auf der Ebene einzelner Planungsfälle bzw. Projektabschnitte. Auf Basis dieser Ansätze muss ein planungsfallspezifisch differenziertes und individuell konfigurierbares Planungsvorgehen entwickelt werden, um verschiedene Planungsfälle suffizient abzudecken. So wird der planungsfallspezifischen Komplexität Rechnung getragen. Dazu müssen die Methoden eines Planungsvorgehens systematisch für einen spezifischen Planungsfall ausgewählt werden. Hierzu bedarf es fundiert hergeleiteter Entscheidungskriterien, welche sowohl die Projekt- als auch die Methodeneigenschaften berücksichtigen. Anhand von Komplexitätsbedarf und Komplexitätspotenzialen müssen die planungsfallspezifisch dominanten Methoden bestimmt werden. Der in Kapitel 3.2.2 beschriebene Fehler der unzulässigen Verallgemeinerung muss für eine suffiziente Komplexitätsbeherrschung vermieden werden. Aufgrund der Heterogenität von Montageplanungsprojekten kann eine spezifische Entscheidung nur auf Ebene von Planungsmodulen oder -inkrementen erfolgen und nicht pauschal auf Projektebene[562].

[561] Vgl. ebd. S. 1173.
[562] Vgl. Keith, M. et al. (2014), Service-Oriented Methodology, S. 233.

Die notwendige Bedingung zur spezifischen Methodenauswahl und -konfiguration in einem komplexen Projektumfeld ist die **Objektivierung** der Komplexität durch deren Operationalisierung. Nur wenige Ansätze zur systematischen Methodenauswahl und zur spezifischen Konfiguration von Hybridformen enthalten Elemente zur Operationalisierung von Komplexität. Hervorzuheben ist an dieser Stelle der Ansatz der agilen und plangetriebenen *Homegrounds* nach BOEHM UND TURNER[563], welcher weiteren Ansätzen als Grundlage dient. Einerseits gilt es, den Komplexitätsbedarf der Montageplanung zu operationalisieren und messbar zu machen, um diesen zielgerichtet adressieren und beherrschen zu können. Andererseits muss auch das Komplexitätspotenzial plangetriebener und agiler Methoden operationalisiert werden, um den spezifischen Einfluss der Methoden auf die Komplexität der Montageplanung bewerten zu können[564]. Die Bewertung muss systematisch anhand lokaler Entscheidungen auf Modulebene erfolgen, ohne dass das globale Optimum vernachlässigt wird[565]. Dazu werden fundiert hergeleitete Entscheidungskriterien benötigt[566]. In vielen Ansätzen zur Methodenauswahl in Hybridformen fehlen fundiert hergeleitete Entscheidungskriterien sowie Messvorschriften zu deren Quantifizierung.

Der Anforderung an die **Universalität** der zu entwickelnden Lösung hinsichtlich der simultanen Beherrschung der quasistatisch-strukturellen sowie der dynamisch-funktionalen Komplexitätsdimension der Montageplanung wird in den vorgestellten Hybridformen sowie in einigen Ansätzen zur systematischen Methodenauswahl Rechnung getragen. Dieser Bewertung liegen die in den Kapiteln 3.3.4 und 3.4.4 aufgestellten Hypothesen zugrunde. Nach diesen Hypothesen besitzen plangetriebene Methoden ein großes Potenzial zur Beherrschung quasistatisch-struktureller Komplexität und agile Methoden zur Beherrschung dynamisch-funktionaler Komplexität, sodass über die zielgerichtete Kombination der Methoden in einer Hybridform eine umfassende Komplexitätsbeherrschung erzielt werden kann. Die Universalität der Lösung zur Beherrschung beider Komplexitätsdimensionen ergibt sich folglich aus der systematischen Kombination der Komplexitätspotenziale plangetriebener und agiler Methoden in Hybridformen. Diese Erkenntnis verdeutlicht die Wichtigkeit von Hybridformen zur umfassenden Komplexitätsbeherrschung.

Die **Adaptivität** der Lösung ist erforderlich, um eine suffiziente Komplexitätsbeherrschung auch dann sicherzustellen, wenn sich die Komplexität im Projektverlauf verändert. Gerade in dynamischen Planungsumgebungen variiert die Komplexität in ihrer Gesamthöhe sowie in der Zusammensetzung aus den Anteilen quasistatisch-struktureller und dynamisch-funktionaler Komplexität. Um in jeder Projektphase spezifisch auf den Komplexitätsbedarf der Montageplanung reagieren zu können, ist ein adaptives Planungsvorgehen erforderlich. Diese Anforderung wird in vielen bestehenden Ansätzen berücksichtigt. Insbesondere die veränderungsorientierte Betrachtungsweise des systemisch-evolutionären Ansatzes der Komplexitätsbeherrschung, die Hybridformen nach MOLITOR sowie GUERINEAU ET AL. und der Ansatz zur spezifischen Konfiguration von Hybridformen nach GILL ET AL. gehen auf die zeitliche Veränderlichkeit der Komplexität ein

[563] Vgl. Boehm, B. W. et al. (2003), Observations, S. 33; Boehm, B. W. et al. (2003), Rebalancing, S. 2.

[564] Vgl. Ays, J. et al. (2018), Constitutive Features, S. 478.

[565] Vgl. Keith, M. et al. (2014), Service-Oriented Methodology, S. 233; Diels, F. (2018), Indikatoren, S. 96, 178ff.

[566] Vgl. Aldushyna, A. et al. (2015), Erfolgsfaktoren, S. 52; Papadakis, E. et al. (2018), Hybrid methods, S. 740; Diebold, P. et al. (2016), Prozessverbesserung, S. 136; Jimenez-Hernandez, E. M. et al. (2011), META, S. 49; Mohanarajah, S. et al. (2015), Hybrid Agile Methodology, S. 306.

und sehen entsprechende Anpassungen in der gewählten Methodik vor. Das Vorsehen einer iterativen Entscheidung über den geeigneten Methodeneinsatz steigert die Adaptivität der Lösung, da die Veränderlichkeit der Komplexität auf diese Weise fortwährend berücksichtigt wird.

Um zu gewährleisten, dass die zu entwickelnde Lösung das identifizierte Praxisproblem in der Montageplanung adressiert, muss der **Domänenbezug** bezogen auf das Forschungsfeld dieser Arbeit sichergestellt werden. Die Montageplanung muss als Anwendungsbereich umfassend berücksichtigt werden, wobei die Lösung die vielfältigen Umfänge der Montageplanung ohne inhaltliche Limitationen einschließen muss. In den vorgestellten Ansätzen und Methoden wird diese Anforderung zumeist nicht berücksichtigt. Lediglich der Ansatz nach MECKELNBORG schließt die Montageplanung als Teilbereich der Fabrikplanung implizit mit ein. Die Hybridform nach MOLITOR adressiert mit der Montageablaufplanung lediglich einen Teilbereich des Forschungsfeldes. Dennoch können die dargestellten Ansätze zu großen Teilen als wertvolle methodische Anknüpfungspunkte für die zu erarbeitende Lösung in dieser Arbeit verwendet und auf den Bereich der Montageplanung übertragen werden. Insbesondere aufgrund der großen Flexibilität in der Ausgestaltung von Hybridformen können diese analog zu plangetriebenen und agilen Methoden auf die Montageplanung transferiert werden, sodass keine Einschränkung bezüglich des geforderten Domänenbezugs vorliegt. Mittels Tailoring-Ansätzen können Methoden spezifisch auf den Kontext der Montageplanung angepasst werden.

Die in Kapitel 3 vorgestellten Ansätze und Methoden bilden die inhaltliche und methodische Grundlage für die Konzeption der hybriden Montageplanung (Kapitel 4) und die Entwicklung des Modells der hybriden Montageplanung (Kapitel 5).

Aus der dargestellten Bewertung der bestehenden problemrelevanten Ansätze und Methoden der Formalwissenschaften ergeben sich neben den praxisbezogenen Handlungsbedarfen 1 und 2 aus Kapitel 2.4 zwei weitere, theoriebezogene Handlungsbedarfe für diese Arbeit:

- **Handlungsbedarf 3:** Es besteht Handlungsbedarf zur Identifikation und Bewertung der spezifischen Komplexitätspotenziale plangetriebener und agiler Methoden. Dazu muss der Einfluss der konstituierenden Methodeneigenschaften auf die quasistatisch-strukturelle und die dynamisch-funktionale Komplexitätsdimension untersucht werden. Die detaillierte Kenntnis über die Komplexitätspotenziale sowie den Komplexitätsbedarf der Montageplanung schafft die Grundlage für eine systematische Methodenauswahl.
- **Handlungsbedarf 4:** Es besteht Handlungsbedarf zur Entwicklung einer Entscheidungssystematik zur Bestimmung der planungsfallspezifisch dominanten Methoden abhängig vom planungsfallspezifischen Komplexitätsbedarf der Montageplanung. Die systematische Methodenauswahl ist die Voraussetzung für eine erfolgreiche Komplexitätsbeherrschung durch den Einsatz planungsfallspezifisch dominanter Methoden und damit für eine Optimierung der Planungsergebnisse in der Montageplanung.

Der Handlungsbedarf, welcher sich aus dem theoretischen Erkenntnisdefizit ergibt, belegt die Relevanz des Themas dieser Arbeit aus Sicht der Theorie. Insgesamt ergeben sich somit vier Handlungsfelder, welche im Rahmen dieser Arbeit adressiert werden müssen (vgl. Abbildung 3-11):

Handlungsbedarf 1: Detaillierung und Erweiterung des Modells der Montageplanung im Rahmenwerk der projektneutralen Modullandkarte durch die Dekomposition der Planungsmodule und die Definition von Planungsinkrementen	**Handlungsbedarf 2:** Entwicklung eines Komplexitätsmaßes zur Operationalisierung und Messung des planungsfallspezifischen Komplexitätsbedarfs in der Montageplanung in den zentralen Komplexitätsdimensionen
Handlungsbedarf 3: Identifikation und Bewertung der spezifischen Komplexitätspotenziale plangetriebener und agiler Methoden zur Beherrschung der quasistatisch-strukturellen und dynamisch-funktionalen Komplexität	**Handlungsbedarf 4:** Entwicklung eines Modells zur Bestimmung der dominanten Methoden zur Beherrschung der planungsfallspezifischen Komplexität durch deren Kombination in einem hybriden Montageplanungsvorgehen

Abbildung 3-11: Identifizierter Handlungsbedarf aus Praxis und Theorie

Aus den Erkenntnissen der vorangegangenen Kapitel und dem beschriebenen Handlungsbedarf lässt sich nun die zentrale Forschungsfrage dieser Arbeit ableiten:

Wie lassen sich die dominanten Methoden zur Beherrschung der planungsfallspezifischen Komplexität in der Montageplanung systematisch bestimmen?

Zur zielgerichteten Beantwortung dieser Forschungsfrage und zur Strukturierung des forschungsmethodischen Vorgehens dieser Arbeit werden vier untergeordnete Forschungsfragen formuliert:

- Wie muss das System der Montageplanung modelliert werden, um den Komplexitätsbedarf einzelner Planungsfälle bestimmen zu können?
- Wie lässt sich der planungsfallspezifische Komplexitätsbedarf der Montageplanung objektivieren und quantifizieren?
- Welche Potenziale besitzen plangetriebene und agile Methoden zur Beherrschung der planungsfallspezifischen Komplexität?
- Wie können die dominanten Methoden zur Kombination in einem hybriden Montageplanungsvorgehen bestimmt werden?

Dem Prinzip der reflektierten theoretischen Offenheit folgend, sind diese Forschungsfragen offen und ohne Einschränkungen durch theoretische Vorannahmen formuliert. Sie basieren auf dem Stand der Forschung und verfolgen das Ziel, bestehende Forschungslücken durch die Generierung neuer Hypothesen und Theorien zu schließen. Die Forschungsfragen zielen als Bestandteil der angewandten Forschung auf die systematische Entscheidungsfindung zur Lösung des beschriebenen Praxisproblems in der Montageplanung ab.[567] Im Folgenden werden Antworten auf die hergeleiteten Forschungsfragen entwickelt. In Kapitel 4 wird ein hypothesengeleitetes Lösungskonzept beschrieben. Das Lösungskonzept wird in den folgenden Kapiteln 5 und 6 hergeleitet, detailliert, begründet und validiert. Es wird eine theorie- und praxisgestützte Lösung zur Beherrschung der Komplexität in der Montageplanung durch die systematische Auswahl und Kombination planungsfallspezifisch dominanter Methoden in einem hybriden Vorgehensmodell entwickelt.

[567] Vgl. Döring, N. et al. (2016), Forschungsmethoden, S. 26, 66, 146, 149f.

4 Konzeption des Modells der hybriden Montageplanung

Aus den dargestellten Herausforderungen der Montageplanung in der industriellen Praxis ergibt sich ein praxisbezogener Handlungsbedarf. Zur erfolgreichen Durchführung von Montageplanungsprojekten muss eine suffiziente Beherrschung der quasistatisch-strukturellen sowie der dynamisch-funktionalen Komplexität sichergestellt werden. Bestehende Montageplanungsansätze weisen eine geringe methodische Variabilität und damit eine mangelnde Spezifität im Umgang mit der Heterogenität von Planungskomplexität auf. Für ein erfolgreiches Planungsvorgehen muss das System der Montageplanung im Detail modelliert werden, um den planungsfallspezifischen Komplexitätsbedarf auf dieser Basis operationalisieren und messen zu können. So kann die Komplexität über ein spezifisch konfiguriertes Planungsvorgehen adäquat beherrscht werden.

Die diskutierten Theorien und Verfahren zur Komplexitätsbeherrschung durch hybride Methoden bieten geeignete Anknüpfungspunkte und Werkzeuge zur Komplexitätsbeherrschung in der Montageplanung. Darauf aufbauend gilt es, die spezifischen Komplexitätspotenziale plangetriebener und agiler Methoden zu ermitteln und über deren Abgleich mit dem Komplexitätsbedarf der Montageplanung ein Modell zur Bestimmung der hinsichtlich der Komplexitätsbeherrschung dominanten Methoden zu entwickeln. Zum Erreichen dieser Zielsetzung existieren erste Ansätze im Bereich der Montageplanung, wobei der wesentliche Wissensstand im Theoriezusammenhang aus benachbarten Domänen stammt. Zur umfassenden Erfüllung der Anforderungen der Montageplanung müssen diese Ansätze adaptiert und erweitert werden.

Gemäß der Zielsetzung dieser Arbeit wird in diesem Kapitel hypothesengeleitet das Modell der hybriden Montageplanung zur Beherrschung der planungsfallspezifischen Komplexität der Montageplanung durch die systematische Bestimmung dominanter Methoden konzipiert. Zunächst werden dazu die formalen und inhaltlichen Anforderungen an das Modell der hybriden Montageplanung aus den Herausforderungen der Praxis und dem Stand der Theorie abgeleitet und spezifiziert (Kapitel 4.1). Auf dieser Basis wird das Konzept zur Komplexitätsbeherrschung durch die systematische Bestimmung und Kombination dominanter Methoden in einem hybriden Vorgehensmodell entwickelt (Kapitel 4.2). Der Fokus liegt dabei auf der Entwicklung des Komplexitätsmaßes der Montageplanung zur Bewertung des planungsfallspezifischen Komplexitätsbedarfs.

4.1 Anforderungen an die Methodik zur hybriden Montageplanung

Der Zweck dieses Kapitels ist die Spezifikation der Anforderungen an das Modell der hybriden Montageplanung zur Beherrschung der planungsfallspezifischen Komplexität durch die systematische Bestimmung dominanter Methoden. Neben den formalen Anforderungen an das Modell (Kapitel 4.1.1) werden die inhaltlichen Anforderungen aus den in Kapitel 2 dargestellten Grundlagen der Montageplanung und der in Kapitel 3 diskutierten Theorie zur Komplexitätsbeherrschung hergeleitet und konsolidiert (Kapitel 4.1.2). Die Anforderungen dienen der Sicherstellung der Zielerreichung sowie der Anwendbarkeit des Lösungskonzepts. Sie bilden die Grundlage für die Reflexion und Validierung der Ergebnisse in Kapitel 6.

4.1.1 Formale Anforderungen

In diesem Kapitel werden formale Anforderungen an das zu entwickelnde Modell formuliert. Zunächst muss das Modell den vier Standards der Wissenschaftlichkeit nach DÖRING UND BORTZ genügen. Dazu muss ein wissenschaftliches Forschungsproblem in einem geeigneten wissenschaftlichen Forschungsprozess bearbeitet werden. Ferner müssen die Prinzipien der Wissenschafts- und Forschungsethik befolgt werden und die erzielten Ergebnisse müssen nachvollziehbar dokumentiert werden. Den letzten beiden Standards wird durch das Verfassen dieser Arbeit nach den Standards der Wissenschafts- und Forschungsethik Rechnung getragen. Die Bewertung der ersten beiden Standards und der Qualität der erzielten wissenschaftlichen Erkenntnisse wird insbesondere anhand der **inhaltlichen Relevanz** und der **methodischen Strenge** vorgenommen, welche im englischen Sprachgebrauch unter dem Begriffspaar *relevance and rigor* geläufig sind.[568] Die beiden Kriterien befinden sich in keiner Dichotomie und sind gleichermaßen bedeutsam für eine hohe wissenschaftliche Qualität[569]. Die inhaltliche Relevanz und die Wissenschaftlichkeit des Forschungsproblems bemessen sich nach der wissenschaftlichen Relevanz im jeweiligen Forschungsfeld sowie nach der praktischen Relevanz hinsichtlich der Nutzbarkeit und Anwendbarkeit, welche gerade in den angewandten Wissenschaften eine zentrale Rolle spielt. Das wissenschaftsimmanente Kriterium der methodischen Strenge fordert die Nutzung aussagekräftiger und für das Forschungsproblem geeigneter wissenschaftliche Methoden.[570] Die inhaltliche Relevanz dieser Arbeit leitet sich zunächst aus dem identifizierten Praxisdefizit und dem industriellen Bedarf an einer Lösung (vgl. Kapitel 2.4) sowie dem herausgestellten Erkenntnisdefizit der Theorie (vgl. Kapitel 3.5) ab. Überdies werden die inhaltliche Relevanz sowie die Nutzbarkeit und Anwendbarkeit der entwickelten Lösung abschließend in Kapitel 6 in einer Vertiefungsstudie mit Fachleuten der montageplanerischen Praxis untersucht und sichergestellt. Zur Gewährleistung der methodischen Strenge des Lösungsansatzes wird auf etablierte wissenschaftliche Methoden zur Datenerhebung und zur Erkenntnisgenerierung zurückgegriffen (vgl. Kapitel 5.3.1).

In dieser Arbeit wird das Modell der hybriden Montageplanung zur Beherrschung der planungsfallspezifischen Komplexität in der Montageplanung durch die systematische Bestimmung dominanter Planungsmethoden entwickelt. „Ein *Modell* repräsentiert einen realen Sachverhalt in abstrahierender und damit simplifizierender Weise [und dient so der] Vorhersage des Verhaltens des Realsystems."[571] Um trotz der insbesondere bei komplexen soziotechnischen Systemen starken Vereinfachung und Abstraktion eine hohe Wirksamkeit des Modells zu gewährleisten, formuliert PATZAK die folgenden fünf Anforderungen an ein Modell[572]:

---

568 Vgl. ebd. S. 90.
569 Vgl. Hunt, S. D. (2010), Marketing Theory, S. 6; Varadarajan, P. R. (2003), Musings on Relevance and Rigor, S. 370.
570 Vgl. Döring, N. et al. (2016), Forschungsmethoden, S. 90f.
571 Patzak, G. (1982), Systemtechnik, S. 307.
572 Vgl. ebd. S. 309f.

- **Empirische Richtigkeit:** Das Modell und sein Verhalten sollen realitätsbezogen sein und einen hohen Grad an Übereinstimmung mit dem Realsystem aufweisen.
- **Formale Richtigkeit:** Das Modell soll widerspruchsfrei und formal einwandfrei sein und quantitative, reproduzierbare Ergebnisse liefern.
- **Hohe Produktivität:** Das Modell soll zielgerichtet sein und inhaltlich sowie formal nutzbare Antworten auf spezifische Fragestellungen liefern.
- **Gute Handhabbarkeit:** Das Modell soll leicht anwendbar sein und leicht interpretierbare Ergebnisse liefern.
- **Geringer Aufwand:** Der Aufwand für die Erstellung und Anwendung des Modells soll möglichst gering sein.

Zwischen den ersten drei und den letzten beiden Anforderungen besteht ein Konkurrenzverhältnis, sodass bei der Entwicklung eines Modells Kompromisse einzugehen sind.[573] Die Bewertung der formalen Anforderungen erfolgt im Kapitel 6 dieser Arbeit. In einer Vertiefungsstudie zur Validierung des entwickelten Modells werden hier die Anforderungen durch Fachleute der montageplanerischen Praxis bewertet. Zudem wird der methodische Ansatz zur Modellentwicklung vor diesem Hintergrund kritisch bewertet.

Im Folgenden wird spezifiziert, nach welchen Bewertungskriterien die genannten Anforderungen abschließend bewertet werden. Zur Bewertung der inhaltlichen Relevanz wird überprüft, inwiefern die Erkenntnisse aus dem Modell der hybriden Montageplanung auf eine Lösung des identifizierten Praxisdefizits sowie des Erkenntnisdefizits der Theorie einzahlen. Die methodische Strenge dieser Arbeit wird am Einsatz etablierter, anspruchsvoller Forschungsmethoden und deren gezielter Adaption auf die einzelnen Teilmodelle bewertet. Die Bewertung der empirischen Richtigkeit des Modells basiert einerseits auf der Verwendung etablierter und validierter Modelle, Methoden und Ansätze sowie auf dem Einsatz von Empirie zur Erzeugung von Erkenntnissen. Die formale Richtigkeit wird anhand von Redundanzfreiheit sowie vollständig quantifizierbaren Lösungen und Entscheidungsregeln beurteilt. Die Produktivität des Modells bemisst sich an seinem Beitrag zur Erfüllung der Zielsetzung dieser Arbeit durch die Optimierung der Planungsziele durch die systematische Bestimmung planungsfallspezifisch dominanter Methoden. Abschließend wird überprüft, wie aufwändig und kompliziert sich die Anwendung des Modells in der Praxis gestaltet, um die Handhabbarkeit und den Aufwand zu evaluieren.

4.1.2 Inhaltliche Anforderungen

Neben den formalen Anforderungen muss das Modell der hybriden Montageplanung insbesondere auch inhaltliche Anforderungen erfüllen. Die inhaltlichen Anforderungen an die Komplexitätsbeherrschung umfassen theoretische und praktische Anforderungen, welche sich aus dem in Kapitel 2 hergeleiteten Praxisdefizit bezüglich der häufig insuffizienten Komplexitätsbeherrschung in der Montageplanung sowie aus der Analyse des Wissensstands im Theoriezusammenhang mit den problemrelevanten Theorien und Verfahren der Formalwissenschaften in Kapitel 3

[573] Vgl. ebd. S. 309f.

ableiten. Eine konsolidierte Übersicht der formalen und inhaltlichen Anforderungen an das Modell der hybriden Montageplanung gibt Abbildung 4-1.

Inhaltliche Anforderungen an die Komplexitätsbeherrschung

- **Spezifität** der Lösung durch Berücksichtigung der planungsfallspezifischen Komplexität bei der Auswahl und Konfiguration des Montageplanungsvorgehens
- **Objektivierung** der Komplexität durch deren Operationalisierung und Quantifizierung als Voraussetzung für eine spezifische Komplexitätsbeherrschung
- **Universalität** durch eine umfassende Beherrschung der quasistatisch-strukturellen sowie dynamisch-funktionalen Komplexität
- **Adaptivität** des Planungsvorgehens zur Reaktion auf dynamische Rahmenbedingungen und veränderliche Komplexität im Projektverlauf
- **Domänenbezug** durch die umfassende Berücksichtigung der Montageplanungsumfänge ohne inhaltliche Einschränkung

Abbildung 4-1: Konsolidierte Anforderungen an das Modell der hybriden Montageplanung

Bei der Entwicklung des Modells der hybriden Montageplanung müssen zur umfassenden Anforderungserfüllung die Probleme und Herausforderungen der montageplanerischen Praxis anhand der diskutierten Ansätze der problembezogenen Theorie adressiert werden.

4.2 Das Komplexitätsmaß als Schlüssel zur hybriden Montageplanung

In diesem Kapitel wird das Modell der hybriden Montageplanung auf Basis der im vorangegangenen Kapitel formulierten Anforderungen konzipiert. Zunächst wird das Lösungskonzept um das zentrale Komplexitätsmaß vorgestellt (Kapitel 4.2.1). Anschließend werden die vier Teilmodelle zur Entwicklung des Modells vorgestellt und zueinander in Bezug gesetzt (Kapitel 4.2.2).

4.2.1 Lösungskonzept des Modells der hybriden Montageplanung

Gemäß der dieser Arbeit zugrundeliegenden Forschungskonzeption wird durch das Modell der hybriden Montageplanung der Brückenschlag von den analysierten Ansätzen und problemrelevanten Theorien zum Anwendungszusammenhang vollzogen. Das Modell soll zur Anwendung der in dieser Arbeit generierten Erkenntnisse in der montageplanerischen Praxis befähigen. Durch die systematische Entwicklung der hybriden Montageplanung als Kombination dominanter Methoden wird so entsprechend der Zielsetzung dieser Arbeit ein Beitrag zur Beherrschung der planungsfallspezifischen Komplexität in der Montageplanung geleistet.

Die hypothesengeleitete Konzeption des Modells der hybriden Montageplanung dient der Erreichung der initial formulierten Zielsetzung dieser Arbeit sowie der Erfüllung des in Theorie und Praxis identifizierten Handlungsbedarfs durch die Beantwortung der zentralen Forschungsfrage. Das Kernziel ist die **Bestimmung der planungsfallspezifisch dominanten Methoden**. Deren gezielte Kombination in der hybriden Montageplanung befähigt eine umfassende Komplexitätsbeherrschung und so die Optimierung der Planungsergebnisse. Wie lassen sich also die dominanten Methoden zur planungsfallspezifischen Komplexitätsbeherrschung systematisch bestimmen?

Die dominante Methode ist per Definition diejenige mit dem höchsten Komplexitätspotenzial zur Beherrschung des planungsfallspezifischen Komplexitätsbedarfs der Montageplanung. Zur Bestimmung der planungsfallspezifisch dominanten Methoden muss also im Rahmen der Methodenauswahl der Abgleich von Komplexitätsbedarf und Komplexitätspotenzialen erfolgen.

Das fundamentale Lösungselement zur Durchführung des Abgleichs von Komplexitätsbedarf und Komplexitätspotenzialen und damit zur Beantwortung der zentralen Forschungsfrage ist das **Komplexitätsmaß der Montageplanung**.

Entsprechend liegt der Fokus bei der Konzeption des Modells der hybriden Montageplanung auf dem zu entwickelnden Komplexitätsmaß. Die Kernfunktion des Komplexitätsmaßes ist die Operationalisierung des multidimensionalen Konstrukts der Komplexität und die Bewertung des planungsfallspezifischen Komplexitätsbedarfs der Montageplanung. Durch das Komplexitätsmaß werden somit im Kern die in Kapitel 3.2.1 formulierten Anforderungen an die Operationalisierung der Komplexität adressiert. Daraus leiten sich die Charakteristika des Komplexitätsmaßes der Montageplanung ab, welche im Folgenden anhand der Anforderungen detailliert werden.

Zunächst soll das Komplexitätsmaß der Montageplanung durch **Objektivität** gekennzeichnet sein. Zur Vermeidung subjektiver Betrachtungsweisen soll das Komplexitätsmaß auf einer beobachterunabhängigen Beschreibung des Systems der Montageplanung basieren[574]. Die Grundlage dazu bildet die detaillierte Modellierung der Montageplanung innerhalb der projektneutralen Modullandkarte. Aufbauend auf dem Modell nach NÖCKER und MECKELNBORG werden die Module der Montageplanung dekomponiert und der Detailgrad des Modells durch die Definition von Planungsinkrementen gesteigert. Somit wird das komplexe soziotechnische System der Montageplanung in ein weitgehend beobachterunabhängiges System als Bewertungsobjekt überführt, welches objektiv beschreibbar ist[575]. Durch diese Modellierung der Montageplanung wird eine Konvention über die Bewertungssprache und die Granularität der Betrachtung getroffen, welche eine Grundvor-aussetzung für die objektive Komplexitätsbewertung darstellt[576]. Neben der Montageplanung als Bewertungsobjekt muss auch die Komplexität als Bewertungsgröße objektiviert werden. Dazu ist eine Quantifizierung unerlässlich[577]. Die Quantifizierung der Komplexität erfolgt in einem stetigen Wertebereich, um die Limitationen bestehender Ansätze mit diskreten Merkmalen hinsichtlich deren Genauigkeit und Vergleichbarkeit zu vermeiden.

Ein weiteres Merkmal des Komplexitätsmaßes der Montageplanung ist die **separate Operationalisierung** der quasistatisch-strukturellen und der dynamisch-funktionalen Komplexität. Da aufgrund der Mehrdimensionalität der Komplexität kein eindeutiges Komplexitätsmaß existieren

[574] Vgl. Gottschalk, S. F. (2006), Dedicated Flexibility, S. 61.
[575] Vgl. Flückiger, M. et al. (1995), Komplexität, S. 4.
[576] Vgl. Gell-Mann, M. (2002), The Quark and the Jaguar, S. 29, 34; Luczak, H. et al. (1997), Komplexitätsmanagement, S. 318.
[577] Vgl. Brinzer, B. et al. (2017), Komplexitätsbewertung, S. 343.

kann[578], werden die beiden Komplexitätsdimensionen gemäß dem Ansatz nach ADAM[579] separat als Ersatzgrößen für die Gesamtkomplexität der Montageplanung operationalisiert. Das Komplexitätsmaß der Montageplanung umfasst je ein partielles Komplexitätsmaß für die quasistatisch-strukturelle und die dynamisch-funktionale Komplexität. Die analysierten Ansätze zur Operationalisierung der Komplexität bilden die Grundlage für diese partiellen Komplexitätsmaße.[580]

Das partielle Maß der quasistatisch-strukturellen Komplexität K_{qs} umfasst die in Kapitel 3.2.1 identifizierten Faktoren dieser Komplexitätsdimension *Elemente-*, *Relationen-* und *Aufgabenkomplexität* sowie *Kritikalität*. Die quasistatisch-strukturelle Komplexität K_{qs} eines Projekts ergibt sich als Summe der quasistatisch-strukturellen Komplexitätswerte $K_{qs,i}$ seiner m Module ($K_{qs} = \sum_{i=1}^{m} K_{qs,i}$). Die quasistatisch-strukturellen Komplexitätswerte der einzelnen Module wiederum ergeben sich als Summe der normierten Relationen- und Elementekomplexität. Zur Berechnung der normierten Relationenkomplexität $\overline{K}_{R,i}$ wird der reale mit dem maximal möglichen Informationsgehalt der Knotengradverteilung ins Verhältnis gesetzt. Dazu werden die Anzahl und die topologische Anordnung der Planungsinkremente und Informationsflüsse bewertet. Analog erfolgt die Normierung der Elementekomplexität $\overline{K}_{E,i}$. Im Maß der Elementekomplexität eines Moduls sind die Aufgabenkomplexität sowie die Kritikalität seiner Planungsinkremente berücksichtigt. Die Kritikalität eines Planungsinkrements bemisst sich nach der Propagation der in ihm erzeugten Planungsinformationen. Angelehnt an das generelle Begriffsverständnis[581] beschreibt die Kritikalität im quasistatisch-strukturellen Komplexitätsmaß somit ein Risiko, welches mit der Anzahl derjenigen Planungsinkremente wächst, welche die im betrachteten Planungsinkrement erzeugten Informationen als Eingangsgröße verarbeiten. Insgesamt ist das partielle Maß der quasistatisch-strukturellen Komplexität K_{qs} ein lineares Maß, welches maßgeblich durch die Anzahl und Vernetzung der Planungsmodule und -inkremente eines Montageplanungsprojekts beeinflusst wird.

Das partielle Maß der dynamisch-funktionalen Komplexität K_{df} bestimmt sich nach der durch die Dynamik eines Projekts verursachten Unsicherheit der Planungsinformationen[582] (vgl. Kapitel 3.2.1). Analog zur quasistatisch-strukturellen Komplexität ergibt sich die dynamisch-funktionale Komplexität K_{df} eines Projekts aus der Summe der dynamisch-funktionalen Komplexitätswerte $K_{df,i}$ der m Module ($K_{df} = \sum_{i=1}^{m} K_{df,i}$). Die dynamisch-funktionale Komplexität eines Moduls $K_{df,i}$ berechnet sich über den Informationsgehalt als negative Summe über den Logarithmus Dualis der Wahrscheinlichkeiten für die Sicherheit der Eingangsinformationen des Moduls. Je höher die Wahrscheinlichkeit für die Sicherheit einer Planungsinformation ist, desto geringer ist der Wert der dynamisch-funktionalen Komplexität. Der Dynamik des Projekts wird durch die iterative Bestimmung des partiellen Komplexitätsmaßes im Projektverlauf Rechnung getragen. Die dynamisch-funktionale Komplexität wird folglich über ein logarithmisches Maß ausgedrückt.

578 Vgl. Bliss, C. (1998), Management von Komplexität, S. 123; Adam, D. et al. (1998), Die Komplexitätsfalle, S. 11.

579 Vgl. Adam, D. (1998), Produktions-Management, S. 32f.

580 Vgl. Fölling, C. et al. (2022), Mastering complexity, S. 161.

581 Vgl. Dudenredaktion (2015), Duden - Deutsches Universalwörterbuch, S. 1071.

582 Zur Sicherstellung der geforderten quantitativen Operationalisierung wird die Informationssicherheit, abweichend vom qualitativen Ansatz nach KRUNKE, dem Ansatz nach FISCHI ET AL. sowie dem Informationsaxiom nach SUH folgend bestimmt (vgl. Kapitel 5.2.3).

Für eine eindeutige, systematische Methodenauswahl muss das Komplexitätsmaß der Montageplanung über die partielle Betrachtung der Komplexitätsdimensionen hinausgehen. Um die Komplexität umfassend abzubilden, werden die partiellen Maße daher in einem **integrativen Komplexitätsmaß K** zusammengeführt. Das Komplexitätsmaß K bildet eine integrative Mess- und Bewertungsgröße der quasistatisch-strukturellen und der dynamisch-funktionalen Komplexität. Da kein kausaler Zusammenhang zwischen den beiden Dimensionen existiert, erfolgt die Aggregation der partiellen Maße in einem zweidimensionalen Maß. Dieses zweidimensionale Komplexitätsmaß wird im Sinne der Mengenlehre in geordneten Wertepaaren $K = (K_{qs}; K_{df})$ ausgedrückt. Auf diese Weise wird eine geordnete Verbindung der partiellen Komplexitätsmaße erzeugt.[583] Diese Form der Bestimmung und Aggregation der partiellen Komplexitätsmaße ist neuartig gegenüber den analysierten Ansätzen der Theorie. Sie stellt ein essenzielles Lösungselement zur systematischen Methodenauswahl in der hybriden Montageplanung dar.

Die grafische Darstellung des integrativen Komplexitätsmaßes erfolgt im zweidimensionalen Raum des **Komplexitätsdiagramms**. Das Komplexitätsdiagramm wird durch ein Koordinatensystem mit einer linearen Achse für das partielle Maß der quasistatisch-strukturellen Komplexität K_{qs} auf der Ordinate und einer logarithmischen Achse für das partielle Maß der dynamisch-funktionalen Komplexität K_{df} auf der Abszisse aufgespannt (Abbildung 4-2). Die Wahl dieser Achsen erlaubt die grafische Repräsentation der Komplexität in einer übersichtlichen Skalierung.

Die Lage der geordneten Wertepaare im Komplexitätsdiagramm folgt einer klaren, den partiellen Komplexitätsmaßen immanenten Logik. Der Wert der quasistatisch-strukturellen Komplexität eines Moduls $K_{qs,i}$ bleibt über die Projektlaufzeit näherungsweise konstant. Der Wert der dynamisch-funktionalen Komplexität K_{df} hingegen nimmt mit sinkender Unsicherheit bzw. zunehmender Wahrscheinlichkeit für die Sicherheit von Planungsinformationen ab. Bei steigender Planungssicherheit bewegt sich das geordnete Wertepaar K_i der Komplexität eines Planungsmoduls im Projektverlauf folglich horizontal von rechts nach links durch das Komplexitätsdiagramm.

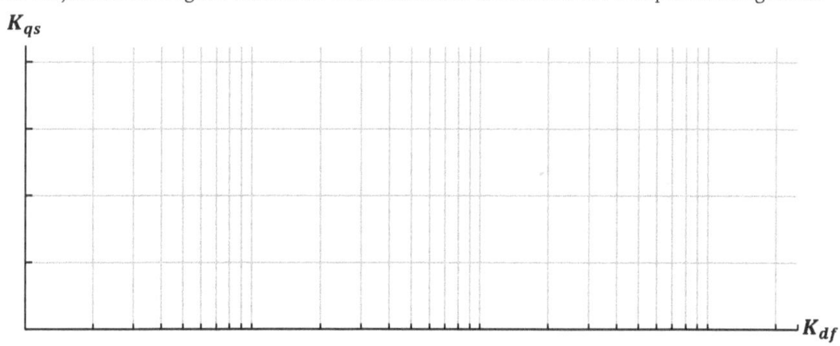

Abbildung 4-2: Konzept des zweidimensionalen Komplexitätsdiagramms

583 Vgl. Hausdorff, F. (1978), Grundzüge der Mengenlehre, S. 32f.

Neben der Darstellung der Komplexität von Projekten bzw. Modulen als geordnete Wertepaare im Komplexitätsdiagramm werden Grenzwerte bezüglich beider Komplexitätsdimensionen benötigt, um eine systematische Methodenauswahl durchführen zu können. Die Wertepaare als Repräsentation des Komplexitätsbedarfs der Montageplanung müssen mit den Komplexitätspotenzialen plangetriebener und agiler Methoden ins Verhältnis gesetzt werden.

Die Repräsentation der hinsichtlich ihres Komplexitätspotenzials dominanten Methoden innerhalb des Komplexitätsdiagramms erfolgt durch **Dominanzbereiche**, welche durch eine Bereichsgrenze getrennt werden. Analog zu den *Homegrounds* nach BOEHM UND TURNER[584] legen diese Dominanzbereiche die Dominanz und damit den Einsatz plangetriebener oder agiler Methoden für den betrachteten Planungsfall nahe. Durch das Eintragen des Komplexitätsbedarfs eines Planungsmoduls als geordnetes Wertepaar kann auf Basis dessen relativer Lage zu den Dominanzbereichen die planungsfallspezifisch dominante Methode bestimmt werden. Die Methodenauswahl im Modell der hybriden Montageplanung basiert somit analog zum Ansatz von DIELS[585] auf einer grafischen Entscheidung in Anlehnung an die Funktionalität physikalischer Phasendiagramme[586].

Maßgebend für die Methodenauswahl und die systematische Bestimmung der dominanten Methoden ist folglich neben der exakten Operationalisierung des planungsfallspezifischen Komplexitätsbedarfs über das integrativen Komplexitätsmaß K die Lage der Dominanzbereiche im Komplexitätsdiagramm. Die Lage der Dominanzbereiche wird durch die Dominanz einer Methode bezüglich des jeweiligen Komplexitätsbedarfs definiert. Entsprechend der in Kapitel 3.3.4 aufgestellten Hypothesen weisen plangetriebene Methoden ein größeres Komplexitätspotenzial zur Beherrschung der quasistatisch-strukturellen Komplexität auf, während das Komplexitätspotenzial zur Beherrschung der dynamisch-funktionalen Komplexität bei agilen Methoden überwiegt. Dieses hypothetisch hergeleitete Dominanzverhältnis wird in Kapitel 5.3.2 im Rahmen einer empirischen, methodisch auf dem Analytic Hierarchy Process (AHP) nach SAATY[587] basierenden Studie deduziert. Die Dominanz plangetriebener Methoden nimmt folglich mit steigender quasistatisch-struktureller Komplexität und die Dominanz agiler Methoden mit steigender dynamisch-funktionaler Komplexität zu. Die Bereichsgrenze zwischen den Dominanzbereichen im Komplexitätsdiagramm verläuft also mit positiver Steigung.

Um eine exakte Entscheidung über die planungsfallspezifisch dominante Methode treffen zu können, müssen die Lage der Dominanzbereiche sowie die Bereichsgrenze präzise bestimmt werden. In Anlehnung an die Indifferenzkurven der Entscheidungstheorie[588] beschreibt die Bereichsgrenze diejenigen Komplexitätswerte, für die weder plangetriebene noch agile Methoden dominant sind. Die Steigung der Bereichsgrenze ergibt sich aus der logarithmischen Regressionslinie zu den geordneten Wertepaaren des integrativen Komplexitätsmaßes der Planungsmodule. Aufgrund der Konstanz der quasistatisch-strukturellen Komplexität wird die Lage der Bereichsgrenze durch die Informationssicherheit als zentralen Faktor der dynamisch-funktionalen Komplexität

[584] Vgl. Boehm, B. W. et al. (2003), Observations, S. 33; Boehm, B. W. et al. (2003), Rebalancing, S. 2.

[585] Vgl. Diels, F. (2018), Indikatoren, S. 176.

[586] Vgl. Paufler, P. (1981), Phasendiagramme, S. 37ff.

[587] Vgl. Saaty, T. L. (1990), The Analytic Hierarchy Process, S. 9ff.; Saaty, T. L. (2004), The Analytic Hierarchy and Network Processes, S. 1ff.; Saaty, T. L. (2008), Decision making, S. 83ff.

[588] Vgl. Laux, H. et al. (2014), Entscheidungstheorie, S. 63f.

determiniert. Die Bereichsgrenze wird also durch den Wert der durchschnittlichen Informationssicherheit bestimmt, für welchen Indifferenz zwischen beiden Komplexitätsdimensionen und dem Einsatz plangetriebener und agiler Methoden herrscht. Unter Berücksichtigung der mit 61% priorisiert zu beherrschenden dynamisch-funktionalen Komplexität beträgt dieser kritische Wert der Planungsinformationssicherheit in einem Montageplanungsprojekt $p = 80\%$. Daraus ergibt sich die mathematische Beschreibung der Bereichsgrenze durch die logarithmische Gleichung $K_{qs} = 0{,}3108 \cdot \ln(K_{df}) + 0{,}097$. Damit sind die gesuchten Dominanzbereiche als grafische Repräsentation der Komplexitätspotenziale festgelegt. Die Herleitung der Lage und Steigung der Bereichsgrenze erfolgt detailliert im Rahmen der Modellentwicklung in Kapitel 5.4.1.

Die Dominanzbereiche und die Bereichsgrenze im Komplexitätsdiagramm sind in Abbildung 4-3 dargestellt. Die grundsätzliche Aussage des Komplexitätsdiagramms ist die Dominanz plangetriebener Methoden für Komplexitätswerte links bzw. oberhalb der Bereichsgrenze sowie die Dominanz agiler Methoden für Komplexitätswerte rechts bzw. unterhalb der Bereichsgrenze. Entscheidungsregeln zur Quantifizierung dieses Sachverhalts werden in Kapitel 5.4.2 entwickelt.

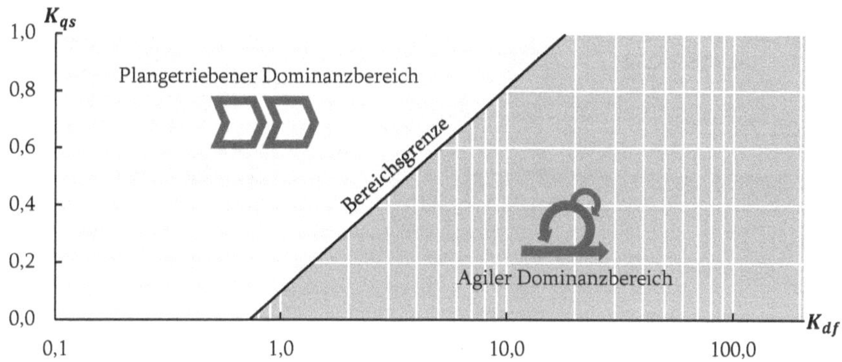

Abbildung 4-3: Systematische Methodenauswahl im Komplexitätsdiagramm

Ein essenzielles Charakteristikum des Komplexitätsmaßes der Montageplanung ist sein **Domänenbezug**. Der Bezug zur Domäne der Montageplanung wird sowohl durch die Bewertungsgrößen des Komplexitätsmaßes als auch durch dessen Anwendbarkeit auf die Montageplanung hergestellt. Alle Bestandteile der partiellen Maße der quasistatisch-strukturellen und dynamisch-funktionalen Komplexität basieren auf dem Modell der Montageplanung im Rahmenwerk der projektneutralen Modullandkarte. Das Komplexitätsmaß fokussiert also ausschließlich Elemente des Systems der Montageplanung, wie die Anzahl der Planungsmodule, die Anzahl und Beschaffenheit der Planungsinkremente sowie die Sicherheit und Vernetzung der Informationsflüsse. Durch die Adaption domänenfremder Ansätze zur Operationalisierung der Komplexität auf das System der Montageplanung wird ein ausgeprägter Domänenbezug gewährleistet. Der Domänenbezug wird weiterhin durch die umfassende Anwendbarkeit des Komplexitätsmaßes auf die verschiedenen Ebenen im Objektbereich der Montageplanung sichergestellt. Hierbei sind alle Planungsmodule in die Betrachtung eingeschlossen, sodass alle im Sinne der projektneutralen Modullandkarte möglichen Projektkonfigurationen abgebildet werden können. Zur Sicherstellung der Spezifität der hybriden Montageplanung erfolgen die Methodenauswahl und die Bewertung des planungsfallspezifischen Komplexitätsbedarfs auf Ebene der Planungsmodule. Das Komplexitätsmaß kann sowohl auf einzelne Planungsmodule als auch auf das Gesamtprojekt angewandt werden, wodurch sich Potenziale, wie die objektive Vergleichbarkeit verschiedener Montageplanungsprojekte ergeben, die über den Fokus dieser Arbeit hinausgehen.

Zuletzt wird die **Praxistauglichkeit** des konzipierten Komplexitätsmaßes der Montageplanung über dessen Struktur sichergestellt. Dazu trägt zunächst die Strukturiertheit seiner Anwendung bei. Die Struktur ergibt sich aus der initialen Projektkonfiguration durch die Bestimmung der relevanten Planungsmodule und -inkremente im Sinne des Aachener Fabrikplanungsvorgehens. So wird das Bewertungsobjekt direkt zu Beginn der Planung definiert. Weiterhin wird eine aufwandsarme Durchführung der Operationalisierung und Messung des Komplexitätsbedarfs der Montageplanung gewährleistet. Einen Beitrag dazu leistet zunächst die separate Berechnung der partiellen Komplexitätswerte, wodurch eine aufwändige Berücksichtigung der Korrelation zwischen beiden Komplexitätsdimensionen umgangen wird. Zudem basiert die Operationalisierung der einzelnen Komplexitätsfaktoren auf unkomplizierten Berechnungsvorschriften, welche einzeln berechnet und dann aggregiert werden. Insbesondere der näherungsweise statische Charakter der quasistatisch-strukturellen Komplexitätsdimension erlaubt eine erhebliche Reduktion des Berechnungsaufwands. Aufgrund der Konstanz des partiellen Maßes der quasistatisch-strukturellen Komplexität können die spezifischen Werte der Planungsmodule a-priori bestimmt werden, wodurch sich die Berechnung erheblich vereinfacht. Die Bestimmung der charakteristischen Werte des partiellen Maßes der quasistatisch-strukturellen Komplexität erfolgt im Rahmen der detaillierten Entwicklung des Komplexitätsmaßes der Montageplanung in dieser Arbeit und kann für weitere Berechnungen direkt und ohne weiteren Aufwand verwendet werden.

Limitationen bezüglich der Anwendbarkeit und Praxistauglichkeit des Komplexitätsmaßes ergeben sich aus dem Aufwand für die notwendige Bewertung der Wahrscheinlichkeiten für die Sicherheit der relevanten Planungsinformationen im Rahmen des partiellen Maßes der dynamisch-funktionalen Komplexität. Eine individuelle Bewertung dieser Messgröße durch Fachleute im jeweiligen Projekt ist jedoch aufgrund der zahlreichen projektinternen sowie -externen Einflussfaktoren auf die Informationssicherheit erforderlich. Die Höhe des Aufwands ist abhängig von der Anzahl der Planungsinformationen, welche mit der Größe des Projekts und der Anzahl der zu bearbeitenden Planungsmodule steigt. Zusätzlich erhöht sich der Aufwand für die Anwendung des Komplexitätsmaßes der Montageplanung durch die Notwendigkeit der iterativen Bewertung im Projektverlauf aufgrund der dynamischen Veränderlichkeit der Sicherheit von Planungsinformationen. Eine iterative Bewertung des Komplexitätsbedarfs sowie die iterative Durchführung der davon abhängigen Methodenauswahl im Rahmen der hybriden Montageplanung ist unerlässlich für die Sicherstellung der geforderten Adaptivität der Lösung. Insgesamt wird durch die Gestaltung des Komplexitätsmaßes sichergestellt, dass der Aufwand für die Anwendung auch für umfangreiche Montageplanungsprojekte beherrschbar bleibt. Die aufwandsarme Anwendung wird in der abschließenden Validierung abgesichert.

Aus dem vorgestellten Konzept wird deutlich, dass das integrative Komplexitätsmaß K der Montageplanung den zentralen Erkenntnisgewinn dieser Arbeit darstellt. In seiner Rolle als Kernelement zur Bestimmung der planungsfallspezifisch dominanten Methode bildet es den Schlüssel zur hybriden Montageplanung. Zur Bestimmung der planungsfallspezifisch dominanten Methode ist weiterhin das Wissen über die Komplexitätspotenziale plangetriebener und agiler Methoden erforderlich, da die Bewertung auf dem Abgleich von Komplexitätsbedarf und Komplexitätspotenzial im Rahmen des Komplexitätsdiagramms beruht. Die im Rahmen der Entwicklung des Modells der hybriden Montageplanung herzuleitenden Komplexitätspotenziale plangetriebener und agiler Methoden stellen folglich den zweiten zentralen Erkenntnisgewinn dieser Arbeit dar.

Auf Basis der beiden erwarteten Kernerkenntnisse dieser Arbeit kann die zentrale Forschungsfrage an dieser Stelle bereits hypothesengeleitet beantwortet werden:

Die dominanten Methoden zur Beherrschung der planungsfallspezifischen Komplexität der Montageplanung lassen sich systematisch anhand der Lage des durch geordnete Wertepaare $K = (K_{qs}; K_{df})$ ausgedrückten Komplexitätsbedarfs der Planungsmodule relativ zum plangetriebenen bzw. agilen Dominanzbereich im Komplexitätsdiagramm bestimmen.

4.2.2 Teilmodelle zur Entwicklung des Modells der hybriden Montageplanung

Zur gesicherten Beantwortung der Forschungsfrage wird im weiteren Verlauf der Arbeit das Modell der hybriden Montageplanung basierend auf dem vorgestellten Lösungskonzept entwickelt. Dabei werden die im Rahmen der Konzeption der hybriden Montageplanung dargestellten Lösungselemente wie insbesondere der Komplexitätsbedarf der Montageplanung sowie der plangetriebene und der agile Dominanzbereich detailliert hergeleitet und ausgearbeitet.

Nachdem das Lösungskonzept dieser Arbeit in den Ausführungen des Kapitels 4.2.1 dargelegt wurde, werden im Folgenden die notwendigen Teilmodelle als Lösungselemente zur Erreichung des gezeichneten Zielbildes erläutert. Aus diesen Teilmodellen ergibt sich die Struktur dieser Arbeit zur Entwicklung des Modells der hybriden Montageplanung in Kapitel 5.

Die Lösung dieser Arbeit umfasst vier Teilmodelle, um die identifizierten Handlungsbedarfe durch die Beantwortung der abgeleiteten Forschungsfragen zielgerichtet zu erfüllen. In Abbildung 4-4 ist zusammenfassend dargestellt, wie sich die vier Teilmodelle aus den vier untergeordneten Forschungsfragen ergeben, welche wiederum aus den vier identifizierten Handlungsbedarfen abgeleitet werden. Die Funktion der Teilmodelle ist die Erfüllung des Handlungsbedarfs durch die Beantwortung der zugehörigen Forschungsfrage. Anhand der funktionalen Klassifizierung verschiedener Modelltypen nach PATZAK lassen sich im Lösungskonzept dieser Arbeit deskriptive Modelle mit Beschreibungsfunktion, explikative Modelle mit Erklärungsfunktion und präskriptiv-normative Modelle mit Entscheidungsfunktion differenzieren[589].

[589] Vgl. Patzak, G. (1982), Systemtechnik, S. 313ff.

Handlungsbedarf	Forschungsfrage	Teilmodell
1) Detaillierung und Erweiterung des Modells der Montageplanung im Rahmenwerk der projektneutralen Modullandkarte	1) Wie muss das System der Montageplanung modelliert werden, um den Komplexitätsbedarf einzelner Planungsfälle bestimmen zu können?	1) Deskriptives Modell zur detaillierten **Beschreibung des Systems der Montageplanung**
2) Objektivierung und Quantifizierung des planungsfallspezifischen Komplexitätsbedarfs der Montageplanung	2) Wie lässt sich der planungsfallspezifische Komplexitätsbedarf der Montageplanung objektivieren und quantifizieren?	2) Explikatives Modell zur **Bewertung des planungsfallspezifischen Komplexitätsbedarfs der Montageplanung**
3) Identifikation und Bewertung der spezifischen Komplexitätspotenziale plangetriebener und agiler Methoden	3) Welche Potenziale besitzen plangetriebene und agile Methoden zur Beherrschung der planungsfallspezifischen Komplexität?	3) Explikatives Modell zur **Bewertung der Komplexitätspotenziale plangetriebener und agiler Methoden**
4) Bestimmung und Kombination der dominanten Methoden in einem hybriden Montageplanungs-vorgehen	4) Wie können die dominanten Methoden zur Kombination in einem hybriden Montageplanungsvorgehen bestimmt werden?	4) Präskriptiv-normatives Modell zur systematischen **Bestimmung dominanter Methoden in der hybriden Montageplanung**

Abbildung 4-4: Zusammenhang von Handlungsbedarf, Forschungsfragen und Teilmodellen

Es wird deutlich, dass der zentrale Erkenntnisgewinn dieser Arbeit in den explikativen Modellen erzielt wird. Das integrative Komplexitätsmaß der Montageplanung K wird im explikativen Modell zur Bewertung des planungsfallspezifischen Komplexitätsbedarfs der Montageplanung entwickelt und die Komplexitätspotenziale der Methoden werden im explikativen Modell zur Bewertung der Komplexitätspotenziale plangetriebener und agiler Methoden bestimmt. Diese Modelle bilden die Schlüsselstellen in der Entwicklung des Modells der hybriden Montageplanung.

Abbildung 4-5 gibt einen Überblick über die Zusammenhänge zwischen den vier Teilmodellen dieser Arbeit. Die Erarbeitung der Teilmodelle erfolgt in der chronologischen Reihenfolge, in der die Handlungsbedarfe aus den Erkenntnissen aus Praxis und Theorie abgeleitet wurden. Zunächst wird das System der Montageplanung in einem deskriptiven Modell detailliert. Auf dieser Basis wird der Komplexitätsbedarf der Montageplanung in einem explikativen Modell anhand des Komplexitätsmaßes der Montageplanung bewertet. In einem weiteren explikativen Modell werden die spezifischen Komplexitätspotenziale plangetriebener und agiler Methoden bestimmt. Die

Ergebnisse der beiden zentralen, explikativen Modelle bilden die Eingangsgrößen für das präskriptiv-normative Modell zur Bestimmung der dominanten Planungsmethoden.

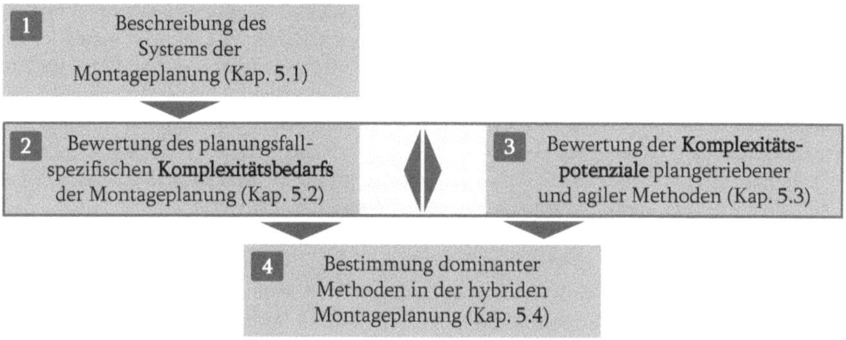

Abbildung 4-5: Konzept und Teilmodelle zur Entwicklung des Modells der hybriden Montageplanung

Initial wird im **deskriptiven Modell zur detaillierten Beschreibung des Systems der Montageplanung** die Grundlage für die anschließende Bewertung des planungsfallspezifischen Komplexitätsbedarfs der Montageplanung geschaffen (Kapitel 5.1). Dazu wird der Detailgrad der Modellierung auf Basis der projektneutralen Modullandkarte erhöht. Die bis dato als Black-Boxes modellierten Planungsmodule der Produktionssystemplanung werden dekomponiert und um untergeordnete Planungsinkremente erweitert. Die Planungsinkremente werden zudem mit den Informationsflüssen der projektneutralen Modullandkarte verknüpft. So können einzelne Planungsfälle detailliert beschrieben und bewertet werden. Die Dekomposition der Montageplanungsmodule ist eine Voraussetzung für die Operationalisierung der Aufgabenkomplexität im Rahmen des Komplexitätsmaßes der Montageplanung. Das Ergebnis des deskriptiven Teilmodells ist die detaillierte Erweiterung des Modells der Montageplanung, durch welche die Informationsbedarfe zur Bestimmung des planungsfallspezifischen Komplexitätsbedarfs der Montageplanung im Rahmen des Komplexitätsmaßes gedeckt werden.

Das integrative Komplexitätsmaß der Montageplanung wird anschließend im **explikativen Modell zur Bewertung des planungsfallspezifischen Komplexitätsbedarfs der Montageplanung** entwickelt (Kapitel 5.2). Basierend auf der Erkenntnis über die Komplexität der Montageplanung als zentrales Kriterium zur Bestimmung der dominanten Planungsmethode wird das zu Beginn dieses Kapitels konzipierte Komplexitätsmaß zur integrativen Operationalisierung und Quantifizierung der quasistatisch-strukturellen und dynamisch-funktionalen Komplexität entwickelt. Dabei liegt der Schwerpunkt auf der Herleitung und Adaption geeigneter Ansätze zur Operationalisierung der Komplexitätsfaktoren. Die einzelnen Elemente werden anschließend in einem partiellen Komplexitätsmaß je Komplexitätsdimension zusammengeführt. Das integrative Komplexitätsmaß der Montageplanung ermöglicht die Messung und Bewertung des planungsfallspezifischen Komplexitätsbedarfs. So wird die systematische Methodenauswahl im Rahmen der hybriden Montageplanung auf Basis des spezifischen Komplexitätsbedarfs der Montageplanung befähigt.

Die systematische Methodenauswahl basiert auf dem Abgleich von Komplexitätsbedarf und Komplexitätspotenzialen. Die dazu benötigte Erkenntnis zu den Komplexitätspotenzialen wird im **explikativen Modell zur Bewertung der Komplexitätspotenziale plangetriebener und agiler Methoden** generiert (Kapitel 5.3). Die Komplexitätspotenziale plangetriebener und agiler Methoden sowie von Hybridformen aus beiden Methoden wurden in den Kapiteln 3.3.4 und 3.4.4 hypothetisch formuliert. Im dritten Teilmodell werden die korrelationalen Beziehungen zwischen den konstituierenden Methodeneigenschaften und den beiden Komplexitätsdimensionen empirisch untersucht, um die aufgestellten Hypothesen im Sinne der angewandten Wissenschaften zu detaillieren und weiterzuentwickeln. Die empirische Ermittlung der Komplexitätspotenziale agiler und plangetriebener Methoden stützt sich methodisch auf den AHP nach SAATY[590]. Zur Sicherstellung der praktischen Relevanz der Ergebnisse im Anwendungszusammenhang wird der AHP im Rahmen einer empirischen Studie mit Teilnehmenden aus der Montageplanung der industriellen Praxis durchgeführt. Die Ergebnisse der Studie liefern Erkenntnisse über die Komplexitätspotenziale agiler und plangetriebener Methoden bezüglich der Komplexitätsdimensionen.

Auf Basis der beiden explikativen Modelle kann die planungsfallspezifisch dominante Methode systematisch über den Abgleich von Komplexitätsbedarf und Komplexitätspotenzialen bestimmt werden. Die Definition der dazu notwendigen Entscheidungssystematik ist Kernbestandteil des **präskriptiv-normativen Modells zur systematischen Bestimmung dominanter Methoden in der hybriden Montageplanung** (Kapitel 5.4). Die Bestimmung der dominanten Planungsmethode orientiert sich am Gesetz der erforderlichen Varietät nach ASHBY[591] und dem Satz der erforderlichen Selektion nach LUHMANN[592]. Das Komplexitätspotenzial der dominanten Methode muss dazu den durch das integrative Komplexitätsmaß quantifizierten planungsfallspezifischen Komplexitätsbedarf in beiden Komplexitätsdimensionen bestmöglich erfüllen. Basierend auf dem Komplexitätsdiagramm werden dazu konkrete Entscheidungsregeln und organisatorische Prozesse zur Durchführung und Adaption der Methodenauswahl im Projektverlauf definiert. Durch die gezielte Kombination planungsfallspezifisch dominanter Planungsmethoden entsteht schließlich ein hybrides Montageplanungsvorgehen, durch welches eine optimierte Komplexitätsbeherrschung und damit verbesserte Planungsergebnisse ermöglicht werden.

Die dargestellten Teilmodelle des Lösungskonzepts dieser Arbeit werden im folgenden Kapitel 5 detailliert ausgearbeitet und hergeleitet.

---

590 Vgl. Saaty, T. L. (1990), The Analytic Hierarchy Process, S. 9ff.; Saaty, T. L. (2004), The Analytic Hierarchy and Network Processes, S. 1ff.; Saaty, T. L. (2008), Decision making, S. 83ff.

591 Vgl. Ashby, W. R. (1957), Introduction to Cybernetics, S. 207.

592 Vgl. Luhmann, N. (2001), Soziale Systeme, S. 47ff.

5 Entwicklung des Modells der hybriden Montageplanung

Das Modell der hybriden Montageplanung wurde im vorigen Kapitel geleitet durch Hypothesen und Erkenntnisse aus der Praxis sowie aus problemrelevanten Theorien und Verfahren der Wissenschaften konzipiert. Zur Sicherstellung der Validität und der praktischen Anwendbarkeit des vorgestellten Konzepts wird das Modell der hybriden Montageplanung in diesem Kapitel detailliert hergeleitet. Entsprechend der gewählten Forschungskonzeption werden dazu die einzelnen Teilmodelle des Lösungskonzepts dieser Arbeit ausgearbeitet. Dabei liegt der Fokus auf der Bewertung des Komplexitätsbedarfs der Montageplanung anhand des integrativen Komplexitätsmaßes sowie auf der Entwicklung von Vorschriften für die systematische Bestimmung dominanter Planungsmethoden in der hybriden Montageplanung. Die Entwicklung des Modells orientiert sich an der logischen Verknüpfung seiner Teilmodelle.

Zunächst wird die Bewertungsgrundlage für die Bestimmung des planungsfallspezifischen Komplexitätsbedarfs der Montageplanung geschaffen. Dazu erfolgt die detaillierte Beschreibung des Systems der Montageplanung in einem deskriptiven Modell (Kapitel 5.1). Darauf aufbauend wird anschließend das integrative Komplexitätsmaß der Montageplanung in einem explikativen Modell zur Bewertung des planungsfallspezifischen Komplexitätsbedarfs der Montageplanung entwickelt (Kapitel 5.2). Die Komplexitätspotenziale plangetriebener und agiler Methoden, welche neben dem Komplexitätsbedarf zur systematischen Methodenauswahl erforderlich sind, werden im explikativen Modell zur Bewertung der Komplexitätspotenziale hergeleitet (Kapitel 5.3). Im Anschluss erfolgt die Entwicklung des präskriptiv-normativen Modells zur systematischen Bestimmung dominanter Methoden in der hybriden Montageplanung, in welchem die zuvor generierten Erkenntnisse zusammenfließen (Kapitel 5.4). Abschließend wird das entwickelte Modell der hybriden Montageplanung kritisch reflektiert (Kapitel 5.5).

5.1 Erweiterung des Modells der Montageplanung

Das erste Teilmodell des Lösungskonzepts dieser Arbeit dient der Erweiterung des Modells der Montageplanung. Der Ausgangspunkt für die Erweiterung ist das Modell des Systems der Montageplanung als Subsystem des Rahmenwerks der projektneutralen Modullandkarte (vgl. Kapitel 2.1.2). Darauf aufbauend wird das Modell in diesem Kapitel auf einen Detailgrad gehoben, der die Grundlage für die objektive Bewertung des Komplexitätsbedarfs der Montageplanung bildet. Die im erweiterten Modell beschriebenen Merkmale des Systems der Montageplanung ermöglichen die detaillierte Beschreibung und Bewertung einzelner Planungsfälle. Dabei liegt der Betrachtungsfokus auf der Bestimmung des planungsfallspezifischen Komplexitätsbedarfs der Montageplanung durch das integrative Komplexitätsmaß.

Bei diesem ersten Teilmodell zur Beschreibung des Systems der Montageplanung handelt es sich um ein deskriptives Modell. Die Funktion dieses Modelltyps ist die Beschreibung des Zustands eines Systems, wobei keine Aussagen zur Gültigkeit oder Entstehung dieses Zustands getroffen werden[593]. Das deskriptive Modell dient der modellhaften Abbildung des Systems der Montageplanung als reales Problemfeld. In dieser Funktion schafft es die Grundlage zur Lösung des Problems durch die Generierung neuer Erkenntnisse und deren induktive Übertragung und Anwendung auf das reale Problem. Konkret dient das Teilmodell der Beantwortung der ersten Unterforschungsfrage aus Kapitel 3.5. Im Folgenden wird zunächst das Vorgehen zur Modellerweiterung erläutert (Kapitel 5.1.1), bevor das erweiterte Modell der Montageplanung als Bewertungsgrundlage für das integrative Komplexitätsmaß vorgestellt wird (Kapitel 5.1.2).

5.1.1 Modellerweiterung durch die Dekomposition der Planungsmodule

In diesem Kapitel wird das Vorgehen zur Erweiterung des Modells der Montageplanung erläutert. Hier muss sichergestellt werden, dass ein Detailgrad erzeugt wird, der die umfassende Bewertung des Komplexitätsbedarfs der Montageplanung auf Basis des erweiterten Modells ermöglicht.

Das gewählte Vorgehen basiert auf den vier Schritten der Modellentwicklung nach PATZAK[594]. Im ersten Schritt wird der abzubildende Sachverhalt definiert. Im Kontext dieser Arbeit gilt es, das System der Montageplanung zu modellieren. Als Grundlage dient das systemische Modell der Montageplanung im Rahmenwerk der projektneutralen Modullandkarte (vgl. Kapitel 2.1.2). Der Fokus der Modellierung liegt folglich auf den 14 Modulen der Produktionssystemplanung.

Im zweiten Schritt werden die Variablen und Parameter des Modells festgelegt. Essenziell ist an dieser Stelle die Definition des erforderlichen Detailgrads des Modells der Montageplanung. Einen Orientierungspunkt bei dieser Betrachtung liefern die Hauptmerkmale des Modellbegriffs nach STACHOWIAK. Gemäß dem Abbildungsmerkmal repräsentiert das Modell der Montageplanung die realen Planungsprozesse, -informationen, -inhalte und -vorgehen durch seine Attribute. Nach dem Verkürzungsmerkmal werden dabei nur Teile der Realität durch Attribute abgebildet. Dem pragmatischen Merkmal entsprechend werden diejenigen Attribute der Realität repräsentiert, die zum gewünschten Erkenntnisgewinn beitragen.[595] Der erforderliche Umfang und der Detailgrad des Modells der Montageplanung sind also durch die Informationsbedarfe zur Bewertung des planungsfallspezifischen Komplexitätsbedarfs der Montageplanung als Grundlage für die Bestimmung der dominanten Planungsmethode bestimmt. Zur Festlegung der erforderlichen Modellparameter wird folglich zunächst der benötige Input für die Berechnung des integrativen Komplexitätsmaßes der Montageplanung, welches in Kapitel 4.2 konzipiert wurde, erfasst.

Zur Operationalisierung der quasistatisch-strukturellen Komplexität im partiellen Komplexitätsmaß K_{qs} werden die Elemente-, Relationen- und Aufgabenkomplexität sowie die Kritikalität bestimmt. Zur Bestimmung der Elementekomplexität muss neben der Anzahl der Module im Projekt auch die Anzahl der Planungsinkremente bekannt sein. Der zentrale Faktor der Relationenkomplexität ist der Informationsgehalt des Knotengrads eines Planungsinkrements. Zu dessen Berechnung muss die Anzahl der informatorischen Verknüpfungen jedes Planungsinkrements aus dem Modell bestimmbar sein. Die Bestimmung der Komplexität einzelner Planungsinkremente

[593] Vgl. Patzak, G. (1982), Systemtechnik, S. 313.
[594] Vgl. ebd. S. 309.
[595] Vgl. Stachowiak, H. (1973), Allgemeine Modelltheorie, S. 131ff.

basiert einerseits auf der Kritikalität eines Planungsinkrements, welche an der Anzahl der erzeugten Planungsinformationen bemessen wird und andererseits auf dem kognitiven Aufwand für die Durchführung der jeweiligen Planungsaufgabe. Die Bewertung des Aufwands erfolgt anhand der semantischen Formulierung des Inhalts und Umfangs des Planungsinkrements.

Zur Quantifizierung des partiellen Maßes der dynamisch-funktionalen Komplexität K_{df} muss aus dem Modell des Systems der Montageplanung lediglich die Anzahl der Eingangsinformationen eines Planungsmoduls extrahiert werden können. In dieser Komplexitätsdimension liegt der Bewertungsschwerpunkt definitionsgemäß nicht auf der Systemstruktur, welche durch das statische Modell der Montageplanung abgebildet wird, sondern vielmehr auf der sich dynamisch entwickelnden Sicherheit der im Modell enthaltenen Planungsinformationen. Diese werden über die Wahrscheinlichkeiten für die Sicherheit einer Eingangsinformation gemessen.

Insgesamt muss das Modell der Montageplanung also folgenden Informationsgehalt enthalten:

- Anzahl der Planungsmodule m
- Anzahl der eingehenden Informationsflüsse je Planungsmodul $z_{ein,i}$
- Anzahl der Planungsinkremente n_i eines Planungsmoduls i
- Anzahl der eingehenden Planungsinformationen $z_{ein,j}$ des Planungsinkrements j
- Anzahl der ausgehenden Planungsinformationen $z_{aus,j}$ des Planungsinkrements j
- Inhaltliche Beschreibung des Inhalts eines Planungsinkrements j

Es wird deutlich, dass das System der Montageplanung in einem Detailgrad modelliert werden muss, welcher die Planungsinkremente innerhalb der 14 relevanten Planungsmodule enthält, um die Voraussetzungen für die Operationalisierung der Komplexität durch das integrative Komplexitätsmaß der Montageplanung zu schaffen. Diese Anforderungen an den benötigten Detailgrad verdeutlichen, dass die Granularität des bestehenden Modells der Montageplanung innerhalb der projektneutralen Modullandkarte für diesen Zweck zu grob ist. Die Planungsmodule sind hier in einer vereinfachten, funktionalen Sichtweise lediglich als Black-Boxes modelliert, welche über deren Ein- und Ausgangsinformationen charakterisiert sind (vgl. Kapitel 2.1.2)[596]. Nach der kybernetischen Black-Box-Theorie werden solche Systeme als Black-Boxes modelliert, deren Inneres zu komplex ist, als dass es beschrieben werden könnte[597]. Im Sinne der Kybernetik kann der Black-Box-Ansatz zur Komplexitätsbeherrschung dienen, wenn alle Verbindungen zwischen den Ein- und Ausgängen offen sind[598]. Diese Prämisse ist jedoch im System der Montageplanung nicht erfüllt. Analog zu den Informationsflüssen zwischen den Modulen sind auch die Informationsflüsse innerhalb der Module klar definiert. Entsprechend stellt die Modellierung der Planungsmodule als Black-Boxes eine für die Zielsetzung dieser Arbeit unzulässig starke Vereinfachung dar[599], welche durch eine Erhöhung des Detailgrads aufgehoben werden muss. In der Entwicklung

[596] Vgl. Fölling, C. et al. (2022), Mastering complexity, S. 161.

[597] Vgl. Luhmann, N. et al. (2004), Einführung in die Systemtheorie, S. 49; Ashby, W. R. (1957), Introduction to Cybernetics, S. 86ff.; Ulrich, H. et al. (1995), Anleitung, S. 58ff.

[598] Vgl. Westphal, J. R. (2001), Komplexitätsmanagement, S. 64f.

[599] Vgl. Krieg, W. (1971), Kybernetische Grundlagen der Unternehmungsgestaltung, S. 24.

der Modullandkarte wurden inhaltlich zusammengehörige Planungstätigkeiten in Modulen zusammengefasst[600], ohne dass diese Planungsinkremente jedoch explizit benannt wurden.

Zur Herstellung des benötigten Detailgrads gilt es folglich, die 14 Planungsmodule im System der Montageplanung zu dekomponieren. Im Rahmen der Dekomposition werden die Black-Boxes der Planungsmodule geöffnet und auf der untergeordneten Ebene um Planungsinkremente ergänzt, welche die Informationsflüsse der Modullandkarte verarbeiten und erzeugen. Dazu werden die relevanten Planungsinkremente zu den Planungsmodulen in der fabrik- und montageplanerischen Grundlagenliteratur identifiziert, miteinander in Beziehung gesetzt und in der Modullandkarte dokumentiert. Diese Untergliederung in Planungsinkremente als kleinste, klar voneinander abgegrenzte Einheiten eines Planungsprojekts ist eine wichtige Voraussetzung für die planungsfallspezifische Methodenauswahl[601]. Die Dekomposition von Projektinhalten stellt eine essenzielle Grundlage für die Entwicklung von Hybridformen dar[602]. Der Bedarf an einer Modellierung auf Ebene von Planungsinkrementen ergibt sich nicht zuletzt auch aus den Ergebnissen der im Rahmen dieser Arbeit durchgeführten empirischen Studie, die eine heterogene Komplexitätsverteilung zwischen einzelnen Planungsinkrementen belegen, welcher auf diese Weise Rechnung getragen wird (vgl. Kapitel 2.2.2). Um die planungsfallspezifisch dominanten Methoden fundiert bestimmen zu können, ist folglich die Dekomposition der Montageplanungsmodule in einzelne Planungsinkremente erforderlich, um die vor dem Hintergrund der heterogenen Komplexitätsverteilung innerhalb von Planungsmodulen nötige Differenzierung zu ermöglichen.

Im dritten Schritt nach PATZAK wird anschließend die Beschaffenheit der Relationen zwischen den Elementen des Modells bestimmt[603]. Die Relationen zwischen den Planungsmodulen und -inkrementen im Rahmenwerk der Modullandkarte sind durch informatorische Verknüpfungen beschrieben. Im bisherigen Stand der Modullandkarte des Aachener Fabrikplanungsvorgehens[604] werden die Planungsmodule durch Planungsinformationen verbunden, welche in Summe die Wirkbeziehungen zwischen den Modulen darstellen[605]. Im Rahmen dieses Teilmodells liegt der Fokus auf der informatorischen Verknüpfung der zu detaillierenden Planungsinkremente. Bisher sind die Informationsflüsse lediglich auf Ebene der Planungsmodule definiert, welche als Black-Boxes ausschließlich untereinander vernetzt sind. Da Module als Gruppierung konkreter Planungsaufgaben selbst weder Informationen aufnehmen und verarbeiten noch generieren können, ist eine Verknüpfung der Informationsflüsse mit den einzelnen Planungsinkrementen vonnöten, wodurch die Informationsflüsse der Modullandkarte ebenfalls auf einen höheren Detailgrad gehoben werden. Auch gilt es, die Planungsinkremente eines Planungsmoduls untereinander infor-

[600] Vgl. Kampker, A. et al. (2010), Flexibel und effizient Fabriken planen, S. 220; Kampker, A. et al. (2013), Factory Planning Scrum, S. 346; Nöcker, J. C. (2012), Zustandsbasierte Fabrikplanung, S. 132.

[601] Vgl. Burggräf, P. et al. (2019), Agile Montage, S. 623; Barlow, J. B. et al. (2011), Overview and Guidance, S. 32; Brehm, L. et al. (2017), Konfiguration, S. 35; Diels, F. (2018), Indikatoren, S. 99.

[602] Vgl. Fölling, C. et al. (2022), Mastering complexity, S. 161; Keith, M. et al. (2014), Service-Oriented Methodology, S. 229, 232; Schuh, G. et al. (2018), Agile Product Scopes, S. 3.

[603] Vgl. Patzak, G. (1982), Systemtechnik, S. 309.

[604] Vgl. Burggräf, P. et al. (2021), Fabrikplanung, S. 29ff.

[605] Vgl. Nöcker, J. C. (2012), Zustandsbasierte Fabrikplanung, S. 134.

matorisch zu verknüpfen. Die informatorische Vernetzung der Planungsinkremente mit Informationsflüssen ist eine zentrale Eingangsgröße für die Bestimmung der partiellen Maße der quasistatisch-strukturellen sowie der dynamisch-funktionalen Komplexität. Im folgenden Kapitel wird das erweiterte Modell der Montageplanung vorgestellt.

5.1.2 Das erweiterte Modell der Montageplanung

In diesem Kapitel wird das erweiterte Modell der Montageplanung vorgestellt, welches im weiteren Verlauf die Bewertungsgrundlage für die Komplexität der Montageplanung bildet. Das Modell der Montageplanung ist eine um informatorisch verknüpfte Planungsinkremente erweitere Modellierung des Bereichs der Produktionssystemplanung aus dem Rahmenwerk der projektneutralen Modullandkarte des Aachener Fabrikplanungsvorgehens.

Im Folgenden wird zunächst der generische Aufbau der erweiterten Montageplanungsmodule von außen nach innen erläutert (vgl. Abbildung 5-1). Zunächst sind außerhalb des Planungsmoduls alle relevanten Informationsflüsse eingetragen. Gemäß der IDEF0-Modellierung der Modullandkarte gehen externe Eingangsinformationen, welche nicht innerhalb des Rahmenwerks der projektneutralen Modullandkarte erzeugt werden, von oben in das Planungsmodul ein. Interne Eingangsinformationen, also innerhalb anderer Planungsmodule erzeugte Planungsinformationen, gehen von links in das Planungsmodul ein. So wird eine optische Differenzierung der Informationsherkunft erzielt. Auf der rechten Seite des Planungsmoduls werden die im jeweiligen Planungsmodul erzeugten Ausgangsinformationen dargestellt. Im Rahmen aktueller Forschungsarbeiten am Werkzeugmaschinenlabor WZL der RWTH Aachen wurden alle Informationsflüsse der Modullandkarte mit eindeutigen IDs gekennzeichnet. Externe Eingangsinformationen sind dabei mit dem Kürzel *EXT* und einer fortlaufenden Nummer gekennzeichnet. Die IDs aller internen Informationsflüsse (*INT* im Beispiel von Abbildung 5-1) setzen sich aus dem Kürzel des jeweiligen Herkunftsmoduls (*MOD* im Beispiel von Abbildung 5-1) und einer durchlaufenden Nummerierung zusammen (*MOD.1* im Beispiel von Abbildung 5-1). Der Ursprung einer Eingangsinformation lässt sich also anhand ihrer ID ablesen. Auf dieselbe Weise ist rechts von den Ausgangsinformationen das jeweilige Zielmodul angegeben. Die Modellierung der Informationsflüsse über ihre IDs birgt den Vorteil, dass auf eine bildliche Darstellung der Verknüpfung durch Pfeile verzichtet werden kann. Eine solche würde aufgrund der Vielzahl an Planungsinformationen im Rahmenwerk der Modullandkarte zu einer schlechten Lesbarkeit führen.[606]

Im Zentrum der Darstellung befindet sich das jeweilige Planungsmodul mit seinem dreistelligen Kürzel. Als wichtigste Neuerung im erweiterten Modell der Montageplanung werden innerhalb des Planungsmoduls die zugehörigen Planungsinkremente ergänzt. Die Bezeichnung der Planungsinkremente folgt einem durchgängigen semantischen Muster. Die im jeweiligen Planungsinkrement enthaltene Planungsaufgabe wird durch eine Kombination aus Objekt und Verb mit bedarfsweisen Ergänzungen beschrieben (z.B. *Arbeitsanweisungen erstellen*). Diese tätigkeitsorientierte Beschreibungsweise ist die Grundlage für die Bewertung der Aufgabenkomplexität in-

[606] Vgl. Fölling, C. et al. (2022), Mastering complexity, S. 161; Burggräf, P. et al. (2021), Die Modullandkarte, S. 868.

nerhalb des partiellen Maßes der quasistatisch-strukturellen Komplexität. Auch die Planungsinkremente sind über eindeutige IDs gekennzeichnet. Die IDs der Planungsinkremente bestehen aus dem Kürzel des jeweiligen Planungsmoduls und einem weiteren Buchstaben als Gliederungselement. Zur Ordnung der Planungsinkremente wird auf das Alphabet zurückgegriffen, um eine Abgrenzung zur numerischen Gliederung der Informationsflüsse zu schaffen. Auch die IDs der Planungsinkremente erfüllen einen weiteren Zweck bezüglich der optimierten Übersichtlichkeit und Lesbarkeit des erweiterten Modells der Montageplanung. Analog zur Darstellung der Informationsflüsse zwischen den Planungsmodulen, wird die Darstellung der informatorischen Verknüpfung der Planungsinkremente über deren IDs realisiert. Im Beispiel gehen die externe Eingangsinformation *EXT.01* in das Planungsinkrement *MOD.A* und die interne Eingangsinformation *INT.01* in das Planungsinkrement *MOD.B* ein. Die Ausgangsinformation *MOD.1* wird schließlich im Planungsinkrement *MOD.C* generiert. Diese Verbindung ist jeweils über den oder die Buchstaben auf der dem Planungsmodul zugewandten Seite der Planungsinformationen angegeben. Auf diese Weise kann auf eine unübersichtliche, bildliche Darstellung der Informationsflüsse innerhalb der Module verzichtet werden. Die Informationsflüsse zwischen den Planungsinkrementen eines Moduls sind als gerichtete Kanten modelliert. Dabei muss beachtet werden, dass diese Darstellung nicht impliziert, dass die Planungsinkremente linear in der Richtung des Informationsflusses durchlaufen werden müssen. Ein zyklisches bzw. iteratives Bearbeiten der Planungsinkremente ist zur Steigerung des informatorischen Reifegrads im Planungsverlauf explizit möglich.[607]

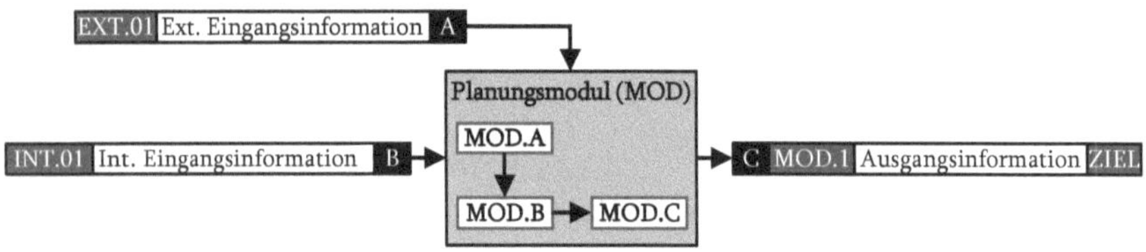

Abbildung 5-1: Generischer Aufbau eines erweiterten Planungsmoduls [608]

Nach der Darlegung der grundsätzlichen Modellierungsstruktur wird im Folgenden ein beispielhaftes Montageplanungsmodul samt seinen Planungsinkrementen und allen informatorischen Verknüpfungen im Detail dargestellt. Die Identifikation und Verknüpfung der Planungsinkremente im erweiterten Modell basiert auf der einschlägigen fabrik- und montageplanerischen Grundlagenliteratur sowie auf diversen Forschungsaktivitäten am WZL der RWTH Aachen.

Beispielhaft wird an dieser Stelle das für die Montageplanung essenzielle Planungsmodul *Kapazitätsplanung* (KAP) vorgestellt. Das Ziel der Kapazitätsplanung ist die Bestimmung des Kapazitätsbedarfs der Produktion sowie des Kapazitätsangebots von Betriebsmitteln und Personal. Durch

[607] Vgl. ebd. S. 867f.
[608] I. A. a. ebd. S. 867.

den Abgleich von Kapazitätsbedarf und -angebot können fehlende bzw. überschüssige Ressourcen identifiziert werden[609]. Die letzte Version dieses Planungsmoduls vor der hier vorgestellten Erweiterung der Modullandkarte wurde durch MECKELNBORG dokumentiert[610].

In Abbildung 5-2 ist das Planungsmodul zunächst in einer Makroperspektive ohne Planungsinkremente mit einem Fokus auf den relevanten Planungsinformationen abgebildet. Externe Eingangsinformationen betreffen verfügbare Technologiealternativen (EXT.10) und den Ist-Personalbedarf pro Prozesszeiteinheit (EXT.19). Die internen Eingangsinformationen entstammen den Modulen Produktanalyse (PRO), Produktionsprogrammanalyse (PRG), Prozessplanung (PZP) und Produktionsstrukturplanung (PSP). Die Eingangsinformationen der Kapazitätsplanung sind das Produktprogramm (PRO.04), Stückzahlszenarien (PRG.01), die Ressourcenlisten der Produktionsmittel (PZP.02) und des Personals (PZP.03), der Ist-Wertstrom (PZP.01) sowie die Produktionssegmente (PSP.01). Diese Eingangsinformationen werden innerhalb des Moduls verarbeitet und in die Ausgangsinformationen Kapazitätsbedarf pro Produktionssegment (KAP.01), Personalbedarf Produktion qualitativ (KAP.02) und quantitativ (KAP.03), Engpässe pro Segment (KAP.04), durchschnittliche Ressourcennutzung (KAP.05) und Soll-Kapazitäten je Segment (KAP.06) transferiert. Diese gehen als Eingangsinformationen in die Produktionsmittelplanung (PMP), Personal- und Organisationsplanung (POP), Produktionssteuerungsplanung (PST), IT-Planung (ITP), Layoutplanung (LAY), Arbeitsplatzgestaltung (APG) sowie Produktionslogistikplanung (PLP) ein.[611]

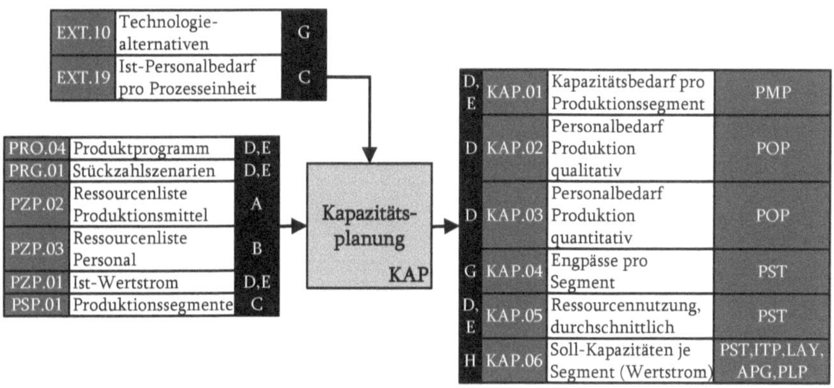

Abbildung 5-2: Planungsmodul Kapazitätsplanung (KAP) [612]

Anhand des Beispiels wird die starke Vernetzung der Planungsmodule untereinander deutlich. Im Modul *Kapazitätsplanung* werden insgesamt acht Eingangs- in sechs Ausgangsinformationen

[609] Vgl. Aggtely, B. (1990), Fabrikplanung, S. 465; Grundig, C.-G. (2009), Fabrikplanung, S. 89ff.; Nöcker, J. C. (2012), Zustandsbasierte Fabrikplanung, S. 150f.

[610] Vgl. Meckelnborg, A. (2015), Integrative Fabrikplanung, S. 233.

[611] Vgl. Burggräf, P. et al. (2021), Die Modullandkarte, S. 868.

[612] I. A. a. Fölling, C. et al. (2022), Mastering complexity, S. 162; Burggräf, P. et al. (2021), Die Modullandkarte, S. 868.

transferiert. Diese im bisherigen Stand der Modullandkarte des Aachener Fabrikplanungsvorgehens enthaltenen Aussagen sind hier der Vollständigkeit halber dargestellt.

Im Rahmen der Modellerweiterung durch die Dekomposition von Planungsmodulen können nun zusätzliche Aussagen auf einem höheren Detailgrad getroffen werden. Die Granularität des erweiterten Modells der Montageplanung beinhaltet die Teilaufgaben, die in der Montageplanung zu lösen sind, in Form von Planungsinkrementen sowie deren informatorische Vernetzung untereinander und mit den übrigen Planungsmodulen. Die im Rahmen der Modellerweiterung erzeugte Mikroperspektive des um Planungsinkremente erweiterten Planungsmoduls *Kapazitätsplanung (KAP)* ist in Abbildung 5-3 abgebildet und wird im Folgenden erläutert.

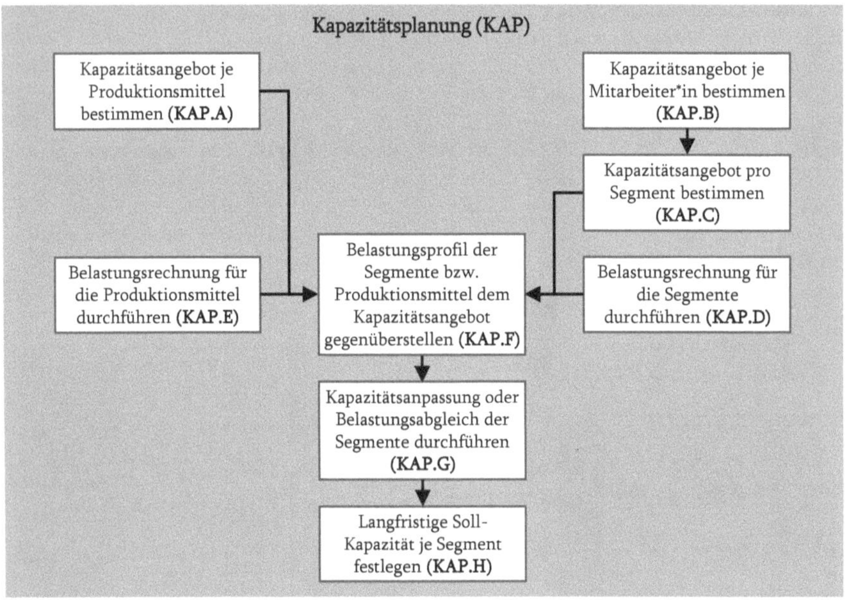

Abbildung 5-3: Planungsinkremente der Kapazitätsplanung (KAP) [613]

Im Rahmen der Kapazitätsplanung wird zunächst das Kapazitätsangebot je Produktionsmittel bestimmt (KAP.A)[614]. Für dieses Planungsinkrement wird die Eingangsinformation Ressourcenliste Produktionsmittel (PZP.02) benötigt. Parallel dazu wird basierend auf der Ressourcenliste Personal (PZP.03) auch das Kapazitätsangebot je Mitarbeiter*in bestimmt (KAP.B)[615]. Die einzelnen Kapazitätsangebote des Personals werden innerhalb der im Rahmen der Produktionsstrukturplanung gebildeten Produktionssegmente (PSP.01) aggregiert. So wird unter Berücksichtigung des

[613] I. A. a. Fölling, C. et al. (2022), Mastering complexity, S. 162; Burggräf, P. et al. (2021), Die Modullandkarte, S. 868.
[614] Vgl. Grundig, C.-G. (2009), Fabrikplanung, S. 89f.
[615] Vgl. Bullinger, H.-J. (1986), Systematische Montageplanung, S. 126f.

Ist-Personalbedarfs pro Prozesseinheit (EXT.19) das Kapazitätsangebot für jedes Segment bestimmt (KAP.C)[616]. Nach der Bestimmung der Kapazitätsangebote werden in je einer Belastungsrechnung für die Produktionssegmente (KAP.D) und die Produktionsmittel (KAP.E) auch die jeweiligen Belastungsprofile bzw. Kapazitätsbedarfe bestimmt[617]. Zur Durchführung der Belastungsrechnung werden Planungsinformationen zum Produktprogramm (PRO.04), zu Stückzahlszenarien (PRG.01) sowie der Ist-Wertstrom (PZP.01) genutzt. Aus der Durchführung der Planungsinkremente KAP. D und KAP.E resultiert weiterhin die Erzeugung einiger Ausgangsinformationen. Der hier bestimmte Kapazitätsbedarf je Produktionssegment (KAP.01) wird an die Produktionsmittelplanung (PMP) übermittelt. Die qualitativ sowie quantitativ bestimmten Personalbedarfe (KAP.02 und KAP.03) werden zu Eingangsinformationen für die Personal- und Organisationsplanung und die durchschnittliche Ressourcennutzung (KAP.05) wird an die Produktionssteuerungsplanung (PST) übergeben. Im nächsten Schritt werden auf Basis der in den vorangegangenen Planungsinkrementen generierten Informationen die Belastungsprofile der Segmente bzw. der Produktionsmittel dem jeweiligen Kapazitätsangebot gegenübergestellt (KAP.F)[618]. Auf dieser Grundlage wird anschließend je nach Ergebnis eine Kapazitätsanpassung oder der Belastungsausgleich zwischen den Segmenten durchgeführt (KAP.G)[619]. Hierbei werden auch verfügbare Technologiealternativen (EXT.10) betrachtet. Als Ergebnis dieses Planungsinkrements werden Engpässe pro Segment (KAP.04) identifiziert, welche als Eingangsinformation in die Produktionssteuerungsplanung (PST) eingehen. Im letzten Planungsinkrement des Moduls Kapazitätsplanung wird abschließend die langfristige Soll-Kapazität je Segment festgelegt (KAP.H)[620] und an die Produktionssteuerungsplanung (PST), IT-Planung (ITP), Layoutplanung (LAY), Arbeitsplatzgestaltung (APG) sowie Produktionslogistikplanung (PLP) kommuniziert.[621]

Für eine detaillierte Darstellung der übrigen Montageplanungsmodule sei an dieser Stelle auf den Anhang 8.4 verwiesen. Hier werden alle Planungsmodule sowohl in der Makro- als auch in der Mikroperspektive dargestellt. Eine umfassende Übersicht über das erweiterte Modell der Montageplanung mit allen Planungsmodulen gibt Abbildung 5-4.

Nach der Erstellung des erweiterten Modells der Montageplanung kann nun der vierte und abschließende Schritt der Modellentwicklung nach PATZAK erfolgen. In diesem Schritt wird das erzeugte Modell hinsichtlich der Erfüllung der gestellten Anforderungen analysiert.[622] Die Anforderungen an das Modell waren im vorliegenden Fall durch die Bereitstellung des für die Operationalisierung der planungsfallspezifischen Komplexität im integrativen Komplexitätsmaß erforderlichen Informationsgehalt (vgl. Kapitel 5.1.1) gegeben und können nun auf Basis des Modells überprüft werden.

---

[616] Vgl. ebd. S. 130ff.

[617] Vgl. Wiendahl, H.-P. (2005), Betriebsorganisation für Ingenieure, S. 319.

[618] Vgl. Eversheim, W. (1996), Organisation in der Produktionstechnik, S. 153; Grundig, C.-G. (2009), Fabrikplanung, S. 89; Wiendahl, H.-P. (2005), Betriebsorganisation für Ingenieure, S. 319.

[619] Vgl. Bullinger, H.-J. (1986), Systematische Montageplanung, S. 38ff.; Grundig, C.-G. (2009), Fabrikplanung, S. 89ff.; Eversheim, W. (1996), Organisation in der Produktionstechnik, S. 153ff.

[620] Vgl. Grundig, C.-G. (2009), Fabrikplanung, S. 90.

[621] Vgl. Fölling, C. et al. (2022), Mastering complexity, S. 161; Burggräf, P. et al. (2021), Die Modullandkarte, S. 868f.

[622] Vgl. Patzak, G. (1982), Systemtechnik, S. 309.

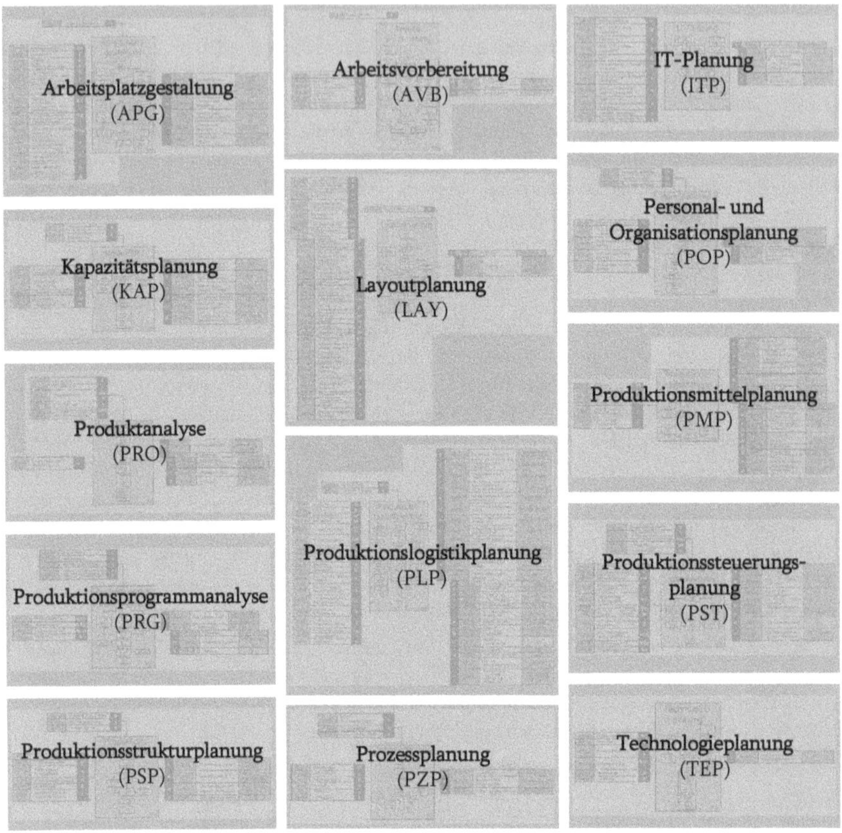

Abbildung 5-4: Das erweiterte Modell der Montageplanung

Die Anzahl der Planungsmodule m kann durch Abzählen einfach aus dem Modell entnommen werden. Hierbei ist entscheidend, dass die Anzahl der Planungsmodule projektspezifisch ist und gemäß dem Aachener Fabrikplanungsvorgehen durch die projektspezifische Selektion relevanter Planungsmodule zu Projektbeginn bzw. im Projektverlauf definiert wird[623]. Auch die Anzahl der eingehenden Informationsflüsse je Planungsmodul $z_{ein,i}$ kann direkt abgezählt werden. Aufgrund der Modellerweiterung kann nun gleichzeitig auch das konkrete Zielplanungsinkrement innerhalb des Planungsmoduls abgelesen werden. Durch einfaches Abzählen ergibt sich weiterhin die Anzahl der Planungsinkremente n_i, welche im Beispiel oben acht beträgt ($n_{KAP} = 8$). Zudem gibt das erweiterte Modell Aufschluss über die Anzahl der ein- und ausgehenden Informationsflüsse

[623] Vgl. Nöcker, J. C. (2012), Zustandsbasierte Fabrikplanung, S. 140.

je Planungsinkrement j. Dies wird am Beispiel des Planungsinkrements KAP.G verdeutlicht (vgl. Abbildung 5-3). KAP.G empfängt eine eingehende Information vom Planungsinkrement KAP.F sowie die externe Information EXT.10. Von KAP.G führt anschließend ein Informationsfluss zu KAP.H. Somit hat KAP.G zwei eingehende ($z_{ein,KAP.G} = 2$) und einen ausgehenden Informationsfluss ($z_{aus,KAP.G} = 1$). Neben den extrahierbaren quantitativen Angaben beinhaltet die Darstellung auch die benötigte inhaltliche Beschreibung der Planungsinkremente.

Einen quantitativen Überblick über die Anzahl der Planungsinkremente n_i sowie die Ein- und Ausgangsinformationen $z_{ein,i}$ und $z_{aus,i}$ aller Planungsmodule gibt Tabelle 5-1. Für eine quantitative Aufstellung der ein- und ausgehenden Informationsflüsse der insgesamt 160 Planungsinkremente im erweiterten Modell der Montageplanung wird auf den Anhang 8.5 verwiesen.

Tabelle 5-1: Quantitative Übersicht über die Planungsmodule im erweiterten Modell der Montageplanung

Planungsmodul i	n_i	$z_{ein,i}$	$z_{aus,i}$
Arbeitsplatzgestaltung (APG)	15	17	7
Arbeitsvorbereitung (AVB)	24	7	3
IT-Planung (ITP)	11	11	4
Kapazitätsplanung (KAP)	8	8	6
Layoutplanung (LAY)	13	31	2
Personal- und Organisationsplanung (POP)	10	8	4
Produktanalyse (PRO)	8	7	6
Produktionslogistikplanung (PLP)	22	21	27
Produktionsmittelplanung (PMP)	7	4	15
Produktionsprogrammplanung (PRG)	10	9	5
Produktionssteuerungsplanung (PST)	8	16	7
Produktionsstrukturplanung (PSP)	7	9	4
Prozessplanung (PZP)	7	9	3
Technologieplanung (TEP)	10	6	1

Durch das erste Teilmodell dieser Arbeit und die Beantwortung der ersten Unterforschungsfrage wird somit eine Lösung zum ersten identifizierten Handlungsbedarf identifiziert:

Die Erweiterung des auf dem Rahmenwerk der projektneutralen Modullandkarte des Aachener Fabrikplanungsvorgehens basierenden Modells der Montageplanung um informatorisch verknüpfte Planungsinkremente bildet die Bewertungsgrundlage zur Bestimmung des planungsfallspezifischen Komplexitätsbedarfs der Montageplanungsmodule.

Der durch die Dekomposition der Planungsmodule erzeugte Detailgrad des Modells erlaubt die Extraktion des für das integrative Komplexitätsmaß erforderlichen Informationsgehalts mit allen benötigten Eingangsgrößen und bildet die Basis für die systematische Auswahl der planungsfallspezifisch dominanten Planungsmethoden.

Neben den durch die Modellerweiterung erzeugten Erkenntnissen um die konkreten Planungsinhalte der Montageplanung und deren informatorische Vernetzung als Bewertungsgrundlage ergeben sich aus dem erweiterten Modell der Montageplanung weitere Vorteile, die den Betrachtungsbereich dieser Arbeit überschreiten. Das detaillierte Modell bietet unabhängig von der zu wählenden Planungsmethode innerhalb eines hybriden Montageplanungsvorgehens eine umfassende inhaltliche sowie methodische Hilfestellung bei der Bearbeitung von Montageplanungsprojekten in der Praxis. Die in diesem Teilmodell generierte Übersicht über die je Planungsmodul durchzuführenden Planungsaufgaben mit den entsprechenden Verweisen auf die einschlägige Grundlagenliteratur stellt eine neue, deutlich über den Umfang der bisherigen Versionen des Aachener Fabrikplanungsvorgehens hinausgehende Planungsunterstützung dar.

5.2 Der Komplexitätsbedarf der Montageplanung

Zur Bestimmung der planungsfallspezifisch dominanten Methode in der hybriden Montageplanung muss der Abgleich des Komplexitätsbedarfs der Montageplanung mit den Komplexitätspotenzialen plangetriebener und agiler Methoden erfolgen. Dazu wird im zweiten Teilmodell des Lösungskonzepts dieser Arbeit das integrative Komplexitätsmaß der Montageplanung, welches in Kapitel 4.2 hypothesengeleitet konzipiert wurde, detailliert hergeleitet und entwickelt. Dieses Komplexitätsmaß ermöglicht die umfassende Operationalisierung der Komplexität und die Bewertung des planungsfallspezifischen Komplexitätsbedarfs der Montageplanung. In diesem Teilmodell wird der Komplexitätsbedarf der Montageplanung als zentrales Element der systematischen Methodenauswahl in der hybriden Montageplanung fokussiert. Als Bewertungsgrundlage dient das im ersten Teilmodell erweiterte Modell der Montageplanung.

Die Entwicklung des integrativen Komplexitätsmaßes der Montageplanung zur Bewertung des planungsfallspezifischen Komplexitätsbedarfs erfolgt in einem explikativen Modell. In diesem Modelltyp werden allgemeingültige Wirkzusammenhänge aufgestellt, um daraus quantitative Erklärungen für das Auftreten bestimmter Zustände in einem betrachteten System abzuleiten und dieses so tiefer zu verstehen. Zur Erklärung der Wirkzusammenhänge werden dazu Hypothesen gebildet, welche auf der Beschreibung des Systems aufbauen.[624] In diesem Teilmodell werden entsprechend quantitative Zusammenhänge zwischen den Informationen des erweiterten Modells der Montageplanung und dem Komplexitätsbedarf der Montage hergestellt. Diese werden im integrativen Komplexitätsmaß der Montageplanung formalisiert. Das integrative Komplexitätsmaß zahlt durch die Beantwortung der zweiten Unterforschungsfrage nach oder Objektivierung und Quantifizierung des planungsfallspezifischen Komplexitätsbedarfs der Montageplanung auf die Erfüllung des zweiten identifizierten Handlungsbedarfs ein.

Zur Herleitung und Entwicklung des integrativen Komplexitätsmaßes der Montageplanung wird zunächst dessen Struktur erläutert (Kapitel 5.2.1), bevor die partiellen Komplexitätsmaße der quasistatisch-strukturellen (Kapitel 5.2.2) sowie der dynamisch-funktionalen Komplexität (Kapitel 5.2.3) separat entwickelt werden. Abschließend werden die beiden partiellen Komplexitätsmaße im integrativen Komplexitätsmaß der Montageplanung zusammengeführt (Kapitel 5.2.4).

[624] Vgl. Patzak, G. (1982), Systemtechnik, S. 313f.

5.2.1 Operationalisierung der Komplexität

Die Grundlage für die Entwicklung eines Modells zur Operationalisierung des multidimensionalen Konstrukts der Komplexität ist die Erkenntnis, dass die Komplexität der Montageplanung das zentrale Kriterium zur Bestimmung der planungsfallspezifisch dominanten Planungsmethoden in der hybriden Montageplanung ist. Diese Erkenntnis folgt einerseits aus der Identifikation der Komplexität als wichtiger Herausforderung in der Montageplanung der industriellen Praxis (vgl. Kapitel 2.4) und andererseits aus den analysierten Ansätzen der problemrelevanten Theorie. Hier wurde gezeigt, dass die systematische Methodenauswahl in der hybriden Montageplanung anhand der Komplexität als Entscheidungskriterium erfolgen sollte. Auch in der Literatur wird die Komplexität häufig als entscheidendes Kriterium für die Auswahl von Methoden, Prinzipien oder Vorgehensweisen identifiziert[625]. In diesem Zusammenhang wird explizit die Nutzung eines Komplexitätsmaßes zur Auslegung Montageplanung vorgeschlagen[626]. Die Grundvoraussetzungen zur Entscheidungsfindung auf Basis von Komplexität sind dabei deren Operationalisierung und Messung[627]. Dieser Umstand wurde bereits durch die in Kapitel 3.1 formulierten Anforderungen an die Komplexitätsbeherrschung in der Montageplanung berücksichtigt.

Entsprechend der Konzeption des Komplexitätsmaßes (vgl. Kapitel 4.2) erfolgt die Operationalisierung der Komplexität aufgrund ihrer Mehrdimensionalität[628] in einem zweidimensionalen Maß. Dabei werden die quasistatisch-strukturelle und die dynamisch-funktionale Komplexitätsdimension in zwei partiellen Komplexitätsmaßen separat operationalisiert. Beide werden abschließend im integrativen Komplexitätsmaß der Montageplanung zusammengeführt.

Die Herleitung und Ausgestaltung der partiellen Komplexitätsmaße der quasistatisch-strukturellen und der dynamisch-funktionalen Komplexität basieren auf den in Kapitel 3.2.1 analysierten Ansätzen der problemrelevanten Theorie zur Operationalisierung der Komplexität. Innerhalb der partiellen Komplexitätsmaße werden geeignete Ansätze zur Operationalisierung der in Kapitel 3.2.1 definierten Komplexitätsfaktoren kombiniert. Dazu werden die generischen, zumeist aus fremden Domänen stammenden Ansätze der Komplexitätsbewertung in einem deduktiven Schritt auf das Forschungsfeld der Montageplanung übertragen.

Die Grundlage für die Domänenspezifität des Komplexitätsmaßes der Montageplanung ist dessen direkter Bezug auf das erweiterte Modell der Montageplanung als Bewertungsgrundlage. Entsprechend der Logik des Aachener Fabrikplanungsvorgehens erfolgt die Konfiguration spezifischer Montageplanungsprojekte durch die gezielte Auswahl und Kombination inhaltlich geeigneter Planungsmodule[629]. Folglich wird ein Montageplanungsprojekt aus systemtheoretischer Sicht durch die Systemgrenze innerhalb des erweiterten Modells der Montageplanung und damit durch die Größe und Struktur des Systems definiert. Aus dieser Systematik ergibt sich eine essenzielle Anforderung an das zu entwickelnde Komplexitätsmaß. Zur Sicherstellung der uneingeschränk-

[625] Vgl. Malik, F. (2003), Strategie, S. 184; Weth, R. v. d. (2001), Management der Komplexität, S. 29.
[626] Vgl. ElMaraghy, H. A. (2006), A Complexity Code, S. 631.
[627] Vgl. ElMaraghy, H. A. et al. (2005), Manufacturing Systems, S. 446.
[628] Vgl. Bliss, C. (1998), Management von Komplexität, S. 123; Adam, D. et al. (1998), Die Komplexitätsfalle, S. 11.
[629] Vgl. Burggräf, P. et al. (2021), Fabrikplanung, S. 35.

ten, domänenspezifischen Anwendbarkeit müssen alle möglichen Konfigurationen von Montageplanungsprojekten durch das Komplexitätsmaß abgedeckt sein. Um alle Montageplanungsprojekte bewertbar und vergleichbar zu machen, beziehen sich das integrative Komplexitätsmaß sowie die beiden partiellen Komplexitätsmaße stets auf den maximal möglichen Projektumfang aller 14 Planungsmodule innerhalb des erweiterten Modells der Montageplanung. Auf diese Weise sind eine einheitliche Bewertungsgrundlage und in der Folge die Operationalisierbarkeit und Vergleichbarkeit aller Montageplanungsprojekte gegeben. Die Operationalisierung der Komplexität erfolgt dabei auf der Ebene der Planungsmodule, welche maßgeblich durch deren Planungsinkremente und Informationsflüsse charakterisiert werden. Auf diese Weise wird sichergestellt, dass die Methodenauswahl auf Ebene der inhaltlich abgeschlossenen Planungsmodule erfolgt.

Die einzelnen Schritte zur Herleitung des Komplexitätsmaßes werden im Folgenden jeweils anhand des Beispiels des Planungsmoduls KAP (vgl. Kapitel 5.1.2) verdeutlicht.

5.2.2 Das partielle Maß der quasistatisch-strukturellen Komplexität

Im vorliegenden Kapitel wird zunächst das partielle Komplexitätsmaß der quasistatisch-strukturellen Komplexität K_{qs} hergeleitet und definiert.

Den Erkenntnissen des Kapitels 3.2.1 folgend, ergibt sich das partielle Maß der quasistatisch-strukturellen Komplexität K_{qs} aus der *Elemente-*, *Relationen-* und *Aufgabenkomplexität* sowie der *Kritikalität* als den zentralen Faktoren dieser Komplexitätsdimension. Die Operationalisierung der Vernetzung erfolgt über die Relationenkomplexität, während die Varietät, welche insbesondere durch die Vielzahl und Vielfalt der Systemelemente determiniert wird, über die Elementekomplexität gemessen wird[630]. Da sich die Komplexitätsfaktoren *Aufgabenkomplexität* und *Kritikalität* direkt auf die Planungsinkremente beziehen, werden diese über eine Adaption der Elementekomplexität bewertet. Um die in Kapitel 5.2.1 geforderte Vergleichbarkeit aller Montageplanungsprojekte zu gewährleisten, werden die Elemente- und Relationenkomplexität aller Module in Bezug auf den maximal möglichen Projektumfang normiert. Beide Summanden werden um die Gewichtungsfaktoren g_E und g_R ergänzt, sodass eine individuelle Schwerpunktsetzung hinsichtlich der Gewichtung der Komplexitätsfaktoren ermöglicht wird. Den Ausführungen von LUHMANN folgend, werden die Elemente- und die Relationenkomplexität im Rahmen dieser Arbeit mit $g_E = g_R = 0{,}5$ als gleichgewichtete Faktoren gewertet[631]. Das partielle Komplexitätsmaß $K_{qs,i}$ ergibt sich folglich als gewichtete Summe der normierten Relationen- und Elementekomplexität des Planungsmoduls i (vgl. Formel 5-1).[632]

[630] Vgl. Kirchhof, R. (2003), Ganzheitliches Komplexitätsmanagement, S. 18.

[631] Vgl. Luhmann, N. (2001), Soziale Systeme, S. 49.

[632] Vgl. Fölling, C. et al. (2022), Mastering complexity, S. 162.

$$K_{qs,i} = g_E \cdot \overline{K}_{E,i} + g_R \cdot \overline{K}_{R,i}\,, mit \qquad \text{Formel 5-1}$$

$$g_E + g_R = 1\,, mit \qquad \text{Formel 5-2}$$

$\overline{K}_{E,i}$: *Normierte Elementekomplexität des Planungsmoduls i*
$\overline{K}_{R,i}$: *Normierte Relationenkomplexität des Planungsmoduls i*
g_E: *Gewichtungsfaktor der Elementekomplexität*
g_R: *Gewichtungsfaktor der Relationenkomplexität*

Im Folgenden werden die Maße und Bemessungsgrundlagen der Elemente- und Relationenkomplexität als Kernbestandteile des partiellen Komplexitätsmaßes K_{qs} hergeleitet.

Bestimmung der Elementekomplexität

Zunächst wird das Vorgehen zur Bestimmung der normierten Elementekomplexität $\overline{K}_{E,i}$ beschrieben. In Kapitel 2.2.2 wurde empirisch hergeleitet, dass sich einzelne Planungsinkremente signifikant in ihrer Komplexität unterscheiden[633]. Entsprechend differenzieren auch SINHA UND DE WECK die Komplexität der Elemente eines Systems und weisen jedem Systemelement eine individuelle Komplexität zu[634]. Diese Betrachtungsweise wird im Konzept des integrativen Komplexitätsmaßes der Montageplanung in der Bestimmung der Elementekomplexität aufgegriffen.

Gemäß den Erkenntnissen aus Kapitel 3.2.1 sind *Varietät*, *Aufgabenkomplexität* und *Kritikalität* die entscheidenden Faktoren der Elementekomplexität. Der Definition von ASHBY folgend, ist Varietät als die Anzahl unterscheidbarer Elemente eines Systems definiert[635]. Diesem Ansatz wird in der Operationalisierung der Elementekomplexität $K_{E,i}$ durch die Summenbildung über die Komplexitätswerte der j Planungsinkremente eines Planungsmoduls i Rechnung getragen. So werden die durch die individuelle Komplexität ausgedrückte Vielfalt der Planungsinkremente sowie deren Vielzahl berücksichtigt. Die individuelle Elementekomplexität eines Planungsinkrements j wiederum ergibt sich aus dessen Aufgabenkomplexität $K_{A,j}$ und Kritikalität $K_{K,j}$.

Im ersten Schritt zur Bestimmung der normierten Elementekomplexität $\overline{K}_{E,i}$ erfolgt die Operationalisierung der Aufgabenkomplexität $K_{A,j}$ der Planungsinkremente j. Dazu wurden in Kapitel 3.2.1 die Taxonomie zur Bewertung kognitiver Lernziele nach BLOOM ET AL., deren Überarbeitung hinsichtlich der Klassifikationsstufen und deren Beschreibung durch ANDERSON UND KRATHWOHL sowie der Depth-of-Knowledge (DOK)-Ansatz nach WEBB diskutiert[636]. In der überarbeiteten Taxonomie zur Bewertung kognitiver Lernziele werden die zur Lösung einer Aufgabe benötigten kognitiven Fähigkeiten bewertet, während im DOK-Ansatz die Tiefe des zur Lösung einer Aufgabe erforderlichen inhaltlichen Verständnisses sowie der Umfang von Lernaktivitäten im Vordergrund stehen[637]. Aufgrund des starken inhaltlichen Bezugs weist der DOK-Ansatz nach WEBB eine hohe Kontextabhängigkeit auf. Im DOK-Ansatz müssen einzelne Aufgaben spezifisch

[633] Vgl. Burggräf, P. et al. (2020), Hybrid approach, S. 1172.
[634] Vgl. Sinha, K. et al. (2012), Structural Complexity Metric, S. 183.
[635] Vgl. Ashby, W. R. (1957), Introduction to Cybernetics, S. 126.
[636] Vgl. Bloom, B. S. (1956), Taxonomy of Educational Objectives, S. 1ff.; Anderson, L. W. et al. (2001), A Taxonomy for Learning, Teaching, and Assessing, S. 27ff.; Webb, N. L. (1999), Alignment of Science and Mathematics, S. 3.
[637] Vgl. Hess, K. K. et al. (2009), Cognitive Rigor, S. 4.

im Kontext des jeweiligen Projekts bewertet werden. Diese Notwendigkeit widerspricht den Grundsätzen dieser Arbeit. Einerseits bedingt die kontextspezifische Bewertung der Aufgabenkomplexität einen gesteigerten Aufwand und verletzt so eine formale Anforderung an das Modell der hybriden Montageplanung aus Kapitel 4.1.1. Andererseits sind das erweiterte Modell der Montageplanung sowie das Aachener Fabrikplanungsvorgehen bewusst kontextunabhängig aufgebaut, um eine umfassende Anwendbarkeit zu gewährleisten. Die in Kapitel 5.1 erzeugte Bewertungsgrundlage ist damit nur bedingt kompatibel mit dem DOK-Ansatz. Auf der anderen Seite eignet sich die überarbeitete Taxonomie zur Bewertung kognitiver Lernziele nach ANDERSON UND KRATHWOHL, deren Klassifizierung auf den Verben ausformulierter Aufgaben basiert, gut zur Anwendung im erweiterten Modell der Montageplanung. Die Montageplanungsinkremente wurden tätigkeitsorientiert mit einer durchgängigen Semantik aus Objekt und Verb beschrieben, sodass die Grundlage für die Bewertung der Aufgabenkomplexität gegeben ist. Aufgrund des Bewertungsfokus auf der jeweiligen Tätigkeit statt auf dem Aufgabenkontext kann der Anwendungsaufwand mit diesem Ansatz deutlich reduziert werden, da die im erweiterten Modell der Montageplanung definierten Planungsinkremente in dieser Arbeit bewertet werden. Die Bewertung muss somit nicht projektspezifisch angepasst werden. Eine erneute Bewertung bei neuen oder veränderten Planungsaufgaben ist mit dem vorgestellten Ansatz dennoch uneingeschränkt möglich. Für die Bestimmung der Aufgabenkomplexität wird folglich der Ansatz der überarbeiteten Taxonomie von BLOOM nach ANDERSON UND KRATHWOHL gewählt.

Entsprechend wurden initial alle 160 Planungsinkremente des erweiterten Modells der Montageplanung nach ihrer Formulierung gemäß der überarbeiteten Taxonomie klassifiziert. Dabei wurde klar, dass alle Planungsinkremente den Stufen zwei bis sechs zugeordnet werden konnten. Die erste Stufe *Erinnern* ist für die Bewertung der Planungsinkremente nicht relevant, da sie einen impliziten Schritt beschreibt, der im Rahmenwerk der projektneutralen Modullandkarte nicht explizit als eigenständiges Planungsinkrement ausgewiesen wird. Basierend auf dieser Erkenntnis wurde die überarbeitete Taxonomie von BLOOM nach ANDERSON UND KRATHWOHL für die Anwendung im Kontext der Montageplanung angepasst und auf die fünf Stufen *Verstehen*, *Anwenden*, *Analysieren*, *Bewerten* und *Gestalten* reduziert. Die Nummerierung der Stufen entspricht dabei direkt dem Wert der Aufgabenkomplexität $K_{A,j}$ des jeweiligen Planungsinkrements j. Tabelle 5-2 gibt eine Übersicht über die angepassten Klassifizierungsstufen der Aufgabenkomplexität samt einer Auswahl typischer Verben zur Einordnung.[638]

[638] Vgl. Fölling, C. et al. (2022), Mastering complexity, S. 162.

Tabelle 5-2: Angepasste Taxonomie zur Bewertung der Aufgabenkomplexität [639]

$K_{A,j}$	Stufe	Beschreibung	Typische Verben
1	**Verstehen**	Eine Bedeutung aus mündlich, schriftlich oder kommunizierten Anweisungen konstruieren	Interpretieren, erläutern, klassifizieren, vergleichen
2	**Anwenden**	Ein Verfahren in einer gegebenen Situation ausführen oder anwenden	Ausführen, umsetzen, anwenden, berechnen
3	**Analysieren**	Eine Aufgabe in ihre Bestandteile zerlegen und deren Verhalten zueinander sowie bezogen auf eine Gesamtstruktur und ein Gesamtziel bestimmen	Differenzieren, ableiten, organisieren, analysieren, ermitteln, strukturieren, ordnen
4	**Bewerten**	Urteile auf Basis von Kriterien und Standards fällen	Überprüfen, kritisieren, rezensieren, beurteilen
5	**Gestalten**	Elemente zu einem kohärenten oder funktionalen Ganzen zusammenfügen; Elemente zu einem neuen Muster oder einer neuen Struktur reorganisieren	Erzeugen, gestalten, planen, erstellen, entwerfen, erschaffen, anordnen

Im Folgenden wird die Bewertung der Aufgabenkomplexität exemplarisch an den acht Planungsinkrementen des Planungsmoduls *Kapazitätsplanung* (KAP) durchgeführt.

In den ersten drei Planungsinkrementen des Planungsmoduls werden die Kapazitätsangebote je Produktionsmittel (KAP.A), je Mitarbeiter*in (KAP.B) und je Segment der Produktion (KAP.C) bestimmt[640]. Diese Planungsaufgaben basieren auf dem Sammeln bestehender Daten und der Extraktion von Informationen aus technischen Dokumenten. Entsprechend werden diese drei Planungsinkremente der Stufe *Verstehen* zugeordnet. Daraus ergibt sich für die Aufgabenkomplexität $K_{A,KAP.A} = K_{A,KAP.B} = K_{A,KAP.C} = 1$. Anschließend werden Belastungsrechnungen für die Beschäftigten in den einzelnen Produktionssegmenten (KAP.D) und die Produktionsmittel (KAP.E) durchgeführt. Hierzu werden mathematische Werkzeuge und Methoden als bestehende Verfahren und Vorgehensweisen angewandt.[641] Daraus ergibt sich die Klassifizierungsstufe *Anwenden* und die Aufgabenkomplexität $K_{A,KAP.D} = K_{A,KAP.E} = 2$. Im folgenden Planungsinkrement werden die ermittelten Kapazitätsangebote mit den berechneten Belastungsprofilen abgeglichen (KAP.F), um daraus eine Belastungsübersicht zu generieren und Über- oder Unterbelastungen zu identifizieren[642]. Aufgrund dieser Beurteilung ist das Planungsinkrement Teil der Klassifizierungsstufe *Bewerten* und es ergibt sich $K_{A,KAP.F} = 4$. Auf Basis des hier erzeugten Ergebnisses wird weiterhin eine Kapazitätsanpassung bzw. ein Belastungsabgleich der Segmente durchgeführt, um Kapazitätsangebot und -bedarf bestmöglich anzugleichen und so eine gleichmäßige Auslastung zu erreichen[643]. In diesem Planungsinkrement werden also Maßnahmen zur Erreichung ausgeglichener

[639] I. A. a. Anderson, L. W. et al. (2001), A Taxonomy for Learning, Teaching, and Assessing, S. 31.

[640] Vgl. Grundig, C.-G. (2009), Fabrikplanung, S. 89f.; Bullinger, H.-J. (1986), Systematische Montageplanung, S. 126ff.

[641] Vgl. Wiendahl, H.-P. (2005), Betriebsorganisation für Ingenieure, S. 319.

[642] Vgl. Eversheim, W. (1996), Organisation in der Produktionstechnik, S. 153.

[643] Vgl. ebd. S. 153ff.; Grundig, C.-G. (2009), Fabrikplanung, S. 89ff.; Wiendahl, H.-P. (2005), Betriebsorganisation für Ingenieure, S. 319.

Kapazitätsprofile gestaltet. Es erfolgt damit eine Einordnung in die Stufe *Gestalten* mit der Aufgabenkomplexität $K_{A,KAP.G} = 5$. Abschließend wird die langfristige Soll-Kapazität je Segment definiert (KAP.H)[644]. Das Aufstellen eines solchen Plans wird ebenfalls der Klassifizierungsstufe *Gestalten* zugeordnet, sodass auch $K_{A,KAP.H} = 5$ gilt. Eine tabellarische Übersicht über die Werte der Aufgabenkomplexität aller 160 Planungsinkremente gibt Anhang 8.5.

Nach der Operationalisierung der Aufgabenkomplexität $K_{A,j}$ erfolgt im zweiten Schritt zur Bestimmung der normierten Elementekomplexität $\overline{K}_{E,i}$ die Bestimmung der Kritikalität $K_{K,j}$ der Planungsinkremente j. Im Gegensatz zur geläufigen Verwendung des Begriffs in der Nukleartechnik[645], wird die Kritikalität eines Planungsinkrements $K_{K,j}$ maßgeblich durch dessen informatorische Auswirkungen respektive die Propagation der in ihm erzeugten Planungsinformationen definiert. Durch die Bearbeitung eines Planungsinkrements werden Planungsinformationen generiert, welche als Eingangsinformationen für weitere Planungsumfänge dienen. Die Informationsempfänger können weitere Planungsinkremente desselben Planungsmoduls oder andere Planungsmodule im erweiterten Modell der Montageplanung sein. Dabei werden ebenfalls diejenigen Planungsinformationen berücksichtigt, welche finale Planungsergebnisse darstellen bzw. außerhalb der Systemgrenze des jeweiligen Projekts verwendet werden. Auf diese Weise wird eine generelle, projektübergreifende Anwendbarkeit des Komplexitätsmaßes sichergestellt. Je mehr Informationsempfänger direkt von den in einem Planungsinkrement j erzeugten Planungsinformationen abhängig sind, desto kritischer ist das Planungsinkrement j für das gesamte Montageplanungsprojekt. Die Kritikalität $K_{K,j}$ wird also über die Anzahl der in einem Planungsinkrement j erzeugten und von ihm ausgehenden Planungsinformationen $z_{aus,j}$ bestimmt. Diese Anzahl ergibt sich als Summe der ausgehenden Planungsinformationen mit internem $z_{aus,int,j}$ sowie externem Informationsempfänger $z_{aus,ext,j}$ (vgl. Formel 5-3). Die Anzahl der ausgehenden Planungsinformationen mit externem Informationsempfänger $z_{aus,ext,j}$ hängt von der Anzahl der unterscheidbaren Planungsinformationen sowie der Anzahl der Zielmodule ab. Geht also eine Planungsinformation in zwei verschiedene Planungsmodule ein, werden hier zwei Planungsinformationsflüsse gezählt, da diese die informatorische Propagation beschreiben.[646]

$$z_{aus,j} = z_{aus,int,j} + z_{aus,ext,j}\ , mit \qquad \text{Formel 5-3}$$

$z_{aus,int,j}$: *Anzahl der ausgehenden Planungsinformationen des Planungsinkrements j mit internem Empfänger*

$z_{aus,ext,j}$: *Anzahl der ausgehenden Planungsinformationen des Planungsinkrements j mit externem Empfänger*

Im Folgenden wird beispielhaft die Kritikalität $K_{K,KAP.D}$ des Planungsinkrements *Belastungsrechnung für die Segmente durchführen* (KAP.D) bestimmt. Das in diesem Planungsinkrement erzeugte Belastungsprofil der Segmente wird anschließend innerhalb des Planungsinkrements

[644] Vgl. Grundig, C.-G. (2009), Fabrikplanung, S. 90.

[645] In der Nukleartechnik beschreibt der Begriff *Kritikalität* den Zustand einer kerntechnischen Anlage mit einer konstanten Neutronenbilanz. Vgl. Stacey, W. M. (2001), Nuclear Reactor Physics, S. 39.

[646] Vgl. Fölling, C. et al. (2022), Mastering complexity, S. 163.

KAP.F dem Kapazitätsangebot gegenübergestellt. Diese Planungsinformation ist die einzige Planungsinformation von KAP.D mit einem internen Informationsempfänger, woraus sich $z_{aus,int,KAP.D} = 1$ ergibt. Innerhalb von KAP.D werden die Planungsinformationen KAP.01, KAP.02, KAP.03 und KAP.05 generiert, welche als Eingangsinformationen in die Planungsmodule Produktionsmittelplanung (PMP), Personal- und Organisationsplanung (POP) und Produktionssteuerungsplanung (PST) eingehen. Da jede dieser vier Planungsinformationen mit externem Empfänger in genau ein Zielmodul eingeht, ergibt sich $z_{aus,ext,KAP.D} = 4$. Aus der Anwendung der Formel 5-3 folgt $z_{aus,KAP.D} = 5$. Eine Aufstellung über die ausgehenden Planungsinformationen aller 160 Planungsinkremente wird in tabellarischer Form in Anhang 8.5 dargestellt.

Im ersten Schritt zur Bestimmung der normierten Elementekomplexität $\overline{K}_{E,i}$ hat sich für die Aufgabenkomplexität $K_{A,j}$ eines Planungsinkrements j aus den Stufen der angepassten Taxonomie der Wertebereich $K_{A,j} \in [1;5]$ ergeben. Da sich die normierte Elementekomplexität $\overline{K}_{E,i}$ eines Planungsmoduls i als Summe der Aufgabenkomplexität $K_{A,j}$ und Kritikalität $K_{K,j}$ seiner Planungsinkremente j ergibt und beide Summanden mit derselben Gewichtung in die Berechnung eingehen sollen, muss sichergestellt werden, dass sich für die Kritikalität eines Planungsinkrements j derselbe Wertebereich $K_{K,j} \in [1;5]$ ergibt. Dies wird erreicht, indem die Werte der Kritikalität $K_{K,j}$ auf diesen Zielwertebereich skaliert werden. Dazu wird die Anzahl der ausgehenden Planungsinformationen eines Planungsinkrements $z_{aus,j}$ zunächst mit der maximalen Anzahl der ausgehenden Planungsinformationen aller Planungsinkremente des erweiterten Modells der Montageplanung $z_{aus,max}$ ins Verhältnis gesetzt und so auf einen Wert zwischen null und eins normiert. Durch die Multiplikation mit vier und die Addition von eins ergibt sich für die gesuchte Kritikalität $K_{K,j}$ der gewünschte Wertebereich zwischen eins und fünf (vgl. Formel 5-4).[647]

$$K_{K,j} = \frac{z_{aus,j}}{z_{aus,max}} \cdot 4 + 1\,, mit \qquad \text{Formel 5-4}$$

$z_{aus,j}$: *Anzahl der ausgehenden Planungsinformationen des Planungsinkrements j*

$z_{aus,max}$: *Maximale Anzahl der ausgehenden Planungsinformationen aller Planungsinkremente des erweiterten Modells der Montageplanung*

Somit kann nun beispielhaft die Kritikalität des Planungsinkrements KAP.D bestimmt werden. Dazu muss zunächst die maximale Anzahl der ausgehenden Planungsinformationen aller Planungsinkremente des erweiterten Modells der Montageplanung $z_{aus,max}$ bestimmt werden. Aus der Bestimmung der ausgehenden Planungsinformationen aller 160 Planungsinkremente des erweiterten Modells der Montageplanung folgt $z_{aus,max} = z_{aus,PMP.G} = 29$. Unter Anwendung der Formel 5-4 folgt $K_{K,KAP.D} = 1{,}69$. Analog wird die Kritikalität aller weiteren Planungsinkremente berechnet. Die entsprechenden Werte finden sich in Anhang 8.5.

Nach der Durchführung der ersten beiden Schritte sind nun die Werte der Aufgabenkomplexität $K_{A,j}$ und der Kritikalität $K_{K,j}$ für alle Planungsinkremente bekannt (vgl. Anhang 8.5). Die Werte

[647] Vgl. ebd. S. 163.

für die Planungsinkremente des Planungsmoduls *Kapazitätsplanung* (KAP) sind als exemplarische Grundlage für das weitere Vorgehen in Tabelle 5-3 angegeben.

Tabelle 5-3: Aufgabenkomplexität und Kritikalität der Planungsinkremente des Planungsmoduls KAP

ID	Planungsinkrement *j*	$K_{A,j}$	$K_{K,j}$
KAP.A	Kapazitätsangebot je Produktionsmittel bestimmen	1	1,14
KAP.B	Kapazitätsangebot je Mitarbeiter*in bestimmen	1	1,14
KAP.C	Kapazitätsangebot pro Segment bestimmen	1	1,14
KAP.D	Belastungsrechnung für die Segmente durchführen	2	1,69
KAP.E	Belastungsrechnung für die Produktionsmittel durchführen	2	1,41
KAP.F	Belastungsprofil der Segmente bzw. Produktionsmittel dem Kapazitätsangebot gegenüberstellen	4	1,14
KAP.G	Kapazitätsanpassung oder Belastungsabgleich der Segmente durchführen	5	1,28
KAP.H	Langfristige Soll-Kapazität je Segment festlegen	5	1,69
	Summe	**21**	**10,62**

Im dritten Schritt wird nun die Elementekomplexität $K_{E,i}$ eines Planungsmoduls i berechnet. Dazu wird die Summe über alle Aufgabenkomplexitäts- und Kritikalitätswerte eines Planungsinkrements j gebildet (vgl. Formel 5-5). Für das Planungsmodul *Kapazitätsplanung* (KAP) ergibt sich damit $K_{E,KAP} = 31{,}62$. Die Werte der übrigen Planungsmodule sind in Tabelle 5-4 gegeben.

$$K_{E,i} = \sum_{j=1}^{n_i} K_{A,j} + K_{K,j} \text{ , } mit \qquad \text{Formel 5-5}$$

$K_{A,j}$: *Aufgabenkomplexität des Planungsinkrements j*

$K_{K,j}$: *Kritikalität des Planungsinkrements j*

n_i: *Anzahl der Planungsinkremente des Planungsmoduls i*

Im vierten und letzten Schritt wird die Elementekomplexität der Planungsmodule $K_{E,i}$ normiert, indem sie ins Verhältnis zur maximalen Elementekomplexität $K_{E,max}$ aller Planungsmodule des erweiterten Modells der Montageplanung gesetzt wird (vgl. Formel 5-6). Somit wird durch das integrative Komplexitätsmaß die Vergleichbarkeit aller Planungsmodule ermöglicht.[648]

$$\overline{K}_{E,i} = \frac{K_{E,i}}{K_{E,max}} \text{ , } mit \qquad \text{Formel 5-6}$$

$K_{E,i}$: *Elementekomplexität des Moduls i*

$K_{E,max}$: *Maximale Elementekomplexität aller Planungsmodule des erweiterten Modells der Montageplanung*

Aus der Berechnung der Elementekomplexität $K_{E,i}$ aller 14 Montageplanungsmodule ergibt sich ein maximaler Wert $K_{E,max} = K_{E,PLP} = 113{,}72$ für das Planungsmodul *Produktionslogistikplanung* (PLP). Die Produktionslogistikplanung weist also die höchste Elementekomplexität aller

[648] Vgl. ebd. S. 163.

Montageplanungsmodule auf. Über diesen Wert erfolgt nun die Normierung der Elementekomplexität $K_{E,i}$. Die Werte der Elementekomplexität $K_{E,i}$ sowie der normierten Elementekomplexität $\overline{K}_{E,i}$ sind für alle 14 Montageplanungsmodule in Tabelle 5-4 dargestellt. Diese Werte können als konstant betrachtet werden und somit auf alle Montageplanungsprojekte angewandt werden, in denen einzelne Planungsmodule nicht projektspezifisch angepasst werden.

Tabelle 5-4: Übersicht über die normierte Elementekomplexität der Planungsmodule der Montageplanung

ID	Planungsmodul i	$K_{E,i}$	$\overline{K}_{E,i}$
APG	Arbeitsplatzgestaltung	87,62	0,7705
AVB	Arbeitsvorbereitung	111,79	0,9830
ITP	IT-Planung	56,34	0,4955
KAP	Kapazitätsplanung	31,62	0,2780
LAY	Layoutplanung	62,41	0,5488
POP	Personal- und Organisationsplanung	47,76	0,4200
PRO	Produktanalyse	34,14	0,3002
PLP	Produktionslogistikplanung	113,72	1,0000
PMP	Produktionsmittelplanung	35,48	0,3120
PRG	Produktionsprogrammplanung	45,52	0,4002
PST	Produktionssteuerungsplanung	36,90	0,3596
PSP	Produktionsstrukturplanung	32,17	0,2829
PZP	Prozessplanung	30,76	0,2705
TEP	Technologieplanung	45,79	0,4027

Es wird deutlich, dass die höchste Elementekomplexität im Planungsmodul *Produktionslogistikplanung* (PLP) vorliegt, während das Modul *Prozessplanung* (PZP) die geringste Elementekomplexität aufweist. Im nächsten Schritt wird die normierte Relationenkomplexität $\overline{K}_{R,i}$ hergeleitet, welche den zweiten Kernbestandteil des partiellen Komplexitätsmaßes K_{qs} darstellt.

Bestimmung der Relationenkomplexität

Die Relationenkomplexität eines Planungsmoduls wird sowohl durch dessen Vernetzung als auch durch die topologische Struktur der Relationen, welche durch die Anordnung der Planungsinkremente definiert wird, bestimmt. Die Operationalisierung orientiert sich an den in Kapitel 3.2.1 vorgestellten Ansätzen von PATZAK, SINHA UND DE WECK sowie BONCHEV UND BUCK. Der Ansatz von PATZAK fokussiert die Vernetzungsdichte, vernachlässigt jedoch die topologische Struktur der Relationen[649]. Die für die Vernetzungsdichte konstitutive Normierung bezogen auf die maximale Vernetzung ist jedoch der in dieser Arbeit angestrebten Vergleichbarkeit dienlich. SINHA UND DE WECK berücksichtigen neben der Vernetzungsdichte auch die topologische Struktur des Systems anhand der Energie von dessen Adjazenzmatrix[650]. Der dazu notwendige Rechenaufwand limitiert jedoch die Praxistauglichkeit des Ansatzes. Der Ansatz von BONCHEV UND BUCK führt

[649] Vgl. Patzak, G. (1982), Systemtechnik, S. 22ff.

[650] Vgl. Sinha, K. et al. (2013), Network-based Structural Complexity Metric, S. 426ff.; Sinha, K. et al. (2012), Structural Complexity Metric, S. 183ff.

über diese Schwierigkeit hinweg. Hier wird die topologische Systemstruktur auf Basis der Adjazenzmatrix über den Informationsgehalt der Knotengradverteilung berücksichtigt.[651]

Zur Bestimmung der normierten Relationenkomplexität $\overline{K}_{R,i}$ eines Planungsmoduls i werden die drei diskutierten Ansätze in einer an das Modell der Montageplanung adaptierten Form kombiniert. Um sowohl die Vernetzungsdichte als auch die topologische Struktur zu berücksichtigen, erfolgt die Bestimmung der Relationenkomplexität auf Basis des Informationsgehalts der Knotengradverteilung $I_{KV,i}$. Dazu werden die Anzahl und die topologische Anordnung der Planungsinkremente und Informationsflüsse eines Planungsmoduls i bewertet. Die Bestimmung des Informationsgehalts der Knotengradverteilung wird nachfolgend hergeleitet.

In einem ersten Schritt wird dazu die Adjazenzmatrix A_i des jeweiligen Planungsmoduls i aufgestellt, aus der dann die Knotengrade der einzelnen Planungsinkremente $a_{i,j}$ bestimmt werden. Die Planungsinkremente entsprechen folglich den Knoten des Systems, während die Kanten durch die Informationsflüsse zwischen den Planungsinkrementen dargestellt werden. Zwei Planungsinkremente j und k eines Planungsmoduls i sind adjazent, wenn sie durch einen Informationsfluss direkt miteinander verbunden sind. Die Adjazenzbeziehung zweier Planungsinkremente wird in Abhängigkeit von der Anzahl der unterschiedlichen ausgetauschten Planungsinformationen durch $a_{i,jk} \geq 1$ und die Nicht-Adjazenzbeziehung durch $a_{i,jk} = 0$ quantifiziert. Alle Adjazenzbeziehungen eines Moduls i werden in der Adjazenzmatrix A_i dargestellt. Die Summe der Adjazenzbeziehungen eines Planungsinkrements j wird als Knotengrad $a_{i,j}$ bezeichnet. Dieser entspricht der Summe über alle Einträge der jeweiligen Zeile $k = j$ von A_i (vgl. Formel 5-7).[652]

$$a_{i,j} = \sum_{j=1}^{n_i} a_{i,jk}\,, mit \qquad \text{Formel 5-7}$$

$j, k \in \{1, \dots, n_i\}$

$a_{i,jk}$*: Adjazenzbeziehung zwischen den Planungsinkrementen j und k im Planungsmodul i*

n_i*: Anzahl der Planungsinkremente des Planungsmoduls i*

Zur Anwendung des generisch beschriebenen Vorgehens auf das erweiterte Modell der Montageplanung sind zwei Adaptionen erforderlich. Zunächst müssen neben den modulinternen Informationsflüssen auch die externen Planungsinformationen berücksichtigt werden. Dabei liegt der Fokus bei der Bestimmung der Relationenkomplexität aus zweierlei Gründen ausschließlich auf den eingehenden Informationsflüssen. Einerseits sind ausgehende Planungsinformationen aus Sicht des betrachteten Planungsmoduls bereits abschließend bearbeitet, sodass diese zu keiner weiteren Komplexitätssteigerung im Modul führen. Andererseits basiert die Bestimmung der Kritikalität eines Planungsinkrements $K_{K,j}$ auf der über die Anzahl der Informationsempfänger gemessenen Propagation der erzeugten Planungsinformationen. Dem komplexitätsverstärkenden Effekt der Anzahl der generierten Ausgangsinformationen wird also innerhalb der Berechnung

[651] Vgl. Bonchev, D. et al. (2005), Quantitative Measures of Network Complexity, S. 204f.

[652] Vgl. Fölling, C. et al. (2022), Mastering complexity, S. 163; Bonchev, D. et al. (2005), Quantitative Measures of Network Complexity, S. 195f.

der normierten Elementekomplexität $\overline{K}_{E,i}$ bereits Rechnung getragen. Eine erneute Berücksichtigung dieses Komplexitätsfaktors würde zu einem überproportionalen Einfluss auf das Komplexitätsmaß führen. Um die modulexternen Eingangsinformationen operationalisieren zu können, werden diese zum Aufstellen der Adjazenzmatrix A_i in einem zentralen Eingangsknoten Z zusammengefasst, von dem aus die Planungsinformationen mit den Planungsinkrementen des Moduls verbunden sind. Eine Unterscheidung von projektinternen oder -externen Informationsquellen wird dabei nicht vorgenommen. Die Bestimmung der Relationenkomplexität $\overline{K}_{R,i}$ eines Planungsmoduls i basiert also auf dessen Eingangsinformationen und Planungsinkrementen.

Die zweite notwendige Adaption betrifft die Art der Informationsflüsse. Im erweiterten Modell der Montageplanung sind Informationsflüsse grundsätzlich gerichtet. Sie haben also einen definierten Start- und Zielpunkt. Zur Bestimmung des Informationsgehaltes des Knotengrads ist es jedoch erforderlich, die Informationsflüsse abweichend davon als ungerichtete Kanten zu modellieren. Auf diese Weise können die topologischen Unterschiede zwischen verschiedenen Systemen berücksichtigt werden[653]. Durch die Modellierung über ungerichtete Kanten wird zudem ausgeschlossen, dass der Informationsgehalt linear strukturierter Systeme null beträgt. Da alle Informationsflüsse im erweiterten Modell der Montageplanung sowie auch in der gesamten projektneutralen Modullandkarte des Aachener Fabrikplanungsvorgehens ausschließlich unidirektional fließen entsteht durch diese Anpassung der Modellierung kein Genauigkeitsverlust. Entsprechend werden die Informationsflüsse zwischen den Planungsinkrementen zur Bestimmung der Relationenkomplexität $\overline{K}_{R,i}$ als ungerichtete Relationen modelliert. Daraus resultieren an der Hauptdiagonalen symmetrisch gespiegelte Adjazenzmatrizen A_i.

Das Vorgehen zur Bestimmung der Knotengrade und zur Ableitung der Adjazenzmatrix wird im Folgenden am Beispiel des Planungsmoduls KAP verdeutlicht (vgl. Abbildung 5-5).

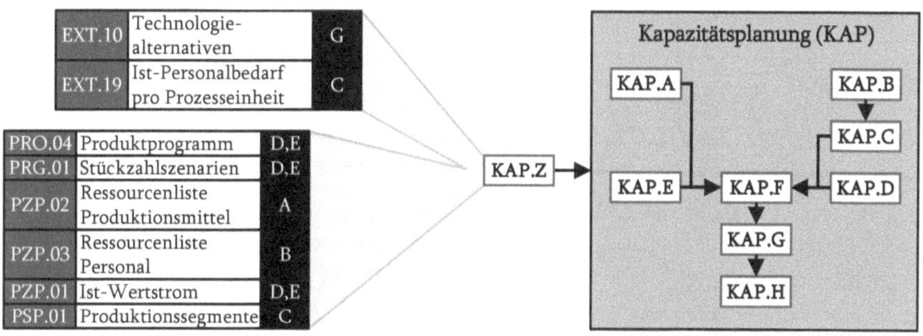

Abbildung 5-5: Eingangsinformationen und Planungsinkremente der Kapazitätsplanung (KAP)

Die Informationsflüsse zwischen den Planungsinkrementen werden in der Adjazenzmatrix A_{KAP} formalisiert. Gemäß Formel 5-7 ergeben sich dann die Knotengrade der Planungsinkremente der Kapazitätsplanung $a_{KAP,j}$ durch die Bildung der Zeilensummen von A_{KAP} (vgl. Abbildung 5-6).

[653] Vgl. ebd. S. 204f.

k \ j	KAP.Z	KAP.A	KAP.B	KAP.C	KAP.D	KAP.E	KAP.F	KAP.G	KAP.H	a_{ij}
KAP.Z	0	1	1	2	3	3	0	1	0	11
KAP.A	1	0	0	0	0	0	1	0	0	2
KAP.B	1	0	0	1	0	0	0	0	0	2
KAP.C	2	0	1	0	0	0	1	0	0	4
KAP.D	3	0	0	0	0	0	1	0	0	4
KAP.E	3	0	0	0	0	0	1	0	0	4
KAP.F	0	1	0	1	1	1	0	1	0	5
KAP.G	1	0	0	0	0	0	1	0	1	3
KAP.H	0	0	0	0	0	0	0	1	0	1

Abbildung 5-6: Adjazenzmatrix des Planungsmoduls Kapazitätsplanung

Nachdem die Adjazenzmatrix eines Planungsmoduls A_i sowie die Knotengrade seiner Planungsinkremente $a_{i,j}$ bestimmt wurden, wird im zweiten Schritt zur Bestimmung der normierten Relationenkomplexität $\overline{K}_{R,i}$ der durchschnittliche Informationsgehalt über die Verteilung der Knotengrade $I_{KV,i}$ berechnet. Der Informationsgehalt $I_{KV,i}$ bezeichnet denjenigen Informationsgehalt, der durchschnittlich benötigt wird, um die Knotengradverteilung eines Planungsmoduls i zu charakterisieren. Im Rahmen des Komplexitätsmaßes der Montageplanung wird der durchschnittliche Informationsgehalt betrachtet, um die Vergleichbarkeit verschiedener Module mit einer unterschiedlichen Anzahl an Planungsinkrementen zu gewährleisten. Der durchschnittliche Informationsgehalt $I_{KV,i}$ ergibt sich aus der Division des modulspezifischen Informationsgehalts der Knotengradverteilung durch die Anzahl der Planungsinkremente des Planungsmoduls i (vgl. Formel 5-8)[654]. Die Herleitung der Formel geht auf BONCHEV UND BUCK zurück[655].

$$I_{KV,i} = \frac{1}{n_i} \cdot \sum_{j=1}^{n_i} a_{i,j} \cdot \log_2 a_{i,j} \text{ , mit} \qquad \text{Formel 5-8}$$

$a_{i,j}$*: Knotengrad des Planungsinkrements j im Planungsmodul i*
n_i*: Anzahl der Planungsinkremente des Planungsmoduls i*

Die Anwendung der Formel 5-8 auf das Modul *Kapazitätsplanung* (KAP) ergibt einen durchschnittlichen Informationsgehalt der Knotengradverteilung von $I_{KV,KAP} = 10{,}30$.

Nach BONCHEV UND BUCK steigt der Informationsgehalt der Knotengradverteilung mit dem Grad der Vernetzung der Elemente sowie deren Topologie[656]. Die Autoren widersprechen damit der auf der Beschreibungstheorie fußenden Theorie von GELL-MANN[657].

In einem letzten Schritt erfolgt abschließend die Normierung der Relationenkomplexität. Wie eingangs erläutert, wird dazu der durchschnittliche Informationsgehalt der Knotengradverteilung

[654] Vgl. Fölling, C. et al. (2022), Mastering complexity, S. 163.
[655] Vgl. Bonchev, D. et al. (2005), Quantitative Measures of Network Complexity, S. 203ff.
[656] Vgl. ebd. S. 202ff., 213.
[657] Vgl. Gell-Mann, M. (2002), The Quark and the Jaguar, S. 30ff.

eines Planungsmoduls $I_{KV,i}$ mit dem maximalen durchschnittlichen Informationsgehalt der Knotengradverteilung aller Module im erweiterten Modell der Montageplanung $I_{KV,max}$ ins Verhältnis gesetzt und auf diese Weise normiert (vgl. Formel 5-9).[658]

$$\bar{K}_{R,i} = \frac{I_{KV,i}}{I_{KV,max}}\text{, mit} \qquad \text{Formel 5-9}$$

$I_{KV,i}$: *Durchschnittlicher Informationsgehalt der Knotengradverteilung des Planungsmoduls i*

$I_{KV,max}$: *Maximaler durchschnittlicher Informationsgehalt der Knotengradverteilung aller Planungsmodule des erweiterten Modells der Montageplanung*

Um den Schritt der Normierung durchzuführen, wurde das beschriebene Vorgehen auf alle 14 Planungsmodule des erweiterten Modells der Montageplanung angewandt. Aufgrund der statischen Natur dieser Komplexitätsdimension können die bestimmten Werte als konstant betrachtet werden. Änderungen sind nur bei projektspezifischen Aufteilungen einzelner Planungsmodule oder bei inhaltlichen Anpassungen von Planungsinkrementen erforderlich. Die Berechnung des durchschnittlichen Informationsgehalts der Knotengradverteilung aller Planungsmodule ergibt einen maximalen Wert von $I_{KV,max} = I_{KV,LAY} = 34{,}90$ für das Planungsmodul *Layoutplanung* (LAY). Dieser Wert dient folglich als Divisor zur Normierung der Relationenkomplexität $K_{R,i}$. Eine Übersicht über die Anzahl der Elemente n_i, die absoluten $I_{KV,abs.i}$ und durchschnittlichen Informationsgehalte der Knotengradverteilungen $I_{KV,i}$ sowie die normierte Relationenkomplexität der Planungsmodule $\bar{K}_{R,i}$ bietet Tabelle 5-5.

Tabelle 5-5: Übersicht über die normierte Relationenkomplexität der Planungsmodule der Montageplanung

ID	Planungsmodul i	n_i	$I_{KV,abs,i}$	$I_{KV,i}$	$\bar{K}_{R,i}$
APG	Arbeitsplatzgestaltung	15	354,22	23,61	0,6767
AVB	Arbeitsvorbereitung	24	218,60	9,11	0,2610
ITP	IT-Planung	11	112,95	10,27	0,2942
KAP	Kapazitätsplanung	8	82,42	10,30	0,2952
LAY	Layoutplanung	13	453,66	34,90	1,0000
POP	Personal- und Organisationsplanung	10	97,65	9,76	0,2798
PRO	Produktanalyse	8	92,67	11,58	0,3319
PLP	Produktionslogistikplanung	22	394,14	17,92	0,5134
PMP	Produktionsmittelplanung	8	101,05	12,63	0,3620
PRG	Produktionsprogrammplanung	10	138,55	13,86	0,3970
PST	Produktionssteuerungsplanung	7	240,30	34,33	0,9837
PSP	Produktionsstrukturplanung	7	75,20	10,74	0,3078
PZP	Prozessplanung	7	71,81	10,26	0,2940
TEP	Technologieplanung	10	126,61	12,66	0,3628

[658] Vgl. Fölling, C. et al. (2022), Mastering complexity, S. 163.

Während sich der Maximalwert der Relationenkomplexität für die Layoutplanung (LAY) ergibt, weist die Arbeitsvorbereitung (AVB) die geringste Relationenkomplexität unter den Montageplanungsmodulen auf. Sowohl die Elemente- als auch die Relationenkomplexität werden in Bezug auf das gesamte erweiterte Modell der Montageplanung normiert, sodass sich beide Komplexitätswerte unabhängig von der Größe des jeweiligen Montageplanungsprojekts im selben Wertebereich befinden und somit zu gleichen Anteilen berücksichtigt werden. Auf diese Weise können verschiedene Montageplanungsprojekte uneingeschränkt miteinander verglichen werden.

Zusammenführung der Elemente- und Relationenkomplexität

Nachdem die normierte Elementekomplexität $\overline{K}_{E,i}$ und die normierte Relationenkomplexität $\overline{K}_{R,i}$ der Montageplanungsmodule hergeleitet wurden, werden diese beiden Kernbestandteile nun im partiellen Komplexitätsmaß der quasistatisch-strukturellen Komplexität $K_{qs,i}$ zusammengeführt. Beide Komplexitätswerte werden gemäß der Formel 5-1 mit $g_E = g_R = 0{,}5$ als gleichgewichtete Summanden zum partiellen Komplexitätsmaß $K_{qs,i}$ addiert. Die Werte der quasistatisch-strukturellen Komplexität der 14 Planungsmodule des erweiterten Modells der Montageplanung sind in Tabelle 5-6 dargestellt, wobei jeweils die Maximalwerte grafisch hervorgehoben sind.

Tabelle 5-6: Übersicht über die quasistatisch-strukturelle Komplexität der Montageplanungsmodule

ID	Planungsmodul i	$\overline{K}_{E,i}$	$\overline{K}_{R,i}$	$K_{qs,i}$
APG	Arbeitsplatzgestaltung	0,6767	0,7705	0,7236
AVB	Arbeitsvorbereitung	0,2610	0,9830	0,6220
ITP	IT-Planung	0,2942	0,4955	0,3948
KAP	Kapazitätsplanung	0,2952	0,2780	0,2866
LAY	Layoutplanung	**1,0000**	0,5488	**0,7744**
POP	Personal- und Organisationsplanung	0,2798	0,4200	0,3499
PRO	Produktanalyse	0,3319	0,3002	0,3161
PLP	Produktionslogistikplanung	0,5134	**1,0000**	0,7567
PMP	Produktionsmittelplanung	0,3620	0,3120	0,3370
PRG	Produktionsprogrammplanung	0,3970	0,4002	0,3986
PST	Produktionssteuerungsplanung	0,9837	0,3596	0,6717
PSP	Produktionsstrukturplanung	0,3078	0,2829	0,2954
PZP	Prozessplanung	0,2940	0,2705	0,2822
TEP	Technologieplanung	0,3628	0,4027	0,3827

Zur Verdeutlichung der Zusammensetzung des partiellen Maßes der quasistatisch-strukturellen Komplexität $K_{qs,i}$ zeigt Abbildung 5-7 die grafische Repräsentation der gewichteten und normierten Werte der Elemente- und Relationenkomplexität der 14 Montageplanungsmodule. Es sei darauf hingewiesen, dass die angegebenen Komplexitätswerte den aktuellen, in dieser Arbeit vorgestellten Stand des erweiterten Modells der Montageplanung und des Aachener Fabrikplanungsvorgehens widerspiegeln und damit teilweise von individuellen Projekterfahrungen abweichen können. Veränderliche Projektkonfigurationen oder inhaltliche Änderungen einzelner Planungsinkremente können über das dargestellte Verfahren zur Bestimmung der quasistatisch-strukturellen Komplexität ohne Einschränkungen berücksichtigt werden.

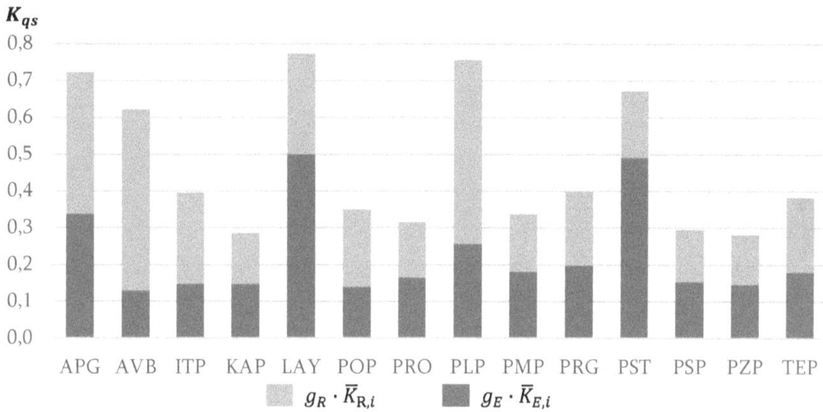

Montageplanungsmodule:		
APG: Arbeitsplatzgestaltung	POP: Personal- und Organisationsplanung	PST: Produktionssteuerungsplanung
AVB: Arbeitsvorbereitung	PRO: Produktanalyse	PSP: Produktionsstrukturplanung
ITP: IT-Planung	PLP: Produktionslogistikplanung	PZP: Prozessplanung
KAP: Kapazitätsplanung	PMP: Produktionsmittelplanung	TEP: Technologieplanung
LAY: Layoutplanung	PRG: Produktionsprogrammplanung	

Abbildung 5-7: Die quasistatisch-strukturelle Komplexität der Montageplanungsmodule

Abhängig von der Projektkonfiguration ergibt sich das Maß der quasistatisch-strukturellen Komplexität eines Montageplanungsprojekts K_{qs} nach Formel 5-10 aus der Summe der Komplexitätswerte der Planungsmodule des Projekts $K_{qs,i}$ (vgl. Tabelle 5-6).[659]

$$K_{qs} = \sum_{i=1}^{m} K_{qs,i}\,,mit \qquad \text{Formel 5-10}$$

$K_{qs,i}$: *Quasistatisch strukturelle Komplexität des Planungsmoduls i*
m: *Anzahl der Planungsmodule im Montageplanungsprojekt*

Aufgrund der per Definition geringen Veränderlichkeit der quasistatisch-strukturellen Komplexität können die in diesem Kapitel sowie im Anhang 8.5 angegebenen Komplexitätswerte als konstant betrachtet werden. Sofern innerhalb eines spezifischen Montageplanungsprojekts keine Anpassungen an den Planungsinkrementen und Planungsinformationen vorgenommen werden und Planungsmodule gesamthaft als Einheiten bearbeitet werden, können die Werte direkt auf ein

[659] Vgl. ebd. S. 163.

beliebig konfiguriertes Montageplanungsprojekt angewandt werden. So wird der Aufwand für die Bestimmung der planungsfallspezifischen Komplexität deutlich reduziert.

Insgesamt ist das partielle Maß der quasistatisch-strukturellen Komplexität K_{qs} ein lineares, einheitenloses Maß, welches maßgeblich durch die Art und Anzahl der Planungsmodule und Planungsinkremente eines Montageplanungsprojekts sowie durch deren informatorische Verknüpfung beeinflusst wird. Der maximale Wertebereich dieses partiellen Komplexitätsmaßes erstreckt sich aufgrund der Normierung von null bis eins mit $K_{qs} \in [0; 1]$.

5.2.3 Das partielle Maß der dynamisch-funktionalen Komplexität

Im Folgenden wird die Operationalisierung der dynamisch-funktionalen Komplexität hergeleitet, wozu das partielle Maß der dynamisch-funktionalen Komplexität K_{df} definiert wird.

Der zentrale Faktor der dynamisch-funktionalen Komplexität ist die Unsicherheit der Planungsinformationen (vgl. Kapitel 3.2.1). Die Dynamik des Projekts und der Projektumgebung ist kausal für das Auftreten unsicherer Planungsinformationen (vgl. Kapitel 2.2.1). Die Dynamik wird als namensgebender Treiber der dynamisch-funktionalen Komplexität organisatorisch in der Operationalisierung des dynamisch-funktionalen Komplexitätsmaßes K_{df} berücksichtigt. Die dynamisch-funktionale Komplexität bezieht sich definitionsgemäß auf das zeitabhängige Systemverhalten der Montageplanung als Funktion der Dynamik und damit auf die zeitliche Entwicklung der informatorischen Unsicherheit im Projektverlauf (vgl. Kapitel 2.3.5). Anders als das quasistatisch-strukturelle Komplexitätsmaß K_{qs} kann das dynamisch-funktionale Komplexitätsmaß K_{df} folglich nicht einmalig bestimmt werden. Infolge der Dynamik im Projektverlauf muss dieses partielle Komplexitätsmaß iterativ bestimmt werden, um so eine planungsfallspezifische Entscheidung zu dem für die Methodenauswahl relevanten Zeitpunkt zu ermöglichen. Die Unsicherheit der Planungsinformationen wird gemäß der Konzeption des Komplexitätsmaßes über die Wahrscheinlichkeit für die Sicherheit einer Planungsinformation operationalisiert.

In Kapitel 3.2.1 wurden bestehende Ansätze zur Operationalisierung der dynamisch-funktionalen Komplexität vorgestellt. Neben den nur eingeschränkt auf die vorliegende Arbeit anwendbaren entropiebasierten Ansätzen wurden weitere Ansätze zur Operationalisierung der dynamisch-funktionalen Komplexität vorgestellt, in denen die Komplexität über den durch Wahrscheinlichkeiten ausgedrückten Informationsgehalt quantifiziert wird. Diese Ansätze basieren auf dem Informationsaxiom nach SUH.[660] Hervorzuheben ist hier der Ansatz nach FISCHI ET AL., in dem informatorische Unsicherheiten explizit berücksichtigt werden. Diese Unsicherheiten werden anhand der Wahrscheinlichkeiten für die Vorhersagbarkeit eines Systems operationalisiert und zur Komplexitätsmessung genutzt.[661] Die Ansätze zur Operationalisierung der dynamisch-funktionalen Komplexität auf Basis des Informationsaxioms nach SUH beruhen auf der Abschätzung von Wahrscheinlichkeiten durch Fachleute mit entsprechender Expertise. Diese Ansätze bilden im Folgenden die Grundlage für das dynamisch-funktionale Komplexitätsmaß K_{df}.

[660] Vgl. Suh, N. P. (1995), Designing-in of Quality, S. 257ff.

[661] Vgl. Fischi, J. et al. (2017), Dynamic Complexity Measures, S. 2018ff.

Die Unsicherheit von Planungsinformationen als zentraler Faktor zur Bestimmung der dynamisch-funktionalen Komplexität bezieht sich im erweiterten Modell der Montageplanung auf die eingehenden Planungsinformationen des jeweiligen Planungsmoduls. Die Unsicherheit der zu verarbeitenden Planungsinformationen determiniert deren Verlässlichkeit und damit die Nutzbarkeit der Informationen in den aufbauenden Planungsschritten. Je höher die Sicherheit einer Planungsinformation ist, desto einfacher und konkreter kann mit ihr geplant werden. Zur Bestimmung der dynamisch-funktionalen Komplexität K_{df} müssen also die Wahrscheinlichkeiten für die Sicherheit der eingehenden Planungsinformationen abgeschätzt bzw. prognostiziert werden. Gemäß dem Ansatz von FISCHI ET AL. erfolgt die erforderliche Bewertung der Wahrscheinlichkeiten für die Sicherheit der Planungsinformationen anhand von Expertenschätzungen[662]. Abweichend vom Ansatz nach KRUNKE erfolgt die Bewertung der Informationssicherheit direkt und nicht nach der Änderungswahrscheinlichkeit und -breite von Informationen, da eine quantitative Umsetzung dieses Ansatzes laut dem Autor nicht oder nur mit hohem Aufwand möglich ist[663]. Damit widerspräche diese Betrachtungsweise den formulierten Anforderungen an eine quantitative Operationalisierung der Komplexität und an geringen Aufwand in der Umsetzung.

Die Quantifizierung der dynamisch-funktionalen Komplexität auf Basis der Wahrscheinlichkeiten für die Sicherheit der Eingangsinformationen basiert auf dem Ansatz nach FISCHI ET AL. sowie dem Informationsaxiom nach SUH. Die dynamisch-funktionale Komplexität $K_{df,i}$ wird entsprechend als Summe über den negativen Logarithmus Dualis der Wahrscheinlichkeiten $p_{i,x}$ für die Sicherheit der Eingangsinformationen x des Planungsmoduls i berechnet (vgl. Formel 5-11)[664]. Die dynamisch-funktionale Komplexität $K_{df,i}$ entspricht demnach der Summe der Informationsgehalte aller internen sowie externen Eingangsinformationen x eines Planungsmoduls i.[665]

$$K_{df,i} = -\sum_{x=1}^{z_{ein,i}} log_2\, p_{i,x}\,, mit \qquad \text{Formel 5-11}$$

p_{ix}: *Wahrscheinlichkeit für die Sicherheit der Eingangsinformation x des Planungsmoduls i*

$z_{ein,i}$: *Anzahl der Eingangsinformationen des Planungsmoduls i*

Die Nutzung des Logarithmus Dualis zur Bestimmung der Unsicherheit bzw. der dynamisch-funktionalen Komplexität geht auf die Informationstheorie nach ASHBY zurück[666]. Über den Logarithmus lässt sich der Verlauf der Informationsunsicherheit treffend modellieren. Je geringer die Wahrscheinlichkeit für die Sicherheit einer Eingangsinformation ist, desto größer ist der für die Beschreibung der Information notwendige Informationsgehalt. Der Informationsgehalt steigt dabei exponentiell. Größere Unsicherheiten bzw. geringere Wahrscheinlichkeiten der Informa-

[662] Vgl. ebd. S. 2026.
[663] Vgl. Krunke, M. (2017), Reifegradmanagement, S. 101f.
[664] Vgl. Suh, N. P. (1995), Designing-in of Quality, S. 259; Fischi, J. et al. (2017), Dynamic Complexity Measures, S. 2020.
[665] Vgl. Fölling, C. et al. (2022), Mastering complexity, S. 164.
[666] Vgl. Ashby, W. R. (1957), Introduction to Cybernetics, S. 126.

tionssicherheit weisen eine exponentiell stärkere Auswirkung auf den Anstieg des Informationsgehalts auf. Der Anstieg des Informationsgehalts wiederum korreliert nach FISCHI ET AL. direkt mit dem Anstieg der dynamisch-funktionalen Komplexität[667]. Je niedriger also die Wahrscheinlichkeit für die Sicherheit einer Planungsinformation ist, desto höher ist der Wert der dynamisch-funktionalen Komplexität $K_{df,i}$ des jeweiligen Planungsmoduls i.

Das partielle Maß der dynamisch-funktionalen Komplexität eines Montageplanungsprojekts K_{df} ergibt sich aus der Summe der Werte der einzelnen Planungsmodule $K_{df,i}$ (vgl. Formel 5-12)[668].

$$K_{df} = \sum_{i=1}^{m} K_{df,i} \text{ , } mit \qquad \text{Formel 5-12}$$

$K_{df,i}$: *Dynamisch funktionale Komplexität des Planungsmoduls i*
m: *Anzahl der Planungsmodule im Montageplanungsprojekt*

Es wird deutlich, dass die Bestimmung des dynamisch-funktionalen Komplexitätsmaßes K_{df} weniger aufwändig ist als die des quasistatisch-strukturellen Komplexitätsmaßes K_{qs}. Aufgrund des dynamischen Charakters dieser Komplexitätsdimension muss die Bestimmung im Projektverlauf jedoch mehrfach erfolgen[669]. Dieser Umstand wird im vierten Teilmodell zur Methodenauswahl in der hybriden Montageplanung beleuchtet (vgl. Kapitel 5.4). Der Aufwand zur Bestimmung des dynamisch-funktionalen Komplexitätsmaßes K_{df} ergibt sich aus der Schätzung der Wahrscheinlichkeiten für die Sicherheit der eingehenden Planungsinformationen durch Fachleute mit projektspezifischem Fachwissen. Der Aufwand hängt dabei von der Art und Anzahl der Planungsmodule ab, wobei die Anzahl der zu schätzenden Wahrscheinlichkeiten je Planungsmodul zwischen sechs (TEP, PMP) und 31 Eingangsinformationen (LAY) variiert.

Ein wichtiges Hilfsmittel zur Bewertung der Sicherheit von Planungsinformationen liefert die Attribuierung der Planungsinformationen des Aachener Fabrikplanungsvorgehens nach KRUNKE. In diesem Ansatz werden Planungsinformationen in Planungsattribute dekomponiert, um den informatorischen Reifegrad und die Informationssicherheit in dieser feineren Granularität besser bewerten zu können. Auf diese Weise wird eine Objektivierung und Präzisierung der Expertenschätzungen erzielt.[670] Dennoch bleibt aufgrund der Dynamik des Projekts eine individuelle Beurteilung der Wahrscheinlichkeiten durch qualifizierte Fachleute unerlässlich.

Aufgrund der Dynamik der dynamisch-funktionalen Komplexität können an dieser Stelle keine festen Komplexitätswerte genannt werden. Um dennoch einen Überblick über die Ausprägungen des partiellen Maßes der dynamisch-funktionalen Komplexität $K_{df,i}$ für die Planungsmodule des erweiterten Modells der Montageplanung zu schaffen, sind in Tabelle 5-7 die entsprechenden Komplexitätswerte in Abhängigkeit von ausgewählten Wahrscheinlichkeitswerten für die Sicherheit der eingehenden Planungsinformationen $p_{i,x}$ zwischen 5% und 95% angegeben. Zur Vereinfachung werden hier für die Sicherheit aller Eingangsinformationen der 14 Planungsmodule jeweils dieselben Wahrscheinlichkeitswerte angenommen.

[667] Vgl. Suh, N. P. (1995), Designing-in of Quality, S. 259.
[668] Vgl. Fölling, C. et al. (2022), Mastering complexity, S. 164.
[669] Vgl. ebd. S. 164.
[670] Vgl. Krunke, M. (2017), Reifegradmanagement, S. 91, 103.

Tabelle 5-7: Übersicht über die dynamisch-funktionale Komplexität der Montageplanungsmodule

ID	$z_{ein,i}$	Dynamisch-funktionale Komplexität $K_{df,i}(p_{i,x})$						
		$p_{i,x} = 0{,}05$	$p_{i,x} = 0{,}1$	$p_{i,x} = 0{,}25$	$p_{i,x} = 0{,}5$	$p_{i,x} = 0{,}75$	$p_{i,x} = 0{,}9$	$p_{i,x} = 0{,}95$
APG	17	73,47	56,47	34,00	17,00	7,06	2,58	1,26
AVB	7	30,25	23,25	14,00	7,00	2,91	1,06	0,52
ITP	11	47,54	36,54	22,00	11,00	4,57	1,67	0,81
KAP	8	34,58	26,58	16,00	8,00	3,32	1,22	0,59
LAY	31	133,98	102,98	62,00	31,00	12,87	4,71	2,29
POP	8	34,58	26,58	16,00	8,00	3,32	1,22	0,59
PRO	7	30,25	23,25	14,00	7,00	2,91	1,06	0,52
PLP	21	90,76	69,76	42,00	21,00	8,72	3,19	1,55
PMP	6	25,93	19,93	12,00	6,00	2,49	0,91	0,44
PRG	9	38,90	29,90	18,00	9,00	3,74	1,37	0,67
PST	16	69,15	53,15	32,00	16,00	6,64	2,43	1,18
PSP	9	38,90	29,90	18,00	9,00	3,74	1,37	0,67
PZP	9	38,90	29,90	18,00	9,00	3,74	1,37	0,67
TEP	6	25,93	19,93	12,00	6,00	2,49	0,91	0,44

Die logarithmische Entwicklung des einheitenlosen dynamisch-funktionalen Komplexitätsmaßes $K_{df,i}$ und dessen Abhängigkeit von der Wahrscheinlichkeit $p_{i,x}$ für die Sicherheit einer Planungsinformation wird durch die grafische Darstellung der Werte in Abbildung 5-8 verdeutlicht.

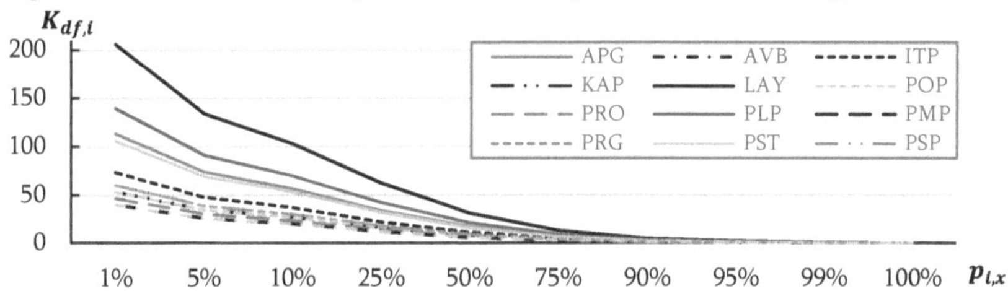

Montageplanungsmodule:		
APG: Arbeitsplatzgestaltung	POP: Personal- und Organisationsplanung	PST: Produktionssteuerungsplanung
AVB: Arbeitsvorbereitung	PRO: Produktanalyse	PSP: Produktionsstrukturplanung
ITP: IT-Planung	PLP: Produktionslogistikplanung	PZP: Prozessplanung
KAP: Kapazitätsplanung	PMP: Produktionsmittelplanung	TEP: Technologieplanung
LAY: Layoutplanung	PRG: Produktionsprogrammplanung	

Abbildung 5-8: Die Wahrscheinlichkeitsabhängigkeit des dynamisch-funktionalen Komplexitätsmaßes

Mit einem steigenden Reifegrad der Planung und einer damit einhergehenden Steigerung der Sicherheit der Planungsinformationen $p_{i,x}$ ist folglich im Projektverlauf mit sinkenden Werten der dynamisch-funktionalen Komplexität der Montageplanung zu rechnen[671].

---

[671] Vgl. ebd. S. 73.

5.2.4 Das integrative Komplexitätsmaß der Montageplanung

Nachdem die partiellen Maße der quasistatisch-strukturellen und der dynamisch-funktionalen Komplexität hergeleitet wurden, werden beide in diesem Kapitel zum integrativen Komplexitätsmaß K der Montageplanung aggregiert. Das Komplexitätsmaß K stellt ein integratives Maß für sowohl die quasistatisch-strukturelle als auch die dynamisch-funktionale Komplexitätsdimension der Montageplanung dar und ermöglicht so die umfassende Operationalisierung der Komplexität in der Montageplanung. Durch die integrative Betrachtung beider Komplexitätsdimensionen und die Objektivierung des planungsfallspezifischen Komplexitätsbedarfs wird die zentrale Voraussetzung für eine systematische Methodenauswahl in der hybriden Montageplanung geschaffen.

Die vorangegangenen Kapitel 5.2.2 und 5.2.3 haben gezeigt, dass kein kausaler Zusammenhang zwischen den partiellen Maßen der quasistatisch-strukturellen und der dynamisch-funktionalen Komplexitätsdimension besteht[672]. Folglich können die partiellen Komplexitätsmaße K_{qs} und K_{df} nicht über einen formelmäßigen Zusammenhang in einem einzigen Maß zusammengefasst werden. Stattdessen werden die partiellen Komplexitätsmaße in einem zweidimensionalen Komplexitätsmaß aggregiert. Der mathematischen Mengenlehre folgend, wird das integrative Komplexitätsmaß der Montageplanung K dazu in Form von geordneten Wertepaaren $K = (K_{qs}; K_{df})$ formuliert.[673] So entsteht eine geordnete Verbindung der partiellen Komplexitätsmaße.[674]

Dem zweidimensionalen Charakter des integrativen Komplexitätsmaßes K wird auch in dessen grafischer Repräsentation Rechnung getragen. Die Grundlage für die grafische Darstellung ist das zweidimensionale Komplexitätsdiagramm (vgl. Abbildung 5-9). Das Komplexitätsdiagramm wird durch eine lineare Ordinate für das partielle Maß der quasistatisch-strukturellen Komplexität K_{qs} und eine logarithmische Abszisse für das partielle Maß der dynamisch-funktionalen Komplexität K_{df} aufgespannt.[675] Der Maßstab der Achsen ist entsprechend der quantitativen Ergebnisse zu den partiellen Komplexitätsmaßen aus den Kapiteln 5.2.2 und 5.2.3 gewählt.

In Abbildung 5-9 sind zudem ausgewählte geordnete Wertepaare des integrativen Komplexitätsmaßes K der Montageplanung eingetragen. Die Werte der partiellen Komplexitätsmaße K_{qs} und K_{df} wurden in den vorherigen Kapiteln hergeleitet und sind zusammenfassend in Tabelle 5-6 bzw. Tabelle 5-7 dargestellt. Je Planungsmodul sind dabei die Werte der dynamisch-funktionalen Komplexität K_{df} für die Wahrscheinlichkeiten der Informationssicherheit von 5%, 50% und 95% angegeben. Zur Vereinfachung handelt es sich um Durchschnittswerte der Informationssicherheit der Planungsinformationen. Es wird also für die grafische Darstellung vereinfachend davon ausgegangen, dass alle Planungsinformationen dieselbe Informationssicherheit aufweisen. Eine Darstellung für unterschiedliche Wahrscheinlichkeitswerte ist uneingeschränkt möglich.

[672] Vgl. DIN Deutsches Institut für Normung (2015), DIN EN ISO 9000, Qualitätsmanagementsysteme, S. 34.
[673] Vgl. Fölling, C. et al. (2022), Mastering complexity, S. 164.
[674] Vgl. Hausdorff, F. (1978), Grundzüge der Mengenlehre, S. 32f.
[675] Vgl. Fölling, C. et al. (2022), Mastering complexity, S. 164.

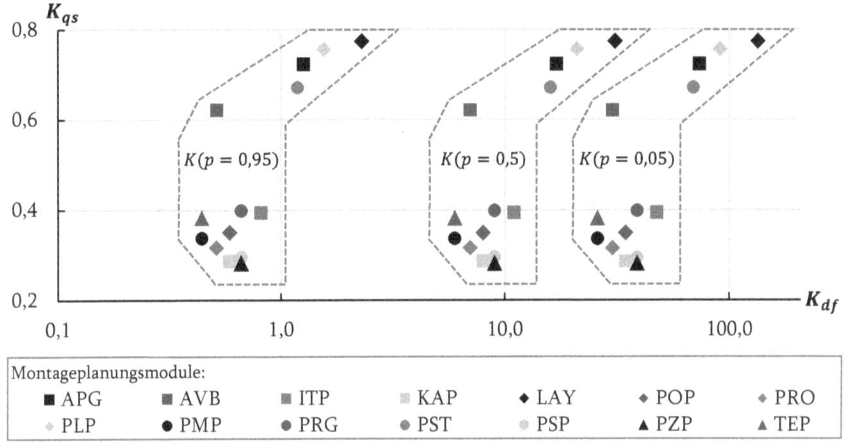

Abbildung 5-9: Komplexitätswerte im Komplexitätsdiagramm [676]

Die Logik der partiellen Komplexitätsmaße wird durch die Anordnung der geordneten Wertepaare des integrativen Komplexitätsmaßes im Komplexitätsdiagramm widergespiegelt. Es ist leicht zu erkennen, dass die quasistatisch-strukturellen Komplexitätswerte der Module $K_{qs,i}$ für alle Werte der Wahrscheinlichkeit für die Sicherheit der Planungsinformationen auf einer horizontalen Geraden liegen, wodurch die Konstanz dieser Komplexitätsdimension im Projektverlauf repräsentiert wird. Die Werte des partiellen Maßes der dynamisch-funktionalen Komplexität K_{df} nehmen mit steigender Wahrscheinlichkeit für die Sicherheit der Planungsinformationen ab. Die geordneten Wertepaare $K_i = (K_{qs,i}; K_{df,i})$ des integrativen Komplexitätsmaßes eines Planungsmoduls i bewegen sich folglich mit zunehmendem informatorischem Reifegrad im Projektverlauf horizontal von rechts nach links.[677] Durch die horizontalen Abstände der geordneten Wertepaare je Modul wird dabei die logarithmische Entwicklung des dynamisch-funktionalen Komplexitätsmaßes $K_{df,i}$ deutlich. Insgesamt fällt auf, dass das Planungsmodul *Layoutplanung* (LAY) die höchsten Werte in beiden Komplexitätsdimensionen aufweist.

Da das integrative Komplexitätsmaß K einheitenlos ist, ist die Aussagekraft der grafischen Anordnung eines Planungsmoduls im Komplexitätsdiagramm zunächst limitiert. Erkenntnisse bezüglich der planungsfall- oder projektspezifischen Komplexität lassen sich jedoch aus der relativen Lage der geordneten Wertepaare zueinander oder zu definierten Grenzen gewinnen. So lassen sich durch die Anwendung des vorgestellten Komplexitätsmaßes jegliche Montageplanungsprojekte hinsichtlich ihrer Komplexität miteinander vergleichen. Auf diese Weise ergeben sich aus dem integrativen Komplexitätsmaß K der Montageplanung Vorteile und Anknüpfungspunkte, die über die Zielsetzung dieser Arbeit hinausgehen.

[676] I. A. a. ebd. S. 164.

[677] Vgl. ebd. S. 164.

Im Fokus dieses Teilmodells steht jedoch die Bewertung des planungsfallspezifischen Komplexitätsbedarfs der Montageplanung. Dieser beschreibt definitionsgemäß die planungsfallspezifisch zu beherrschende Komplexität der Montageplanung als Anforderung an die einzusetzende Planungsmethode (vgl. Kapitel 2.4). Durch die Beantwortung der zweiten Unterforschungsfrage dieser Arbeit wird so eine Lösung zum zweiten identifizierten Handlungsbedarf geliefert:

Durch das integrative Komplexitätsmaß K der Montageplanung kann der Komplexitätsbedarf der Montageplanung in seiner quasistatisch-strukturellen sowie dynamisch-funktionalen Komplexitätsdimension quantitativ operationalisiert und somit objektiviert werden.

Das Ergebnis des explikativen Modells zur Bewertung des planungsfallspezifischen Komplexitätsbedarfs der Montageplanung ist das integrative Komplexitätsmaß K der Montageplanung samt dessen grafischer Repräsentation im Komplexitätsdiagramm. Dieses neuartige Ergebnis stellt einen zentralen Erkenntnisgewinn der vorliegenden Arbeit dar. Im übergeordneten Lösungskonzept baut das integrative Komplexitätsmaß K auf dem erweiterten Modell der Montageplanung als Bewertungsgrundlage auf und ermöglicht so die Bestimmung des planungsfallspezifischen Komplexitätsbedarfs der Montageplanung. Der Detailgrad des erweiterten Modells der Montageplanung erlaubt die Ableitung und Quantifizierung der benötigten Faktoren, sodass der planungsfallspezifische Komplexitätsbedarf fundiert auf Ebene einzelner Planungsmodule bestimmt werden kann. Der identifizierte planungsfallspezifische Komplexitätsbedarf der Montageplanung fungiert als Anforderung an die dominanten Planungsmethoden, welche durch ihre Eigenschaften eine suffiziente Beherrschung der vorherrschenden Komplexität ermöglichen sollen.

Die Darstellung des integrativen Komplexitätsmaßes im Komplexitätsdiagramm dient als Grundlage für die grafisch unterstütze Entscheidungsfindung zur planungsfallspezifischen Methodenauswahl im Rahmen der hybriden Montageplanung. Um jedoch die dominanten Methoden systematisch auswählen zu können, werden konkrete Grenzwerte im Komplexitätsdiagramm benötigt, welche die Komplexitätspotenziale plangetriebener und agiler Methoden repräsentieren. Zur Auswahl der dominanten Planungsmethoden müssen die durch die Lage der geordneten Wertepaare $K_i = (K_{qs,i}; K_{df,i})$ beschriebenen Komplexitätsbedarfe der Planungsmodule relativ zur Grenze zwischen dem plangetriebenen und dem agilen Dominanzbereich im Komplexitätsdiagramm bestimmt werden.

5.3 Die Komplexitätspotenziale in der hybriden Montageplanung

Die zugrundeliegende Zielsetzung dieser Arbeit ist die systematische Identifikation und die gezielte Kombination planungsfallspezifisch dominanter Methoden zur Beherrschung der Komplexität in der Montageplanung. Dem Lösungskonzept dieser Arbeit folgend, erfolgt die Bestimmung der dominanten Methoden durch den Abgleich des Komplexitätsbedarfs der Montageplanung mit den Komplexitätspotenzialen plangetriebener und agiler Methoden. Im vorangegangenen ersten explikativen Modell des Lösungskonzepts dieser Arbeit wurde mit dem integrativen Komplexitätsmaß K der Montageplanung ein Werkzeug zur Operationalisierung und Quantifizierung des Komplexitätsbedarfs der Montageplanung geschaffen. Damit ist die erste der zu vergleichenden

Größen bekannt. Die zweite für die systematische Methodenauswahl benötigte Größe wird im zweiten explikativen Modell zur Bewertung der Komplexitätspotenziale plangetriebener und agiler Methoden bestimmt. Dieses Teilmodell verfolgt entsprechend das Ziel, die spezifischen Komplexitätspotenziale plangetriebener und agiler Methoden zu bewerten, um auf dieser Grundlage die dominanten Methoden zur Beherrschung der planungsfallspezifischen Komplexität der Montageplanung zu bestimmen. Auf diese Weise soll die dritte Unterforschungsfrage nach den Komplexitätspotenzialen plangetriebener und agiler Methoden beantwortet werden, um dadurch eine Lösung zum dritten identifizierten Handlungsbedarf zu schaffen.

Zu den gesuchten Komplexitätspotenzialen plangetriebener und agiler Methoden wurden in Kapitel 3.3.4 Hypothesen formuliert, welche auf den inhaltlichen Parallelen zwischen plangetriebenen Methoden und dem konstruktivistisch-technomorphen Ansatz der Komplexitätsbeherrschung sowie zwischen agilen Methoden und dem systemisch-evolutionären Ansatz der Komplexitätsbeherrschung basieren. Die Hypothesen besagen, dass plangetriebene Methoden großes Potenzial zur Beherrschung der quasistatisch-strukturellen Komplexität und agile Methoden großes Potenzial zur Beherrschung der dynamisch-funktionalen Komplexität der Montageplanung aufweisen. Der Forschungskonzeption der angewandten Wissenschaften folgend, werden diese Hypothesen im vorliegenden Kapitel detailliert und weiterentwickelt, um neue Erkenntnisse zu den Komplexitätspotenzialen plangetriebener und agiler Methoden zu generieren.

Die Ergebnisse der im Rahmen dieser Arbeit durchgeführten empirischen Studie (vgl. Anhang 8.1.4) sowie die Erkenntnisse aus der Untersuchung der problembezogenen Theorien und Verfahren (vgl. Kapitel 3.3 und 3.4) haben gezeigt, dass die Potenziale plangetriebener und agiler Methoden zur Beherrschung von Komplexität bisher nicht explizit bekannt sind und folglich keine gezielte Anwendung in der Methodenauswahl finden. In der Konsequenz gilt es, in dieser Arbeit durch ein geeignetes Verfahren neue Erkenntnisse zu den Komplexitätspotenzialen der Methoden zu erzeugen. Die bisher aufgestellten Hypothesen bezüglich der Komplexitätspotenziale basieren auf den konstituierenden Eigenschaften plangetriebener und agiler Methoden. Darauf aufbauend sollen nun in einem empirisch-induktiven Vorgehen nach ULRICH UND HILL[678] die korrelationalen Beziehungen zwischen den konstituierenden Methodeneigenschaften und der Beherrschung der quasistatisch-strukturellen sowie der dynamisch-funktionalen Komplexität untersucht werden. Die empirische Untersuchung dieser Korrelation zur Ermittlung der Komplexitätspotenziale plangetriebener und agiler Methoden wird methodisch anhand des *Analytic Hierarchy Process* (AHP) nach SAATY[679] durchgeführt.

Im Folgenden werden dazu zunächst die Methodik und die Anwendung des AHP erläutert (Kapitel 5.3.1), bevor die erzielten Ergebnisse bezüglich der Komplexitätspotenziale zur Beherrschung der quasistatisch-strukturellen sowie der dynamisch-funktionalen Komplexität dargestellt werden (Kapitel 5.3.2). Aus diesen Ergebnissen werden abschließend die Erkenntnisse zu den Komplexitätspotenzialen plangetriebener und agiler Methoden generiert (Kapitel 5.3.3).

---

[678] Vgl. Ulrich, P. et al. (1976), Wissenschaftstheoretische Grundlagen (Teil 2), S. 348.

[679] Vgl. Saaty, T. L. (1990), The Analytic Hierarchy Process, S. 9ff.; Saaty, T. L. (2004), The Analytic Hierarchy and Network Processes, S. 1ff.; Saaty, T. L. (2008), Decision making, S. 83ff.

5.3.1 Die Methodik des Analytic Hierarchy Process

In diesem Kapitel wird die Methodik des AHP vorgestellt, anhand derer die spezifischen Komplexitätspotenziale plangetriebener und agiler Methoden empirisch ermittelt werden sollen.

Zunächst beschreibt die Bestimmung der planungsfallspezifisch dominanten Planungsmethode ein Entscheidungsproblem, in dem diejenige Methode identifiziert werden soll, deren konstituierende Eigenschaften das größte Potenzial zur Beherrschung der durch das integrative Komplexitätsmaß K operationalisierten Komplexität der Montageplanung in ihrer quasistatisch-strukturellen sowie dynamisch-funktionalen Dimension aufweisen. In dieser Entscheidung müssen die in Kapitel 3.3 identifizierten konstituierenden Methodeneigenschaften berücksichtigt werden.

Die Methodik des AHP stellt einen Ansatz zum Treffen solch multikriterieller Entscheidungen dar. Das namensgebende Merkmal der Methodik ist die hierarchische Strukturierung der relevanten Entscheidungskriterien.[680] Die Entscheidungsfindung im AHP basiert auf der Priorisierung von Alternativen bezüglich des angestrebten Ziels. Die Priorisierung erfolgt anhand von paarweisen Vergleichen der Kriterien miteinander, welche auf Basis von Expertenbeurteilungen durchgeführt werden. Dabei wird im AHP auch die Konsistenz der Bewertungen beurteilt.[681]

In dieser Arbeit kommt der AHP zur Anwendung, da er eine Reihe vorteilhafter Eigenschaften gegenüber alternativen Methoden zur Entscheidungsfindung, wie der weitverbreiteten Nutzwertanalyse, aufweist. Ein immanenter Vorteil des AHP liegt in der hierarchischen Strukturierung des Problems mit allen Elementen der Entscheidung, wodurch eine hohe Transparenz und Übersichtlichkeit erzeugt wird[682]. Des Weiteren ermöglicht der AHP nicht nur die Auswahlentscheidung für die am besten geeignete Lösungsalternative, sondern er bewertet alle Lösungsalternativen und gibt deren quantitative Priorisierung an[683]. Ein weiterer Vorteil betrifft die direkte Vergleichbarkeit quantitativer und qualitativer Entscheidungskriterien sowie die Bewertung qualitativer Kriterien durch paarweise Vergleiche[684]. Dies ist insbesondere aufgrund des qualitativen Charakters der konstituierenden Methodenmerkmale für diese Arbeit relevant. Durch den Einsatz paarweiser Vergleiche kann bei der Anwendung des AHP auf die Festlegung einer individuellen Nutzenfunktion verzichtet werden, wodurch Entscheidungen bestmöglich objektiviert werden. Weiterhin beinhaltet der AHP eine Konsistenzanalyse, durch die Inkonsistenzen und Widersprüche in den Bewertungen, welche insbesondere bei multikriteriellen Entscheidungen auftreten können, aufgedeckt und korrigiert werden[685]. Ein weiterer Vorteil ist die Anwendbarkeit des AHP in Gruppenentscheidungsprozessen. Hierzu sind im AHP mathematische Operationen zur Aggregation von Einzelbewertungen zu einer Gesamtbewertung definiert[686].

---

680 Vgl. Saaty, T. L. (1990), The Analytic Hierarchy Process, S. 9.
681 Vgl. Saaty, T. L. (2008), Decision making, S. 83.
682 Vgl. Riedl, R. (2006), Analytischer Hierarchieprozess, S. 117.
683 Vgl. Westphal, D. (2016), Adaptive Verkürzung des Analytischen Hierarchie Prozesses, S. 27.
684 Vgl. Riedl, R. (2006), Analytischer Hierarchieprozess, S. 118; Saaty, T. L. (2008), Relative Measurement, S. 256.
685 Vgl. Saaty, T. L. (1990), The Analytic Hierarchy Process, S. 12ff.
686 Vgl. Riedl, R. (2006), Analytischer Hierarchieprozess, S. 117f.; Saaty, T. L. (2008), Decision making, S. 95.

Zielsetzung und Struktur der AHP-Studie

Neben den genannten Vorteilen zeichnet sich der AHP durch einen strukturierten Entscheidungsprozesses in fünf konsekutiven Schritten aus[687]. Diese sind in Abbildung 5-10 in Form eines Flussdiagramms dargestellt und werden im Folgenden detailliert vorgestellt.

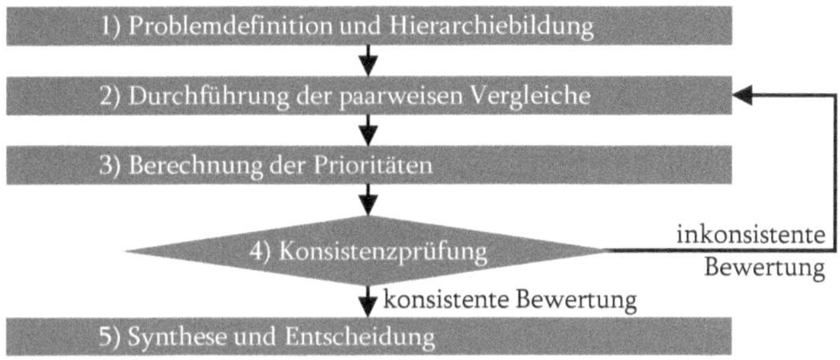

Abbildung 5-10: Flussdiagramm des Analytic Hierarchy Process [688]

In einem ersten, vorbereitenden Schritt erfolgt die **Problemdefinition und Hierarchiebildung**[689]. Dazu wird das vorliegende Entscheidungsproblem mit allen relevanten Entscheidungsfaktoren in einem Top-Down-Ansatz in übergeordnete Ziele, Kriterien bzw. Teilziele und Alternativen als hierarchische Ebenen untergliedert (vgl. Abbildung 5-11).[690] Gemäß der Zielsetzung dieser Arbeit bilden die allgemeinen Kosten-, Termin- und Leistungsziele die übergeordneten Ziele. Zur Optimierung der Planungsergebnisse gilt es, die planungsfallspezifische Komplexität der Montageplanung in ihrer quasistatisch-strukturellen sowie dynamisch-funktionalen Dimension zu beherrschen. Die Beherrschung dieser Komplexitätsdimensionen stellt folglich die mittlere Ebene der Kriterien bzw. Teilziele dar. Die dritte Ebene bilden schließlich die konstituierenden Eigenschaften plangetriebener und agiler Methoden bezüglich deren Grundhaltung, Ablauf- und Aufbauorganisation sowie der jeweils typischen Arbeitsweise (vgl. Kapitel 3.3.4). Zur Generierung der gewünschten Erkenntnisse über die Komplexitätspotenziale der Methoden liegt der Fokus folglich auf den Relationen zwischen den konstituierenden Methodeneigenschaften und der Beherrschung der Komplexitätsdimensionen. Zur Untersuchung der Komplexitätspotenziale liegt der Fokus aus zweierlei Gründen auf den konstituierenden Methodeneigenschaften statt auf den Methoden selbst. Einerseits kann so aufgrund der feineren Granularität eine genauere Entscheidung unter Berücksichtigung der für das Komplexitätspotenzial kausalen Methodeneigenschaften getroffen werden.[691] Andererseits wird durch diese Form der anonymisierten Darstellung plangetriebener und agiler Methoden dem Umstand Rechnung getragen, dass die Komplexitätspotenziale der Methoden, wie oben gezeigt, in Praxis und Forschung bislang nicht explizit bekannt sind

[687] Vgl. Riedl, R. (2006), Analytischer Hierarchieprozess, S. 118.

[688] I. A. a. Zimmermann, H.-J. et al. (1991), Multi-Criteria Analyse, S. 70; Werani, T. (2004), Bewertung von Kundenbindungsstrategien, S. 91.

[689] Vgl. Saaty, T. L. (2008), Decision making, S. 85.

[690] Vgl. Saaty, T. L. (1990), The Analytic Hierarchy Process, S. 9.

[691] Vgl. Fölling, C. et al. (2022), Mastering complexity, S. 165f.

und somit nicht direkt eruiert werden können. Im vorliegenden Anwendungsfall ist die Voraussetzung für die Anwendung des AHP, die besagt, dass keine Beziehungen zwischen den Elementen einer Ebene bestehen dürfen, erfüllt[692].

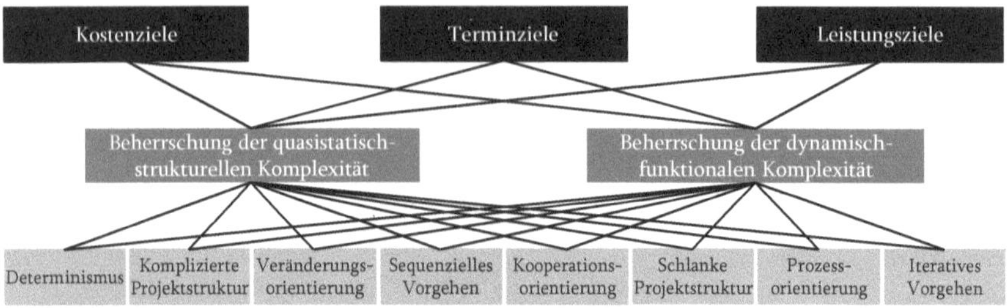

Abbildung 5-11: Entscheidungshierarchie des Analytic Hierarchy Process [693]

Der zweite Schritt umfasst die **Durchführung der paarweisen Vergleiche**[694]. Hierbei werden jeweils alle Elemente einer Hierarchieebene in Bezug auf ein Element der übergeordneten Ebene miteinander verglichen.[695] Die Anzahl der durchzuführenden paarweisen Vergleiche n_{PV} je Element in der jeweils übergeordneten Hierarchieebene wird nach Formel 5-13 berechnet[696].

$$n_{PV} = \frac{n_E \cdot (n_E - 1)}{2}, mit \qquad \text{Formel 5-13}$$

n_E: *Anzahl der zu vergleichenden Elemente einer Hierarchieebene je übergeordnetem Element*

Damit sind zur Bewertung der Entscheidungshierarchie des AHP in dieser Arbeit insgesamt $n_{PV,ges} = 59$ paarweise Vergleiche nötig, wobei das Gros von $n_{PV} = 56$ Vergleichen auf die mittlere Ebene entfällt. Die Durchführung der paarweisen Vergleiche erfolgt sukzessive[697]. Auf diese Weise wird ein komplexes Entscheidungsproblem in einfache Vergleiche dekomponiert[698].

Die Bewertung der Alternativen je Vergleich erfolgt anhand der AHP-Bewertungsskala nach SAATY. Anhand dieser Skala wird die relative Wichtigkeit eines Elements in Bezug auf das jeweils andere Element des Vergleichs zwischen gleicher und extrem hoher bzw. extrem niedriger Wichtigkeit bewertet. Dafür werden zwischen einem und neun Punkten vergeben, wobei auch Zwischenwerte möglich sind. Für das jeweils andere Element des Vergleichs ergibt sich der Reziprokwert dazu.[699] Bezogen auf die Fragestellung dieser Arbeit wird die Skala dahingehend präzisiert,

[692] Vgl. Saaty, T. L. (2008), Relative Measurement, S. 270; Riedl, R. (2006), Analytischer Hierarchieprozess, S. 117.
[693] I. A. a. Fölling, C. et al. (2022), Mastering complexity, S. 165.
[694] Vgl. Saaty, T. L. (2008), Decision making, S. 85.
[695] Vgl. Saaty, T. L. (1990), The Analytic Hierarchy Process, S. 14.
[696] Vgl. Riedl, R. (2006), Analytischer Hierarchieprozess, S. 107.
[697] Vgl. Westphal, D. (2016), Adaptive Verkürzung des Analytischen Hierarchie Prozesses, S. 34.
[698] Vgl. Saaty, T. L. (1990), The Analytic Hierarchy Process, S. 12.
[699] Vgl. Saaty, T. L. (2008), Relative Measurement, S. 257.

dass statt der Wichtigkeit der Entscheidungsalternativen deren Potenziale hinsichtlich der Komplexitätsbeherrschung verglichen werden (vgl. Abbildung 5-12).

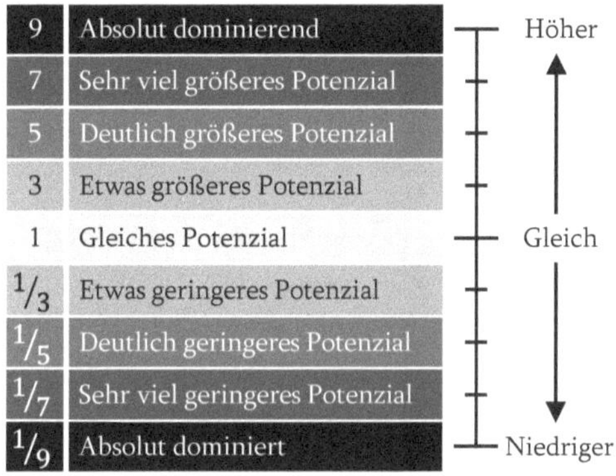

Abbildung 5-12: Die Bewertungsskala des Analytic Hierarchy Process

Die Ergebnisse der durchgeführten Vergleiche werden für das jeweilige Element der übergeordneten Hierarchieebene in einer Bewertungsmatrix $B = (b_{ij})$ formalisiert (vgl. Formel 5-14). Zwei Elemente müssen nur einmal miteinander verglichen werden, da sich für die jeweils umgekehrte Bewertungsrichtung automatisch die reziproke Bewertung ergibt (vgl. Formel 5-15).[700] Operativ wird folglich nur die rechte obere Dreiecksmatrix der reziproken Bewertungsmatrix B ausgefüllt, während sich die linke untere Dreiecksmatrix automatisch ergibt.

$$B = (b_{ij}) = \begin{pmatrix} 1 & b_{12} & \cdots & b_{1n_E} \\ b_{21} & 1 & \cdots & b_{2n_E} \\ \vdots & \vdots & \ddots & \vdots \\ b_{n_E1} & b_{n_E2} & \cdots & 1 \end{pmatrix} = \begin{pmatrix} 1 & b_{12} & \cdots & b_{1n_E} \\ \frac{1}{b_{12}} & 1 & \cdots & b_{2n_E} \\ \vdots & \vdots & \ddots & \vdots \\ \frac{1}{b_{1n_E}} & \frac{1}{b_{2n_E}} & \cdots & 1 \end{pmatrix}, mit \qquad \text{Formel 5-14}$$

$$b_{ji} = \frac{1}{b_{ij}}, mit \qquad \text{Formel 5-15}$$

$i, j \in \{1, \dots, n_E\}$

n_E: *Anzahl der zu vergleichenden Elemente einer Hierarchieebene je übergeordnetem Element*

b_{ij}: *Bewertung des Zeilenelements i gegenüber dem Spaltenelement j*

In den paarweisen Vergleichen werden die Dominanz des einen gegenüber der des anderen Vergleichselements bezogen auf das übergeordnete Element sowie die Intensität dieser Dominanzbeziehung in den Abstufungen der Bewertungsskala bewertet[701]. In der im Rahmen dieser Arbeit

[700] Vgl. Saaty, T. L. (1990), The Analytic Hierarchy Process, S. 12ff.

[701] Vgl. Westphal, D. (2016), Adaptive Verkürzung des Analytischen Hierarchie Prozesses, S. 34.

durchgeführten AHP-Studie unterscheiden sich die Fragestellungen je Hierarchiestufe. Zur Bewertung der mittleren Hierarchiestufe wird das Potenzial von je zwei konstituierenden Methodeneigenschaften bezogen auf die Beherrschung der quasistatisch-strukturellen sowie der dynamisch-funktionalen Komplexität untersucht. Die Bewertung der oberen Hierarchiestufe fokussiert den Einfluss der Komplexitätsdimensionen auf die Erreichung der drei Planungsziele.

Nach der Durchführung der paarweisen Vergleiche erfolgt im dritten Schritt die **Berechnung der Prioritäten** der Entscheidungselemente aus der Bewertungsmatrix B. Nach SAATY werden die Prioritäten der Entscheidungselemente über den Eigenvektor v mit dem betragsmäßig größten Eigenwert λ_{max} der Bewertungsmatrix B berechnet. Mathematisch erfolgt die Berechnung der Prioritäten über die Lösung des Eigenwertproblems in Formel 5-16.[702] Über eine Normierung des errechneten Eigenvektors v ergeben sich dann die gesuchten Prioritäten[703].

$$B \cdot v = \lambda_{max} \cdot v\,, mit \qquad \text{Formel 5-16}$$

B: *Bewertungsmatrix*
λ_{max}: *Betragsmäßig größter Eigenwert der Bewertungsmatrix B*
v: *Eigenvektor des Eigenwerts* λ_{max}

Zur Bestimmung des Eigenvektors v existieren verschiedene vereinfachende Näherungsmethoden, welche jedoch ungenaue Ergebnisse bei inkonsistenten Matrizen liefern[704]. Da in der Realität mit leichten Inkonsistenzen zu rechnen ist und um eine möglichst hohe Genauigkeit der Ergebnisse zu erreichen, muss das Eigenwertproblem aus Formel 5-16 gelöst werden[705]. Zur Minimierung des Rechenaufwands können die exakten Werte des Eigenvektors v durch die *Matrix Multiplication Method* (MMM)[706] ohne eine Lösung des Gleichungssystems iterativ angenähert werden. Dazu wird die Bewertungsmatrix B in mehreren Iterationen quadriert bis die absolute Differenz zwischen den normierten Zeilensummen der Matrizen B_k und B_{k+1} kleiner als ein festgelegtes Abbruchkriterium ist. Ab diesem Punkt nähert sich der Vektor aus den normierten Zeilensummen von B_k dem gesuchten Eigenvektor v hinreichend stark an.[707] Durch die MMM werden die gesuchten Prioritäten auch bei inkonsistenten Matrizen hinreichend exakt berechnet[708]. In der vorliegenden AHP-Studie wurden die Bewertungsmatrizen in sechs Iterationen quadriert, wodurch sich bis auf die siebte Nachkommastelle exakte Ergebnisse einstellten.

Nach der Berechnung der Prioritäten erfolgt im vierten Schritt die **Konsistenzprüfung** der Ergebnisse, über die die Rationalität und Sicherheit der in den paarweisen Vergleichen ausgedrückten

[702] Vgl. Saaty, T. L. (1990), The Analytic Hierarchy Process, S. 13; Saaty, T. L. et al. (1998), Ranking by Eigenvector, S. 122.

[703] Vgl. Saaty, T. L. (2004), The Analytic Hierarchy and Network Processes, S. 13.

[704] Vgl. Dolan, J. G. et al. (1989), The Analytic Hierarchy Process, S. 44f.; Saaty, T. L. et al. (1998), Ranking by Eigenvector, S. 121.

[705] Vgl. Westphal, D. (2016), Adaptive Verkürzung des Analytischen Hierarchie Prozesses, S. 41.

[706] Die *Matrix Multiplication Method* (MMM) ist auch bekannt als *Power Method* oder Potenzmethode. Vgl. Ishizaka, A. et al. (2006), How to Derive Priorities in AHP, S. 391ff.; Lusti, M. (2002), Data Warehousing und Data Mining, S. 39ff.

[707] Vgl. Dolan, J. G. et al. (1989), The Analytic Hierarchy Process, S. 44ff.; Ishizaka, A. et al. (2006), How to Derive Priorities in AHP, S. 391ff.

[708] Vgl. Dolan, J. G. et al. (1989), The Analytic Hierarchy Process, S. 44.

Präferenzentscheidungen untersucht wird. Die Konsistenz der Bewertungen ist maßgeblich für die Validität der Ergebnisse des AHP.[709] Die Konsistenz einer Bewertungsmatrix B ist abhängig von deren betragsmäßig größtem Eigenwert λ_{max} und der Anzahl der zu vergleichenden Elemente einer Hierarchieebene n_E. Für eine konsistente Bewertungsmatrix B gilt $\lambda_{max} = n_E$, während das Delta zwischen λ_{max} und n_E mit dem Ausmaß der Inkonsistenz einer Bewertung steigt. Zur Konsistenzprüfung ist im AHP die *Consistency Ratio* (CR) gemäß Formel 5-17 definiert. Die CR beschreibt das Verhältnis einer bewusst durchgeführten Bewertung zu einer zufälligen Bewertung. Eine bewusst durchgeführte Bewertung wird dabei über das Maß des *Consistency Index* (CI) ausgedrückt, während eine zufällige Bewertung durch den *Random Index* (RI) beschrieben wird. Zur Bestimmung des CI wird die Abweichung von einer vollständig konsistenten Bewertung $(\lambda_{max} - n_E)$ mit der Anzahl der Vergleiche je Element $(n_E - 1)$ ins Verhältnis gesetzt (vgl. Formel 5-18).[710]

$$CR = \frac{CI}{RI}, mit \qquad \text{Formel 5-17}$$

$$CI = \frac{\lambda_{max} - n_E}{n_E - 1}, mit \qquad \text{Formel 5-18}$$

CI: *Complexity Index der Bewertungsmatrix B*
RI: *Random Index einer Matrixgröße*
λ_{max}: *Betragsmäßig größter Eigenwert der Bewertungsmatrix B*
n_E: *Anzahl der zu vergleichenden Elemente einer Hierarchieebene je übergeordnetem Element*

Der RI-Wert ist spezifisch für die Größe einer quadratischen Matrix gemessen an der Anzahl der Zeilen bzw. Spalten. Der RI berechnet sich als Durchschnitt der CI-Werte zu einer großen Anzahl zufällig befüllter Matrizen. Eine Übersicht über die RI Werte geben SAATY UND SODENKAMP.[711]

Eine durchgeführte Bewertung gilt für Werte von $CR \leq 0{,}1$ als ausreichend konsistent[712]. Bewertungen werden im AHP folglich dann zur Auswertung akzeptiert, wenn sie einer Zufallsverteilung zu nicht mehr als 10% entsprechen. Bei Bewertungen mit inakzeptablen Konsistenzwerten von $CR > 0{,}1$ können die einzelnen Bewertungen durch die Bewertenden angepasst werden.[713]

In der im Rahmen dieser Arbeit durchgeführten AHP-Studie wurden die Konsistenzwerte zu den einzelnen Bewertungsmatrizen mithilfe eines in Microsoft Excel ausgeführten Tools simultan zur Bewertung durch die Teilnehmer[714] errechnet. Durch die auf diese Weise realisierte Auswertung in Echtzeit konnte allen Teilnehmern direkt im Anschluss an die Vervollständigung einer Bewer-

[709] Vgl. Westphal, D. (2016), Adaptive Verkürzung des Analytischen Hierarchie Prozesses, S. 43.
[710] Vgl. Saaty, T. L. (1990), The Analytic Hierarchy Process, S. 13f.
[711] Vgl. Saaty, T. L. et al. (2008), Making decisions, S. 32f.
[712] Vgl. Saaty, T. L. (1990), The Analytic Hierarchy Process, S. 13.
[713] Vgl. Riedl, R. (2006), Analytischer Hierarchieprozess, S. 109.
[714] Die Stichprobe der durchgeführten AHP-Studie umfasst ausschließlich männliche Teilnehmer, sodass in diesem Kontext bewusst auf die geschlechtsneutrale Sprache verzichtet wird.

tungsmatrix die Möglichkeit eingeräumt werden, einzelne Bewertungen anzupassen, um die Konsistenz zu verbessern. Bei konsistenten Bewertungen oder wenn durch die Teilnehmer keine weiteren Anpassungen gewünscht waren, wurde der Bewertungsprozess abgeschlossen.

Nach dem Abschluss aller Bewertungen folgt im fünften und letzten Schritt des Vorgehens die **Synthese und Entscheidung**. In der vorliegenden AHP-Studie wurden die Priorisierungen zu den fünf Bewertungselementen auf den oberen beiden Entscheidungshierarchieebenen durch mehrere Experten vorgenommen. Hierbei handelt es sich demnach um einen Gruppenentscheidungsprozess. Vor der Auswertung der Ergebnisse galt es daher, die Einzelbewertungen aller Teilnehmer zunächst zu einer Gesamtbewertung zu aggregieren. Die Aggregation der einzelnen Bewertungsmatrizen B_t der Teilnehmer zur Gesamtbewertungsmatrix B_{ges} erfolgt in der AHP-Methodik mathematisch anhand der Bildung des geometrischen Mittels über alle Einzelbewertungen $b_{t,ij}$. Für jedes Element $b_{ges,ij}$ der Gesamtbewertungsmatrix wird also das geometrische Mittel über die entsprechenden Matrixelemente $b_{t,ij}$ der n_B Einzelbewertungsmatrizen berechnet (vgl. Formel 5-19). Über diese Form der Berechnung erhalten alle Einzelbewertungen dieselbe Gewichtung und die Reziprozität der Gesamtbewertungsmatrix B_{ges} bleibt erhalten.[715]

$$b_{ges,ij} = \sqrt[n_B]{\prod_{t=1}^{n_B} b_{t,ij}}\,, mit \qquad \text{Formel 5-19}$$

$i,j \in \{1, \ldots, n_E\}$
n_E: *Anzahl der zu vergleichenden Elemente einer Hierarchieebene je übergeordnetem Element*
$b_{t,ij}$: *Einzelbewertung t des Zeilenelements i gegenüber dem Spaltenelement j*
n_B: *Anzahl der Einzelbewertungen*

Nach der Aggregation der Gesamtbewertungsmatrix B_{ges} wurden die Prioritäten und die Konsistenz der Gesamtbewertung gemäß dem oben beschriebenen Vorgehen berechnet. Anschließend erfolgte die inhaltliche Auswertung der Ergebnisse, welche im Kapitel 5.3.2 dargestellt werden.

Durchführung der AHP-Studie und Zusammensetzung der Stichprobe

Nach der Darstellung der im Rahmen dieser Arbeit durch die AHP-Studie verfolgten Zielsetzung und der Erläuterung der Methodik werden im Folgenden die Rahmenbedingungen der durchgeführten AHP-Studie und die Stichprobe der Teilnehmer beschrieben.

Zur Sicherstellung der praktischen Relevanz der Ergebnisse im Anwendungszusammenhang wurde der AHP im Rahmen einer empirischen Studie mit Teilnehmern[716] aus der Montageplanung der industriellen Praxis durchgeführt[717]. Im Durchführungszeitraum der AHP-Studie von

[715] Vgl. Saaty, T. L. (2008), Relative Measurement, S. 305f.

[716] Die Stichprobe der durchgeführten AHP-Studie umfasst ausschließlich männliche Teilnehmer, sodass in diesem Kontext bewusst auf die geschlechtsneutrale Sprache verzichtet wird.

[717] Im Einklang mit der aktuellen Datenschutz-Grundverordnung des Europäischen Parlaments und des Rates (DSGVO) wurde den Teilnehmern Anonymität zugesichert.

Anfang Dezember 2020 bis Ende Januar 2021 nahmen $n_B = 22$ Experten an der Studie teil. Die Funktionen der Teilnehmer in den jeweiligen Unternehmen umfassen die Geschäftsführung, die Leitung von Produktion oder Montage, strategische sowie operative Produktionsplanung und das Projektmanagement. Die Teilnehmer bringen zudem Expertise und Erfahrungen mit agilen sowie plangetriebenen Methoden in die Studie ein. In der Stichprobe sind Teilnehmer aus Großunternehmen sowie aus kleinen und mittleren Unternehmen (KMU) gemäß der Definition der Europäischen Kommission[718] vertreten.[719] Die Unternehmen lassen sich dem Maschinen- und Anlagenbau, der Automobil- sowie Automobilzulieferindustrie, der Medizintechnik und weiteren Branchen zuordnen. Durch die Größe der Stichprobe und die Auswahl der Teilnehmer wird die branchenübergreifende Relevanz und Validität der erzielten Erkenntnisse über die Komplexitätspotenziale plangetriebener und agiler Methoden bezüglich der Komplexitätsdimensionen der Montageplanung sichergestellt. Die Ergebnisse der AHP-Studie werden im Folgenden dargelegt.

5.3.2 Die Komplexitätspotenziale zur Beherrschung der Komplexitätsdimensionen

Die Zielsetzung dieses Teilmodells ist die Bewertung der Komplexitätspotenziale plangetriebener und agiler Methoden zur Bestimmung der planungsfallspezifisch dominanten Methode. Die Methodik des AHP wurde in der vorgestellten empirischen Expertenstudie eingesetzt, um auf Basis der in Kapitel 3.3.4 aufgestellten Hypothesen neue Erkenntnisse zu den Komplexitätspotenzialen der Methoden zu gewinnen. Nachfolgend werden die erzielten Ergebnisse zu den korrelationalen Beziehungen zwischen den konstituierenden Methodeneigenschaften und der Komplexitätsbeherrschung vorgestellt, aus denen dann die gesuchten Komplexitätspotenziale abgeleitet werden.

Zunächst wurde der Einfluss der acht in Kapitel 3.3 identifizierten konstituierenden Eigenschaften plangetriebener und agiler Methoden in der unteren Hierarchieebene auf die Beherrschung der Komplexitätsdimensionen in der mittleren Hierarchieebene untersucht. Im ersten Schritt wurden dazu die Potenziale der Methodeneigenschaften zur Beherrschung der quasistatisch-strukturellen Komplexität durch die befragten Teilnehmer anhand von paarweisen Vergleichen bewertet und priorisiert. Die 22 Einzelbewertungen $B_{qs,t}$ wurden im oben beschriebenen Vorgehen zur Gesamtbewertungsmatrix $B_{qs,ges}$ aggregiert (Anhang 8.6, Tabelle 8-30). Mit einem CI-Wert von $CI_{qs,ges} = 0{,}0057$ und einem RI-Wert von $RI(n_E = 8) = 1{,}4$ ergibt sich ein CR-Wert von $CR_{qs,ges} = 0{,}004$ für diese Gesamtbewertung[720]. Daraus folgt, dass die aggregierte Gesamtbewertung aus den Einzelbewertungen aller 22 Teilnehmer nur zu 0,4% einer zufällig generierten Bewertung entspricht. Da $CR_{qs,ges} = 0{,}004 < 0{,}1$ sind die Ergebnisse bezüglich der Potenziale der konstituierenden Methodeneigenschaften zur Beherrschung der quasistatisch-strukturellen Komplexität als stark konsistent anzusehen. Aus der Gesamtbewertungsmatrix $B_{qs,ges}$ können folglich die Bewertungen der acht konstituierenden Methodeneigenschaften hinsichtlich ihres Potenzials zur Beherrschung der quasistatisch-strukturellen Komplexität abgeleitet werden. Einen Überblick über die Priorisierung gibt Abbildung 5-13.

[718] Vgl. EU-Kommission (2003), Commission Recommendation 2003/361/EC, S. 39.
[719] Vgl. Fölling, C. et al. (2022), Mastering complexity, S. 166.
[720] Vgl. Saaty, T. L. et al. (2008), Making decisions, S. 33.

Rang	Konstituierende Methodeneigenschaft		Priorität
1	Sequenzielles Vorgehen	DD	20,08%
2	Prozessorientierung	DD	19,37%
3	Determinismus	DD	15,71%
4	Kooperationsorientierung		10,66%
5	Schlanke Projektstruktur		10,53%
6	Komplizierte Projektstruktur	DD	9,66%
7	Iteratives Vorgehen		8,01%
8	Veränderungsorientierung		5,97%

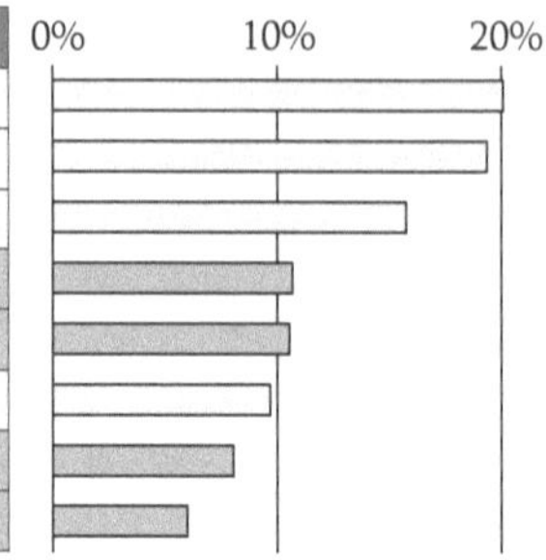

DD Eigenschaft plangetriebener Methoden — Eigenschaft agiler Methoden

Abbildung 5-13: Potenziale der Methoden zur Beherrschung der quasistatisch-strukturellen Komplexität [721]

Aus der Priorisierung wird deutlich, dass die Teilnehmer im Durchschnitt einem sequenziellen Vorgehen in der Ablauforganisation (20,08%), einer prozessorientierten Arbeitsweise (19,37%) und einer deterministischen Grundhaltung (15,71%) das höchste Potenzial zur Beherrschung der quasistatisch-strukturellen Komplexität zuschreiben. Damit werden drei der vier konstituierenden Eigenschaften plangetriebener Methoden am höchsten priorisiert. Mit deutlich geringerer Priorität folgen Kooperationsorientierung (10,66%) und eine schlanke Projektstruktur (10,53%) als typische Eigenschaften agiler Methoden auf dem vierten bzw. fünften Rang. Das Potenzial einer kompliziert[722] strukturierten Aufbauorganisation wird mit 9,66% niedriger bewertet. Das geringste Potenzial zur Beherrschung der quasistatisch-strukturellen Komplexität weisen iterative Vorgehen (8,01%) und eine veränderungsorientierte Grundhaltung (5,97%) auf.[723] Beim Vergleich dieser Priorisierungen durch Studienteilnehmer aus KMU bzw. Großunternehmen fallen dabei unterschiedliche Rangfolgen auf, welche im Anhang 8.7 dargestellt sind.

Diese Ergebnisse zeigen, dass die Eigenschaften plangetriebener Methoden hinsichtlich der Beherrschung der quasistatisch-strukturellen Komplexität im Durchschnitt deutlich höher priorisiert sind als die der agilen Methoden. Während das typische sequenzielle Vorgehen plangetriebener Methoden, der starke Prozessfokus und die deterministische Grundhaltung zur Beherrschung der quasistatisch-strukturellen Komplexität beitragen, wird das Potenzial der komplizierten Projektstruktur geringer bewertet. Diese die Aufbauorganisation plangetriebener Methoden betreffende Eigenschaft weist folglich ein vermindertes Komplexitätspotenzial auf.

Der zweite Bewertungsschritt widmet sich den Potenzialen der acht konstituierenden Methodeneigenschaften zur Beherrschung der dynamisch-funktionalen Komplexität. Auch hier wurden die anhand von paarweisen Vergleichen erstellten Priorisierungen der 22 Einzelbewertungen $B_{df,t}$ zu einer Gesamtbewertungsmatrix $B_{df,ges}$ aggregiert (vgl. Anhang 8.6, Tabelle 8-31). Für diese Gesamtbewertung ergibt sich mit einem CI-Wert von $CI_{df,ges} = 0{,}0116$ und dem RI-Wert von

[721] I. A. a. Fölling, C. et al. (2022), Mastering complexity, S. 166.

[722] Die Teilnehmenden wurden in der Studiendurchführung explizit auf die Bedeutung des Begriffs *kompliziert* im Sinne der Definition aus Kapitel 2.3.1 hingewiesen und darauf, dass keine negative Konnotation enthalten ist.

[723] Vgl. Fölling, C. et al. (2022), Mastering complexity, S. 166.

$RI(n_E = 8) = 1{,}4$ ein CR-Wert von $CR_{df,ges} = 0{,}0083$. Auch dieser CR-Wert liegt deutlich unter dem kritischen Wert für eine konsistente Bewertung von $CR = 0{,}1$. Mit $CR_{df,ges} = 0{,}0083 < 0{,}1$ werden somit auch die Ergebnisse hinsichtlich der Potenziale der konstituierenden Methodeneigenschaften zur Beherrschung der dynamisch-funktionalen Komplexität als konsistent bewertet.

Die Priorisierung der Methodeneigenschaften hinsichtlich ihres Potenzials zur Beherrschung der dynamisch-funktionalen Komplexität ist in Abbildung 5-14 dargestellt.

Rang	Konstituierende Methodeneigenschaft	Priorität
1	Veränderungsorientierung	22,40%
2	Kooperationsorientierung	20,99%
3	Iteratives Vorgehen	18,79%
4	Schlanke Projektstruktur	15,39%
5	Prozessorientierung	7,49%
6	Sequenzielles Vorgehen	6,93%
7	Determinismus	4,10%
8	Komplizierte Projektstruktur	3,92%

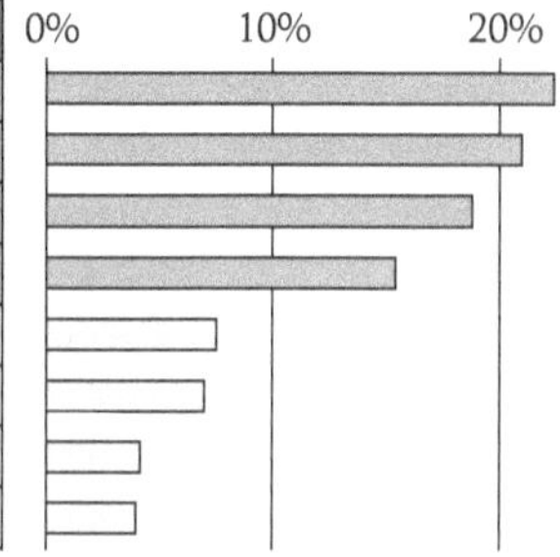

Eigenschaft plangetriebener Methoden (Ränge 5–8) Eigenschaft agiler Methoden (Ränge 1–4)

Abbildung 5-14: Potenziale der Methoden zur Beherrschung der dynamisch-funktionalen Komplexität[724]

Es wird deutlich, dass die durchschnittliche Priorisierung der 22 Teilnehmer bezüglich der Potenziale der Methodeneigenschaften zur Beherrschung der dynamisch-funktionalen Komplexität eindeutiger ausfällt. Es zeigt sich eine klare Abgrenzung zwischen den konstituierenden Eigenschaften agiler und plangetriebener Methoden. Die vier typischen agilen Methodeneigenschaften Veränderungsorientierung (22,4%), Kooperationsorientierung (20,99%), iteratives Vorgehen (18,79%) und schlanke Prozessstruktur (15,39%) werden deutlich höher priorisiert als die konstituierenden Eigenschaften plangetriebener Methoden. Prozessorientierung (7,49%), ein sequenzielles Vorgehen (6,93%), Determinismus (4,1%) und eine komplizierte Projektstruktur in der Aufbauorganisation (3,92%) folgen auf den unteren vier Rängen der Priorisierung.[725] Auch hier unterscheiden sich die Priorisierungen zwischen KMU und Großunternehmen (vgl. Anhang 8.7). Insgesamt wird ersichtlich, dass die Eigenschaften beider Methodencluster ordinal gegeneinander abgegrenzt sind. Zwischen den oberen vier Rängen, welche durch die Eigenschaften agiler Methoden belegt werden, und den unteren vier Rängen ist ein deutlicher Sprung in den Priorisierungen erkennbar. Das Potenzial der hinsichtlich der Beherrschung der dynamisch-funktionalen Komplexität am niedrigsten priorisierten Eigenschaft agiler Methoden ist mehr als doppelt so hoch wie das Potenzial der am höchsten bewerteten Eigenschaft plangetriebener Methoden. Hier zeigt sich eine klare Dominanz agiler gegenüber plangetriebenen Methoden. Letztere besitzen das geringste Potenzial zur Komplexitätsbeherrschung in einem dynamischen Projektumfeld.

---

[724] I. A. a. ebd. S. 166.

[725] Vgl. ebd. S. 166f.

Nachdem der Einfluss der acht konstituierenden Methodeneigenschaften auf die Beherrschung der beiden Komplexitätsdimensionen bewertet wurde, galt es weiterhin, den Einfluss der Komplexitätsbeherrschung auf die Erreichung der Kosten-, Termin- und Leistungsziele zu untersuchen. Hierzu wurden die korrelationalen Beziehungen zwischen den Elementen der beiden oberen AHP-Entscheidungshierarchieebenen ermittelt. Für jede der drei Zieldimensionen wurde in je einem paarweisen Vergleich bewertet, inwiefern die Beherrschung der quasistatisch-strukturellen sowie der dynamisch-funktionalen Komplexität einen Einfluss auf die Erreichung der Planungsziele hat. Durch die Studienteilnehmer wurde quantifiziert, welche Komplexitätsdimension es bezüglich eines Planungsziels priorisiert zu beherrschen gilt. Da aufgrund der einzelnen Vergleiche keine Inkonsistenzen möglich waren, konnten die entsprechenden Prüfschritte entfallen.

Die Auswertung und Zusammenführung der 22 Einzelbewertungen zeigt, dass die Beherrschung der dynamisch-funktionalen Komplexität zur Erreichung aller drei Planungsziele im Durchschnitt höher priorisiert wird als die Beherrschung der quasistatisch-strukturellen Komplexität. Die größte Differenz ergibt sich bezüglich der Kostenziele, zu deren Erreichung die Beherrschung der dynamisch-funktionalen Komplexität mit 70% deutlich wichtiger ist als die Beherrschung der quasistatisch-strukturellen Komplexität mit 30%. Bei den Termin- und Leistungszielen fällt die Differenz der Bewertungen geringer aus. Für diese Planungsziele wird die Beherrschung der dynamisch-funktionalen Komplexität mit 55% bzw. 56% höher priorisiert. Zur Ermittlung der durchschnittlichen Priorisierung der Beherrschung der Komplexitätsdimensionen bezüglich der Zielerreichung wurden die Bewertungen zu den drei Planungszielen in einer zusätzlichen Auswertung analog zur Aggregation der Einzelbewertungen zu einer Gesamtbewertung zusammengeführt. Hieraus ergibt sich, dass die Beherrschung der dynamisch-funktionalen Komplexität zur Erreichung der zentralen Planungsziele mit 61% im Durchschnitt eine deutlich höhere Priorität aufweist als die Beherrschung der quasistatisch-strukturellen Komplexität mit 39%.[726] Einen Überblick über diese Ergebnisse gibt Abbildung 5-15.

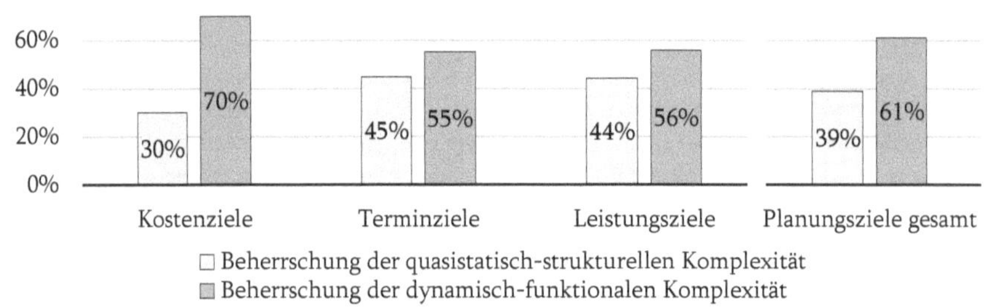

Abbildung 5-15: Auswirkungen der Beherrschung der Komplexitätsdimensionen auf die Planungsziele[727]

Aus diesen Ergebnissen der Expertenstudie lässt sich die Erkenntnis ziehen, dass die Beherrschung der dynamisch-funktionalen Komplexität zur Optimierung der Planungsergebnisse hinsichtlich der zentralen Planungsziele höher priorisiert werden sollte als die Beherrschung der

[726] Vgl. ebd. S. 167.
[727] I. A. a. ebd. S. 167.

quasistatisch-strukturellen Komplexität. Diese Erkenntnis ist von hoher Bedeutung bezüglich der Festlegung der Grenze zwischen dem plangetriebenen und dem agilen Dominanzbereich im Komplexitätsdiagramm. Die Herleitung und Festlegung dieser Bereichsgrenze erfolgt im Rahmen der Entwicklung einer Systematik zur Bestimmung der planungsfallspezifisch dominanten Methode im vierten Teilmodell des Lösungskonzepts dieser Arbeit (Kapitel 5.4). Zuvor werden im folgenden Kapitel 5.3.3 die Komplexitätspotenziale plangetriebener und agiler Methoden zusammengefasst und anhand des Komplexitätsdiagramms beschrieben.

5.3.3 Die Komplexitätspotenziale plangetriebener und agiler Methoden

Im vorherigen Kapitel wurden die Ergebnisse aus der durchgeführten empirischen AHP-Studie zum Einfluss der konstituierenden Eigenschaften plangetriebener und agiler Methoden auf die Beherrschung der Komplexität sowie zum Einfluss der Beherrschung der Komplexitätsdimensionen auf die Erreichung der Planungsziele vorgestellt.

Die Zielsetzung dieser Arbeit umfasst die Identifikation planungsfallspezifisch dominanter Methoden zur Beherrschung der Komplexität in der Montageplanung. Dominante Methoden sind per Definition diejenigen mit dem größten Potenzial zur Beherrschung der planungsfallspezifischen Komplexität. Um diese zu identifizieren, muss der planungsfallspezifische Komplexitätsbedarf mit den Komplexitätspotenzialen der verfügbaren Methoden abgeglichen werden. Nachdem zuvor das integrative Komplexitätsmaß der Montageplanung zur Quantifizierung des Komplexitätsbedarfs definiert wurde, besteht das Ziel dieses explikativen, dritten Teilmodells in der Bewertung der Komplexitätspotenziale plangetriebener und agiler Methoden hinsichtlich der Beherrschung der quasistatisch-strukturellen sowie der dynamisch-funktionalen Komplexität. Dazu wurde der Einfluss der konstituierenden Eigenschaften beider Methoden auf die Beherrschung der beiden Komplexitätsdimensionen mithilfe des AHP untersucht.

Bezüglich der Beherrschung der quasistatisch-strukturellen Komplexität zeigen die gewonnenen Studienergebnisse keine trennscharfe Abgrenzung zwischen den konstituierenden Eigenschaften plangetriebener und agiler Methoden hinsichtlich ihrer Priorisierung. Jedoch weisen die Eigenschaften plangetriebener Methoden mit einer aggregierten Gesamtbewertung von 64,82% eine deutliche höhere Priorisierung als die Eigenschaften agiler Methoden mit 35,17% auf[728]. Insgesamt kann aus den Potenzialen der vier konstituierenden Methodeneigenschaften auf das Komplexitätspotenzial plangetriebener Methoden geschlossen werden. Folglich unterstützen diese Studienergebnisse die erste in Kapitel 3.3.4 aufgestellte Hypothese, welche besagt, dass plangetriebene Methoden ein großes Potenzial zur Beherrschung der quasistatisch-strukturellen Komplexität der Montageplanung besitzen. Das Potenzial agiler Methoden diesbezüglich fällt dagegen deutlich geringer aus. Damit wurde eine erste wichtige Erkenntnis bezüglich der gesuchten Komplexitätspotenziale plangetriebener und agiler Methoden generiert.

Zur Beherrschung der dynamisch-funktionalen Komplexität zeigen die Studienergebnisse weiterhin ein deutlich höheres Potenzial der konstituierenden Eigenschaften agiler Methoden gegenüber denen plangetriebener Methoden. Die kumulierte Gesamtpriorität der Eigenschaften

[728] Die Summe weicht aufgrund von Rundungen der Einzelwerte von 100% ab.

agiler Methoden ist mit 77,56% signifikant höher als die Gesamtpriorität der Eigenschaften plangetriebener Methoden mit 22,44%. Auch hier kann aus den Potenzialen der konstituierenden Eigenschaften auf das Potenzial der durch sie charakterisierten Methoden geschlossen werden. Es folgt die Erkenntnis, dass agile Methoden ein großes Potenzial zur Beherrschung der dynamisch-funktionalen Komplexität der Montageplanung besitzen, während das Potenzial plangetriebener Methoden in dieser Hinsicht gering ist. Damit wird auch die zweite in Kapitel 3.3.4 formulierte Hypothese durch die Ergebnisse der empirischen AHP-Expertenstudie bestärkt.

Insgesamt wurde gezeigt, dass das Potenzial plangetriebener Methoden zur Beherrschung der quasistatisch-strukturellen Komplexität deutlich überwiegt, während agile Methoden ein signifikant höheres Potenzial zur Beherrschung der dynamisch-funktionalen Komplexität aufweisen.

Der vorgestellten Konzeption der hybriden Montageplanung folgend, soll die Identifikation der planungsfallspezifisch dominanten Planungsmethoden unter anderem grafisch erfolgen. Zu diesem Zweck müssen die identifizierten Komplexitätspotenziale plangetriebener und agiler Methoden im Komplexitätsdiagramm repräsentiert werden, um dort mit dem durch das integrative Komplexitätsmaß quantifizierten Komplexitätsbedarf abgeglichen werden zu können.

Die Komplexitätspotenziale plangetriebener und agiler Methoden werden innerhalb des Komplexitätsdiagramms durch Dominanzbereiche repräsentiert. Analog zu den plangetriebenen und agilen *Homegrounds* nach BOEHM UND TURNER[729] lässt sich anhand der Dominanzbereiche ablesen, welche Planungsmethode hinsichtlich des planungsfallspezifischen Komplexitätsbedarfs dominant ist. Die zuvor erläuterten Komplexitätspotenziale der Methoden determinieren die Form und Position der Dominanzbereiche im Komplexitätsdiagramm. Die Studienergebnisse haben gezeigt, dass das Potenzial plangetriebener Methoden zur Beherrschung der quasistatisch-strukturellen Komplexität besonders hoch ist, während das Potenzial zur Beherrschung der dynamisch-funktionalen Komplexität gering ausfällt. Umgekehrt verhält es sich mit den agilen Methoden. Deren Potenzial zur Beherrschung der dynamisch-funktionalen Komplexität ist hoch, während das Potenzial zur Beherrschung der quasistatisch-strukturellen Komplexität gering ist.

Übertragen auf das Komplexitätsdiagramm bedeutet dies, dass die Ausdehnung des plangetriebenen Dominanzbereichs entsprechend der Dominanz plangetriebener Methoden mit steigenden Werten des partiellen Maßes der quasistatisch-strukturellen Komplexität K_{qs} zu- und mit sinkenden Werten abnimmt. Die Größe des plangetriebenen Dominanzbereichs wächst folglich entlang der Ordinate des zweidimensionalen Komplexitätsdiagramms nach oben an. Für sehr kleine Werte der dynamisch-funktionalen Komplexität K_{df}, welche für hohe Informationssicherheiten gegen null streben, dominieren plangetriebene Methoden absolut, sodass sich der plangetriebene Dominanzbereich entlang der Ordinate erstreckt. Für sehr kleine Werte der quasistatisch-strukturellen Komplexität K_{qs} verringert sich die Breite des plangetriebenen Dominanzbereichs im Bereich der Abszisse auf ein Minimum. Analog nehmen die Dominanz agiler Methoden sowie die Ausdehnung des agilen Dominanzbereiches mit zunehmenden Werten des partiellen Maßes der dynamisch-funktionalen Komplexität K_{df} zu. Für sehr kleine Werte von K_{df} minimiert sich die

[729] Vgl. Boehm, B. W. et al. (2003), Observations, S. 33; Boehm, B. W. et al. (2003), Rebalancing, S. 2.

Größe des agilen Dominanzbereichs, während sie entlang der Abszisse des Komplexitätsdiagramms nach rechts bis zu ihrem Maximum zunimmt. Der agile Dominanzbereich verläuft entlang der Abszisse, da agile Methoden in diesem Bereich geringer quasistatisch-struktureller Komplexität dominieren.

In der grafischen Umsetzung ergeben sich somit zwei Dominanzbereiche, in die der zweidimensionale Raum des Komplexitätsdiagramms aufgeteilt wird. Der plangetriebene Dominanzbereich umfasst den Bereich eines überwiegenden Anteils der quasistatisch-strukturellen Komplexität K_{qs}, in welchem plangetriebene Methoden dominieren. Dieser Bereich liegt im oberen linken Bereich des Komplexitätsdiagramms. Der agile Dominanzbereich repräsentiert den Bereich der Dominanz agiler Methoden, welche aus dem überwiegenden Anteil dynamisch-funktionaler Komplexität K_{df} resultiert. Entsprechend liegt der agile Dominanzbereich im unteren rechten Bereich des Komplexitätsdiagramms. Die Dominanzbereiche werden durch eine Bereichsgrenze mit positiver Steigung voneinander abgegrenzt (vgl. Abbildung 5-16).

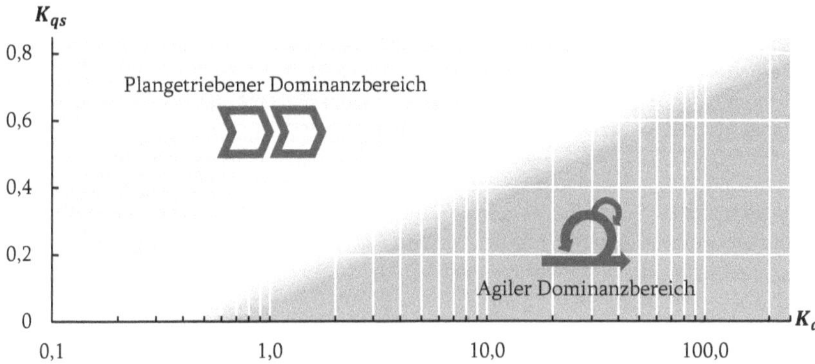

Abbildung 5-16: Die Komplexitätspotenziale im Komplexitätsdiagramm

Die beiden Dominanzbereiche als grafische Repräsentation der methodischen Dominanz in der Komplexitätsbeherrschung sind neben der Operationalisierung des planungsfallspezifischen Komplexitätsbedarfs im integrativen Komplexitätsmaß K der Montageplanung entscheidende Elemente für die systematische Methodenauswahl. In Anlehnung an den Ansatz zur grafisch unterstützten Auswahl geeigneter Entwicklungsmethoden nach DIELS[730] wird die planungsfallspezifisch dominante Methode für ein Montageplanungsmodul anhand der relativen Lage dessen durch das geordnete Wertepaar $K_i = (K_{qs,i}; K_{df,i})$ beschriebenen Komplexitätsbedarfs zum plangetriebenen bzw. agilen Dominanzbereich bestimmt. So lässt sich ablesen, welche Methode das höchste Komplexitätspotenzial für den jeweils vorliegenden Komplexitätsbedarf aufweist.

Die Entscheidung über die planungsfallspezifisch dominante Methode lässt sich jedoch mit dem bisherigen Detailgrad der Darstellung der Dominanzbereiche nicht realisieren. Während sich die

[730] Vgl. Diels, F. (2018), Indikatoren, S. 176.

Komplexitätsbedarfe der Planungsmodule über die geordneten Wertepaare des integrativen Komplexitätsmaßes der Montageplanung exakt angeben lassen, sind die Dominanzbereiche bisher nicht klar gegeneinander abgegrenzt. Für eine systematische Methodenauswahl fehlt eine klar definierte Bereichsgrenze zwischen dem plangetriebenen und dem agilen Dominanzbereich. Zur Bestimmung der dominanten Methode muss die Lage eines geordneten Wertepaars in Bezug auf diese Bereichsgrenze bewertet werden. Die für die systematische Methodenauswahl erforderliche Bereichsgrenze wird im Rahmen des vierten und letzten Teilmodells dieser Arbeit im folgenden Kapitel 5.4 definiert. Zudem werden konkrete, quantitative Entscheidungsregeln formuliert.

Auf Basis der im dritten Teilmodell generierten Erkenntnisse kann die dritte Unterforschungsfrage nach den Komplexitätspotenzialen plangetriebener und agiler Methoden beantwortet und somit eine Lösung zum dritten identifizierten Handlungsbedarf präsentiert werden:

Plangetriebene Methoden weisen ein deutlich höheres Potenzial zur Beherrschung der quasistatisch-strukturellen Komplexität auf, während agile Methoden ein deutlich höheres Potenzial zur Beherrschung der dynamisch-funktionalen Komplexität besitzen.

Da die Komplexität der Montageplanung durch eine planungsfallspezifische Kombination beider Komplexitätsdimensionen charakterisiert ist (vgl. Kapitel 2.4), kann durch die Kombination plangetriebener und agiler Methoden eine umfassende Komplexitätsbeherrschung erreicht werden. Damit unterstützen die erzielten Erkenntnisse weiterhin die dritte Hypothese, welche in Kapitel 3.4.4 aufgestellt wurde und besagt, dass sich die Komplexitätsdimensionen der Montageplanung durch die zielgerichtete Kombination plangetriebener und agiler Methoden in Hybridformen beherrschen lassen. Somit wurden durch die Durchführung der empirischen AHP-Expertenstudie die angestrebten Erkenntnisse generiert. Die angewandte Methodik des AHP hat sich dabei als geeignetes Verfahren zur Erkenntnisgenerierung bewährt.

5.4 Die dominanten Methoden in der hybriden Montageplanung

In diesem Kapitel wird das präskriptiv-normative Modell zur systematischen Bestimmung der dominanten Methoden in der hybriden Montageplanung als letztes Teilmodell des Lösungskonzepts dieser Arbeit entwickelt. Nachdem zuvor das integrative Komplexitätsmaß K der Montageplanung zur Bewertung des planungsfallspezifischen Komplexitätsbedarfs definiert und die Komplexitätspotenziale plangetriebener und agiler Methoden empirisch hergeleitet wurden, wird in diesem Teilmodell eine Systematik zur Bestimmung der planungsfallspezifisch dominanten Planungsmethoden über den Abgleich von Komplexitätsbedarf und Komplexitätspotenzialen entwickelt. Das Ziel dabei ist die systematische Identifikation derjenigen Methode, mit welcher die Komplexität eines spezifischen Planungsfalls bestmöglich beherrscht werden kann. Durch die Definition der Entscheidungssystematik zur Methodenauswahl in der hybriden Montageplanung soll in diesem Teilmodell die vierte Unterforschungsfrage nach der Bestimmung und Kombination dominanter Methoden in einem hybriden Montageplanungsvorgehen beantwortet werden, um so auch eine Lösung für den vierten identifizierten Handlungsbedarf zu generieren. Mit der

Entwicklung des letzten Teilmodells soll abschließend auch die zentrale Forschungsfrage dieser Arbeit durch das Modell der hybriden Montageplanung beantwortet werden.

Nachdem die Erkenntnisse aus der systematischen Literaturrecherche sowie der empirischen Studie den Bedarf an einer systematischen, komplexitätsbasierten Methodenauswahl aufgezeigt haben, wird im Folgenden eine Systematik zur systematischen Bestimmung der planungsfallspezifisch dominanten Methoden anhand von Entscheidungsregeln definiert (Kapitel 5.4.1). Zur Sicherstellung der Anwendbarkeit und Praxistauglichkeit der Entscheidungssystematik wird weiterhin das prozessuale Vorgehen zu deren Umsetzung im Projektverlauf detailliert (Kapitel 5.4.2).

5.4.1 Systematik zur Bestimmung der planungsfallspezifisch dominanten Methoden

Das Ziel dieses Kapitels ist die Definition einer Entscheidungssystematik zur Bestimmung der planungsfallspezifisch dominanten Methoden in Abhängigkeit vom spezifischen Komplexitätsbedarf der Montageplanung und von den Komplexitätspotenzialen plangetriebener und agiler Methoden. Die zu bestimmende dominante Methode ist diejenige mit dem größten Potenzial zur Beherrschung des planungsfallspezifischen Komplexitätsbedarfs der Montageplanung.

Die Entscheidungssystematik im Modell der hybriden Montageplanung besteht aus zwei Komponenten. Neben einem grafisch unterstützen Entscheidungsvorgehen auf Basis des Komplexitätsdiagramms mit dem plangetriebenen und dem agilen Dominanzbereich werden quantitative, komplexitätsbasierte Entscheidungsregeln zur Methodenauswahl formuliert.

Zunächst wird die Ebene des Betrachtungsbereichs definiert, auf der die Entscheidung über die dominanten Planungsmethoden zu fällen ist. Nach der Diskussion der Theorie zur Komplexitätsbeherrschung wurde als Anforderung an die Objektivierung der Komplexität festgelegt, dass die Bewertung auf der Ebene der Planungsmodule erfolgen muss (vgl. Kapitel 3.5). Des Weiteren wurde definiert, dass das Modell der hybriden Montageplanung zur Sicherstellung des Domänenbezug zwar auf verschiedene Ebenen im Objektbereich der Montageplanung anwendbar sein soll, wobei jedoch sowohl die systematische Methodenauswahl als auch die Bewertung des planungsfallspezifischen Komplexitätsbedarfs auf Ebene der Planungsmodule erfolgen müssen, um die erforderliche Spezifität der Lösung zu gewährleisten (vgl. Kapitel 4.2). Die Systematik zur Bestimmung der planungsfallspezifisch dominanten Methoden bezieht sich also auf die Ebene der Planungsmodule im erweiterten Modell der Montageplanung. Diese Betrachtungsebene ist auch inhaltlich von hoher Relevanz, da so sichergestellt wird, dass die in einem Planungsmodul logisch gekapselten und inhaltlich stark vernetzten Planungsinkremente mit derselben Methode geplant und nicht in getrennte Planungseinheiten separiert werden (vgl. Kapitel 2.1.2)[731].

Die systematische Bestimmung der dominanten Planungsmethode basiert auf dem grafischen Abgleich des Komplexitätsbedarfs der Montageplanung mit den Komplexitätspotenzialen plangetriebener und agiler Methoden. Die Grundlage dafür bildet das zweidimensionale Komplexitätsdiagramm, in dem der planungsfallspezifische Komplexitätsbedarf eines Planungsmoduls durch ein

[731] Vgl. Nöcker, J. C. (2012), Zustandsbasierte Fabrikplanung, S. 131ff.

geordnetes Wertepaar $K_i = (K_{qs,i}; K_{df,i})$ repräsentiert wird. Die grafisch unterstützte Entscheidung basiert auf der relativen Lage eines geordneten Wertepaars zu den Dominanzbereichen, welche die Bereiche beschreiben, in denen plangetriebene bzw. agile Methoden angewandt werden sollten und diese voneinander abgrenzen.[732] Die grafische Beschreibung der Dominanzbereiche als Entscheidungsgrundlage erfolgt im Rahmen dieser Arbeit analog zum Lösungskonzept des *Agile-Portfolio* nach DIELS[733]. Die grafische Entscheidung über die planungsfallspezifisch dominante Methode anhand der Lokalisation von Wertepaaren im zweidimensionalen Raum orientiert sich an der Logik von Phasendiagrammen, welche aus den Domänen der Physik und der Werkstoffkunde bekannt sind. Anhand der Bereiche im Diagramm werden hier das Vorliegen und die Struktur stofflicher Phasen bestimmt[734]. Bezogen auf die formalen Anforderungen an das Modell der hybriden Montageplanung bedeutet die grafische Lösung einen Kompromiss zwischen der Exaktheit der Lösung und deren aufwandsarmer Handhabung[735] (vgl. Kapitel 4.1.1). Die Entscheidungsfindung anhand definierter Bereiche im Komplexitätsdiagramm stellt mithin eine zulässige Vereinfachung für die Praxis dar und fördert die praktische Anwendbarkeit des Modells.

Um über diesen grafischen Ansatz eine hinreichend genaue Entscheidung treffen zu können, muss nun die Bereichsgrenze zwischen dem plangetriebenen und dem agilen Dominanzbereich definiert werden. Der Verlauf der Bereichsgrenze resultiert aus den Komplexitätspotenzialen der Methoden. Aus dem zunehmenden Komplexitätspotenzial plangetriebener Methoden für steigende Werte der quasistatisch-strukturellen Komplexität K_{qs} und dem für steigende Werte der dynamisch-funktionalen Komplexität K_{df} simultan zunehmenden Komplexitätspotenzial agiler Methoden ergibt sich eine Bereichsgrenze mit positiver Steigung (vgl. Kapitel 5.3.3).[736]

Zur exakten Definition der Bereichsgrenze muss deren inhaltliche Bedeutung spezifiziert werden. Für Punkte, die exakt auf der Bereichsgrenze liegen, kann keine klare Entscheidung hinsichtlich der Dominanz einer Methode getroffen werden, sodass Indifferenz herrscht. Damit entspricht die Bereichsgrenze einer Indifferenzkurve der Entscheidungstheorie. Eine Entscheidung wird also durch die Lage der Wertepaare relativ zur Indifferenzkurve determiniert. Die Klarheit der Entscheidung steigt dabei mit dem Abstand der Werte von der Indifferenzkurve.[737]

Zur Definition der Bereichsgrenze gilt es demnach, die Indifferenz der Entscheidenden zwischen plangetriebenen und agilen Methoden und damit zwischen der Bedeutung der quasistatisch-strukturellen und der dynamisch-funktionalen Komplexität zu ermitteln. Aufgrund der Konstanz der quasistatisch-strukturellen Komplexität ist also die Frage zu beantworten, ab welcher Sicherheit der Planungsinformationen beide Komplexitätsdimensionen dieselbe Bedeutung aufweisen. Die gesuchte Bereichsgrenze lässt sich demzufolge als Regressionslinie zu den durchschnittlichen Wahrscheinlichkeitswerten für die Sicherheit der Planungsinformationen herleiten, wenn allen

[732] Vgl. Fölling, C. et al. (2022), Mastering complexity, S. 167.
[733] Vgl. Diels, F. (2018), Indikatoren, S. 176.
[734] Vgl. Paufler, P. (1981), Phasendiagramme, S. 37ff.
[735] Vgl. Patzak, G. (1982), Systemtechnik, S. 309f.
[736] Vgl. Fölling, C. et al. (2022), Mastering complexity, S. 167.
[737] Vgl. ebd. S. 167; Laux, H. et al. (2014), Entscheidungstheorie, S. 63f.

eingehenden Planungsinformationen dieselbe Sicherheit zugewiesen wird. Dies folgt der Prämisse der Unabhängigkeit der kritischen Informationssicherheit vom betrachteten Planungsmodul. In Abbildung 5-17 sind lineare und logarithmische Regressionslinien zu den Wertepaaren des integrativen Komplexitätsmaßes K für Wahrscheinlichkeitswerte der Informationssicherheit von 5%, 50% und 95% dargestellt. Aufgrund der logarithmischen Abszisse des Komplexitätsdiagramms weisen die linearen Regressionslinien einen gekrümmten und die logarithmischen einen geraden Verlauf auf. Zur Entscheidung über die am besten geeignete Regressionslinie wurde eine Regressionsanalyse durchgeführt. Mit $R^2_{log} = 0{,}6559 > 0{,}6517 = R^2_{lin}$ weist die logarithmische Regressionslinie für alle Komplexitätswerte das höhere Bestimmtheitsmaß R^2 auf. Damit erklärt die logarithmische Regressionslinie die Lage der geordneten Wertepaare der Komplexität besser als die lineare.[738] Die Bereichsgrenze zwischen dem plangetriebenen und dem agilen Dominanzbereich wird also durch eine logarithmische Funktion beschrieben, deren grafische Repräsentation im Komplexitätsdiagramm eine Gerade mit positiver Steigung ist (vgl. Abbildung 5-17).[739]

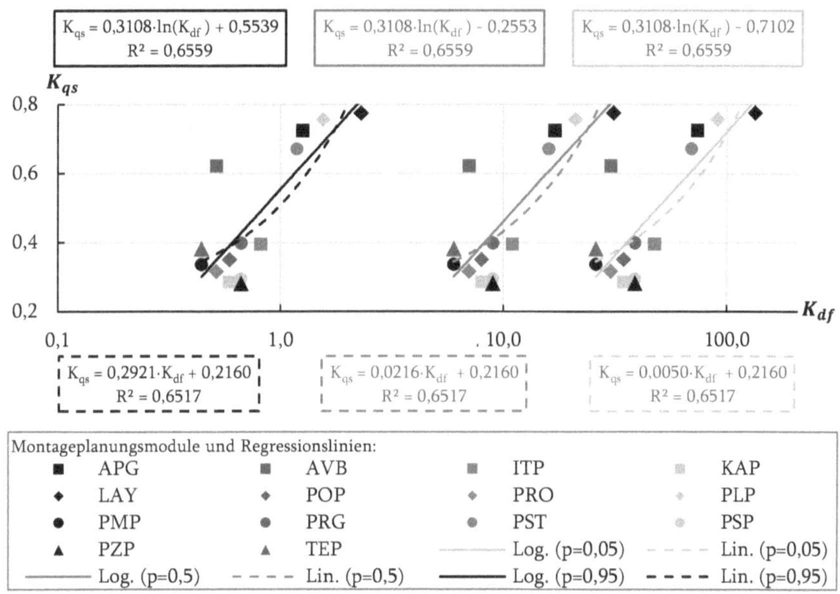

Abbildung 5-17: Komplexitätsdiagramm mit linearen und logarithmischen Regressionslinien[740]

Die dargestellten logarithmischen Regressionslinien weisen eine konstante Steigung für alle Wahrscheinlichkeiten auf. Für eine eindeutige Festlegung der Bereichsgrenze im Komplexitätsdiagramm muss nun noch deren Position bestimmt werden.

---

[738] Vgl. Schuster, T. et al. (2017), Statistik für Wirtschaftswissenschaftler, S. 208.

[739] Vgl. Fölling, C. et al. (2022), Mastering complexity, S. 167.

[740] I. A. a. ebd. S. 168.

Die Position der Bereichsgrenze im Komplexitätsdiagramm ist abhängig vom partiellen Wert der dynamisch-funktionalen Komplexität und damit von der durchschnittlichen Informationssicherheit im Projekt. Aufgrund der Abnahme der Komplexität in dieser Dimension mit steigendem Reifegrad der Planung und steigender Sicherheit der Planungsinformationen ist dieser Wert im Projektverlauf nicht konstant, sondern ansteigend (vgl. Kapitel 5.2.3). Die gesuchte Bereichsgrenze zwischen dem plangetriebenen und dem agilen Dominanzbereich wird folglich durch die kritische durchschnittliche Informationssicherheit im Montageplanungsprojekt bestimmt.

Die Bestimmung der kritischen durchschnittlichen Informationssicherheit gestaltet sich aufgrund der Dynamik und des zeitabhängigen Systemverhaltens in dieser Komplexitätsdimension sowie aufgrund der Individualität von Montageplanungsprojekten nicht trivial. Aufgrund der fehlenden Datenbasis zur zeitlichen Entwicklung der informatorischen Unsicherheit im Verlauf von Montageplanungsprojekten wurden die erforderlichen Erkenntnisse in einer eigenen Primärerhebung generiert[741]. Dazu wurde unter den Teilnehmern[742] der in Kapitel 5.3.1 beschriebenen Expertenstudie eine Zusatzbefragung durchgeführt. In dieser nachgelagerten Studie wurden die durchschnittlichen Wahrscheinlichkeitswerte für die Sicherheit der Planungsinformationen zu definierten Zeitpunkten im Projektverlauf untersucht. Neben dem Projektbeginn (0%) und dem Projektabschluss (100%) wurden die Wahrscheinlichkeitswerte für einen Projektfortschritt von 20%, 40%, 60% und 80% erfragt.[743] Die Ergebnisse der Einzelbeurteilungen sowie die jeweiligen Mittelwerte der Wahrscheinlichkeiten für die Informationssicherheit zeigt Abbildung 5-18.

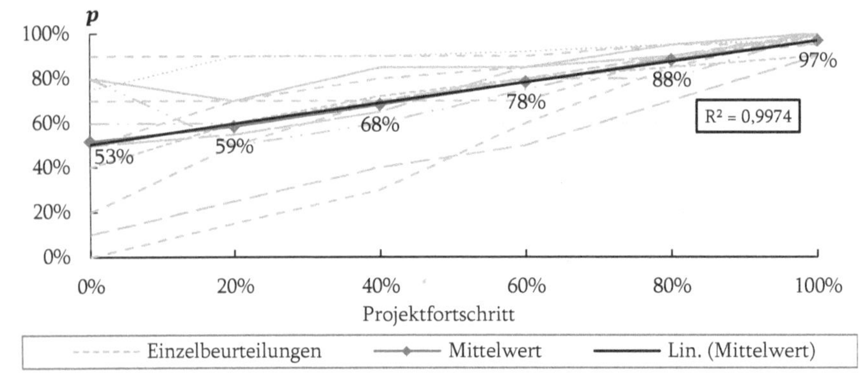

Abbildung 5-18: Entwicklung der Sicherheit von Planungsinformationen im Projektverlauf[744]

Die Schätzwerte weisen zu Projektbeginn eine hohe Streuung auf, die sich im Projektverlauf reduziert. Nach AGGTELEKY ist bei der Bewertung von Planungsprojekten nicht die Genauigkeit der

[741] Vgl. Widmer, T. et al. (1997), Forschungsmethoden, S. 233f.

[742] Die Stichprobe der durchgeführten AHP-Studie umfasst ausschließlich männliche Teilnehmer, sodass in diesem Kontext bewusst auf die geschlechtsneutrale Sprache verzichtet wird.

[743] Vgl. Fölling, C. et al. (2022), Mastering complexity, S. 167.

[744] I. A. a. ebd. S. 168.

Einzelbeurteilungen, sondern deren Mittelwert entscheidend[745]. Die lineare Regressionslinie zu den Mittelwerten der Schätzungen stellt mit einem Bestimmtheitsmaß von $R^2 = 0{,}9974$ eine sehr gute Annäherung an den Verlauf der Informationssicherheit im Projektverlauf dar.[746]

Aus den erhobenen Wahrscheinlichkeitswerten kann nun die kritische durchschnittliche Informationssicherheit bestimmt werden, für welche Indifferenz zwischen den Komplexitätsdimensionen sowie zwischen plangetriebenen und agilen Methoden herrscht und über welche die gesuchte Bereichsgrenze definiert ist. Aus den Ergebnissen der AHP-Expertenstudie geht hervor, dass die Beherrschung der dynamisch-funktionalen Komplexität zur Optimierung der Planungsergebnisse mit 61% höher priorisiert werden sollte als die Beherrschung der quasistatisch-strukturellen Komplexität mit 39% (Kapitel 5.3.2). Diese Priorisierung wird zur Definition der Bereichsgrenze im Komplexitätsdiagramm berücksichtigt. Die durchschnittliche Informationssicherheit in Montageplanungsprojekten steigt gemäß den erhobenen Daten linear von 53% zu Projektbeginn auf 97% zum Projektende, wobei deutliche Abweichungen für individuelle Projekte möglich sind (vgl. Abbildung 5-18). Entsprechend der mit 61% zu priorisierenden Beherrschung der dynamisch-funktionalen Komplexität wird der gesuchte Wert im Wertbereich zwischen 53 und 97% zugunsten agiler Methoden in Richtung höherer Sicherheitswerte verschoben. Damit kann nun die kritische durchschnittliche Sicherheit der Planungsinformationen in Montageplanungsprojekten zu $\bar{p} = 0{,}53 + 0{,}61 \cdot (0{,}97 - 0{,}53) \approx 0{,}80$ bestimmt werden. Die gemäß der Priorisierung der dynamisch-funktionalen Komplexität gewichtete Verschiebung vom arithmetischen Mittel zu einer durchschnittlichen Informationssicherheit von $\bar{p} = 80\%$ bewirkt eine Verschiebung der Bereichsgrenze nach links und damit die Priorisierung agiler Methoden zur Optimierung der Planungsergebnisse hinsichtlich der zentralen Planungsziele.[747]

Die gesuchte Bereichsgrenze zwischen den Dominanzbereichen wird folglich durch die logarithmische Regressionslinie zu den Wertepaaren des integrativen Komplexitätsmaßes für Wahrscheinlichkeitswerte der Informationssicherheit von $\bar{p} = 80\%$ definiert. Aus der Gleichung der Regressionslinie $K_{qs} = 0{,}3108 \cdot ln(K_{df}) + 0{,}097$ ergeben sich für die Randstellen des Wertebereichs der quasistatisch-strukturellen Komplexität $K_{qs} \in [0; 1]$ der Komplexitätswert für die untere Grenze des Wertebereichs $K_u = (0; 0{,}7319)$ und der Komplexitätswert für die obere Grenze des Wertebereichs $K_o = (1; 18{,}2726)$.[748]

Damit sind die Bereichsgrenze sowie die durch sie separierten Dominanzbereiche im Komplexitätsdiagramm eindeutig bestimmt. In Abbildung 5-19 sind der plangetriebene und der agile Dominanzbereich sowie die Bereichsgrenze im Komplexitätsdiagramm dargestellt.

[745] Vgl. Aggtely, B. (1970), Fabrikplanung, S. 16f.
[746] Vgl. Fölling, C. et al. (2022), Mastering complexity, S. 168.
[747] Vgl. ebd. S. 168.
[748] Vgl. ebd. S. 168.

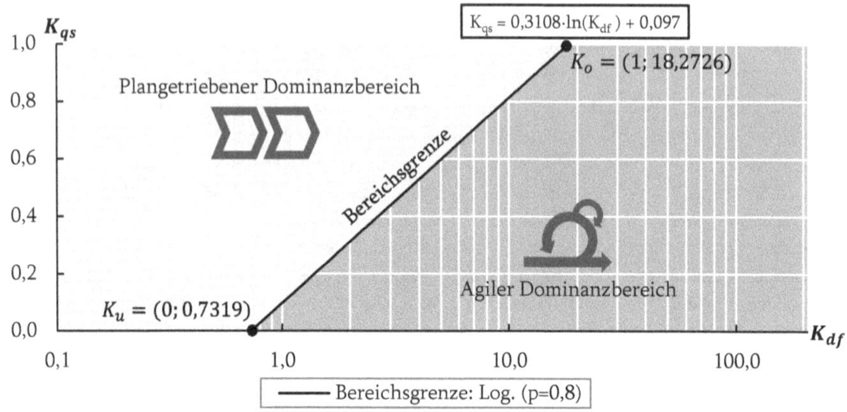

Abbildung 5-19: Die Dominanzbereiche im Komplexitätsdiagramm [749]

Die Herleitung der Bereichsgrenze orientiert sich an den Indifferenzkurven der Entscheidungstheorie, sodass für die Punkte auf der Bereichsgrenze Indifferenz hinsichtlich des Einsatzes plangetriebener oder agiler Methoden herrscht. Bei der entscheidungstheoretischen Festlegung und Bewertung von Indifferenzkurven ist stets auch die Risikoeinstellung der Bewertenden zu berücksichtigen, welche die Ausprägungen *Risikoaversion*, *Risikoneutralität* oder *Risikoaffinität* annehmen kann[750]. Vor diesem Hintergrund sei darauf hingewiesen, dass die zuvor beschriebene Definition der Bereichsgrenze unter der Prämisse der Risikoneutralität gilt. Abhängig von der individuellen Risikoeinstellung sind Anpassungen der Bereichsgrenze möglich. Risiko entsteht im Kontext dieser Arbeit durch die dynamisch-funktionale Komplexität bzw. die Informationssicherheit. Aufgrund des deutlich größeren Komplexitätspotenzials agiler Methoden sollte bei Risikoaversion demnach eine Verschiebung der Bereichsgrenze nach links vorgenommen werden. Dadurch vergrößert sich der agile Dominanzbereich und agile Methoden werden auch bei höheren Informationssicherheiten und damit niedrigeren Werten der dynamisch-funktionalen Komplexität priorisiert. Bei Risikoaffinität sollte die Bereichsgrenze analog nach rechts verschoben werden, sodass agile Methoden erst bei niedrigerer Informationssicherheit priorisiert werden. Solche risikobezogenen Verschiebungen der Bereichsgrenze basieren auf persönlichen Präferenzen sowie der persönlichen Risikoeinstellung und müssen daher individuell erfolgen.

Mit den durch die Bereichsgrenze definierten Dominanzbereichen im Komplexitätsdiagramm können die planungsfallspezifisch dominanten Methoden nun systematisch bestimmt werden. Die Methodenauswahl kann einerseits grafisch im Komplexitätsdiagramm erfolgen. Dazu werden die geordneten Wertepaare des integrativen Komplexitätsmaßes $K_i = (K_{qs,i}; K_{df,i})$ als Maß für die Komplexitätsbedarfe einzelner Planungsmodule ins Komplexitätsdiagramm eingetragen und nach ihrer Position relativ zur Bereichsgrenze bewertet. Liegt das Wertepaar im plangetriebenen

[749] I. A. a. ebd. S. 169.

[750] Vgl. Laux, H. et al. (2014), Entscheidungstheorie, S. 95; Fischer, K. (2004), Entscheidungslehre, S. 37.

Dominanzbereich, empfiehlt sich der Einsatz plangetriebener Methoden. Liegt es im agilen Dominanzbereich, sollten agile Methoden zum Einsatz kommen.[751]

Zur Steigerung der Präzision und als Alternative zum grafischen Verfahren werden im Folgenden durch die mathematische Systematisierung der grafischen Entscheidung quantitative Regeln formuliert. Dazu werden die Dominanzbereiche in Abhängigkeit von den Werten der quasistatisch-strukturellen Komplexität $K_{qs,i}$ sowie der dynamisch-funktionalen Komplexität $K_{df,i}$ bereichsweise definiert[752]:

Plangetriebene Methoden sind dominant für ein Planungsmodul i, wenn gilt:

$$\begin{cases} K_{qs,i} \in [0; 1] & \forall \ K_{df,i} \leq K_{df,u} = 0{,}7319 \\ K_{qs,i} > 0{,}3108 \cdot \ln(K_{df,i}) + 0{,}097 & \forall \ K_{df,u} = 0{,}7319 < K_{df,i} < K_{df,o} = 18{,}2726 \end{cases}$$

Agile Methoden sind dominant für ein Planungsmodul i, wenn gilt:

$$\begin{cases} K_{qs,i} \in [0; 1] & \forall \ K_{df,i} \geq K_{df,o} = 18{,}2726 \\ K_{qs,i} \leq 0{,}3108 \cdot \ln(K_{df,i}) + 0{,}097 & \forall \ K_{df,u} = 0{,}7319 < K_{df,i} < K_{df,o} = 18{,}2726 \end{cases}$$

Aus der Verbalisierung dieser mathematischen Ausdrücke folgt, dass plangetriebene Methoden für alle Werte der dynamisch-funktionalen Komplexität $K_{df,i}$ unterhalb des unteren Grenzwerts $K_{df,u} = 0{,}7319$ dominant sind. Analog sind plangetriebene Methoden für alle Werte der dynamisch-funktionalen Komplexität $K_{df,i}$ oberhalb des oberen Grenzwerts $K_{df,o} = 18{,}2726$ dominant. Im Bereich zwischen dem unteren und dem oberen Grenzwert sind plangetriebene Methoden für alle Werte oberhalb und agile Methoden für die Werte unterhalb der Bereichsgrenze dominant. Aufgrund der Priorisierung agiler Methoden zur Optimierung der Planungsergebnisse wird auch die Bereichsgrenze selbst zum agilen Dominanzbereich gezählt. Durch die aufgestellten Entscheidungsregeln und Grenzwerte ergeben sich klar voneinander abgegrenzte Anwendungsbereiche plangetriebener und agiler Methoden in der Montageplanung, wodurch die Entscheidungsfindung in der Methodenauswahl systematisiert und plausibilisiert wird.

Zur Vereinfachung der quantitativen Bestimmung der dominanten Methode je Planungsmodul sind in der nachfolgenden Tabelle 5-8 für die Werte der quasistatisch-strukturellen Komplexität aller Montageplanungsmodule $K_{qs,i}$ die durchschnittlichen Wahrscheinlichkeitswerte für die Informationssicherheit $p_{i,\text{Grenz}}$ sowie die Werte der dynamisch-funktionalen Komplexität $K_{df,\text{i,Grenz}}$ angegeben, welche als Grenzwerte direkt auf der Bereichsgrenze liegen. Diese Werte beschreiben die Indifferenzkurve bzw. die Bereichsgrenze zwischen den Dominanzbereichen und definieren damit je Planungsmodul die Grenzwerte für die Entscheidung zwischen plangetriebenen und agilen Methoden.

[751] Vgl. Fölling, C. et al. (2022), Mastering complexity, S. 168f.
[752] Vgl. ebd. S. 169.

Tabelle 5-8: Komplexitätswerte auf der Bereichsgrenze im Komplexitätsdiagramm

ID	Planungsmodul i	$K_{qs,i}$	$p_{i,\text{Grenz}}$	$K_{df,i,\text{Grenz}}$
APG	Arbeitsplatzgestaltung	0,7236	73,63%	7,5084
AVB	Arbeitsvorbereitung	0,6220	58,50%	5,4153
ITP	IT-Planung	0,3948	84,85%	2,6073
KAP	Kapazitätsplanung	0,2866	85,26%	1,8407
LAY	Layoutplanung	0,7744	82,06%	8,8425
POP	Personal- und Organisationsplanung	0,3499	82,24%	2,2562
PRO	Produktanalyse	0,3161	81,84%	2,0235
PLP	Produktionslogistikplanung	0,7567	75,90%	8,3525
PMP	Produktionsmittelplanung	0,3370	77,88%	2,1644
PRG	Produktionsprogrammplanung	0,3986	81,61%	2,6393
PST	Produktionssteuerungsplanung	0,6717	75,94%	6,3536
PSP	Produktionsstrukturplanung	0,2954	86,43%	1,8932
PZP	Prozessplanung	0,2822	86,96%	1,8148
TEP	Technologieplanung	0,3827	74,85%	2,5077

Die Dominanzbereiche sowie die Bereichsgrenze sind unter den zugrundeliegenden Prämissen exakt definiert worden. Dabei bleibt zu berücksichtigen, dass stets projektspezifische Anpassungen gemäß der individuellen Risikoeinstellung und der persönlichen Präferenzen möglich sind. Weiterhin gibt die vorgestellte Entscheidungssystematik lediglich eine Empfehlung für die Auswahl der planungsfallspezifisch dominanten Planungsmethode aus. Sollen projektspezifisch weitere Faktoren bei der Entscheidung berücksichtigt werden, können insbesondere in der Zone nahe der Bereichsgrenze von der Empfehlung abweichende Entscheidungen getroffen werden. Mit zunehmender Nähe zur Bereichsgrenze sinkt die Deutlichkeit der Empfehlung.

5.4.2 Vorgehen zur Methodenauswahl in der hybriden Montageplanung

Im vorangegangenen Kapitel wurde eine detaillierte Entscheidungssystematik mit quantitativen Regeln und Grenzwerten zur Bestimmung der planungsfallspezifisch dominanten Methoden in der hybriden Montageplanung entwickelt. Zur Sicherstellung der Anwendbarkeit der Methodik in der industriellen Praxis und zur Gewährleistung der Ergebnisqualität erfolgt abschließend die prozessuale Definition eines Vorgehens zur Umsetzung der entwickelten Systematik.

Durch die Definition eines einheitlichen Vorgehens zur Anwendung des Modells der hybriden Montageplanung wird dessen korrekte und zielführende Implementierung in der montageplanerischen Praxis gefördert. Das Vorgehen leistet somit auch einen Beitrag zur Erfüllung der in Kapitel 4.1.1 formulierten formalen Anforderungen nach PATZAK[753]. Über die Definition der relevanten Anwendungszeitpunkte im Projektverlauf trägt das Vorgehen zur Realisierung einer hohen Produktivität im Sinne von zielgerichtet nutzbaren Ergebnissen bei. Zur Gewährleistung der Anwendbarkeit in der Praxis muss weiterhin eine gute und einfache Handhabbarkeit mit einem

[753] Vgl. Patzak, G. (1982), Systemtechnik, S. 309f.

geringen Aufwand sichergestellt werden, sodass der erzeugte Planungsnutzen den Aufwand für die Anwendung der Methodik nicht übersteigt[754].

Aufgrund der inhärenten Dynamik eines Montageplanungsprojekts erfolgt zunächst eine zeitliche Prozessdefinition zur Anwendung des Modells der hybriden Montageplanung. In Kapitel 2.2 wurde beschrieben, inwiefern die Dynamik eines Projekts, welche unter anderem durch die Veränderlichkeit der Anforderungen des Marktes und der Produktentwicklung induziert wird, komplexitätsbasierte Herausforderungen erzeugt. Durch veränderliche Planungsprämissen und eine flexible Projektentwicklung mit Anpassungen des Planungsvorgehens unterliegen die Komplexität und Dynamik im Projektverlauf selbst einer signifikanten Veränderlichkeit[755]. Infolgedessen verändern sich auch die dynamisch-funktionale Komplexität sowie der Komplexitätsbedarf der Montageplanung (vgl. Kapitel 5.2.3). Um also eine planungsfallspezifische Entscheidung über die dominanten Planungsmethoden abhängig von veränderlichen Komplexitätsbedarfen treffen zu können, müssen die Anwendung des Modells der hybriden Montageplanung und die Ermittlung des integrativen Komplexitätsmaßes zu definierten Zeitpunkten im Projekt erfolgen.

Die Zeitpunkte im Projektverlauf, zu denen die systematische Methodenauswahl erfolgen soll, werden als *Evaluationspunkte* bezeichnet. Abhängig davon, ob die Methodenauswahl initial oder in einer nachgelagerten Iteration erfolgt, beziehen sich Evaluationspunkte auf die Bestimmung oder Validierung bzw. Adaption der planungsfallspezifisch dominanten Methoden. Durch die Anzahl der Evaluationspunkte muss einerseits sichergestellt werden, dass die Komplexitätsbedarfe der Montageplanung zeitaktuell berücksichtigt werden. Andererseits wächst der Umsetzungsaufwand mit der erforderlichen Häufigkeit der Anwendung des Modells, sodass die Zahl der Evaluationspunkte auf ein suffizientes Minimum zu begrenzen ist. Im Folgenden werden die projektübergreifend relevanten Evaluationspunkte zur Anwendung des Modells der hybriden Montageplanung und zur systematischen Methodenauswahl vorgestellt und definiert:

- **Initiale Projektkonfiguration:** Den ersten festen Evaluationspunkt markiert die Phase der Projektvorbereitung bis zum inhaltlichen Beginn des Montageplanungsprojekts. Gemäß dem Aachener Fabrikplanungsvorgehen erfolgt in dieser frühen Phase nach der Definition der benötigten Planungsaufgaben und des Objektbereichs die Projektkonfiguration, welche durch die Auswahl und Strukturierung der projektrelevanten Planungsmodule gekennzeichnet ist[756]. Aus der Konfiguration ergibt sich die projektspezifische Modullandkarte[757], welche die Bewertungsgrundlage für die systematische Methodenauswahl bildet. Es gilt also, zu Projektbeginn durch die Anwendung des Modells der hybriden Montageplanung den Einsatz der bezogen auf den initial identifizierten Komplexitätsbedarf dominanten Planungsmethoden festzulegen. Ab diesem Evaluationspunkt beginnt die Projektarbeit je Planungsmodul mit plangetriebenen bzw. agilen Methoden entsprechend der initialen Methodenauswahl.

[754] Vgl. Burggräf, P. (2012), Wertorientierte Fabrikplanung, S. 169.
[755] Vgl. Meckelnborg, A. (2015), Integrative Fabrikplanung, S. 98f.; Nöcker, J. C. (2012), Zustandsbasierte Fabrikplanung, S. 140.
[756] Vgl. ebd. S. 178f.
[757] Vgl. ebd. S. 186f.

- **Projekterweiterungen:** Nach der initialen Projektkonfiguration kann bei inhaltlichen Planabweichungen die nachträgliche Integration weiterer Planungsmodule erforderlich werden[758]. Im Fall einer nachträglichen Aufnahme von Planungsmodulen in ein Montageplanungsprojekt gilt es, auch für diese Module die dominanten Planungsmethoden zu identifizieren und zur Anwendung zu bringen. Diese inhaltlichen Änderungen der Projektstruktur kennzeichnen somit optionale Evaluationspunkte.
- **Reifegradstufen:** Der Komplexitätsbedarf der Montageplanung variiert in der dynamisch-funktionalen Dimension durch die veränderliche Sicherheit der Planungsinformationen im Montageplanungsprojekt. Der daraus resultierenden Veränderung hinsichtlich der planungsfallspezifisch dominanten Methoden wird durch den dritten Typ von Evaluationspunkten Rechnung getragen. Zur Berücksichtigung des veränderlichen informatorischen Reifegrads wird an dieser Stelle auf die Reifestufen des informatorischen Referenzprozesses nach KRUNKE[759] verwiesen. Während die erste Reifestufe *Zieldefinition* bereits in der initialen Projektkonfiguration enthalten ist, stellen die *Grobkonzeptfreigabe* nach Abschluss der Grobplanung, die *Planungsfreigabe* nach Abschluss der Detailplanung sowie die *Umsetzungsfreigabe nach* Abschluss der Feinplanung relevante Evaluationspunkte dar. Diese Meilensteine im Planungsprozess dienen als optionale Evaluationspunkte, um die Dominanz der initial ausgewählten Methoden zu validieren und um im Falle veränderter Komplexitätsbedarfe Anpassungen an der Methodenauswahl vorzunehmen.
- **Synchronisationspunkte:** Die vierte Form der Evaluationspunkte orientiert sich an der zyklischen Struktur der agilen Produktentwicklung, welche als zentraler Anforderungsgeber der Montageplanung auftritt (vgl. Kapitel 2.2.1). Insbesondere die Erzeugung neuer Prototypen in den Sprints ist entscheidend für neue Planungsinformationen und damit für einen veränderlichen informatorischen Reifegrad (vgl. Kapitel 3.3.3). Die an den Sprintzyklen der Produktentwicklung orientierten Synchronisationspunkte zwischen Produktentwicklung und Montageplanung[760] bilden folglich weitere optionale Evaluationspunkte, an denen neue Planungsinformationen und Anforderungen zur Validierung der aktuellen Methodenauswahl genutzt werden sollten.

Nach der Bestimmung der dominanten Methode zu Beginn der Bearbeitung eines jeden Montageplanungsmoduls sollte die Dominanz dieser Methode somit iterativ an Reifegradstufen sowie domänenübergreifenden Synchronisationspunkten validiert werden, um potenziell erforderliche Anpassungen des Planungsvorgehens vornehmen zu können. Im Rahmen dieser Arbeit können die Evaluationspunkte lediglich generisch beschrieben werden. Die optimale Anzahl an Evaluationspunkten ist projektspezifisch und abhängig von der Gesamtdauer sowie der Dynamik des jeweiligen Montageplanungsprojekts. Folglich ist eine projektspezifische Terminierung der Evaluationspunkte erforderlich, welche zu Projektbeginn aufgesetzt und bedarfsweise im Projekt angepasst werden sollte. So wird eine suffiziente Komplexitätsbeherrschung über prozessual veran-

[758] Vgl. ebd. S. 140, 211.
[759] Vgl. Krunke, M. (2017), Reifegradmanagement, S. 130ff.
[760] Vgl. Bertling, M. et al. (2018), MVPS, S. 29.

kerte Evaluationspunkte durch die langfristig ergebnis- und planungsnutzenoptimierende Methodenauswahl und Vorgehenskonfiguration in der hybriden Montageplanung sichergestellt. Eine Übersicht über die festen und optionalen Evaluationspunkte gibt Abbildung 5-20.

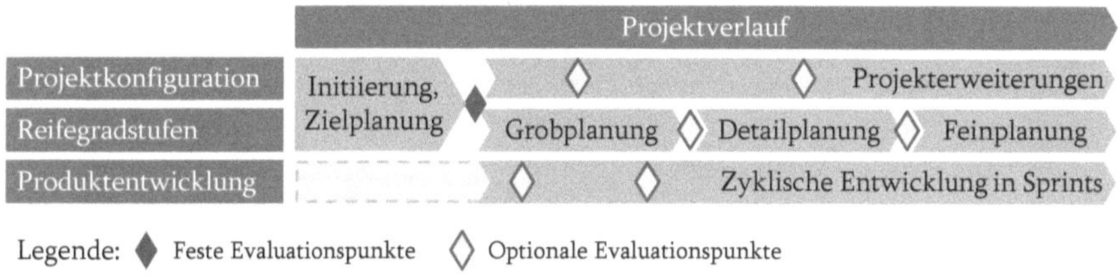

Abbildung 5-20: Evaluationspunkte im Projektverlauf

Neben der zeitlichen Prozessdefinition wird im Vorgehen zur Methodenauswahl in der hybriden Montageplanung auch der Anwendungsbereich definiert. Wie bereits in den vorherigen Kapiteln erläutert, erfolgt die Anwendung der Systematik zur Bestimmung der planungsfallspezifisch dominanten Methoden auf der Ebene der Planungsmodule im erweiterten Modell der Montageplanung. Die Planungsmodule stellen inhaltlich zusammenhängende und abgeschlossene Einheiten dar[761], durch deren Planungsinkremente und -informationen das integrative Komplexitätsmaß und damit der Komplexitätsbedarf maßgeblich determiniert werden. Durch die Anwendung des Modells der hybriden Montageplanung auf dieser Ebene können die inhaltliche Fokussierung sowie die methodische Affinität der Planungsmodule gleichermaßen berücksichtigt werden. Die Wahl der Planungsmodule als Anwendungsbereich stellt weiterhin eine hinreichend hohe Granularität für die angestrebte Spezifität der Methodik sicher, wobei der erforderliche Aufwand für die Anwendung durch die Anzahl der Planungsmodule limitiert ist.

Die organisatorische Ausgestaltung des konfigurierten hybriden Montageplanungsvorgehens orientiert sich an den in Kapitel 3.4.1 vorgestellten Typen von Hybridformen. Da das Modell der hybriden Montageplanung das plangetriebene und das agile Methodencluster und keine Methodenfragmente betrachtet, sind direkte Hybridformen nicht Teil des Betrachtungsbereichs dieser Arbeit. Sowohl vertikale als auch horizontale Hybridformen erlauben den kombinierten Einsatz plangetriebener und agiler Methoden für verschiedene Planungsmodule bzw. Planungseinheiten und bieten sich daher für die organisatorische Ausgestaltung der hybriden Montageplanung an. Im Rahmen dieser Arbeit wird jedoch basierend auf der Projekterfahrung des Autors sowie der typischen Struktur von Montageplanungsprojekten eine Empfehlung für den Einsatz vertikaler Hybridformen ausgesprochen. Die Nutzung plangetriebener Methoden auf einer übergeordneten Makroebene ermöglicht die stringente Verfolgung und Einhaltung der übergreifenden Projektmeilensteine und Ziele wie dem *Start of Production* (SOP), welcher das fixe Ziel der meisten Montageplanungsprojekte darstellt. In den Phasen zwischen den Meilensteinen der Makroebene können auf der Mikroebene analog zur Unterteilung der horizontalen Hybridformen plangetriebene und agile Methoden sowohl alternierend als auch parallel zum Einsatz kommen.

[761] Vgl. Nöcker, J. C. (2012), Zustandsbasierte Fabrikplanung, S. 132.

Als Ergebnis der Anwendung des Modells der hybriden Montageplanung ergibt sich die methodische Konfiguration eines hybriden Montageplanungsvorgehens, in dem die einzelnen Planungsmodule bzw. Planungseinheiten unterhalb einer plangetriebenen Makroebene mit der jeweils dominanten plangetriebenen oder agilen Methode bearbeitet werden. Der in Kapitel 3.4.4 aufgestellten Hypothese folgend, ermöglicht diese zielgerichtete Kombination plangetriebener und agiler Methoden in einem hybriden Planungsvorgehen die umfassende Beherrschung der quasistatisch-strukturellen sowie dynamisch-funktionalen Komplexität der Montageplanung.

Bei der Anwendung des Modells der hybriden Montageplanung müssen dabei zwei Restriktionen berücksichtigt werden. Eine erste Restriktion bezieht sich auf die konkret auszuwählenden Planungsmethoden. Gemäß der in Kapitel 3.3.1 definierten Aggregationsebene zur Betrachtung der Methoden gibt die entwickelte Entscheidungssystematik Empfehlungen für den Einsatz plangetriebener oder agiler Methoden je Montageplanungsmodul aus. Die Empfehlung schließt keine spezifischen Formen und Ausprägungen der beiden Methodencluster ein. Da diese Entscheidung einer hohen Projektspezifität unterworfen ist, muss diese Auswahl individuell für ein konkretes Montageplanungsprojekt erfolgen. Bei der nachgelagerten Auswahl konkreter Methodenausprägungen müssen die in Kapitel 3.4.4 aufgezeigten Risiken einer destruktiven Methodeninterferenz vermieden werden. Dazu gilt es, Methodenausprägungen zielgerichtet zu einem Planungsvorgehen zu kombinieren, um so Synergien und eine konstruktive Methodeninterferenz zu erzielen.

Daneben muss bei der Anwendung der Methodik eine zweite Restriktion beachtet werden, welche sich auf die strukturelle Projektorganisation bezieht. Abhängig von der Größe und Interdisziplinarität eines Montageplanungsprojekts werden die betrachteten Planungsumfänge und Planungsmodule durch eine unterschiedliche Anzahl an Planenden bzw. Planungsteams bearbeitet. Die ausgewählte Planungsmethode beeinflusst die Arbeitsweise der Planenden dabei maßgeblich (vgl. Anhang 8.3). Die methodenspezifischen Arbeitsweisen sind in ihrer Struktur so unterschiedlich, dass ein Planungsteam bzw. ein Mitglied des Planungsteams nicht simultan plangetriebene und agile Projektumfänge bearbeiten kann. Durch das Modell der hybriden Montageplanung wird jedoch je Planungsmodul die spezifisch dominante Methode ermittelt. Die vollständige Umsetzung der durch das Modell generierten Empfehlungen hinsichtlich der dominanten Planungsmethoden ist folglich nur dann möglich, wenn die Planungsmodule mit unterschiedlichen dominanten Methoden durch separate organisatorische Einheiten bearbeitet werden können. Dazu müssen also sowohl für die mit plangetriebenen als auch für die mit agilen Methoden zu bearbeitenden Planungsmodule ausreichende Planungskapazitäten zur Verfügung stehen, deren Qualifikationsprofile den Einsatz der jeweiligen Methode erlaubt. Sollte eine solche organisatorische Aufteilung der Planungsinhalte nicht möglich sein, müssen Planungseinheiten gebildet werden. Dabei wird für das Planungsspektrum jeder Organisationseinheit entschieden, welche Methode eine Maximierung des Planungsnutzens ermöglicht. Diese Entscheidung wird anhand der im jeweiligen Planungsspektrum überwiegenden Dominanz getroffen. Sind also beispielsweise drei Planungsmodule durch ein Planungsteam zu bearbeiten, von denen plangetriebene Methoden für ein Planungsmodul und agile Methoden für die beiden übrigen Planungsmodule dominant sind, sollte das Planungsteam alle drei Planungsmodule mit agilen Methoden bearbeiten. Dabei können einzelne Planungsmodule aufgrund ihrer Bedeutung für das jeweilige Montageplanungsprojekt höher priorisiert werden. Auf diese Weise werden Planungseinheiten gebildet, welche Kompromisslösungen zwischen der planungsmodulspezifisch dominanten und der organisatorisch realisierbaren Methodenauswahl darstellen. In Anlehnung an den Ansatz von DIELS[762] wird somit das globale Optimum für ein Montageplanungsprojekt auf Basis der lokalen Entscheidung für die dominanten Methoden auf Ebene einzelner Planungsmodule erreicht. Ambigue Empfehlungen hinsichtlich der Methodenauswahl sind aufgrund der separaten Bewertung der klar abgegrenzten Planungsmodule jedoch ausgeschlossen.

Die Erkenntnisse des vierten und letzten Teilmodells der vorliegenden Arbeit umfassen die Entscheidungssystematik zur Bestimmung der planungsfallspezifisch dominanten Methoden in Abhängigkeit des Komplexitätsbedarfs der Montageplanung sowie ein prozessuales Vorgehen zu deren Anwendung in der montageplanerischen Praxis. Diese Ergebnisse stellen eine Lösung zum vierten identifizierten Handlungsbedarf dar. Damit können abschließend die vierte Unterforschungsfrage sowie die zentrale Forschungsfrage dieser Arbeit beantwortet werden:

Die planungsfallspezifisch dominanten Methoden lassen sich im Projektverlauf iterativ durch den systematischen Abgleich des Komplexitätsbedarfs je Montageplanungsmodul mit den Komplexitätspotenzialen plangetriebener und agiler Methoden bestimmen. Die Entscheidung über die Dominanz der Methoden kann sowohl grafisch im Komplexitätsdiagramm als auch quantitativ anhand der definierten Entscheidungsregeln getroffen werden. Die dominanten Methoden können in einer vertikalen Hybridform zu einem hybriden Montageplanungsvorgehen kombiniert und zur Anwendung gebracht werden.

5.5 Rekapitulation des Modells der hybriden Montageplanung

In den vorangegangenen Kapiteln wurde das in Kapitel 4.2 hypothesengeleitet konzipierte Modell der hybriden Montageplanung detailliert ausgearbeitet und umfassend hergeleitet.

Zunächst wurde im deskriptiven Teilmodell zur detaillierten Beschreibung des Systems der Montageplanung das erweiterte Modell der Montageplanung erzeugt. Dazu wurden die Montageplanungsmodule des Rahmenwerks der projektneutralen Modullandkarte des Aachener Fabrikplanungsvorgehens dekomponiert und um informatorisch verknüpfte Planungsinkremente ergänzt. Durch diese Erweiterung des Modells der Montageplanung wurde die Bewertungsgrundlage zur Bestimmung des planungsfallspezifischen Komplexitätsbedarfs der Montageplanung geschaffen. Anschließend wurde im explikativen Teilmodell zur Bewertung des planungsfallspezifischen Komplexitätsbedarfs der Montageplanung das integrative Komplexitätsmaß K der Montageplanung entwickelt. Das integrative Komplexitätsmaß mit seiner grafischen Repräsentation im Komplexitätsdiagramm baut auf dem erweiterten Modell der Montageplanung als Bewertungsgrundlage auf und ermöglicht die Operationalisierung und Quantifizierung der quasistatisch-strukturellen sowie dynamisch-funktionalen Komplexität der Montageplanung. Die Bestimmung der

[762] Vgl. Diels, F. (2018), Indikatoren, S. 178ff.

planungsfallspezifisch dominanten Methoden basiert auf dem Abgleich von Komplexitätsbedarfen und Komplexitätspotenzialen. Dazu wurden im zweiten explikativen Teilmodell die Komplexitätspotenziale plangetriebener und agiler Methoden hinsichtlich der beiden Komplexitätsdimensionen in einer AHP-Expertenstudie identifiziert. Auf dieser Basis erfolgte im präskriptiv-normativen Teilmodell die systematische Bestimmung der dominanten Methoden zur Kombination in der hybriden Montageplanung. Dazu wurden Dominanzbereiche zur grafischen Entscheidung sowie quantitative Entscheidungsregeln mit festen Grenzwerten definiert.

Insgesamt wurden auf diese Weise durch die Umsetzung des Lösungskonzepts dieser Arbeit und die Entwicklung des Modells der hybriden Montageplanung Lösungen zu den vier hergeleiteten Handlungsbedarfen generiert, indem die formulierten Forschungsfragen beantwortet wurden.

Im folgenden Kapitel 6 wird das entwickelte Modell der hybriden Montageplanung abschließend validiert, um den Praxisbezug sowie den Nutzen der Lösung im Anwendungszusammenhang der montageplanerischen Praxis sicherzustellen.

6 Validierung des Modells der hybriden Montageplanung

Nach der detaillierten Herleitung und Entwicklung des Modells der hybriden Montageplanung dient das vorliegende Kapitel gemäß der Strategie angewandter Forschung nach ULRICH dessen Prüfung im Anwendungszusammenhang[763]. Durch die Validierung des Modells soll dessen Nutzen und Anwendbarkeit im Praxiszusammenhang nachgewiesen werden. Auf diese Weise werden der für die angewandten Wissenschaften konstitutive Praxisbezug sichergestellt und die Rückführung des Modells als Lösung in die Praxis realisiert.[764] Zunächst wird die eingesetzte Methodik zur Validierung des Modells der hybriden Montageplanung vorgestellt (Kapitel 6.1). Anschließend werden die Ergebnisse der durchgeführten Validierung präsentiert (Kapitel 6.2), bevor das Modell der hybriden Montageplanung im Anwendungszusammenhang der Praxis kritisch reflektiert wird (Kapitel 6.3).

6.1 Methodik zur Validierung des Modells der hybriden Montageplanung

Neben der Sicherstellung der praktischen Anwendbarkeit dient die Validierung des Modells der hybriden Montageplanung insbesondere auch dem Nachweis dessen wissenschaftlicher Qualität und Güte, wobei der Betrachtungsschwerpunkt auf den erzielten Erkenntnissen liegt.[765] Allgemein ist Validität als „Kriterium für die Güte eines Tests [oder] einer Messung [...]" definiert[766]. Aufgrund der Eingliederung dieser Arbeit in die angewandten Wissenschaften wird die Validität nach DÖRING UND BORTZ abweichend davon „[...] auf die Gültigkeit von Interpretationen [...]"[767] bezogen, welche im Rahmen der Modellentwicklung hergeleitet wurden. Abhängig vom Betrachtungsfokus existieren verschiedene Arten der Validität sowie verschiedene Validierungsverfahren[768]. Der Forschungskonzeption dieser Arbeit folgend, liegt der Fokus dieses Kapitels auf dem Nachweis der *Inhaltsvalidität*. Diese beschreibt die Vollständigkeit und inhaltliche Bedeutung des entwickelten Modells, welche maßgeblich für dessen Nachvollziehbarkeit und Anwendbarkeit im Praxiszusammenhang sind. Die Bewertung der Inhaltsvalidität erfolgt in einem theoretisch-argumentativen Verfahren anhand strukturierter Expertenurteile.[769]

Es existieren verschiedene Ansätze zum Nachweis von Inhaltsvalidität. Eine Möglichkeit zum Nachweis der inhaltlichen Gültigkeit von Interpretationen im qualitativen Forschungsansatz stellt die argumentative Validierung durch eine schlüssige Argumentation dar[770]. Eine solche Ar-

[763] Vgl. Ulrich, H. (1984), Management, S. 192f.
[764] Vgl. ebd. S. 175.
[765] Vgl. Döring, N. et al. (2016), Forschungsmethoden, S. 83.
[766] Dudenredaktion (2015), Duden - Deutsches Universalwörterbuch, S. 1873.
[767] Döring, N. et al. (2016), Forschungsmethoden, S. 469.
[768] Vgl. ebd. S. 469ff.
[769] Vgl. ebd. S. 446, 470.
[770] Vgl. ebd. S. 83.

gumentation wurde in der Konzeption und Entwicklung des Modells der hybriden Montageplanung geführt (vgl. Kapitel 4 und 5). Zur Sicherung der Güte der Forschungsergebnisse und zur Einbindung der Praxis wird im Rahmen dieser Arbeit im Sinne der methodischen Triangulation[771] neben der argumentativen auch eine kommunikative Validierung durchgeführt.

Im Ansatz der kommunikativen Validierung werden Fachleute, welche bereits in eine primäre Datenerhebung involviert waren, nach der Interpretation der Daten, der Generierung von Schlussfolgerungen und der Erzeugung aufbauender Ergebnisse erneut konsultiert. Auf diese Weise können die erzeugten Erkenntnisse kritisch bewertet werden.[772] Nach HEINZE sind kommunikative Validierungsverfahren notwendig, um den Praxisbezug einer theoretisch erzeugten Lösung zu gewährleisten. Die in der Lösungsentwicklung erzeugten Ergebnisse müssen den Befragten aus der Praxis vorgestellt werden und die Validität der Ergebnisse ist erst dann sichergestellt, wenn zwischen den Forschenden und den Fachleuten eine Übereinstimmung bezogen auf die Anwendbarkeit im Praxiszusammenhang erzielt wurde.[773] Dazu muss ein bidirektionaler kommunikativer Austausch erfolgen, in dem einerseits das Erfahrungswissen der Fachleute durch die erzeugten Lösungen und Theorien erweitert und relativiert wird und in dem andererseits die erzeugten Lösungen und Theorien durch das Erfahrungswissen aus der Praxis korrigiert und komplettiert werden[774]. GRUSCHKA UND GEISSLER sprechen diesbezüglich von einem bilateralen Lehr- und Lernprozess, in den die Interpretationskompetenz der Forschenden sowie das Erfahrungswissen der Fachleute der Praxis einfließen. Durch die Zusammenführung dieser als *gegensinnige Asymmetrie* bezeichneten Kompetenzen können gemeinsam neue Erkenntnisse generiert werden.[775] HEINZE beschreibt diesen Vorgang daher als einen Prozess gegenseitiger Aufklärung[776].

Die kommunikative Validierung als Form der wissenschaftlichen Beobachtung gliedert sich in die Theorie des neuen Konstruktivismus (vgl. Kapitel 1.2) ein. Durch die Validierung wird keine vollständige Objektivierung des Modells der hybriden Montageplanung erreicht und es besteht kein Anspruch auf dessen absolute Wahrheit. Der Validierungsansatz beinhaltet jedoch die Kommunikation der auf Basis der subjektiven Wahrnehmungen des Autors erzeugten Modelle und Ergebnisse mit Fachleuten der industriellen, montageplanerischen Praxis. Auf diese Weise werden im Sinne des Konstruktivismus eine gemeinsame Vorstellung und ein gemeinsames Wissen erzeugt. Dies erhöht den Grad der Objektivität des Modells der hybriden Montageplanung[777], sodass für das Ergebnis dieser Arbeit eine hinreichende Gültigkeit angenommen werden kann.

Zur kommunikativen Validierung müssen die erzielten Forschungsergebnisse zunächst didaktisch-methodisch aufbereitet werden, sodass sie durch Fachleute der Praxis kritisch infrage gestellt werden können. Auf diese Weise werden die generierten Erkenntnisse gemeinsam validiert

---

[771] Vgl. Flick, U. (2011), Triangulation, S. 11.
[772] Vgl. Spöhring, W. (1989), Qualitative Sozialforschung, S. 31f.; Döring, N. et al. (2016), Forschungsmethoden, S. 83.
[773] Vgl. Heinze, T. (1987), Qualitative Sozialforschung, S. 102.
[774] Vgl. ebd. S. 32.
[775] Vgl. Gruschka, A. et al. (1982), Über die Fähigkeit von Untersuchten und Wissenschaftlern, S. 629f.
[776] Vgl. Heinze, T. (1987), Qualitative Sozialforschung, S. 102.
[777] Vgl. Jensen, S. (1999), Erkenntnis - Konstruktivismus - Systemtheorie, S. 170f.

und weiterentwickelt.[778] Dabei können den beteiligten Fachleuten nicht nur diejenigen Ergebnisse vorgestellt werden, die direkt auf den von ihnen erhobenen Daten basieren, sondern auch darüber hinaus im Forschungsprozess erzeugte Modelle und Erkenntnisse[779].

Dem Ansatz und den Grundsätzen der kommunikativen Validierung folgend, wurde im Rahmen dieser Arbeit eine Vertiefungsstudie zur Validierung des Modells der hybriden Montageplanung konzipiert und durchgeführt. Entsprechend wurden die Teilnehmer[780] der in Kapitel 5.3.1 vorgestellten AHP-Studie erneut kontaktiert. Somit konnte zur Validierung auf Experten zurückgegriffen werden, welche bereits an der Datenerhebung beteiligt waren, aus welcher Teile der zu validierenden Ergebnisse hergeleitet wurden. In der Vertiefungsstudie wurde folglich auf dem entsprechenden Vorwissen der Teilnehmer aufgebaut. Insgesamt konnten elf Teilnehmer der AHP-Studie als Experten für die Validierung des Modells der hybriden Montageplanung gewonnen werden. Aufgrund ihrer Funktionen sowie ihres montageplanerischen und methodischen Fachwissens konnten die Teilnehmer ein umfangreiches Erfahrungswissen einbringen.

Als inhaltliche Grundlage wurden zunächst die in der Entwicklung des Modells der hybriden Montageplanung generierten Ergebnisse in einer zusammenfassenden Präsentation aufbereitet. Die Erkenntnisse wurden dabei nach den vier Teilmodellen des Lösungskonzepts dieser Arbeit strukturiert, welche im Kapitel 5 detailliert beschrieben wurden. Der Fokus der Ergebnispräsentation lag auf der Vorstellung sowie der begründeten Herleitung der einzelnen Ergebnisse. Die erzeugte Präsentation bildet nach SPÖHRING die didaktisch-methodische Aufbereitung der Ergebnisse zur kritischen Diskussion und zur gemeinsamen Validierung des Modells der hybriden Montageplanung mit den Experten aus der montageplanerischen Praxis[781].

Zur strukturierten Ermittlung der Einschätzungen der Experten wurden im gewählten Validierungsansatz insgesamt neun Thesen zu den präsentierten Ergebnissen formuliert. Die Thesen wurden aus den vier Teilmodellen des Modells der hybriden Montageplanung abgeleitet und den Teilnehmern vorgestellt. Die Einstellung der Studienteilnehmer zu den Thesen wurde in einem Mixed-Methods-Ansatz nach DÖRING UND BORTZ untersucht[782]. In der zweigeteilten Befragung wurde zunächst die Zustimmung der Experten zu den vorgestellten Thesen quantitativ anhand einer sechsstufigen Likert-Skala von „Stimme nicht zu" bis „Stimme vollkommen zu" abgefragt. Daneben wurde das qualitative Feedback der Teilnehmer zu den Thesen und zum Modell der hybriden Montageplanung gesammelt und dokumentiert. Auf diese Weise wurden die Kritik sowie die Zustimmung der Experten zu den Ergebnissen untersucht.

[778] Vgl. Gruschka, A. et al. (1982), Über die Fähigkeit von Untersuchten und Wissenschaftlern, S. 630.
[779] Vgl. Spöhring, W. (1989), Qualitative Sozialforschung, S. 268.
[780] Die Stichprobe der durchgeführten Vertiefungsstudie zur Validierung umfasst ausschließlich männliche Teilnehmer, sodass in diesem Kontext bewusst auf die geschlechtsneutrale Sprache verzichtet wird.
[781] Vgl. Gruschka, A. et al. (1982), Über die Fähigkeit von Untersuchten und Wissenschaftlern, S. 630.
[782] Vgl. Döring, N. et al. (2016), Forschungsmethoden, S. 184f.

6.2 Ergebnis der Validierung des Modells der hybriden Montageplanung

Die in der Vertiefungsstudie gewonnen Ergebnisse der kommunikativen Validierung werden in diesem Kapitel vorgestellt. Im Folgenden wird jeweils zunächst die quantitative Bewertung der aufgestellten Thesen durch die Experten präsentiert, bevor die qualitativen Bewertungen und Anmerkungen in Form von Diskussionsergebnissen auszughaft vorgestellt werden. Zur umfassenden Darstellung der quantitativen Bewertung der Thesen werden Boxplot-Diagramme nach TUKEY[783] verwendet. Auf diese Weise werden neben der durchschnittlichen Bewertung auch die Minimal- und Maximalwerte, das untere und das obere Quartil sowie der Median der auf der Likert-Skala von eins bis sechs vorgenommenen Bewertungen ausgewiesen.[784]

Zunächst wurde das Ergebnis des deskriptiven Modells zur detaillierten Beschreibung des Systems der Montageplanung vorgestellt (vgl. Kapitel 5.1). In der ersten These wurde das erweiterte Modell der Montageplanung als geeignete Grundlage sowohl zur Organisation als auch zur Bewertung von Montageplanungsprojekten dargestellt. Mit durchschnittlich 5,32 Punkten stimmten die befragten Experten dieser These deutlich und ohne große Abweichungen zu (vgl. Abbildung 6-1).

Die Modellierung der Montageplanung innerhalb der Modullandkarte des Aachener Fabrikplanungsvorgehens ist eine geeignete Grundlage zur Organisation und Bewertung von Montageplanungsprojekten.

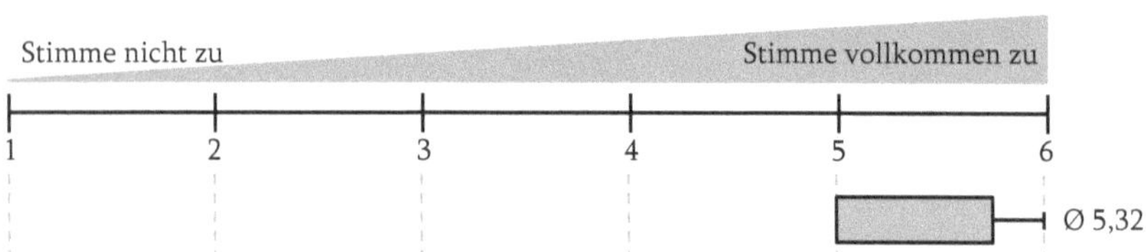

Abbildung 6-1: These 1 - Eignung des erweiterten Modells der Montageplanung

Auch in den qualitativen Rückmeldungen bewerteten die Teilnehmer das erweiterte Modell der Montageplanung als gute Planungs- und Bewertungsgrundlage, welche zur Systematisierung der Montageplanung insbesondere in den frühen Phasen der Planung hilfreich sei. Insbesondere die im Rahmen der Modellerweiterung erzeugten Planungsinkremente innerhalb der Planungsmodule wurden als sinnvolle Unterstützung in der Planung bewertet. Als Kritikpunkt an dem Modell wurde der fehlende zeitliche Bezug zwischen den Elementen der Modullandkarte genannt, welcher die Strukturierung eines Montageplanungsprojekts in der Praxis erleichtern würde. Insgesamt wurde die Vollständigkeit und Ganzheitlichkeit des Modells positiv gewürdigt. Mit diesen Ergebnissen werden die Eignung sowie die empirische Richtigkeit des zugrundeliegenden erweiterten Modells der Montageplanung als Teil der projektneutralen Modullandkarte bestätigt.

---

[783] Vgl. Tukey, J. W. (1977), Exploratory Data Analysis, S. 39ff.

[784] Vgl. Frigge, M. et al. (1989), Some Implementations of the Boxplot, S. 51ff.

Die folgenden drei Thesen bezogen sich auf das zuvor vorgestellte integrative Komplexitätsmaß der Montageplanung, welches als Ergebnis des explikativen Modells zur Bewertung des planungsfallspezifischen Komplexitätsbedarfs der Montageplanung entwickelt wurde (vgl. Kapitel 5.2).

In der zweiten These wurde postuliert, dass die Methodenauswahl und damit die methodische Ausrichtung der Montageplanung anhand deren Komplexität als Entscheidungsfaktor erfolgen sollte. Diese These wurde mit einer durchschnittlichen Punktzahl von 5,05 durch die Experten gestützt (vgl. Abbildung 6-2). Die Aussage wurde durch einen Teilnehmer eher kritisch bewertet, welcher der Aussage prinzipiell zustimmte, dem jedoch der Beweis der Richtigkeit durch die mehrfache Anwendung des Modells in der Praxis als Grundlage für eine volle Zustimmung fehlte. Ansonsten stimmten die befragten Experten der These zu und bestätigten, dass die Komplexität den entscheidenden Einfluss auf das methodische Vorgehen in der Planung habe. Dabei wurde angemerkt, dass die vorgestellte Komplexitätsdefinition, das Komplexitätsmaß sowie dessen Repräsentation im Komplexitätsdiagramm wichtige Elemente zur Nutzung der Komplexität als Entscheidungsfaktor seien. Damit wurde der zugrundeliegende komplexitätsbasierte Ansatz zur Bestimmung der dominanten Planungsmethoden grundsätzlich bestätigt. Auch dieses Ergebnis stützt somit die empirische Richtigkeit des Modells der hybriden Montageplanung und insbesondere die des integrativen Komplexitätsmaßes.

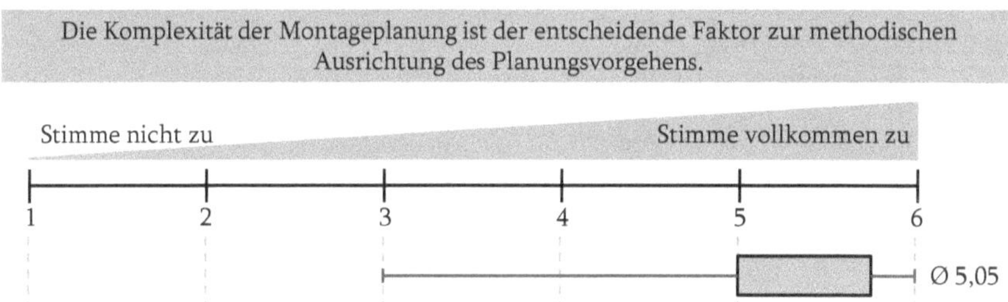

Abbildung 6-2: These 2 - Bedeutung der Komplexität als Entscheidungsfaktor

Zur weiteren Validierung des im integrativen Komplexitätsmaß verfolgten Ansatzes der Operationalisierung von Komplexität besagte die dritte These, dass die quantitative Erfassung beider Komplexitätsdimensionen entscheidend für die Bestimmung dominanter Planungsmethoden ist. Diese Aussage erfuhr mit durchschnittlich 4,23 Punkten eine insgesamt etwas niedrigere Zustimmung und Bestätigung durch die Teilnehmer der Vertiefungsstudie (vgl. Abbildung 6-3). Dabei gab es bezüglich dieser These stark gegenläufige Meinungen von keiner Zustimmung bis zur vollkommenen Zustimmung. Die ablehnenden Stimmen zweier Teilnehmer wurden dadurch begründet, dass in ihrem Unternehmen eine quantitativ gestützte Entscheidung nicht zielführend sei, da Entscheidungen basierend auf dem Bauchgefühl von Führungskräften getroffen würden. Weitere Teilnehmer merkten das Risiko an, dass die Quantifizierung der Komplexität als Entscheidungsgrundlage ausschließlich zur Rechtfertigung von Einschätzungen basierend auf Erfahrungswissen genutzt werden könnte. Der Großteil der befragten Experten sprach sich jedoch dafür aus, dass eine quantifizierbare Entscheidungsgrundlage notwendig sei, um gute und fundierte Entscheidungen bezüglich des Planungsvorgehens treffen zu können. Vor diesem Hintergrund wurde die Quantifizierung der Komplexität in Form von Kennzahlen als großer Fortschritt zur Strukturierung des Planungsvorgehens in der Montageplanung beurteilt. Dabei bewerteten die Experten die getrennte Operationalisierung der Komplexitätsdimensionen als sinnvoll, wobei angemerkt wurde, dass die Quantifizierung der dynamisch-funktionalen Komplexität besonders entscheidend sei. Diese Bewertungen untermauern die formale Richtigkeit des Komplexitätsmaßes der Montageplanung, welches quantitative Ergebnisse reproduzierbar liefern kann.

Die Quantifizierung der quasistatisch-strukturellen und der dynamisch-funktionalen Komplexität ist essenziell für die gezielte Auswahl dominanter Planungsmethoden.

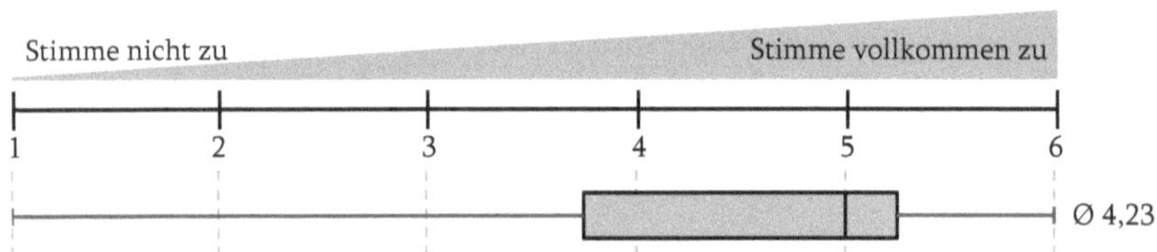

Abbildung 6-3: These 3 - Bedeutung der Quantifizierung der Komplexitätsdimensionen

Zur Absicherung der Praxistauglichkeit und Vollständigkeit des integrativen Komplexitätsmaßes der Montageplanung wurde durch die vierte These geprüft, inwiefern die Komplexität durch diesen Ansatz umfassend operationalisiert wird und inwiefern der Ansatz dabei nachvollziehbar für die Anwendung in der Praxis aufgebaut ist. Die an der Validierungsstudie teilnehmenden Experten unterstützten auch diese These deutlich mit einer Zustimmung von durchschnittlich 5,36 Punkten mit nur geringfügigen Abweichungen (vgl. Abbildung 6-4).

Der vorgestellte Ansatz zur Operationalisierung und Quantifizierung der Komplexität ist nachvollziehbar und umfassend.

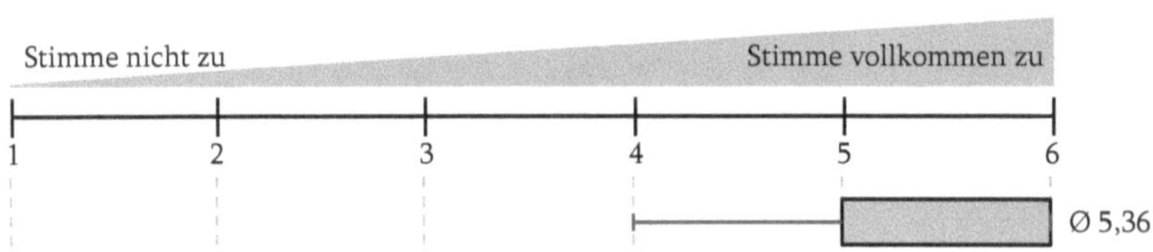

Abbildung 6-4: These 4 - Nachvollziehbarkeit und Vollständigkeit des integrativen Komplexitätsmaßes

In der Diskussion dieser These bemerkten einige Experten, dass die soziale Komplexität, welche aus individuell unterschiedlichen Fähigkeiten sowie insbesondere aus zwischenmenschlichen Interaktionen in Teams und Organisationen als sozialen Systemen herrühre, im vorgestellten Ansatz zur Operationalisierung der Komplexität nicht berücksichtigt werde. Aufgrund der hohen Projektspezifität dieses Faktors und aufgrund des Anspruchs, einen breit anwendbaren Ansatz zu entwickeln, wurde diese Ausgrenzung jedoch als sinnvoll und nachvollziehbar bewertet. Insgesamt beurteilten die Teilnehmer den vorgestellten Ansatz als vollständig und sehr umfassend, da keine relevanten Komplexitätsfaktoren fehlten. Weiterhin wurde der Ansatz von allen Teilnehmern als sehr gut nachvollziehbar gewürdigt. Diese Ergebnisse sind ein weiterer Beleg für die empirische Richtigkeit des integrativen Komplexitätsmaßes, da sich das Modell weitestgehend mit den Erfahrungen der Studienteilnehmer aus der montageplanerischen Praxis deckt. Das Modell ist folglich in einem hohen Maß deckungsgleich mit dem modellierten Realsystem.

Mit den vorgestellten Ergebnissen werden die Validität und Qualität des ersten zentralen Erkenntnisgewinns der vorliegenden Arbeit, welcher im integrativen Komplexitätsmaß der Montageplanung liegt, durch die befragten Experten der montageplanerischen Praxis bestätigt.

Den zweiten wichtigen Erkenntnisgewinn innerhalb des Modells der hybriden Montageplanung stellen die Komplexitätspotenziale plangetriebener und agiler Methoden dar. Diese wurden im explikativen Modell zur Bewertung der Komplexitätspotenziale anhand einer Primärstudie unter Anwendung des AHP untersucht und hergeleitet (vgl. Kapitel 5.3). Die Teilnehmer der Vertiefungsstudie waren bereits als Experten in die Ermittlung der Komplexitätspotenziale im Rahmen der AHP-Studie eingebunden. In diesem Zuge wurden die dort erzeugten Ergebnisse bereits ausführlich vorgestellt. Entsprechend beschränkte sich die Validierung des dritten Teilmodells auf eine zentrale These zur Priorisierung der Beherrschung der beiden Komplexitätsdimensionen, da diese eine wichtige Grundlage für das Entscheidungsmodell zur Bestimmung der dominanten Planungsmethoden darstellt. In der fünften These wurde entsprechend postuliert, dass die Beherrschung der dynamisch-funktionalen Komplexität gegenüber der Beherrschung der quasistatisch-strukturellen Komplexität zu priorisieren ist, um die Planungsergebnisse hinsichtlich der übergeordneten Planungsziele zu optimieren. Dabei wurde explizit darauf hingewiesen, dass dies nicht eine Vernachlässigung der quasistatisch-strukturellen Komplexität impliziert. Mit durchschnittlich 5,14 Punkten erfuhr diese These eine hohe Zustimmung durch die Experten, wobei auch beide Extrema der Bewertungen im Bereich der Zustimmung liegen (vgl. Abbildung 6-5).

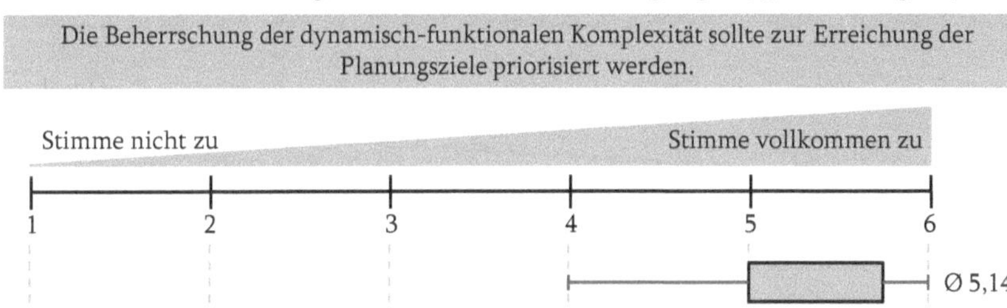

Abbildung 6-5: These 5 - Fokussierung auf die Beherrschung der dynamisch-funktionalen Komplexität

Die fünfte These wurde in der anschließenden Diskussion durch die Teilnehmer weiter bestätigt. Die dynamisch-funktionale Komplexität wurde durch die Experten als die für den Projekterfolg kritische Größe bewertet. Entsprechend müsse insbesondere die Unsicherheit als zentraler Faktor dieser Komplexitätsdimension in den Fokus des Planungsvorgehens gerückt werden. Aufgrund der höheren Relevanz der dynamisch-funktionalen Komplexität befürworteten die Teilnehmer den Ansatz, diese Komplexitätsdimension priorisiert zu behandeln. Dabei wurde durch mehrere

Experten klargestellt, dass dennoch beide Komplexitätsdimensionen beherrscht werden müssen und dass keine der Dimensionen vernachlässigt werden dürfe. Damit wurde auch diese Kernerkenntnis der Arbeit durch die konsultierten Experten der Praxis bestätigt.

Im letzten Block der Vertiefungsstudie zur kommunikativen Validierung wurde den Teilnehmern die Systematik zur Bestimmung der planungsfallspezifisch dominanten Methoden sowie das Vorgehen zur Methodenauswahl in der hybriden Montageplanung erläutert. Diese Methodik wurde im präskriptiv-normativen Modell zur systematischen Bestimmung dominanter Methoden in der hybriden Montageplanung hergeleitet und entwickelt (vgl. Kapitel 5.4).

Zur Validierung des grundsätzlichen Ansatzes zur Bestimmung dominanter Methoden besagt die sechste These der Vertiefungsstudie, dass sich die Dominanz von Planungsmethoden durch den Abgleich von Komplexitätsbedarfen und Komplexitätspotenzialen bestimmen lässt. Die befragten Experten stimmten dieser These mit durchschnittlich 5,32 Punkten zu, wobei alle Bewertungen im Bereich hoher Zustimmung zwischen fünf und sechs Punkten liegen (vgl. Abbildung 6-6).

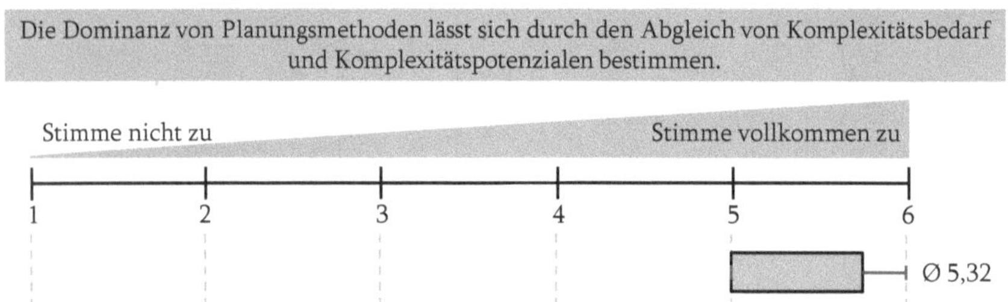

Abbildung 6-6: These 6 - Methodenauswahl durch den Abgleich von Komplexitätsbedarfen und -potenzialen

Trotz der breiten Zustimmung erfolgte auch hier der Hinweis, dass die Auswahl der Planungsmethoden in der Praxis bisher weniger objektiv, sondern zumeist basierend auf subjektivem Erfahrungswissen erfolge. Dabei werde der Abgleich von Komplexitätsbedarfen und -potenzialen jedoch implizit in der Entscheidungsfindung berücksichtigt. Vor dem Hintergrund der gezeigten Herleitung bestätigten die Experten, dass das vorgestellte Modell eine geeignete Methodik und einen gangbaren Weg für die Bestimmung der dominanten Planungsmethoden für einzelne Planungsmodule darstelle. Dabei sei der Abgleich von Komplexitätsbedarfen und -potenzialen für eine fundierte Entscheidung alternativlos. Damit wurde die dem Modell der hybriden Montageplanung zugrundeliegende Logik durch die Studienteilnehmer bestätigt. Aus diesem Ergebnis wird eine hohe inhaltliche Validität des in der vorliegenden Arbeit gewählten und umgesetzten Lösungsansatzes gefolgert. Diese Ergebnisse bescheinigen dem Modell der hybriden Montageplanung weiterhin eine hohe Produktivität, da es zielgerichtete und nutzbare Antworten auf die Frage nach den planungsfallspezifisch dominanten Planungsmethoden liefert.

Neben der inhaltlichen Validität des Ansatzes sollten insbesondere auch die Praxistauglichkeit und Anwendbarkeit des Modells der hybriden Montageplanung mit den und durch die Experten aus der Praxis untersucht werden. Basierend auf der siebten These bestätigten die Studienteilnehmer mit einem durchschnittlichen Wert von 4,68 Punkten die Praxistauglichkeit und die gute

Handhabbarkeit des Verfahrens zur Bestimmung der dominanten Planungsmethoden, wobei nur ein Experte der These eher nicht zustimmte (vgl. Abbildung 6-7).

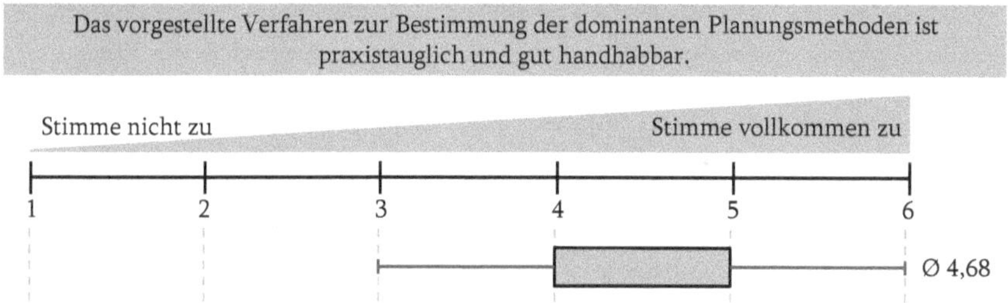

Abbildung 6-7: These 7 - Praxistauglichkeit und Anwendbarkeit des Modells der hybriden Montageplanung

Diese siebte These wurde durch die Studienteilnehmer besonders intensiv diskutiert. Als Kritikpunkte am Modell der hybriden Montageplanung wurden die Schwierigkeit der Komplexitätsbewertung vor dem Projektstart sowie die hohe Abstraktheit des Verfahrens geäußert. Zudem wurde durch einige Experten angemerkt, dass das entwickelte Verfahren einen Aufwand durch die Bindung von Planungskapazitäten und die Durchführung von Expertenschätzungen bedeute. Durch die Anwendung des Verfahrens in einem zusätzlichen Planungsschritt erhöhe sich die Komplexität der Planung. Dabei gingen die Experten jedoch davon aus, dass der erforderliche Aufwand mit der Häufigkeit der Anwendung deutlich abnehme. Die Mehrheit der Studienteilnehmer relativierte diese aufwandsbezogenen Aussagen dahingehend, dass der durch den Einsatz ungeeigneter Planungsvorgehen entstehende Mehraufwand den Aufwand für die Durchführung des beschriebenen Verfahrens deutlich übersteige. Der Aufwand für die Durchführung des Verfahrens lohne sich insbesondere bei Projekten mit einer hohen, heterogen verteilten Komplexität.

Neben den Nachteilen und Aufwänden sahen die Studienteilnehmer die Vorteile des Modells der hybriden Montageplanung insbesondere in der Erzeugung fundierter, systematisch hergeleiteter Entscheidungen bezüglich des dominanten Planungsvorgehens. Zur Analyse und Bewertung der Komplexität müssen die Randbedingungen des Projekts genau erfasst werden, was zu einer besseren Strukturierung von Montageplanungsprojekten führe. Insgesamt äußerten die Experten eine hohe Zustimmung bezüglich der Praxistauglichkeit und Handhabbarkeit des Modells auch für umfangreiche Montageplanungsprojekte. Dabei wurde mehrfach angemerkt, dass eine finale Bewertung der Praxistauglichkeit erst nach der mehrfachen und vollständigen Anwendung des Modells der hybriden Montageplanung in der montageplanerischen Praxis erfolgen könne.

Diese Ergebnisse bescheinigen, dass mit dem erarbeiteten Modell der hybriden Montageplanung eine praxistaugliche Lösung zur Adressierung des dieser Arbeit zugrundeliegenden Problems in der montageplanerischen Praxis erzeugt wurde. Vor dem Hintergrund der Diskussionsergebnisse muss die Anforderung eines geringen Aufwands für die Erstellung und Anwendung des Modells kritisch bewertet werden. Die Experten wiesen auf den erforderlichen Aufwand für die Anwendung des Verfahrens hin, stellten dabei jedoch klar, dass der Aufwand für die erzielbaren Ergebnisse angemessen sei. Somit bewege sich der Aufwand für die Anwendung des Modells der hybriden Montageplanung insgesamt in einem vertretbaren Bereich. Weiterhin bestätigen die befragten Experten die gute Handhabbarkeit des vorgestellten Modells.

Nach der Untersuchung der vorgestellten Systematik zur Methodenauswahl wurde in der achten These das organisatorische Vorgehen zur Methodenauswahl in der hybriden Montageplanung thematisiert. Hier bestätigten die Studienteilnehmer mit einer Zustimmung von durchschnittlich 5,47 Punkten, dass die dominanten Planungsmethoden initial zu Projektbeginn bestimmt und im Projektverlauf iterativ überprüft und bei Bedarf angepasst werden sollten (vgl. Abbildung 6-8).

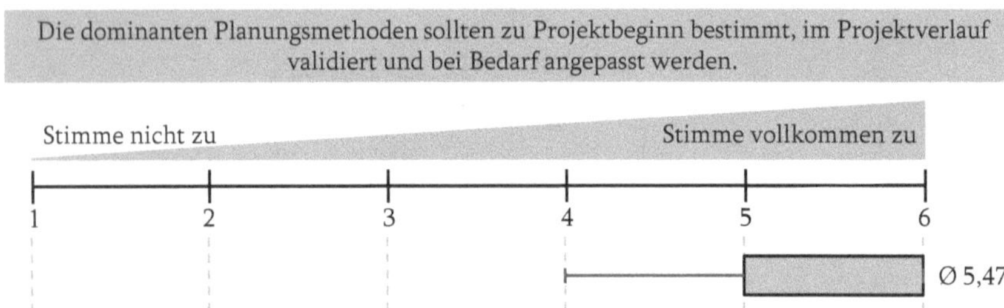

Abbildung 6-8: These 8 - Eignung des Vorgehens zur Methodenauswahl in der hybriden Montageplanung

Auch in der anschließenden Diskussion wurde die Notwendigkeit der Validierung und Adaptivität der Planungsmethoden bestätigt. Die Teilnehmer gaben an, dass eine regelmäßige Validierung erforderlich sei, um auf Änderungen im Projektverlauf reagieren und um das Planen mit geeigneten Methoden durchgängig sicherstellen zu können. Generell sollten Entscheidungen bezüglich einer Planungsmethode im Rahmen einer iterativen Erfolgskontrolle über den Abgleich von Vorgehen und Zielerreichung reflektiert und gewählte Planungsmethoden im Projektverlauf hinterfragt werden. Laut den Experten sollte die Validierung des Methodeneinsatzes in regelmäßigen Abständen nach dem PDCA-Prinzip[785] durchgeführt werden, wozu insbesondere die Planungsinformationen während des Planungsprozesses iterativ nach ihrer Sicherheit bewertet werden sollten. Einige Teilnehmer schlugen explizit die Zeitpunkte nach einer initialen Grundplanung, nach dem Abschluss der Grobplanung sowie nach den ersten prototypischen Umsetzungen des Produkts als geeignete Zeitpunkte für die Durchführung von Validierungen vor. Damit wurden die im Vorgehen zur Methodenauswahl in der hybriden Montageplanung spezifizierten Evaluationspunkte bestätigt (vgl. Kapitel 5.4.2). Daneben gaben die Experten jedoch zu bedenken, dass eine Umstellung des Planungsvorgehens in einem laufenden Montageplanungsprojekt immer mit Risiken und Aufwand verbunden sei. Hierbei müsse demnach sichergestellt werden, dass die methodische Anpassung in der Organisation mit einem begrenzten Aufwand umsetzbar sei.

Dennoch waren sich die befragten Experten insgesamt einig, dass ein Planungsvorgehen zur Sicherstellung der Nutzung geeigneter Methoden an die jeweilige Bewertung der Planungskomplexität angepasst werden müsse. Damit lässt sich aus der Vertiefungsstudie zur kommunikativen

[785] Vgl. Lewis, W. E. (1999), PDCA/Test; Der PDCA-Zyklus umfasst die Schritte *Plan*, *Do*, *Check* und *Act*.

Validierung eine hohe Relevanz und Praxistauglichkeit des in Kapitel 5.4.2 beschriebenen Vorgehensmodells sowie des Modells der hybriden Montageplanung insgesamt ableiten.

Neben der Bestätigung der Praxistauglichkeit des Modells wurde mit der Validierung auch das Ziel verfolgt, den durch die Anwendung des Modells der hybriden Montageplanung erzielbaren Nutzen zu bewerten. Das übergeordnete Ziel dieser Arbeit ist die Optimierung der Planungsergebnisse durch die Beherrschung der Komplexität. Entsprechend galt es, den Nutzen des Modells zur Ergebnisoptimierung in der Montageplanung zu bewerten. Dazu besagte die neunte These, dass die Bestimmung und Kombination dominanter Methoden in einem hybriden Planungsvorgehen ein hohes Potenzial zur Optimierung der Planungsergebnisse aufweist. Diese These der Vertiefungsstudie nimmt damit direkt Bezug auf eine These aus der im Rahmen dieser Arbeit durchgeführten empirischen Studie, welche besagt, dass durch die Kombination der Vorteile agiler und plangetriebener Methoden in einem hybriden Planungsvorgehen bessere Ergebnisse hinsichtlich der Planungsziele erreicht werden (vgl. Anhang 8.1.4). Während die empirische Studie in einer frühen Phase dieser Arbeit durchgeführt wurde, um das Praxisproblem sowie relevante Lösungshypothesen zu definieren, kann diese These im Rahmen der Vertiefungsstudie nun vor dem Hintergrund des entwickelten Modells der hybriden Montageplanung detaillierter und fundierter bewertet werden. Die neunte These erfuhr mit durchschnittlich 5,55 Punkten die höchste Zustimmung aller Thesen der Vertiefungsstudie, wobei alle Bewertungen bei fünf oder sechs Punkten lagen (vgl. Abbildung 6-9).

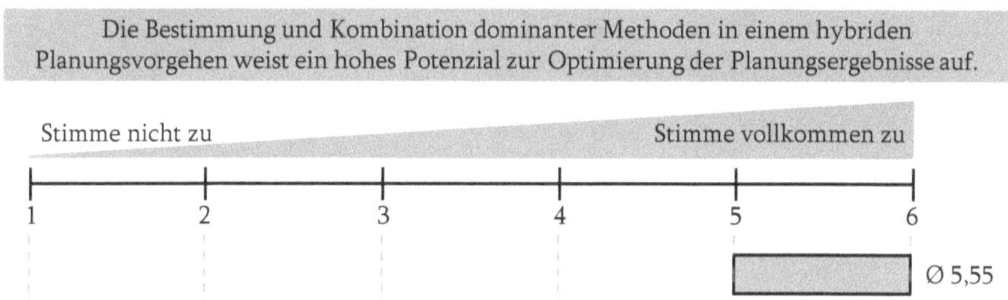

Abbildung 6-9: These 9 - Potenzial der hybriden Montageplanung zur Optimierung der Planungsergebnisse

In der Diskussion zur neunten These bewerteten die Teilnehmer die Potenziale des Modells der hybriden Montageplanung zur Optimierung der Planungsergebnisse durchweg als hoch. Als Voraussetzungen dafür wurden die regelmäßige Validierung und die Anpassung der gewählten Methoden bei Bedarf sowie die Umsetzbarkeit und Implementierung der resultierenden Hybridform durch die Organisation genannt. Viele Teilnehmer betonten, dass standardisierte Planungsvorgehen mit festen Methoden, wie sie heute im Bereich der Fabrik- und Montageplanung üblich seien, nicht zielführend und nicht mehr zeitgemäß seien. Stattdessen sollten Hybridformen eingesetzt werden, welche hohe Potenziale hinsichtlich der Planungsgeschwindigkeit sowie der Qualität der Planungsergebnisse besitzen. Damit bestätigten die befragten Experten in der Validierung das

Ergebnis der empirischen Studie, in der bereits 90% der Befragten die Potenziale hybrider Planungsvorgehen zur Optimierung der Planungsergebnisse als hoch bewerteten (vgl. Kapitel 8.1.4).

Aus der Bewertung der neunten und letzten These kann folglich abgeleitet werden, dass das in dieser Arbeit entwickelte Modell der hybriden Montageplanung, welches die systematische und gezielte Bestimmung und Kombination dominanter Planungsmethoden in einem hybriden Montageplanungsvorgehen umfasst, einen signifikanten Beitrag zur Optimierung der Planungsergebnisse leisten kann. Damit wurde auch die Eignung des entwickelten Modells zur Erreichung der Zielsetzung dieser Arbeit durch die Experten der montageplanerischen Praxis bestätigt.

6.3 Reflexion des Modells der hybriden Montageplanung

Auf Basis der dargestellten Ergebnisse der durchgeführten Validierungsstudie dient dieses Kapitel der kritischen Reflexion des Modells der hybriden Montageplanung im Anwendungszusammenhang der Praxis sowie vor dem Hintergrund der in Kapitel 4.1 formulierten formalen sowie inhaltlichen Anforderungen an die Lösung dieser Arbeit.

Zur kritischen Reflexion des entwickelten Modells werden zunächst die Ergebnisse der Vertiefungsstudie zur kommunikativen Validierung mit Experten der montageplanerischen Praxis allgemein bewertet. Die zuvor präsentierten Validierungsergebnisse zeigen eine insgesamt hohe Zustimmung der Studienteilnehmer zu den durch den Autor aufgestellten Thesen. Folglich können im Sinne der inhaltlichen Validität sowohl den einzelnen Teilmodellen als auch dem Modell der hybriden Montageplanung insgesamt eine hohe Gültigkeit und Qualität bescheinigt werden. Die Ergebnisse der Validierung liefern zudem den gesuchten Nachweis über den Nutzen und die Anwendbarkeit des entwickelten Modells im Praxiszusammenhang der Montageplanung. Durch die Validierung kann somit im Sinne der angewandten Wissenschaften der geforderte Praxisbezug sichergestellt werden, sodass das entwickelte Modell zur Lösung der identifizierten Problemstellung in der montageplanerischen Praxis angewendet werden kann.

Weiterhin wird das Modell der hybriden Montageplanung nun anhand der in Kapitel 4.1 spezifizierten formalen sowie inhaltlichen Anforderungen bewertet, um die Qualität der Ergebnisse, die Zielerreichung sowie die Anwendbarkeit des Lösungskonzepts zu validieren.

Zunächst wird das entwickelte Modell anhand der formalen Anforderungen bewertet, die sich aus den Standards der Wissenschaftlichkeit nach DÖRING UND BORTZ[786] ableiten. Die Validierungsergebnisse haben deutlich gemacht, dass das Modell der hybriden Montageplanung mit seinen Erkenntnissen zur Bestimmung und Kombination planungsfallspezifisch dominanter Methoden maßgeblich zur Komplexitätsbeherrschung in der Montageplanung und damit zur Optimierung der Planungsergebnisse beiträgt. Es deckt somit den Bedarf der Industrie an einer Lösung für das identifizierte Praxisdefizit der Montageplanung. Folglich kann die **inhaltliche Relevanz** des Modells bezüglich des identifizierten Praxisdefizits sowie des Erkenntnisdefizits der Theorie

[786] Vgl. Döring, N. et al. (2016), Forschungsmethoden, S. 90.

attestiert werden. Diese Ansicht wird durch die Rückmeldungen der Teilnehmer der Validierungsstudie bestätigt, welche das entwickelte Modell der hybriden Montageplanung als „spannende Entwicklung in einem hoch relevanten und interessanten Thema“ bewerteten.

Die zweite Anforderung an die **methodischen Strenge** wurde in allen Teilmodellen des beschriebenen Lösungskonzepts adressiert. Einen wichtigen Beitrag zur Sicherung der methodischen Strenge leistet die systematische Identifikation, Adaption und Anwendung thematisch geeigneter und etablierter Ansätze aus der problembezogenen Fachliteratur. Insbesondere für die im Rahmen dieser Arbeit neu zu generierenden Erkenntnisse wurden anspruchsvolle Methoden eingesetzt. An dieser Stelle ist die Anwendung des AHP in einer empirischen Studie zur Herleitung der Komplexitätspotenziale plangetriebener und agiler Methoden hervorzuheben. Durch die gezielte Anwendung dieser Methodik wurde der gewünscht Erkenntnisgewinn erzielt.

Weiterhin wird das Modell anhand der formalen Anforderungen aus der Wissenschafts- und Modelltheorie nach PATZAK[787] bewertet. Die **empirische Richtigkeit** des Modells wird über verschiedene Elemente der entwickelten Methodik sichergestellt. Zunächst basiert das Modell maßgeblich auf dem etablierten Rahmenwerk des Aachener Fabrikplanungsvorgehens, welches bereits in zahlreichen Praxisanwendungen sowie anhand der ersten These der vorgestellten Vertiefungsstudie validiert wurde. Über die zweite These zur Validierung wurde zudem die grundlegende empirische Richtigkeit des auf der Komplexität der Montageplanung basierenden Ansatzes zur methodischen Ausrichtung des Planungsvorgehens bestätigt. Weiterhin wurden zahlreiche bewährte Operationalisierungsansätze in das Modell integriert, sodass diesbezüglich auf der Validität bestehender Ansätze aufgebaut wird. Zudem haben die befragten Experten der Praxis die Vollständigkeit und Nachvollziehbarkeit des Ansatzes zur Operationalisierung und Quantifizierung der Komplexität bestätigt. Weiterhin fördert die empirische Herleitung der Komplexitätspotenziale in einer Studie mit Fachleuten der industriellen Praxis die empirische Richtigkeit.

Durch die vollständige Berücksichtigung aller relevanten Faktoren und den expliziten Ausschluss von Redundanzen im integrativen Komplexitätsmaß der Montageplanung, durch die exakte Quantifizierung sowie die klare Definition von Entscheidungsregeln kann auch die **formale Richtigkeit** des Modells gewährleistet werden. Diese wird explizit durch die Zustimmung der Experten zur dritten sowie vierten These der Vertiefungsstudie belegt.

Die angestrebte **hohe Produktivität** des Modells wird durch seine zielgerichtete Auslegung auf die Bestimmung der planungsfallspezifisch dominanten Methode durch den Abgleich von Komplexitätsbedarfen und -potenzialen erreicht. Die Eignung des vorgestellten Ansatzes zur Identifikation dominanter Planungsmethoden wurde durch die Zustimmung der Teilnehmer der Vertiefungsstudie zur sechsten These bestätigt. Die grundsätzliche Eignung des Modells der hybriden Montageplanung zur Optimierung der Planungsziele und damit zur Erreichung der übergeordneten Zielsetzung dieser Arbeit wird durch die Bestätigung der neunten These aus der Studie zur kommunikativen Validierung der erzeugten Ergebnisse untermauert.

Ein besonderes Augenmerk lag in der gesamten Entwicklung des Modells auf dessen **guter Handhabbarkeit** verbunden mit einem **geringen Aufwand** in der Anwendung. Diese Anforderungen

[787] Vgl. Patzak, G. (1982), Systemtechnik, S. 309f.

sind besonders relevant für das im Projektverlauf iterativ anzuwendende integrative Komplexitätsmaß der Montageplanung und die aufbauende Entscheidungssystematik. Durch die Wahl der Ebene der Planungsmodule zur Anwendung des Modells wird der Aufwand limitiert. Weiterhin wurden die als Konstanten zu betrachtenden quasistatisch-strukturellen Komplexitätswerte umfassend bestimmt und in dieser Arbeit bereitgestellt, sodass der projekt- und anwendungsfallspezifische Aufwand minimiert und auf die iterative Schätzung der Wahrscheinlichkeiten für die Sicherheit der Planungsinformationen begrenzt wird. Zudem wurden zur Detaillierung des integrativen Komplexitätsmaßes Operationalisierungsansätze mit geringem Rechenaufwand bevorzugt. Zur aufwandsarmen und einfachen Bestimmung der dominanten Planungsmethoden wurde eine grafisch unterstützte Entscheidungssystematik im Komplexitätsdiagramm als Kompromiss zwischen der Exaktheit und Einfachheit der Anwendung definiert, welche für eine gesteigerte formale Richtigkeit um quantitative Entscheidungsregeln mit festen Grenzwerten komplementiert wurde. Damit wurden die spezifizierten formalen Anforderungen an das Modell der hybriden Montageplanung durch diverse Lösungselemente explizit berücksichtigt. Bezogen auf die Erfüllung der formalen Anforderungen nach PATZAK kann somit von einer hohen Wirksamkeit des Modells mit einem die Anwendungsaufwände übersteigenden Modellnutzen ausgegangen werden[788]. Die gute und aufwandsarme Handhabbarkeit des Modells wurde im Rahmen der Validierung durch die Zustimmung der befragten Experten zur siebten These explizit bestätigt.

Neben der allgemeinen Effektivität und Effizienz des Modells der hybriden Montageplanung muss auch seine Wirksamkeit zur Beherrschung der planungsfallspezifischen Komplexität in der Montageplanung sichergestellt sein. Dazu wurden inhaltliche Anforderungen formuliert, welche sich aus dem Praxisdefizit der insuffizienten Komplexitätsbeherrschung in der Montageplanung sowie aus den diskutierten problemrelevanten Theorien und Verfahren ableiten. Im Folgenden wird das entwickelte Modell anhand dieser inhaltlichen Anforderungen bewertet.

Die geforderte **Spezifität** hinsichtlich der Berücksichtigung konkreter Planungsfälle wird durch die spezifische Anwendung des Modells der hybriden Montageplanung auf individuelle Planungsmodule gewährleistet. Durch die Operationalisierung spezifischer Informationssicherheiten und Planungsinkremente ist die Berücksichtigung der planungsfallspezifischen Komplexität gegeben. Zudem erhöhen die iterative Bewertung des Komplexitätsbedarfs der Montageplanung im Projektverlauf sowie die planungsmodulspezifische Auswahl und Kombination dominanter Methoden die Spezifität des durch das Modell erzeugten hybriden Montageplanungsvorgehens.

Durch die Entwicklung des integrativen Komplexitätsmaßes der Montageplanung als zentrales Lösungselement wurde die Anforderung an die **Objektivierung** der Komplexität explizit erfüllt. Durch die Objektivierung und Quantifizierung der Komplexität in ihrer quasistatisch-strukturellen sowie dynamisch-funktionalen Dimension wird die detaillierte Erfassung des Komplexitätsbedarfs der Montageplanung ermöglicht. Die umfassende Objektivierung der Komplexität wird durch die separate Operationalisierung der partiellen Maße der quasistatisch-strukturellen und der dynamisch-funktionalen Komplexität und deren Aggregation im zweidimensionalen, integrativen Komplexitätsmaß K der Montageplanung realisiert.

---

[788] Vgl. ebd. S. 309.

Die Anforderung der **Universalität** bezieht sich auf die umfassende Beherrschung beider Komplexitätsdimensionen. Diese Anforderung wird durch die planungsfallspezifische Kombination der dominanten Methoden in der hybriden Montageplanung erfüllt. Auf diese Weise werden die spezifischen Komplexitätspotenziale plangetriebener und agiler Methoden zielgerichtet zur Beherrschung der quasistatisch-strukturellen sowie der dynamisch-funktionalen Komplexität eingesetzt und kombiniert, sodass eine umfassende Komplexitätsbeherrschung erzielt wird.

Der Anforderung der **Adaptivität** wird explizit im Vorgehen zur Methodenauswahl in der hybriden Montageplanung entsprochen. Zur zeitaktuellen Berücksichtigung der aus der Dynamik eines Montageplanungsprojekts resultierenden veränderlichen Komplexitätsbedarfe wurden im prozessualen Vorgehen zur Methodenauswahl zeitliche Evaluationspunkte definiert, an denen das Modell anzuwenden ist. Durch diese Form der iterativen Anwendung des Modells wird eine regelmäßige Validierung und Anpassung des hybriden Montageplanungsvorgehens sichergestellt.

Die letzte inhaltliche Anforderung umfasst einen uneingeschränkten **Domänenbezug** des Modells bezüglich dessen Anwendung in der Montageplanung. Diese Anforderung wird insbesondere durch das erweiterte Modell der Montageplanung als Teilsystem des Rahmenwerks der projektneutralen Modullandkarte erfüllt, welches die Bewertungsgrundlage und das zentrale Bewertungsobjekt des Modells der hybriden Montageplanung darstellt und welches alle relevanten Planungsmodule enthält. Folglich ist die uneingeschränkte Anwendbarkeit des Modells der Montageplanung auf alle Montageplanungsumfänge gewährleistet.

Aus den Ergebnissen der Vertiefungsstudie zur Validierung der in dieser Arbeit erzeugten Ergebnisse lässt sich zusammenfassend ein insgesamt sehr hoher Erfüllungsgrad der in Kapitel 4.1 formulierten Anforderungen an das Modell der hybriden Montageplanung ableiten. Daran zeigt sich, dass die spezifizierten Anforderungen aus Theorie und Praxis durch das Modell der hybriden Montageplanung umfassend adressiert und erfüllt werden. In der Konsequenz befähigt das Modell zur umfassenden Beherrschung der Komplexität in der Montageplanung durch die systematische Bestimmung der planungsfallspezifisch dominanten Methoden und deren gezielte Kombination in der hybriden Montageplanung. Somit werden durch die entwickelte Lösung die initial formulierte Zielsetzung dieser Arbeit erreicht und eine Optimierung der Planungsergebnisse erzielt.

7 Zusammenfassung und Ausblick

Die Montageplanung ist ein zentrales Element zur Sicherstellung und Organisation der Wertschöpfung produzierender Unternehmen. Aus der Dynamik der Märkte und der Agilität der Produktentwicklung resultiert eine erhebliche Planungskomplexität, welche Montageplanende zunehmend vor Herausforderungen stellt. Da Komplexität in bestehenden Montageplanungsvorgehen nicht explizit adressiert wird und der Einsatz von Planungsmethoden weitgehend ungezielt erfolgt, werden Planungsziele regelmäßig verfehlt. Zur Optimierung der Planungsergebnisse wurde daher in dieser Arbeit das Ziel verfolgt, die Komplexität in der Montageplanung durch ein Modell zur systematischen Bestimmung und gezielten Kombination hinsichtlich der Komplexitätsbeherrschung dominanter Methoden in einem hybriden Vorgehensmodell zu beherrschen.

Zur Beantwortung der zentralen Forschungsfrage nach der systematischen Bestimmung dominanter Methoden zur Beherrschung der planungsfallspezifischen Komplexität in der Montageplanung wurden zunächst die Grundlagen im Forschungsfeld der Montageplanung mit einem Fokus auf der vorherrschenden Planungskomplexität untersucht. Anschließend wurden Ansätze zur Komplexitätsbeherrschung analysiert und bewertet, wobei insbesondere die Eigenschaften plangetriebener und agiler Methoden sowie von Hybridformen betrachtet wurden. Auf dieser Basis wurde dann das Modell der hybriden Montageplanung entwickelt. In seinen vier Teilmodellen wurde zunächst die Montageplanung als Bewertungsobjekt systemisch modelliert. Weiterhin wurde das integrative Komplexitätsmaß zur quantitativen Operationalisierung der Komplexität entwickelt, um die Komplexitätsbedarfe einzelner Planungsumfänge objektiv bewertbar zu machen. Zudem wurden die Komplexitätspotenziale plangetriebener und agiler Methoden in einer empirischen AHP-Studie untersucht. Auf dieser Basis wurde abschließend eine Systematik zur Bestimmung dominanter Planungsmethoden entwickelt, welche auf dem Abgleich von Komplexitätsbedarfen und Komplexitätspotenzialen beruht. Zur Optimierung der Planungsergebnisse werden die planungsfallspezifisch dominanten Methoden zielgerichtet in hybriden Montageplanungsvorgehen kombiniert. Die abschließende Validierung hat den hohen Nutzen und die Praxistauglichkeit des Modells der hybriden Montageplanung im Anwendungszusammenhang bestätigt.

Trotz der breiten Bestätigung des Modells der hybriden Montageplanung durch Experten der montageplanerischen Praxis soll an dieser Stelle auch eine kritische Reflexion der entwickelten Lösung erfolgen. Zunächst fokussiert die vorgestellte Lösung basierend auf der zugrundeliegenden Zielsetzung die Komplexität als Kriterium zur methodischen Ausrichtung der Montageplanung. Für abweichende Zielsetzungen muss dieser Fokus gegebenenfalls erweitert werden. Weiterhin muss klargestellt werden, dass das Modell auf einigen in der Herleitung beschriebenen Prämissen, wie beispielsweise der Risikoneutralität der Anwendenden, basiert. Gemäß dem konstruktivistischen Ansatz kann das Modell folglich keine universelle Gültigkeit für alle Montageplanungsprojekte besitzen. Spezifische Anpassungen, wie eine individuelle Festlegung der Bereichsgrenze im Komplexitätsdiagramm, können für projektspezifische Lösungen erforderlich werden. Ein weiterer Kritikpunkt ist die generische Betrachtung des agilen und des plangetriebenen Methodenclusters ohne die Betrachtung spezifischer Methodenausprägungen. Diesbezüglich liefert das vorgestellte Modell eine solide Grundlage, die in aufbauenden Forschungsaktivitäten detailliert werden kann. Eine weitere Limitation der Ergebnisse dieser Arbeit ergibt sich aus der zentralen Zielsetzung. Zur Beantwortung der Frage nach der planungsfallspezifisch dominanten Planungsmethode liefert das Modell Empfehlungen für die dominante Planungsmethode je Planungsmodul in Abhängigkeit von der objektivierten Komplexität der Montageplanung. Dabei bleibt die organisatorische Realisierbarkeit dieser Empfehlung im Betrachtungsbereich dieser Arbeit unberücksichtigt. Zur Umsetzung der Empfehlungen gilt es, organisatorische Limitationen wie verfügbare Planungskapazitäten und die Qualifikationen des Planungsteams und der einzelnen Planenden zu berücksichtigen. Es müssen Kompromisse zwischen der spezifischen Dominanz der Planungsmethoden und den organisatorischen Rahmenbedingungen gefunden werden.

Neben seinen Limitationen wird an dieser Stelle auch auf die Potenziale des vorgestellten Modells der hybriden Montageplanung verwiesen, welche über den Betrachtungsbereich dieser Arbeit hinausgehen. Die entwickelte Methodik lässt sich neben der Montageplanung in adaptierter Form ebenfalls auf verwandte Disziplinen und Problemstellungen anwenden. Insbesondere bietet sich die Übertragung des Modells der hybriden Montageplanung auf die thematisch eng verwandte Disziplin der Fabrikplanung an. Der Transfer der Methodik erfordert die Ausweitung des Betrachtungsbereichs auf das gesamte Rahmenwerk des Aachener Fabrikplanungsvorgehens als Bewertungsgrundlage. Neben seiner Funktion als Bewertungsgrundlage für die systematische Auswahl von Planungsmethoden bildet das erweiterte Modell der Montageplanung eine umfassende Grundlage für die Organisation und Strukturierung von Montageplanungsprojekten und dient so der Unterstützung von Montageplanenden in der industriellen Praxis. Weitere Potenziale der entwickelten Lösung ergeben sich aus der Nutzung des integrativen Komplexitätsmaßes für weitere Fragestellungen im Themenfeld der Montageplanung. Das Komplexitätsmaß als Ansatz zur quantitativen Operationalisierung der Komplexität ermöglicht die Bewertung und den objektiven Vergleich verschiedener Montageplanungsprojekte und -module. Daraus ergeben sich Potenziale für die Strukturierung und Durchführung von Projekten. Ein weiteres Potenzial des Modells der hybriden Montageplanung ergibt sich aus den identifizierten Komplexitätspotenzialen plangetriebener und agiler Methoden. Die diesbezüglich generierten Erkenntnisse befähigen den gezielten Einsatz agiler Methoden für spezifische Planungs- und Entwicklungsumfänge und fördern so die bestehende Tendenz zur intensivierten Nutzung agiler Methoden im Bereich der Planung und Entwicklung. Insbesondere in Kombination mit dem integrativen Komplexitätsmaß lässt sich die Eignung einzelner Planungsumfänge für den Einsatz agiler Methoden fundiert bewerten.

Zum Abschluss dieser Arbeit wird ausgehend von der entwickelten Lösung ein Ausblick auf mögliche nächste Schritte sowie sich potenziell anschließende Forschungsaktivitäten gewagt. Als Reaktion auf die oben beschriebene Limitation des Modells der hybriden Montageplanung bietet sich in einem nächsten Schritt die Detaillierung der vorgestellten Lösung auf spezifische Methoden aus dem plangetriebenen und dem agilen Methodencluster an. Somit könnten Empfehlungen auf der Ebene konkreter Methoden ausgegeben werden. Darüber hinaus können die oben genannten organisatorischen Einschränkungen der durch das Modell der hybriden Montageplanung ausgegebenen Empfehlungen für dominante Methoden in aufbauenden Forschungsaktivitäten adressiert werden, welche sich der Definition projektspezifischer Hybridformen zur Kombination dominanter Methoden widmen. Zur projektspezifischen Konfiguration hybrider Montageplanungsvorgehen gilt es, konkrete Gestaltungsformen hybrider Vorgehensmodelle in Abhängigkeit von der informatorischen sowie der methodischen Affinität von Planungsumfängen zu spezifizieren. In diesem Kontext erscheint die kritische Prüfung der Option, Planungsumfänge nicht wie bisher rein inhaltlich zu Planungsmodulen zu gruppieren, lohnenswert. Zur Verbesserung der Kompromissfindung zwischen der planungsfallspezifischen Dominanz und der organisatorischen Umsetzbarkeit von Planungsmethoden sollte die Bildung modulgrenzenübergreifender Planungseinheiten geprüft werden, welche neben den informatorischen Abhängigkeiten der Planungsinkremente auch deren methodische Affinität berücksichtigen. Auf diese Weise ließen sich Montageplanungsprojekte in Planungseinheiten strukturieren, welche sowohl einen starken inhaltlichen Zusammenhang als auch eine Affinität zu einer gemeinsamen dominanten Planungsmethode aufweisen. Auf diese Weise ließe sich die Spezifität eines hybriden Montageplanungsvorgehens weiter steigern. Eine weitere sinnvolle Erweiterung des vorgestellten Modells der hybriden Montageplanung stellt die Ableitung von Implementierungsgrundsätzen zur Befähigung des prozessualen sowie organisatorischen Methodentransfers in bestehende Montageplanungsvorgehen dar. Die Entwicklung eines entsprechenden Rahmenwerks für die Implementierung spezifischer Planungsmethoden fördert auch die Umsetzung der im Rahmen dieser Arbeit entwickelten Lösung in der montageplanerischen Praxis.

Neben den aufgezeigten inhaltlichen und konzeptionellen Anschlussmöglichkeiten an die vorliegende Forschungsarbeit ist die Anwendung der entwickelten Lösung in der industriellen Praxis der essenzielle nächste Schritt. Gemäß der verfolgten Strategie angewandter Forschung muss die Lösung zu dem in der Praxis identifizierten Problem wieder auf die Praxis bezogen und dort zur Anwendung gebracht werden. Nur so kann das zugrundeliegende Problem der montageplanerischen Praxis durch das in dieser Arbeit theoretisch entwickelte Modell gelöst werden und die heute vorherrschende Praxis der auf Bauchgefühl und Erfahrungswissen basierenden Methodenauswahl durch ein systematisches Vorgehen ersetzt werden. Im nächsten Schritt gilt es nun, das Modell der hybriden Montageplanung in der Praxis umzusetzen, um die Planungsergebnisse durch eine suffiziente Komplexitätsbeherrschung zu optimieren.

8 Anhang

8.1 Übersicht über Design und Ergebnisse der empirischen Studie

Im Rahmen der vorliegenden Arbeit wurde durch den Autor eine empirisch-induktive Primärstudie zur aktuellen Situation und zu Herausforderungen sowie zum Methodeneinsatz in der Montageplanung durchgeführt. Das Ziel der am Werkzeugmaschinenlabor WZL der RWTH Aachen durchgeführten Studie war die Untersuchung des Stands der Technik bezüglich des Einsatzes von Montageplanungsmethoden in Unternehmen der industriellen Praxis und die Identifikation von Best-Practice-Ansätzen. Auf diese Weise sollte die bestehende Forschungslücke hinsichtlich empirischer Studien zu den Potenzialen und Implikationen der Kombinationen von plangetriebenen und agilen Methoden in Hybridformen[789] geschlossen werden. Teile der Studienergebnisse wurden bereits in BURGGRÄF ET AL.[790] veröffentlicht. Die folgenden Kapitel liefern eine vollständige Übersicht über die Ergebnisse und den methodischen Aufbau der Studie.

Zunächst wird das Design der Studie erläutert. Bei dieser Primärerhebung wurde ein empirischer Online-Fragebogen zur Datenerhebung eingesetzt. Der Fragebogen wurde an etwa 7.000 Fachleute mit Expertise im Bereich der industriellen Produktion und Montage versandt. Der Erhebungszeitraum erstreckte sich über 55 Tage zwischen August und Oktober 2019.[791]

Der Fragebogen zur Studie umfasste 32 Fragen, die in vier Abschnitte gegliedert waren. Im Folgenden werden die erzielten Ergebnisse entsprechend dieser vier Abschnitte dargestellt. Im ersten Abschnitt wird die Zusammensetzung der Stichprobe beschrieben (Kapitel 8.1.1), bevor im zweiten Abschnitt der Status quo in der Montageplanung mit einem Fokus auf aktuellen Herausforderungen und der Erreichung von Zeit-, Kosten- und Leistungszielen untersucht wird (Kapitel 8.1.2). Der dritte Abschnitt beschäftigt sich mit dem Einsatz und den Potenzialen agiler Methoden in der Montageplanung (Kapitel 8.1.3). Dabei werden insbesondere die Einsatzgebiete, der Implementierungsaufwand und der Nutzen agiler Methoden untersucht. Im vierten Abschnitt wird der kombinierte Einsatz von plangetriebenen und agilen Methoden in hybriden Montageplanungsansätzen in der Praxis hinsichtlich Optimierungspotenzialen für die Erreichung der Planungsziele untersucht (Kapitel 8.1.4).[792]

---

[789] Vgl. Conforto, E. C. et al. (2015), Agile project management, S. 2; Carvalho, W. C. S. et al. (2011), A Comparative Analysis, S. 74f.

[790] Vgl. Burggräf, P. et al. (2020), Hybrid approach.

[791] Vgl. ebd. S. 1171.

[792] Vgl. ebd. S. 1171.

8.1.1 Unternehmensstruktur und Teilnehmerdaten

In diesem Kapitel wird die Stichprobenzusammensetzung der Studie vorgestellt. Innerhalb des Erhebungszeitraums wurden Daten von 138 Teilnehmenden erhoben, was einer Rücklaufquote von etwa 2% entspricht[793]. Aufgrund der Stichprobengröße werden die erzielten Studienergebnisse als statistisch relevant gewertet. Die Firmensitze der teilnehmenden Unternehmen liegen in Deutschland, Österreich, USA, Schweiz, Japan und Großbritannien, sodass den Studienergebnissen eine internationale Gültigkeit zugesprochen werden kann. Die Teilnehmenden repräsentieren unterschiedliche Branchen. Vertretene Branchen sind der Maschinen- und Anlagenbau, die Automobilzulieferer-, Automobil- und Elektroindustrie, die Medizintechnik, der Nutzfahrzeugbau, die Metall- sowie die Luft- und Raumfahrtindustrie (vgl. Abbildung 8-1).[794]

Abbildung 8-1: Branchenverteilung der teilnehmenden Unternehmen [795]

[793] Im Einklang mit der aktuellen Datenschutz-Grundverordnung des Europäischen Parlaments und des Rates (DSGVO) wurde den Teilnehmenden Anonymität zugesichert.

[794] Vgl. Burggräf, P. et al. (2020), Hybrid approach, S. 1171.

[795] I. A. a. ebd. S. 1171.

Zur Einordnung der Unternehmen wurden die jeweiligen Produktkategorien erfragt. 69% der teilnehmenden Unternehmen stellen eher kund*innenspezifische als standardisierte Produkte her, was auf eine erhöhte Produktprogrammkomplexität hinweist (vgl. Abbildung 8-2).[796]

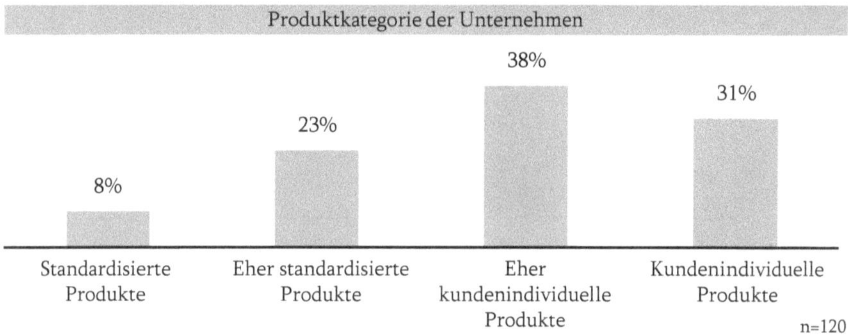

Abbildung 8-2: Produktkategorien der teilnehmenden Unternehmen

Zur weiteren Einordnung der Unternehmen wurde die Unternehmensgröße nach der Anzahl der Beschäftigten sowie nach dem Jahresumsatz untersucht. Die Stichprobe repräsentiert eine große Bandbreite an Unternehmen unterschiedlicher Größe mit zwischen weniger als 50 (7%) und mehr als 10.000 (22%) Beschäftigten (vgl. Abbildung 8-3).[797]

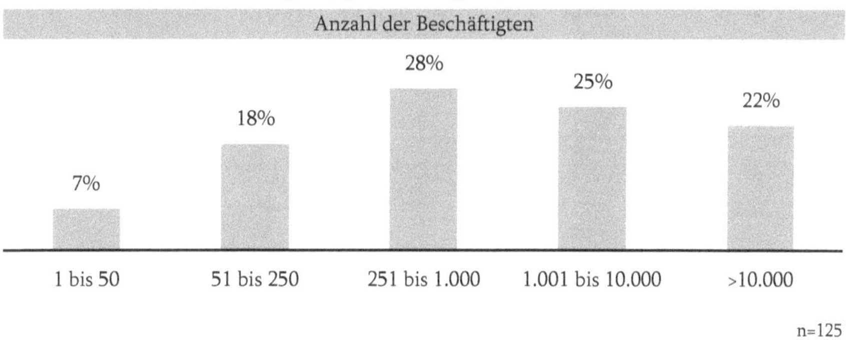

Abbildung 8-3: Anzahl der Beschäftigten in den teilnehmenden Unternehmen

[796] Vgl. ebd. S. 1171.
[797] Vgl. ebd. S. 1171.

Der Jahresumsatz der Unternehmen variierte im Jahr 2018 zwischen weniger als 2 Mio. Euro (4%) und mehr als 1 Mrd. Euro (30%) (vgl. Abbildung 8-4).[798]

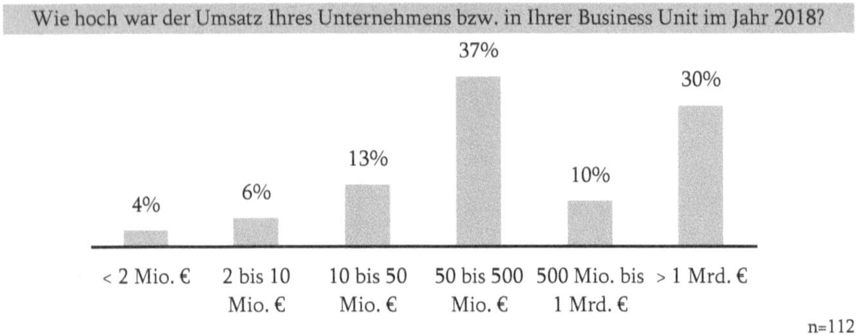

Abbildung 8-4: Umsatz der teilnehmenden Unternehmen

Laut der Europäischen Kommission haben kleine und mittlere Unternehmen (KMU) weniger als 250 Beschäftigte und weniger als 50 Millionen Euro Jahresumsatz[799]. Nach dieser Definition beträgt der Anteil der KMU in der Stichprobe 18%, sodass die Mehrheit der Unternehmen mehr als 250 Beschäftigte und mehr als 50 Mio. Euro Jahresumsatz hat.[800]

8.1.2 Aktuelle Herausforderungen in der Montageplanung

Im zweiten Abschnitt der Studie wurden die aktuellen Herausforderungen in der Montageplanung thematisiert. Zunächst wurden dazu die Intensität und Häufigkeit von Montageplanungsaktivitäten untersucht. Die Mehrheit der Befragten (62%) betreibt Montageplanung in einem kontinuierlichen Prozess. 19% berichteten von häufig durchgeführten Montageplanungsprojekten, während diese bei den restlichen Teilnehmenden selten vorkommen (vgl. Abbildung 8-5).[801]

[798] Vgl. ebd. S. 1171.
[799] Vgl. EU-Kommission (2003), Commission Recommendation 2003/361/EC, S. 39.
[800] Vgl. Burggräf, P. et al. (2020), Hybrid approach, S. 1171.
[801] Vgl. ebd. S. 1172.

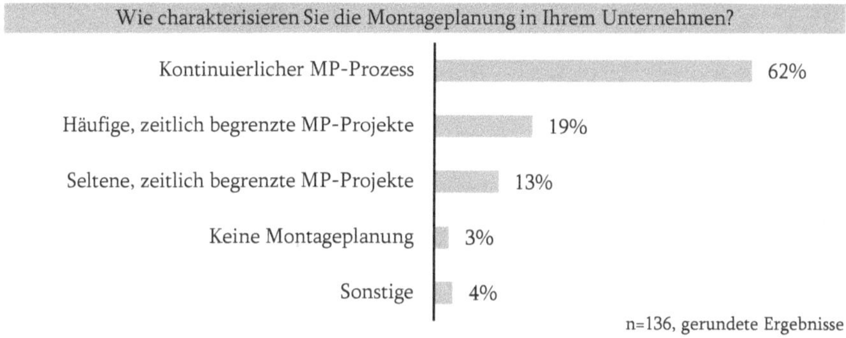

Abbildung 8-5: Häufigkeit der Montageplanungsprojekte

Vor diesem Hintergrund prognostizierten 72% der Befragten eine stetige Zunahme der Häufigkeit von Montageplanungsaktivitäten (vgl. Abbildung 8-6). Die bereits hohe Intensität und die prognostizierte weitere Zunahme der Häufigkeit von Montageplanungsprojekten unterstreichen die hohe Bedeutung der Montageplanung. Folglich ist die Optimierung von Montageplanungsansätzen von hoher Relevanz und ein lohnendes Forschungsfeld für produzierende Unternehmen.[802]

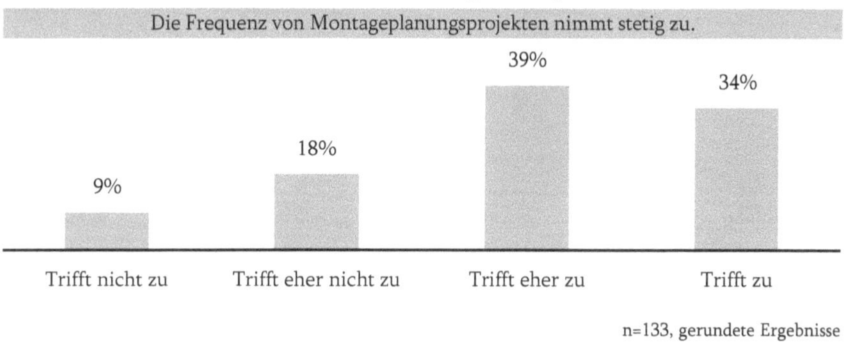

Abbildung 8-6: Frequenz von Montageplanungsprojekten

Um die aktuellen Herausforderungen in der Montageplanung zu untersuchen, wurde die Projektkomplexität analysiert. Die Mehrheit der Befragten schätzt die Komplexität von Montageplanungsprojekten als hoch (54%) oder sehr hoch (23%) ein. Nur 23% bewerten die Komplexität als niedrig oder sehr niedrig (vgl. Abbildung 8-7).[803]

[802] Vgl. ebd. S. 1172.
[803] Vgl. ebd. S. 1172.

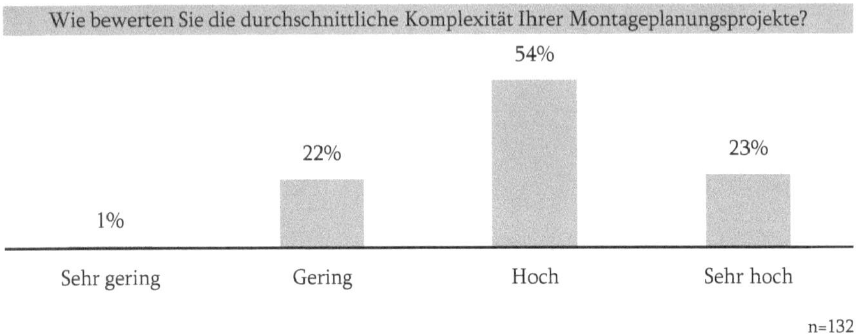

Abbildung 8-7: Komplexität von Montageplanungsprojekten [804]

Darüber hinaus prognostizierten 80% der Befragten eine Zunahme der Komplexität von Montageplanungsprojekten in ihrem Unternehmen, während 18% eine Stagnation und nur 2% eine Reduktion der Komplexität voraussagen (vgl. Abbildung 8-8).[805]

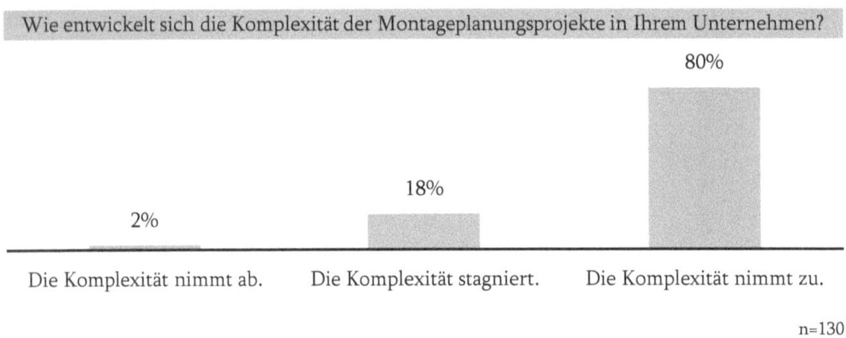

Abbildung 8-8: Entwicklung der Komplexität in der Montageplanung [806]

Anschließend wurden die Gründe für die Komplexität in der Montageplanung untersucht. Als wichtige Komplexitätstreiber nannten die Befragten die Dynamik in der Produktentwicklung und im Unternehmensumfeld, variable Planungsprämissen, volatile Anforderungen, Informationsunsicherheit und Variantenvielfalt (vgl. Abbildung 8-9).[807]

[804] I. A. a. ebd. S. 1172.
[805] Vgl. ebd. S. 1172.
[806] I. A. a. ebd. S. 1172.
[807] Vgl. ebd. S. 1172.

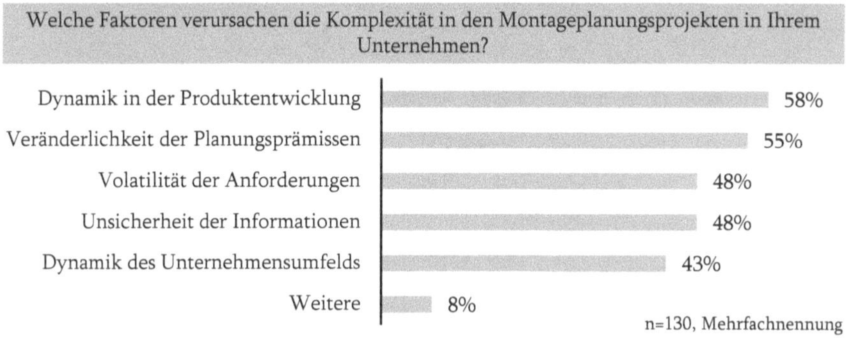

Abbildung 8-9: Komplexitätsfaktoren in der Montageplanung

Um ein differenzierteres Bild bezüglich der Komplexität in der Montageplanung zu erhalten, wurde die Komplexitätsverteilung analysiert. Hier bestätigten 78% der Befragten, dass sich einzelne Planungsaufgaben innerhalb eines Montageplanungsprojekts in ihrer Komplexität deutlich unterscheiden (vgl. Abbildung 8-10). Die Komplexität ist also innerhalb der Montageplanung heterogen verteilt, woraus Herausforderungen für die Montageplanung resultieren.[808]

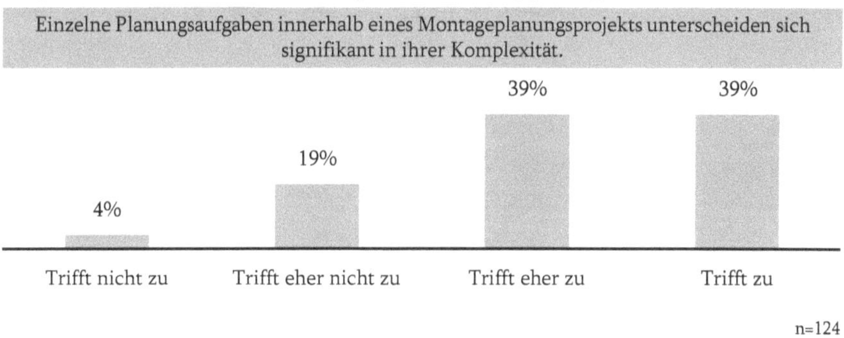

Abbildung 8-10: Heterogenität der Komplexität von Planungsinkrementen

Anschließend wurde die Erreichung von Zeit-, Kosten- und Leistungszielen analysiert, um die aktuelle Situation und das Leistungsniveau in der Montageplanung zu verstehen. Nur 13% der Befragten gaben hier eine vollständige Erreichung der Planungsziele in Ihren Unternehmen an. Im Gegensatz dazu werden bei 61% der Befragten die Zeitziele und bei jeweils 35% die Kosten- und Leistungsziele in Montageplanungsprojekten regelmäßig verfehlt (vgl. Abbildung 8-11).[809]

[808] Vgl. ebd. S. 1172.
[809] Vgl. ebd. S. 1172.

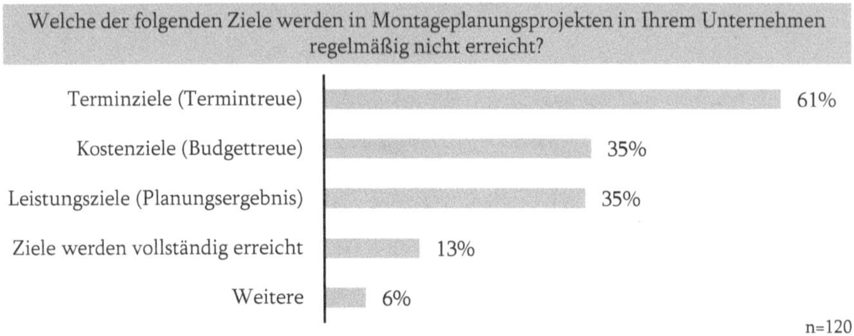

Abbildung 8-11: Zielerreichung in der Montageplanung

Um den hohen Anteil von Montageplanungsprojekten, in denen Ziele nicht erreicht werden, besser zu verstehen, wurden die Gründe für die Nichterreichung der Planungsziele untersucht. Als wichtigste Faktoren wurden die Variabilität der Planungsprämissen, Informationsunsicherheit, Dynamik im Unternehmensumfeld und in der Produktentwicklung, volatile Anforderungen, Produktkomplexität und mangelnde Liefertreue genannt (vgl. Abbildung 8-12). Es existiert eine deutliche Überschneidung zwischen den zuvor identifizierten Komplexitätstreibern und diesen Gründen für die Nichterreichung der Planungsziele. Daraus lässt sich schließen, dass die Komplexität in Montageplanungsprojekten einen negativen Einfluss auf die Erreichung der Planungsziele hat. Diese Erkenntnis unterstreicht die Notwendigkeit eines Montageplanungsansatzes, der die Beherrschung von Planungskomplexität fördert und ermöglicht.[810]

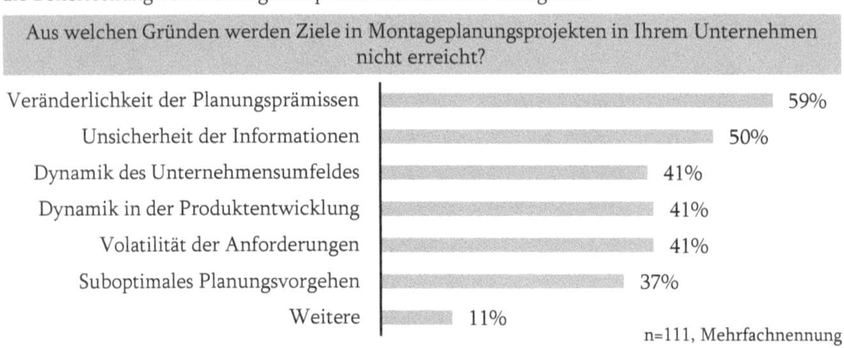

Abbildung 8-12: Gründe für das Verfehlen von Planungszielen in der Montageplanung

Zusammengefasst zeigen die Ergebnisse des zweiten Abschnitts, dass sich die Mehrheit der produzierenden Unternehmen in kontinuierliche Montageplanungsaktivitäten engagiert, wobei eine weitere Zunahme der Häufigkeit von Montageplanungsprojekten erwartet wird. Die aktuellen

[810] Vgl. ebd. S. 1172.

Herausforderungen werden zu einem großen Teil durch die hohe und voraussichtlich weiter steigende Komplexität in Montageplanungsprojekten verursacht. Wichtige Komplexitätstreiber sind die dynamische Produktentwicklung, volatile Anforderungen und unsichere Planungsinformationen. Aufgrund der hohen Komplexität werden Zeit-, Kosten- und Leistungsziele in Montageplanungsprojekten häufig nicht erreicht. Die Ergebnisse des zweiten Abschnitts zeigen, dass Montageplanungsansätze in der Lage sein müssen, auf die durch die Dynamik in der Produktentwicklung und durch unsichere Planungsinformationen verursachte Komplexität adäquat zu reagieren, um die Erreichung der Planungsziele sicherzustellen.[811]

8.1.3 Nutzung und Potenziale agiler Methoden

Im dritten Teil der Studie wurden das aktuelle Nutzungsverhalten und die Potenziale agiler Methoden in der Montageplanung untersucht. Zunächst wurde die aktuelle Verbreitung von agilen Methoden in der industriellen Praxis untersucht. Etwa die Hälfte der Befragten (53%) gab an, agile Methoden in ihren Unternehmen einzusetzen (vgl. Abbildung 8-13). In diesen Fällen lag die durchschnittliche Einsatzdauer bei weniger als drei Jahren.[812]

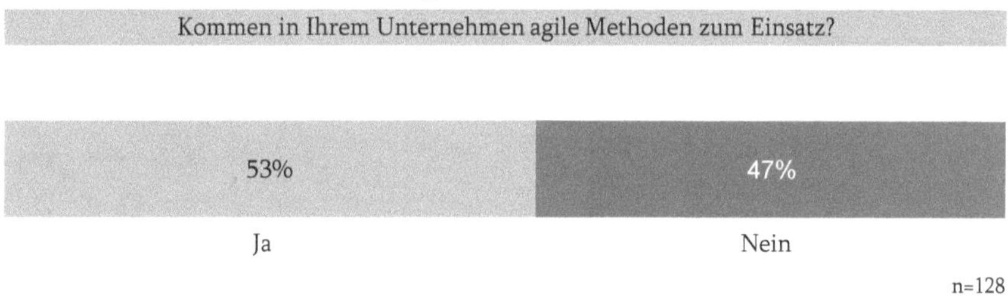

Abbildung 8-13: Nutzung agiler Methoden

Bei den Teilnehmenden, in deren Unternehmen agile Methoden eingesetzt werden, wurden weiterhin deren Einsatzgebiete abgefragt. Agile Methoden werden vor allem in der Produktentwicklung (75%), im Projektmanagement (68%) und in der Prozessentwicklung (44%) eingesetzt, während der Einsatz in der Montage- (34%) und Fabrikplanung (15%) kaum verbreitet ist (vgl. Abbildung 8-14). Diese Ergebnisse müssen im Kontext der Stichprobenzusammensetzung dieser Studie, die sich stark auf die produzierende Industrie fokussiert, relativiert werden. Bei einer branchenübergreifenden Befragung, welche Software-Unternehmen explizit einschließt, sind deutlich höhere Nutzungsraten im Bereich der Software-Entwicklung zu erwarten. Die Studienergebnisse liefern keine Hinweise auf einen statistischen Zusammenhang zwischen der Branche eines Unternehmens und dem Einsatz agiler Methoden.[813]

[811] Vgl. ebd. S. 1172.
[812] Vgl. ebd. S. 1173.
[813] Vgl. ebd. S. 1173.

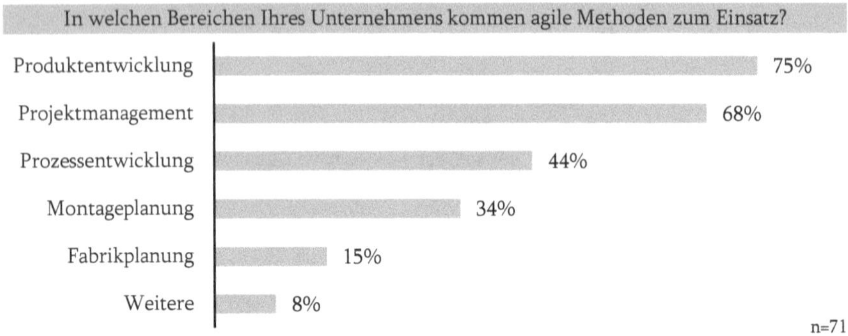

Abbildung 8-14: Einsatzbereiche agiler Methoden

Um das Nutzungsmuster agiler Methoden besser zu verstehen, wurden Schwierigkeiten bei der Implementierung untersucht. Unzureichende Methodenkompetenz, starre Unternehmensstrukturen, -prozesse und -kultur, Unklarheiten bezüglich der realisierbaren Wertschöpfung, hoher Aufwand, mangelnde Bereitschaft des Teams, fehlende Kapazitäten und Entscheidungsschwierigkeiten bezüglich geeigneter Anwendungen wurden als wesentliche Hindernisse bei der Einführung agiler Methoden in produzierenden Unternehmen identifiziert (vgl. Abbildung 8-15).[814]

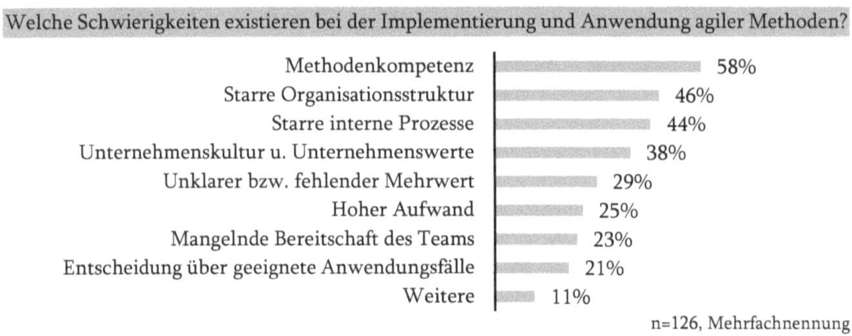

Abbildung 8-15: Schwierigkeiten bei der Implementierung agiler Methoden

Anschließend wurden Umsetzungsaufwände, Nutzen und Potenziale von agilen Methoden in der Montageplanung untersucht. Die Studienteilnehmenden wurden gebeten, den Aufwand für den Einsatz von agilen im Vergleich zu plangetriebenen Methoden in der Montageplanung zu bewerten. Eine Mehrheit von 58% war der Meinung, dass agile Methoden einen höheren Koordinationsaufwand verursachen, während nur jeweils 21% den Koordinationsaufwand als gleichbleibend oder geringer bewerteten. Diese Ergebnisse lassen sich dadurch erklären, dass agile Prakti-

[814] Vgl. ebd. S. 1173.

ken einen Fokus auf Kommunikation mit zahlreichen Abstimmungsgesprächen legen (vgl. Kapitel 3.3.3). Bezüglich des Anpassungsaufwands sind die Meinungen geteilt. Jeweils 37% bewerteten den Anpassungsaufwand als geringer bzw. höher, während eine Minderheit von 26% den Anpassungsaufwand als unverändert ansah (vgl. Abbildung 8-16). Der Aufwand für die kontinuierliche Ermöglichung von Veränderungen durch agile Methoden scheint sich mit dem für plangetriebene Methoden typischen Anpassungsaufwand am Ende des Planungsprozesses die Waage zu halten. Eine Mehrheit von 40% beurteilt den Gesamtaufwand durch die Nutzung agiler Methoden als erhöht, während 31% den Gesamtaufwand als unverändert und 29% als geringer bewerteten.[815]

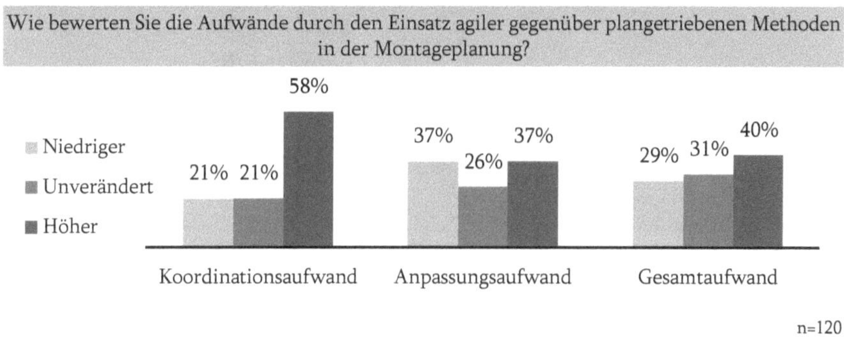

Abbildung 8-16: Aufwände durch den Einsatz agiler Methoden [816]

Weiterhin wurden die Befragten gebeten, die Potenziale agiler Methoden in der Montageplanung zu benennen. Wichtige Potenziale sind eine erhöhte Reaktionsfähigkeit auf dynamische Anforderungen (78%), erhöhte Termintreue (64%), gesteigerte Reaktionsfähigkeit auf Planungsunsicherheiten (63%), optimierte Planungsergebnisse (58%), reduzierte Projektrisiken (37%) und eine erhöhte Budgettreue (25%) (vgl. Abbildung 8-17). Es lassen sich also Potenziale in Bezug auf Zeit-, Kosten- und Leistungsziele identifizieren.[817]

[815] Vgl. ebd. S. 1173.

[816] I. A. a. ebd. S. 1173.

[817] Vgl. ebd. S. 1173.

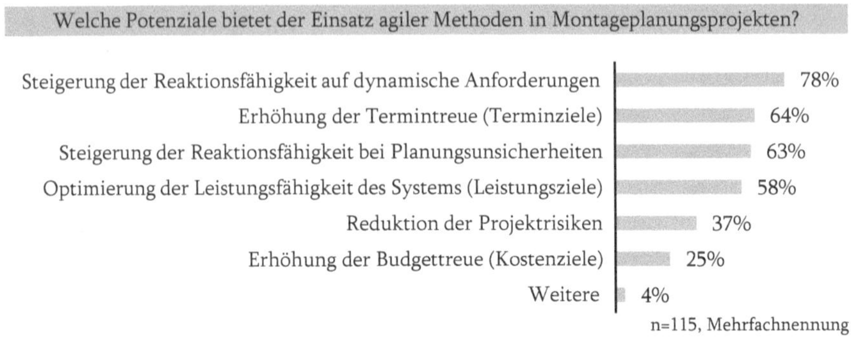

Abbildung 8-17: Potenziale agiler Methoden

Zusammenfassend lässt sich aus dem dritten Abschnitt folgern, dass der Einsatz agiler Methoden in der produzierenden Industrie vor allem im Bereich der Fabrik- und Montageplanung noch ausbaufähig ist, was unter anderem durch fehlende Methodenkompetenz und starre Unternehmensstrukturen bedingt ist. Obwohl agile Methoden im Vergleich zu plangetriebenen Ansätzen einen erhöhten Aufwand verursachen, urteilten 58% der Befragten, dass der Nutzen den Aufwand überwiegt (vgl. Abbildung 8-18). Der Einsatz agiler Methoden bietet das Potenzial, die Erreichung der Zeit-, Kosten- und Leistungsziele positiv zu beeinflussen. Er ermöglicht die adäquate Reaktion auf dynamische Umgebungen.[818]

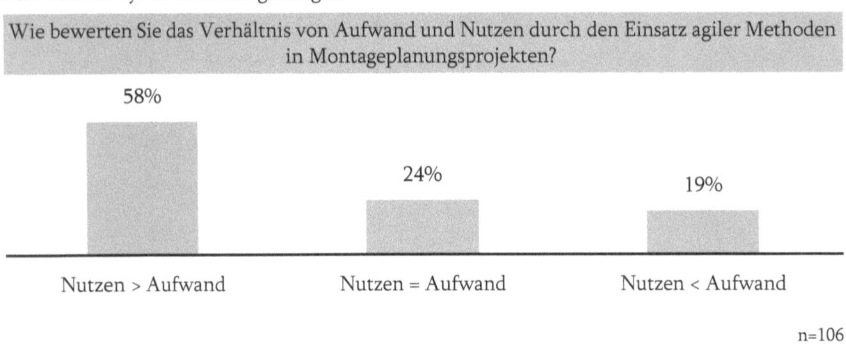

Abbildung 8-18: Aufwand-Nutzen-Verhältnis beim Einsatz agiler Methoden

[818] Vgl. ebd. S. 1173.

8.1.4 Nutzung und Potenziale hybrider Planungsvorgehen

Im abschließenden vierten Abschnitt der Studie wurden der Einsatz und die Möglichkeiten hybrider Montageplanungsansätze analysiert. Zunächst wurde untersucht, welche Montageplanungsvorgehen derzeit in der industriellen Praxis eingesetzt werden. 43% der Befragten gaben an, konventionelle, plangetriebene Methoden zu verwenden. 30% nutzen sowohl agile als auch plangetriebene Methoden, jedoch selektiv und getrennt in verschiedenen Projekten. Diese Form der Nutzung stellt keinen hybriden Ansatz im Sinne der dieser Arbeit zugrundeliegenden Definition dar. Hybride Montageplanungsvorgehen werden in 23% der Fälle eingesetzt. Der alleinige Einsatz von agilen Methoden in der Montageplanung ist mit nur 2% selten (vgl. Abbildung 8-19).[819]

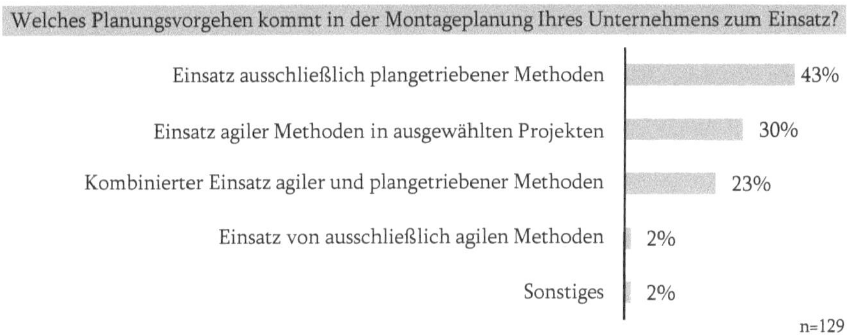

Abbildung 8-19: Vorgehen in der Montageplanung

Entscheidungskriterien für die Auswahl der Planungsmethoden sind nach Angaben der Befragten das Kosten-Nutzen-Verhältnis, externe Anforderungen, die erforderliche Flexibilität, Projektumfang und -komplexität, Kosten und Budget, Methodenkompetenz, Produktionsvolumen, Produktvarianz, Sicherheit der Planungsinformationen, vorhandene Standards, erforderliche Validierungszyklen und die Dringlichkeit des Projekts.[820]

Anschließend wurde das Potenzial von agilen, plangetriebenen und hybriden Planungsansätzen zur Erreichung von Zeit-, Kosten- und Leistungszielen untersucht. In Bezug auf die Kostenziele wiesen 54% der Teilnehmenden den hybriden Ansätzen das höchste Potenzial zu, gefolgt von plangetriebenen (37%) und agilen Ansätzen (9%). Hinsichtlich der Erreichung von Zeitzielen wurde das höchste Potenzial von 46% der Befragten mit hybriden Ansätzen assoziiert, während 39% bzw. 15% das höchste Potenzial in agilen und plangetriebenen Methoden sahen. Zur Erreichung von Leistungszielen sah eine Mehrheit von 57% das höchste Potenzial in hybriden Ansätzen, während 28% agile und 15% plangetriebene Methoden im Vorteil sahen (vgl. Abbildung 8-20). Zusammenfassend sieht die jeweilige Mehrheit das höchste Potenzial zur Erreichung von Zeit-, Kosten- und Leistungszielen in hybriden Montageplanungsansätzen.[821]

[819] Vgl. ebd. S. 1173.
[820] Vgl. ebd. S. 1173.
[821] Vgl. ebd. S. 1173.

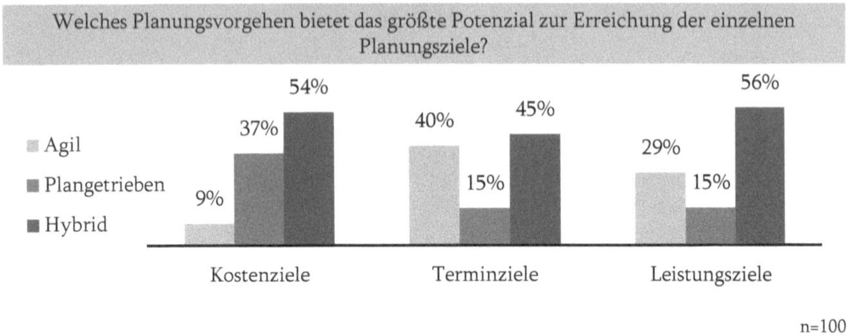

Abbildung 8-20: Potenziale der Planungsvorgehen zur Erreichung der Planungsziele [822]

Ergänzt werden diese Ergebnisse durch die Zustimmung von 90% der Befragten zu der Aussage, dass durch die Kombination der Vorteile agiler und plangetriebener Methoden in hybriden Montageplanungsansätzen bessere Ergebnisse hinsichtlich der Planungsziele erreicht werden (vgl. Abbildung 8-21).[823]

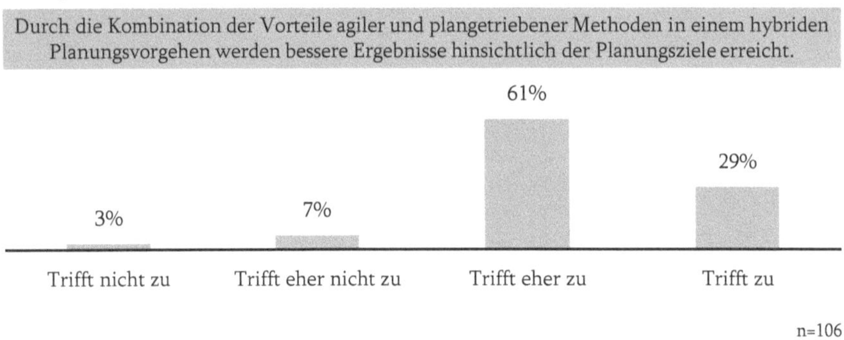

Abbildung 8-21: Potenziale von Hybridformen zur Erreichung der Planungsziele

Aus den bisherigen Ergebnissen lässt sich folgern, dass hybride Montageplanungsvorgehen ein erhebliches Potenzial zur Verbesserung der Zielerreichung hinsichtlich Zeit-, Kosten- und Leistungszielen aufweisen. Allerdings zeigt sich eine Diskrepanz zwischen dem hohen Potenzial und der geringen Nutzungsrate hybrider Ansätze in der Montageplanung, was auf mangelnde Methodenkompetenz und fehlende Lösungen zur erfolgreichen Umsetzung schließen lässt. Die Studienergebnisse verstärken somit die Motivation, einen systematischen Ansatz zur hybriden Montageplanung zu entwickeln.[824]

[822] I. A. a. ebd. S. 1174.
[823] Vgl. ebd. S. 1174.
[824] Vgl. ebd. S. 1174.

Dementsprechend zielten die nächsten Fragen der Umfrage darauf ab, Best-Practice-Ansätze zur Gestaltung der hybriden Montageplanung zu identifizieren. In diesem Zusammenhang gaben 90% der Befragten an, dass die über den Agilitätsgrad gemessene Methodenauswahl in der hybriden Montageplanung für den konkreten Planungsfall gewählt werden sollte, während nur 10% dieser Meinung widersprachen (vgl. Abbildung 8-22).[825] Unter *Agilitätsgrad* wird im Rahmen der Studie das Verhältnis von agilen zu plangetriebenen Methoden innerhalb der hybriden Montageplanung verstanden.

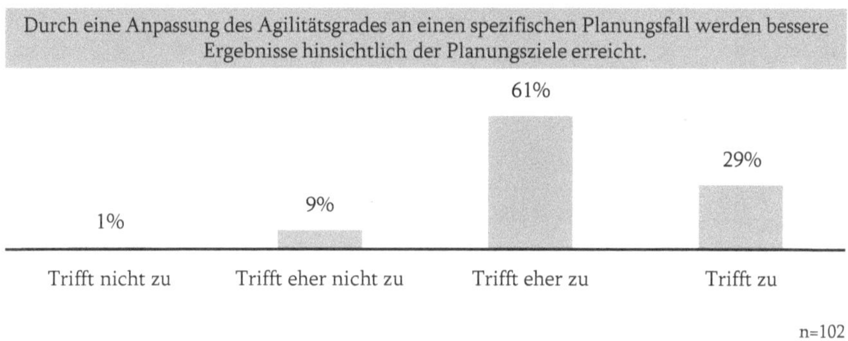

Abbildung 8-22: Potenzial eines planungsfallspezifischen Agilitätsgrads zur Erreichung der Planungsziele

Darauf aufbauend gab die deutliche Mehrheit von 95% der Befragten an, dass sich das Planungsvorgehen bzw. die Methodenauswahl an der Komplexität des jeweiligen Planungsfalls orientieren sollte (vgl. Abbildung 8-23).[826]

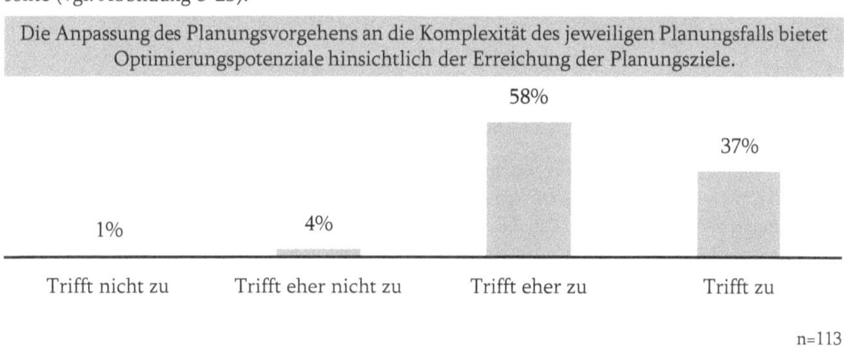

Abbildung 8-23: Potenziale durch die komplexitätsspezifische Adaptivität des Planungsvorgehens

[825] Vgl. ebd. S. 1174.

[826] Vgl. ebd. S. 1174.

Diese Ergebnisse unterstreichen die aufgezeigte Bedeutung der Komplexität für die Montageplanung. Kombiniert man die Aussage über die Komplexität als entscheidendes Kriterium zur Bestimmung der dominanten Planungsmethoden mit der Aussage über die heterogene Komplexitätsverteilung über die einzelnen Planungsaufgaben, so lässt sich eine wichtige Schlussfolgerung für die Gestaltung der hybriden Montageplanung ziehen: Aufgrund der heterogenen Komplexitätsverteilung von Montageplanungsinkrementen sollte die Methodenauswahl individuell für einzelne Planungsumfänge bestimmt werden. Planungsfallspezifisch konfigurierte Hybridformen können wesentlich zur Optimierung der Planungsergebnisse beitragen.[827]

Anschließend wurde das aktuelle Vorgehen der Unternehmen in Bezug auf die Methodenauswahl untersucht. 61% der Unternehmen, in denen hybride Montageplanungsvorgehen eingesetzt werden, passen die Hybridform innerhalb von Montageplanungsprojekten an und 22% verändern die Art der eingesetzten agilen Methode zwischen einzelnen Planungsaufgaben innerhalb eines Projekts (vgl. Abbildung 8-24). Diese Zahlen deuten darauf hin, dass in der produzierenden Industrie bereits Anstrengungen unternommen werden, die eingesetzten Montageplanungsvorgehen für spezifische Planungsfälle zu optimieren.[828]

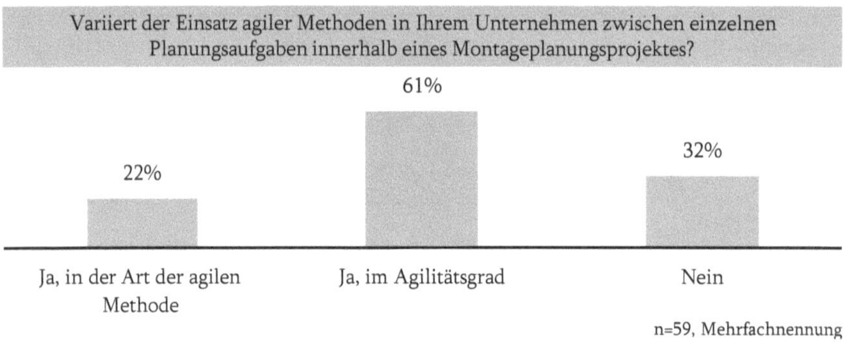

Abbildung 8-24: Planungsfallspezifität der Methodennutzung

Die Wirksamkeit dieser Bestrebungen muss jedoch vor dem Hintergrund der zuvor festgestellten Nichterreichungsquoten von Planungszielen hinterfragt werden. Die limitierte Effektivität der bestehenden Maßnahmen lässt sich anhand der weiteren Ergebnisse erklären, da in nur 9% der teilnehmenden Unternehmen die Methodenauswahl nach einem systematischen Entscheidungsmuster erfolgt. Bei der Mehrheit von 54% wird die Methodenauswahl ohne explizites Entscheidungsmuster durchgeführt, während bei 37% der Befragten keine planungsfallspezifische Methodenauswahl erfolgt (vgl. Abbildung 8-25).[829]

[827] Vgl. ebd. S. 1174.
[828] Vgl. ebd. S. 1174.
[829] Vgl. ebd. S. 1174.

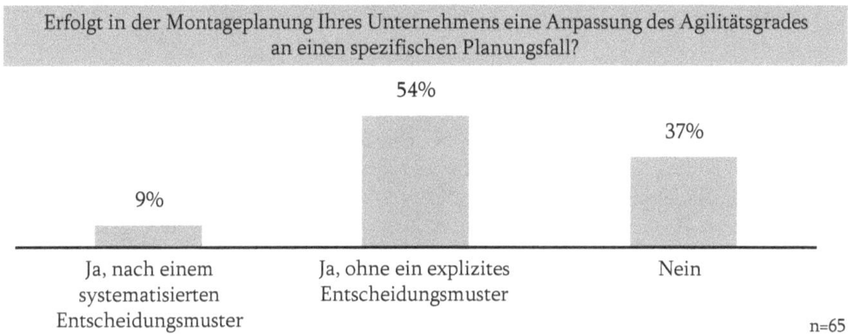

Abbildung 8-25: Entscheidungssystematik zur planungsfallspezifischen Methodenauswahl

Unabhängig von der Art der Entscheidung wurden die Projektdauer, die Informationsunsicherheit, die Dynamik der Produktentwicklung und des Geschäftsumfeldes sowie die Methodenkompetenz als Entscheidungskriterien für die Methodenauswahl identifiziert (vgl. Abbildung 8-26).[830]

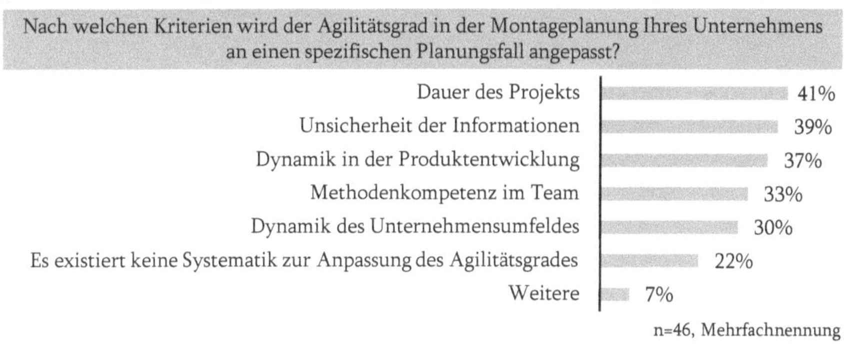

Abbildung 8-26: Kriterien zur planungsfallspezifischen Adaption der Planungsmethoden

Aus diesen Erkenntnissen lässt sich insgesamt folgern, dass hybride Montageplanungsansätze in der produzierenden Industrie bisher kaum verbreitet sind. Die Methodenauswahl im Rahmen der hybriden Montageplanung sollte auf Grundlage der planungsfallspezifischen Komplexität erfolgen. Die meisten Unternehmen folgen bei der Methodenauswahl jedoch keinem systematischen, planungsfallspezifischen Entscheidungsvorgehen. Vor dem Hintergrund dieser weitgehend unsystematischen Methodenauswahl in der industriellen Praxis ist das Erreichen der Planungsergebnisse nicht gewährleistet. Vor dem Hintergrund der zunehmenden Intensität von Montageplanungsprojekten ist der Handlungsbedarf hinsichtlich einer systematischen, planungsfallspezifischen Methodenauswahl evident.[831]

---

[830] Vgl. ebd. S. 1174.

[831] Vgl. ebd. S. 1174.

8.2 Vorstellung der systematischen Literaturrecherche

Zur Schaffung eines theoretisch fundierten Grundverständnisses im Sinne der Realwissenschaften wurde im Rahmen dieser Arbeit eine systematische Literaturrecherche (SLR) durchgeführt. MOHER ET AL. definierten eine SLR als Untersuchung einer klar formulierten Fragestellung, bei der systematische und explizite Methoden verwendet werden, um relevante Forschungsergebnisse zu identifizieren, auszuwählen und kritisch zu bewerten sowie um Daten aus den identifizierten Studien zu sammeln und zu analysieren[832]. Die Ziele der SLR dieser Arbeit umfassten die Erfassung des Forschungsstandes und die Erzeugung einer Wissensbasis im Themenfeld der Hybridformen aus plangetriebenen und agilen Methoden sowie bezüglich der Charakteristika dieser beiden Methodencluster. Dabei lag ein besonderer Fokus auf der Identifikation von Ansätzen und Kriterien zur Entscheidung über den planungsfallspezifischen Einsatz hybrider Planungsvorgehen. Die Ergebnisse der SLR stellen insbesondere wichtigen Input für die Kapitel 3.3 und 3.4 dar.

Im Folgenden wird die angewandte Methodik zur analytisch-deduktiv durchgeführten SLR detailliert dargelegt. Die SLR wurde gemäß dem Rahmenwerk der Literaturrecherche nach VOM BROCKE ET AL. durchgeführt. Dessen fünf Schritte umfassen die Definition des Untersuchungsumfangs, die Konzeptualisierung des Themas, die eigentliche Literatursuche, die Literaturanalyse und -synthese sowie das Ableiten einer Forschungsagenda (vgl. Abbildung 8-27).[833]

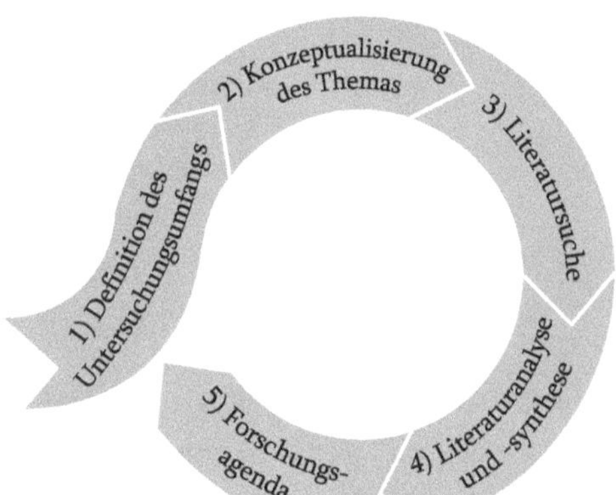

Abbildung 8-27: Rahmenwerk der Literaturrecherche nach vom BROCKE ET AL.[834]

Im ersten Schritt der SLR erfolgte die **Definition des Untersuchungsumfangs.** Dazu wurden der Umfang und die Strategie der Recherche in Anlehnung an die Taxonomie für Literaturrecherchen nach COOPER[835] festgelegt (vgl. Abbildung 8-28). Dieser Taxonomie zur Systematisierung und

[832] Vgl. Moher, D. et al. (2009), Preferred Reporting Items, S. 264.
[833] Vgl. Vom Brocke, J. et al. (2009), Reconstructing the Giant, S. 2212.
[834] I. A. a. ebd. S. 2212.
[835] Vgl. Cooper, H. M. (1988), Organizing Knowledge Syntheses, S. 107ff.

Strukturierung von Literaturrecherchen folgend, lag der Fokus der SLR auf der Identifikation von Forschungsergebnissen und Anwendungen. Dabei wurde das Ziel verfolgt, die gewonnenen Erkenntnisse zu einer umfassenden Wissensgrundlage zu integrieren, wobei eine kritische, neutrale Perspektive eingenommen wurde. Die Analyse der identifizierten Literatur wurde auf eine systematisch reduzierte Stichprobe beschränkt. Damit ist der Umfang der SLR repräsentativ für das adressierte Forschungsfeld. Die gewonnenen Ergebnisse wurden anschließend konzeptionell strukturiert nach den enthaltenen Themenfeldern analysiert und dokumentiert. Die Zielgruppe der SLR sowie der gesamten vorliegenden Arbeit umfasst einerseits auf den Bereich der Produktionswissenschaften, Fabrik- und Montageplanung spezialisierte Wissenschaftler*innen sowie Vertreter*innen der produktionstechnischen und montageplanerischen Praxis.

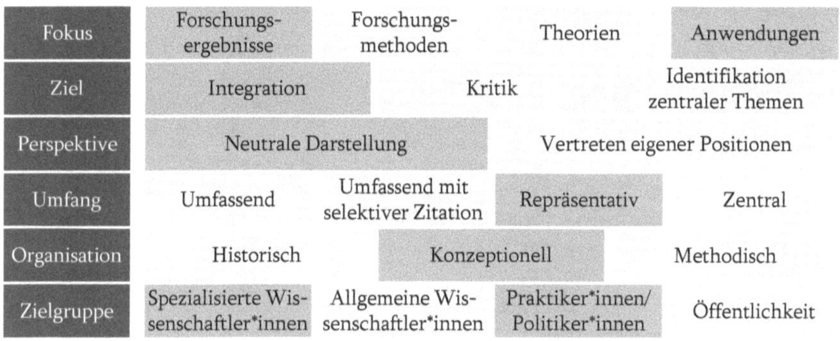

Abbildung 8-28: Einordnung in die Taxonomie für Literaturrecherchen nach COOPER[836]

Ein entscheidendes Element jeder SLR, welches ebenfalls zur Definition des Untersuchungsumfangs beiträgt ist, die umfassende Dokumentation der Recherche, welche es den Lesenden ermöglicht, die Qualität der SLR zu bewerten und die Recherche bei Bedarf zu replizieren. Die STARLITE-Mnemonik nach BOOTH stellt ein geeignetes Instrument dar, um eine SLR umfassend zu charakterisieren.[837] Entsprechend wird die durchgeführte SLR gemäß der STARLITE-Mnemonik charakterisiert. Zunächst wurde eine zielgerichtete Stichprobenstrategie mit einem Fokus auf Publikationen aus den für das Forschungsfeld dieser Arbeit relevanten Disziplinen *Maschinenwesen*, *Ingenieurswissenschaften*, *Informatik* und *Management* verfolgt. Dabei wurde die Stichprobe durch definierte Publikationstypen aus einem festgelegten Zeitraum und spezifizierten Literaturdatenbanken begrenzt, welche im Folgenden vorgestellt werden. In der durchgeführten SLR wurden sowohl qualitative als auch quantitative Forschungsergebnisse und Publikationen berücksichtigt. Die Ansätze zur Literatursuche umfassten eine elektronische Schlagwortsuche sowie eine manuelle Vorwärts- und Rückwärtssuche. Die SLR zur vorliegenden Arbeit wurde durch den Autor im Jahr 2019 durchgeführt. Hier wurde der in der SLR zu berücksichtigende Zeitraum auf die zurückliegenden 20 Jahren zwischen 1999 und 2019 festgelegt, da dieser Zeitraum die Entwicklung und Verbreitung agiler Methoden, welche maßgeblich durch die Veröffentlichung

[836] I. A. a. ebd. S. 109.
[837] Vgl. Booth, A. (2006), Brimful of STARLITE, S. 425.

des Agilen Manifests im Jahr 2001 geprägt wurde (vgl. Kapitel 3.3.3), umfasst. Weiterhin wurden einige funktionale Einschränkungen zur Eingrenzung der Literatursuche vorgenommen. Die Literatursuche wurde auf begutachtete (*Peer Review*) Zeitschriftenartikel und Konferenzbeiträge beschränkt, die in englischer oder deutscher Sprache veröffentlicht wurden. Durch die Fokussierung auf diese geprüften Publikationstypen ist die wissenschaftliche Strenge der Rechercheergebnisse sichergestellt. Zudem wurden aus logistischen Gründen ausschließlich Datenbanken mit Exportfunktionalität für die Literatursuche verwendet. Diese Einschränkungen wurden aus organisatorischen Gründen vorgenommen, ohne das Thema oder die Zielsetzung konzeptionell zu verändern. Die Literatursuche erfolgte durch die Anwendung eines definierten Suchstrings in definierten elektronischen Datenbanken. Einen Überblick über die Charakterisierung der SLR anhand der STARLITE-Mnemonik gibt Tabelle 8-1.

Tabelle 8-1: Strukturierung der Literaturrecherche nach der STARLITE-Mnemonik[838]

Elemente der Mnemonik		Ausprägungen
S	Sampling Strategy	**Zielorientierte Suche** mit einem Fokus auf Publikationen aus relevanten Disziplinen, Publikationstypen und einem spezifizierten Zeitraum in thematisch und technisch geeigneten Datenbanken
T	Type of Studies	Publikationen mit **qualitativen sowie quantitativen Studien**
A	Approaches	**Stichwortsuche** in den Metadaten ausgewählter elektronischer Datenbanken **Manuelle Suche** inkl. Vorwärts- und Rückwärtssuche
R	Range of Years	**Zeitraum der in der Literaturrecherche berücksichtigten Ergebnisse:** 1999 bis 2019
L	Limits	**Funktionale Einschränkungen:** Sprachen: Englisch und Deutsch Publikationstypen: Fokus auf Zeitschriftenartikeln und Konferenzbeiträgen Literaturdatenbanken mit Export-Funktionalität
I	Inclusion and Exclusion	**Inhaltliche Schwerpunkte:** Maschinenwesen, Ingenieurswissenschaften, IT, Management
T	Terms used	**Such-String:** agil* AND hybrid* AND (fabrik*planung OR "factory planning" OR montage*planung OR "assembly planning" OR produktionsplanung OR "production planning" OR planung OR planning OR entwicklung OR develop*)
E	Electronic Sources	**Verwendete Datenbanken:** IEEE Xplore, Pascal & Francis, Scopus, TEMA, Web of Science, Business Source Premier

[838] Vgl. ebd. S. 424.

Im zweiten Schritt des Rahmenwerks der Literaturrecherche erfolgte die **Konzeptualisierung des Themas**. Dazu wurde die Schlagworte zur Literatursuche in die Kategorien *Thema*, *Methodik* und *Domänen* aufgeteilt und durch die Booleschen Operatoren *AND* und *OR* sowie durch Wildcards zu folgendem Suchstring aggregiert: *agil* AND hybrid* AND (fabrik*planung OR "factory planning" OR montage*planung OR "AP" OR produktionsplanung OR "production planning" OR planung OR planning OR entwicklung OR develop*)*

Den dritten Schritt der Methodik nach VOM BROCKE ET AL. bildet die **Literatursuche**. Zur Literatursuche wurde zunächst eine elektronische Schlagwortsuche durch die Anwendung des zuvor definierten Suchstrings auf die Metadaten *Titel*, *Schlagwörter* und *Abstract* in den elektronischen Datenbanken *IEEE Xplore*, *Pascal & Francis*, *Scopus*, *TEMA*, *Web of Science* und *Business Source Premier* durchgeführt. Durch diese Auswahl an Datenbanken werden eine hohe Qualität, eine große inhaltliche Breite sowie der gewünschte thematische Fokus der Suchergebnisse sichergestellt[839]. Im Rahmen der initial durchgeführten Schlagwortsuche wurden 2.379 Publikationen identifiziert. Dazu kamen weitere 36 Publikationen, welche in der thematischen Vorbereitung der SLR identifiziert wurden. Die Suchergebnisse wurden weiterhin durch 34 Publikationen als Resultat einer manuellen Vorwärts- und Rückwärtssuche während des Review-Prozesses ergänzt. Die Suchergebnisse wurden als *BibTex*-, *RIS*- oder *CSV*-Dateien exportiert und im Literaturverwaltungsprogramm *Citavi* sowie in einem eigenen in *Microsoft Excel* ausgeführten Tool konsolidiert und kategorisiert. Dabei wurden die Volltexte der relevanten Publikationen gesichert.

In der anschließenden **Literaturanalyse und -synthese** wurde zunächst eine quantitative Analyse der Metadaten der Publikationen durchgeführt. Bei der Analyse der zeitlichen Verteilung der Suchergebnisse im Suchzeitraum von 1999 bis 2019 zeigte sich deutlich eine konstante Zunahme des Auftretens von Publikationen zu Hybridformen aus plangetriebenen und agilen Methoden. Dies unterstreicht die zunehmende Bedeutung des Forschungsfeldes dieser Arbeit.

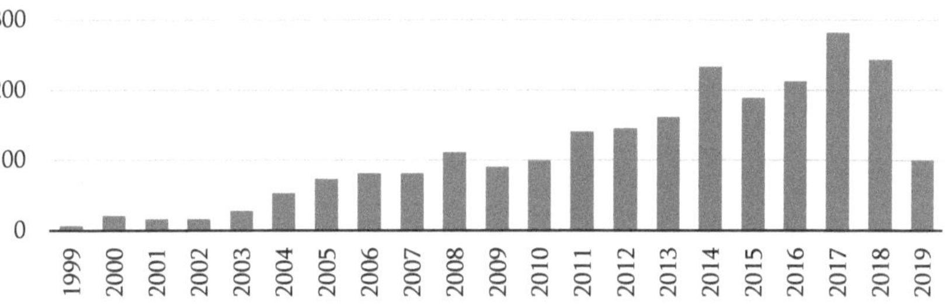

Abbildung 8-29: Verteilung der Publikationen im Suchzeitraum

Weiterhin wurde die PRISMA-Methodik nach MOHER ET AL. zur Analyse und Synthese der identifizierten Publikationen angewendet[840]. Zunächst wurden die konsolidierten Publikationen einer formalen Prüfung unterzogen. Dabei wurden in einem ersten Schritt 752 Duplikate aus den insgesamt 2.449 Publikationen ausgeschlossen. Die übrigen 1.697 Publikationen wurden auf Ihre

[839] Vgl. Levy, Y. et al. (2006), A Systems Approach, S. 189.

[840] Vgl. Moher, D. et al. (2009), Preferred Reporting Items, S. 266.

formale Eignung überprüft. In diesem Schritt wurden 418 formal ungeeignete Publikationen ausgeschlossen. Die 1.279 verbleibenden Publikationen wurden im nächsten Schritt einer inhaltlichen Prüfung unterzogen. Dazu wurden sukzessive der Titel, die Schlagwörter und der Abstract auf deren inhaltliche Relevanz für die Zielstellung der SLR untersucht. In diesem Schritt wurden 1.178 inhaltlich nicht relevante Publikationen aus der Betrachtung ausgeschlossen. Die verbleibenden 101 Publikationen wurden schließlich in die Volltextsynthese aufgenommen. Diese Publikationen stellen das Ergebnis der durchgeführten SLR dar. Die einzelnen Prüfschritte sind im PRISMA-Flussdiagramm dargestellt (vgl. Abbildung 8-30).

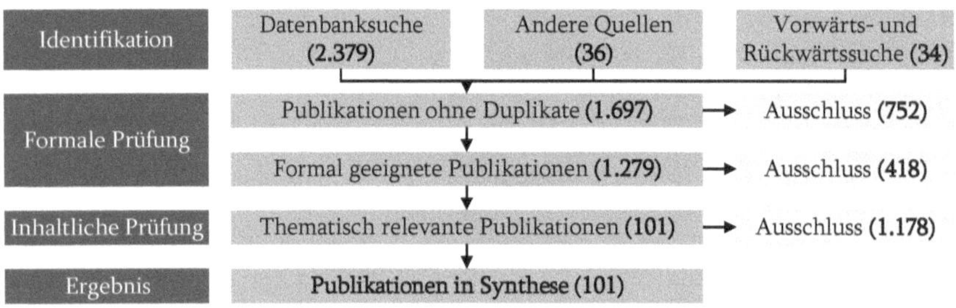

Abbildung 8-30: PRISMA-Flussdiagramm der Literaturrecherche nach MOHER ET AL.[841]

Die 101 Publikationen wurden im Rahmen der Literatursynthese einer qualitativen Inhaltsanalyse unterzogen. Nach LEVY UND ELLIS umfasst die Literatursynthese die Kombination, Integration, Modifikation, Umorganisation, Gestaltung, Komposition und Generalisierung von Literatur zu einem Ganzen, welches bezogen auf das Thema der Untersuchung einen höheren Informationsgehalt als die Summe der einzelnen Publikationen besitzt[842]. In diesem inhaltlichen Schritt wurden die identifizierten Publikationen im Volltext analysiert. Die Inhalte der Veröffentlichungen wurden gemäß den Untersuchungsschwerpunkten der SLR nach Aussagen zu den Charakteristika plangetriebener und agiler Methoden, Hybridformen aus beiden Methodentypen sowie Ansätzen und Entscheidungskriterien zur gezielten Auswahl von Planungsmethoden sowie zum Einsatz hybrider Planungsvorgehen strukturiert. Die erzielten Ergebnisse werden detailliert in den Kapiteln 3.3 und 3.4 vorgestellt.

Im fünften und letzten Schritt des Rahmenwerks der Literaturrecherche wird anschließend die **Forschungsagenda** abgeleitet. Dieser Schritt wurde umfassend in den Kapiteln 2 bis 4 dieser Arbeit dargelegt. Unter anderem auf den Ergebnissen der SLR basierend, wurde ein bestehendes Erkenntnisdefizit der Forschung identifiziert. Auf dieser Basis wurden Handlungsbedarfe identifiziert, zu denen Forschungsfragen formuliert wurden. Anschließend wurde ein strukturiertes Arbeitsprogramm aufgesetzt und methodisch durchgeführt, um die Forschungsfragen zu beantworten die identifizierte Forschungslücke zu schließen.

[841] I. A. a. ebd. S. 266.

[842] Vgl. Levy, Y. et al. (2006), A Systems Approach, S. 200.

8.3 Entscheidungskriterien für die systematische Methodenauswahl

Im Folgenden werden ein mehrstufiges Vorgehen zur Auswertung der Ergebnisse der systematischen Literaturrecherche bezüglich der relevanten Entscheidungskriterien und Bewertungsobjekte sowie dessen Resultate vorgestellt.

Im Rahmen der dieser Arbeit zugrundeliegenden systematischen Literaturrecherche (vgl. Anhang 8.2) wurden in 67 Quellen insgesamt 935 Aussagen zu Entscheidungskriterien bezüglich der Auswahl plangetriebener oder agiler Methoden identifiziert. Zur Sicherstellung einer bestmöglichen Verständlichkeit und Operationalisierbarkeit der Kriterien, wurde zu jedem Entscheidungskriterium auch das jeweilige Bewertungsobjekt erfasst. Somit wurden 935 Paare aus Bewertungskriterium und Bewertungsobjekt gebildet.

Zur Strukturierung der Suchergebnisse wurde zunächst eine grafische Auswertung der qualitativen Ergebnisse der Literatursynthese mithilfe eines *Topic Modelling-Algorithmus* durchgeführt. Die Anwendung des Topic Modelling-Algorithmus erfolgte über den netzbasierten Dienst *GitHub*. Die als Eingangsinformationen bereitgestellten Begriffe wurden über ein Skript in CSV-Dateien überführt, welche die Grundlage für die grafische Umsetzung der Ergebnisse bilden. Die grafische Umsetzung selbst erfolgte über die quelloffene Software *Gephi*.

Durch den Algorithmus werden die Häufigkeiten der Nennung einzelner Begriffe, die Häufigkeiten der gemeinsamen Nennung zweier Begriffe sowie die Stärke der Bedeutung der Begriffe füreinander über die Einordnung und Darstellung aller Begriffe im zweidimensionalen Raum dargestellt (vgl. Abbildung 8-31). Die grafische Auswertung der Ergebnisse in dieser Darstellungsform erfolgt in mehreren Dimensionen. Zunächst werden die Häufigkeiten der Nennung einzelner Begriffe über die Größe der Blase sowie die Schriftgröße des entsprechenden Worts dargestellt. Hier lässt sich direkt die große Bedeutung der Anforderungen und des Projekts für die Methodenauswahl erkennen. Weiterhin wird die Häufigkeit der gemeinsamen Nennung zweier Begriffe durch die Stärke der Verbindungslinie zwischen den beiden Wörtern bzw. deren Blasen repräsentiert. Die inhaltliche Bedeutung zweier Begriffe füreinander wird über die räumliche Nähe zueinander im zweidimensionalen Raum ausgedrückt. Je dicker und kürzer also die Verbindungslinie zwischen zwei Begriffen ist, desto häufiger werden diese Begriffe gemeinsam genannt und desto höher ist deren inhaltliche Bedeutung füreinander.

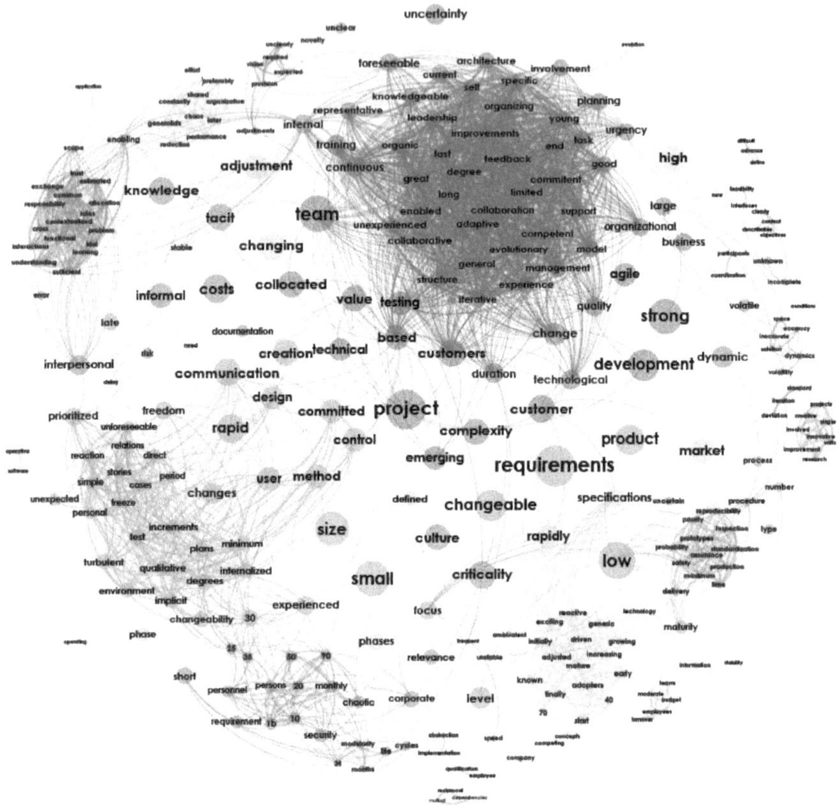

Abbildung 8-31: Grafische Auswertung der Literatursynthese mittel Topic Modelling-Algorithmus

Durch die Anwendung des Topic Modelling-Algorithmus auf die Ergebnisse der Literatursynthese wurde initial ein Überblick über die Relevanz der Bewertungskriterien geschaffen. Aufgrund der großen Menge an Entscheidungskriterien und Bewertungsobjekten wurden die Ergebnisse dann weiter zusammengefasst. Dazu wurde der Ansatz des agglomerativen Clustering[843] auf die Rechercheergebnisse angewandt. Die große Menge an Ergebnissen wurde so initial in zehn Cluster an Entscheidungskriterien und sieben Cluster an Bewertungsobjekten strukturiert, welche im Folgenden vorgestellt werden.

---

[843] Beim agglomerativen Clustering als Bottom-Up-Ansatz bildet jedes Objekt zunächst ein eigenes Cluster, bevor die Cluster dann schrittweise zusammengefasst werden. Vgl. Sasirekha, K. et al. (2013), Agglomerative Hierarchical Clustering, S. 1.

Bewertungsobjekte

Ein häufig genanntes Bewertungsobjekt sind die **Anforderungen**, die an ein Projekt gestellt werden. In diesem Cluster sind ebenfalls Aussagen zu Marktbedürfnissen, Spezifikationen, Regularien sowie spezifische Anforderungen bezüglich Qualität, Sicherheit oder Kapazität enthalten.[844] Weiterhin legen die Ergebnisse die Beachtung von **Kund*innen** in der Entscheidungsfindung nahe, wobei es um deren Verfügbarkeit, Kompetenz und Einbeziehung ins Projekt sowie um verschiedene Gruppen von Kund*innen und Nutzer*innen geht.[845] Eng damit verbunden ist das **Marktumfeld** eines Projekts, welches die verschiedenen Märkte, deren Rahmen- und Geschäftsbedingungen sowie das generelle Handlungsumfeld beschreibt[846]. Das nächste Cluster widmet sich dem **Produkt** bzw. dem zu entwickelnden Objekt als Bewertungsobjekt. Dieses Cluster umfasst die Eigenschaften, Architektur, Technologie, Lebenszyklen und Schnittstellen des jeweiligen Produkts.[847] Die meisten Aussagen in diesem Bereich beziehen sich auf das **Projekt** an sich. Der Fokus liegt dabei auf dessen Struktur, dem Projekttyp, der Projektdauer, dem Vorgehensmodell in Planung oder Entwicklung, der Wertschöpfung, dem inhaltlichen Projektfokus, Projektkosten und -risiken sowie verschiedenen Projektphasen.[848] Neben dem Projekt ist das **Team**, welches das Projekt bearbeitet, ein wichtiger Faktor zur Methodenauswahl. Der Schwerpunkt dieser Betrachtung liegt auf der Struktur und Zusammensetzung des Teams, den Arbeitsweisen und Kommunikationsformen sowie dem Wissen und der Qualifikation der Teammitglieder.[849] Das letzte Cluster umfasst die das Projekt umgebende **Organisation**[850].

Entscheidungskriterien

Während die Bewertungsobjekte beschreiben, *was* bewertet wird, definieren die Entscheidungskriterien, *wonach* etwas bewertet wird. Ein solches Entscheidungskriterium ist die **Struktur** von Projekten oder Organisationen. In diesem Cluster sind ebenfalls die Kultur, Ziele und Strategien eines Unternehmens oder einer Organisation enthalten.[851] Weiterhin beziehen sich viele Aussagen zur Methodenauswahl auf die **Interaktion** innerhalb eines Teams oder die Interaktion eines Teams mit seiner Umwelt und seinen Kund*innen. Die Schwerpunkte in diesem Cluster sind Kommunikationsformen, die Involvierung Dritter, Vertrauen und Beziehungen.[852] Das Cluster

---

844 Vgl. Port, D. et al. (2009), Simulating, S. 327; Cooper, R. G. et al. (2016), From Experience, S. 525; Boehm, B. W. et al. (2003), Observations, S. 34; Port, D. et al. (2009), Simulating, S. 319.

845 Vgl. Ahimbisibwe, A. et al. (2015), A contingency fit model, S. 19; Schuh, G. et al. (2017), Agile-Waterfall Hybrid, S. 725; Diebold, P. et al. (2016), Prozessverbesserung, S. 138.

846 Vgl. Schuh, G. et al. (2018), Agile Product Scopes, S. 5; Cooper, R. G. et al. (2018), Agile–Stage-Gate, S. 25.

847 Vgl. Afflerbach, P. et al. (2017), Analyzing the Trade-Off, S. 444; Brehm, L. et al. (2017), Konfiguration, S. 33; Smoczyńska, A. et al. (2019), Hybrid agile method, S. 104.

848 Vgl. Barlow, J. B. et al. (2011), Overview and Guidance, S. 31; Gill, A. Q. et al. (2018), Scaling for agility, S. 316; Keith, M. et al. (2014), Service-Oriented Methodology, S. 230.

849 Vgl. Smoczyńska, A. et al. (2019), Hybrid agile method, S. 101f.; Seel, C. et al. (2017), Ein adaptives Vorgehensmodell, S. 25; Cram, W. A. et al. (2018), Managing knowledge, S. 325.

850 Vgl. Felderer, M. et al. (2017), Hybrid development, S. 435f.; McHugh, M. et al. (2013), Balancing Agility and Discipline, S. 202; Tell, P. et al. (2017), HELENA Stage 2, S. 424.

851 Vgl. Boehm, B. W. et al. (2003), Observations, S. 33; Gill, A. Q. et al. (2018), Scaling for agility, S. 325.

852 Vgl. Datta, S. (2006), Agility Measurement Index, S. 272; Schlauderer, S. et al. (2015), Acceptance Factors, S. 3f.; Diebold, P. et al. (2016), Prozessverbesserung, S. 138.

Ressourcen umfasst das in einer Organisation verfügbare Budget, Wissen und Personal sowie die vorhandene Ausstattung[853]. Eng damit verbunden ist die **Kapazität** von Projektteam und Kund*innen. Die Kapazität beschreibt in diesem Cluster verfügbares Wissen, Kompetenzen, Fähigkeiten, Erfahrungen und Arbeitsweisen.[854] Das nächste Cluster beschreibt die **Größe** von Projekten, Organisationen und Projektteams. Gemessen wird die Größe an der Personenanzahl, dem inhaltlichen Umfang sowie dem Umsatz eines Unternehmens.[855] Im Cluster **Komplexität** werden Aussagen zu Projekt- oder Produktkomplexität, Abhängigkeiten im Projekt, Art und Umfang von Anforderungen, Randbedingungen und Restriktionen sowie zum Änderungsaufwand zusammengefasst[856]. Dieses Cluster beinhaltet folglich Faktoren der quasistatisch-strukturellen Komplexität nach der Definition dieser Arbeit. Die Projektdauer und die für einzelne Iterationen und die Wertschöpfung benötigte Zeit werden im Cluster **Geschwindigkeit** aggregiert[857]. Weitere Entscheidungskriterien beziehen sich auf Projektrisiken, das Risiko von sicherheits- oder zeitkritischen Anforderungen und Fehlerrisiken. Diese Kriterien sind im Cluster **Kritikalität** zusammengefasst.[858] Ein großes Cluster beschreibt die **Unsicherheit** in Bezug auf Anforderungen, Kund*innen, das Marktumfeld, Produkte und Projekte. Die Unsicherheit setzt sich aus dem Bekanntheits- bzw. Neuheitsgrad, dem Reifegrad der Planung oder Entwicklung, dem Detailgrad sowie der Klarheit von Anforderungen und Zielen zusammen.[859] Das größte Cluster umfasst die **Volatilität** von Anforderungen, Märkten, Produkten, Projekt und Projektteam. Dieses Cluster beschreibt die Veränderlichkeit bzw. Stabilität der Projektumwelt infolge von Dynamik und Anpassungen.[860] Eine Übersicht über die quantitative Verteilung der identifizierten Bewertungsobjekte und Entscheidungskriterien gibt Abbildung 8-32.

[853] Vgl. Vijayasarathy, L. R. et al. (2016), Choice of Software Development Methodologies, S. 92; Schuh, G. et al. (2017), Application Suitability, S. 5.

[854] Vgl. Ahimbisibwe, A. et al. (2015), A contingency fit model, S. 19; Boehm, B. W. et al. (2003), Using Risk, S. 59.

[855] Vgl. Afflerbach, P. et al. (2017), Analyzing the Trade-Off, S. 444f.; Eklund, U. et al. (2017), Scaling Agile, S. 173.

[856] Vgl. Port, D. et al. (2009), Simulating, S. 318; Aldushyna, A. et al. (2015), Erfolgsfaktoren, S. 40.

[857] Vgl. Cooper, R. G. (2017), Idea-to-Launch, S. 52; Datta, S. (2006), Agility Measurement Index, S. 272.

[858] Vgl. Afflerbach, P. et al. (2017), Analyzing the Trade-Off, S. 448f.; Cobb, C. G. (2011), Making sense, S. 8; Boehm, B. W. et al. (2003), Using Risk, S. 57; Rajagopalan, S. et al. (2016), Fit of development methodologies, S. 2.

[859] Vgl. Schuh, G. et al. (2017), Agile-Waterfall Hybrid, S. 725; Špundak, M. (2014), Mixed Agile/Traditional Project Management, S. 945; Lesmana, I. P. D. et al. (2016), Agile-Waterfall hybrid, S. 3.

[860] Vgl. Tanveer, M. (2015), Agile for large scale, S. 15; Port, D. et al. (2009), Simulating, S. 323f.; Cooper, R. G. et al. (2016), From Experience, S. 515; Henninger, S. et al. (2002), Supporting adaptable methodologies, S. 33.

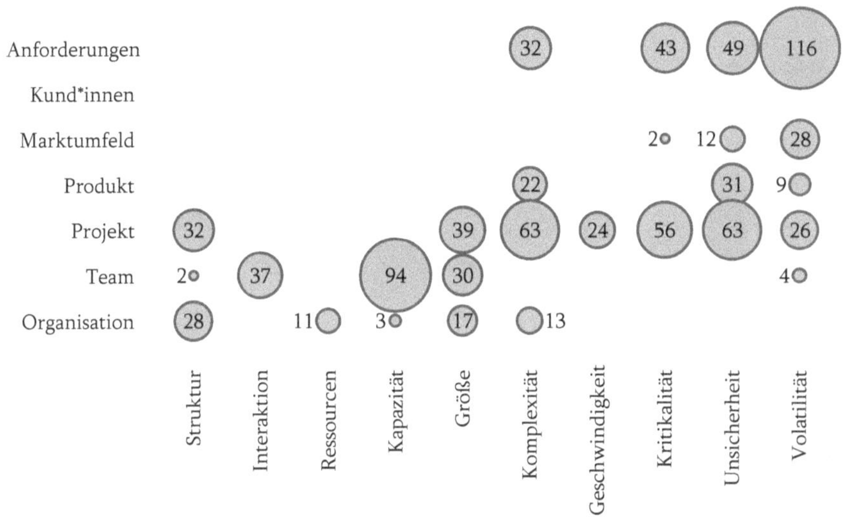

Abbildung 8-32: Quantitative Ergebnisse des agglomerativen Clustering der ersten Stufe

Ergänzend zu den Ergebnissen aus der Literatur wurden in der empirischen Studie zu dieser Arbeit die planungsfallspezifische Komplexität, Informationsunsicherheit und Dynamik in der Produktentwicklung sowie im Unternehmensumfeld, die Projektdauer und die Methodenkompetenz im Team als weitere Kriterien zur Methodenauswahl in der Praxis identifiziert.[861] Diese Ergebnisse sind damit weitgehend deckungsgleich mit den vorgestellten Entscheidungskriterien.

Im nächsten Schritt wurden die gebildeten Cluster aufgrund inhaltlicher Bezüge weiter zusammengefasst. Zunächst wurden die Cluster *Marktumfeld* und *Produkt* dem Cluster *Anforderungen* zugeordnet, da sich beide konkret in Form von Anforderungen auf die Montageplanung auswirken (vgl. Kapitel 2.2.1). Da die Geschwindigkeit der Entwicklung eines Projekts maßgeblich dessen Kritikalität beeinflusst, wurden diese Cluster ebenfalls vereint. Ebenso ist die Größe von Projekt, Team und Organisation ein zentraler Faktor für die quasistatisch-strukturelle Komplexität, sodass dieses Cluster dem Cluster *Komplexität* zugeordnet wird. Weiterhin werden die Ressourcen und Kompetenzen eines Teams unter dessen Kapazität zusammengefasst. Im Verständnis dieser Arbeit wirken sich die Struktur bzw. Kultur einer Organisation über die durch sie beeinflussten Interaktionsformen auf die Montageplanung aus, sodass auch diese Cluster zusammengelegt wurden. Zuletzt wurde das Cluster *Volatilität* in das Cluster *Unsicherheit* integriert, da Volatilität als Treiber von Dynamik einen wichtigen Faktor für Informationsunsicherheiten in der Montageplanung darstellt. Durch diese Zusammenlegungen wurden die Ergebnisse auf je fünf Cluster bei Bewertungsobjekten und Entscheidungskriterien reduziert (vgl. Abbildung 8-33).

---

[861] Vgl. Burggräf, P. et al. (2020), Hybrid approach, S. 1174.

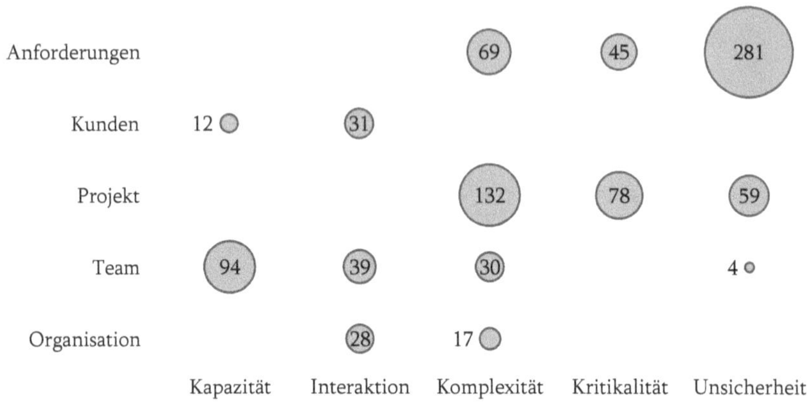

Abbildung 8-33: Quantitative Ergebnisse des inhaltlichen Clustering der zweiten Stufe

In einem letzten Schritt wurden die verbleibenden Cluster basierend auf der Zielstellung dieser Arbeit weiter eingegrenzt. Da die Entscheidungskriterien und Bewertungsobjekte zur Auswahl der geeigneten Methoden für ein Montageplanungsvorgehen dienen sollen, dürfen keine durch diese Auswahl beeinflussten Kriterien in die Entscheidung einbezogen werden, da sonst Zirkelschlüsse entstünden. Über die Methodenauswahl sollen die Entscheidungskriterien und Bewertungsobjekte als unabhängige Variablen zur Bestimmung der Planungsmethode als abhängige Variable beitragen. Um in dieser Konstellation Zirkelschlüsse zu vermeiden, dürfen die Eingangsgrößen nicht wieder abhängig vom Ergebnis der Methodenauswahl als Ausgangsgröße sein. Dieser Argumentation folgend, dürfen die im Cluster *Kapazität* zusammengefassten Entscheidungskriterien bezüglich der Kompetenzen, Qualifikationen und Ressourcen nicht als Einflussgrößen zur Methodenauswahl berücksichtigt werden, da diese Faktoren maßgeblich durch das ausgewählte Planungsvorgehen mit seinen organisatorischen Implikationen beeinflusst werden. Ebenso hat die ausgewählte Planungsmethode einen maßgeblichen Einfluss auf die Interaktionsformen mit Kund*innen sowie innerhalb des Projektteams und der Organisation, sodass auch das Cluster *Interaktion* kein geeignetes Entscheidungskriterium darstellt. Weiterhin wird die Planungskomplexität nicht durch das Projektteam beeinflusst[862]. Durch die direkte Beeinflussung der Arbeitsweisen, Interaktionsformen und Kapazitäten wirken sich die auszuwählenden Methoden ebenfalls direkt auf die beteiligten Kund*innen, die Organisation und das Projektteam aus. Auch diese Cluster werden damit als abhängige Variablen aus der Betrachtung ausgeschlossen.

Abschließend kann also aus den Ergebnissen der durchgeführten Literatursynthese gefolgert werden, dass zur systematischen Methodenauswahl in der hybriden Montageplanung das Projekt und die zu erfüllenden Anforderungen als Bewertungsobjekte nach deren Komplexität und Kritikalität sowie der vorherrschenden Unsicherheit als Entscheidungskriterien bewertet werden sollten.

[862] Vgl. Burggräf, P. (2012), Wertorientierte Fabrikplanung, S. 195.

8.4 Das erweiterte Modell der Montageplanung

Im Folgenden wird eine detaillierte Darstellung der Planungsmodule und -inkremente des erweiterten Modells der Montageplanung auf Basis des Rahmenwerks der projektneutralen Modullandkarte des Aachener Fabrikplanungsvorgehens gegeben. Um eine gute Übersichtlichkeit zu gewährleisten, erfolgt die Darstellung der Planungsmodule separat in einer Makro- und einer Mikroperspektive. Dabei liegt der Schwerpunkt der Makroperspektive auf der Darstellung der ein- und ausgehenden Informationsflüsse der Planungsmodule, während die Mikroperspektive Auskunft über die Planungsinkremente eines Moduls und deren informatorische Vernetzung gibt. Die Herleitung der Planungsinkremente erfolgte anhand einer tiefgehenden Analyse der einschlägigen fabrik- und montageplanerischen Grundlagenliteratur sowie aus diversen Forschungsaktivitäten am Werkzeugmaschinenlabor WZL der RWTH Aachen. Zu den 160 Planungsinkrementen des erweiterten Modells der Montageplanung werden jeweils im Anschluss an die detaillierte Darstellung eines Planungsmoduls Quellennachweise in tabellarischer Form gegeben. Dabei ist zu beachten, dass die konkrete Bezeichnung der Planungsinkremente zugunsten der Konvention der Beschreibung in der Regel von den Originalquellen abweicht. Häufig wird in den genannten Quellen beispielsweise das Ergebnis einer durchzuführenden Planungsaufgabe statt der Planungsaufgabe selbst genannt. Für weiterreichende Informationen zu den einzelnen Planungsinkrementen sowie zugehörigen Methoden und Werkzeugen sei an dieser Stelle auf die entsprechende Grundlagenliteratur verwiesen.

8.4.1 Arbeitsplatzgestaltung (APG)

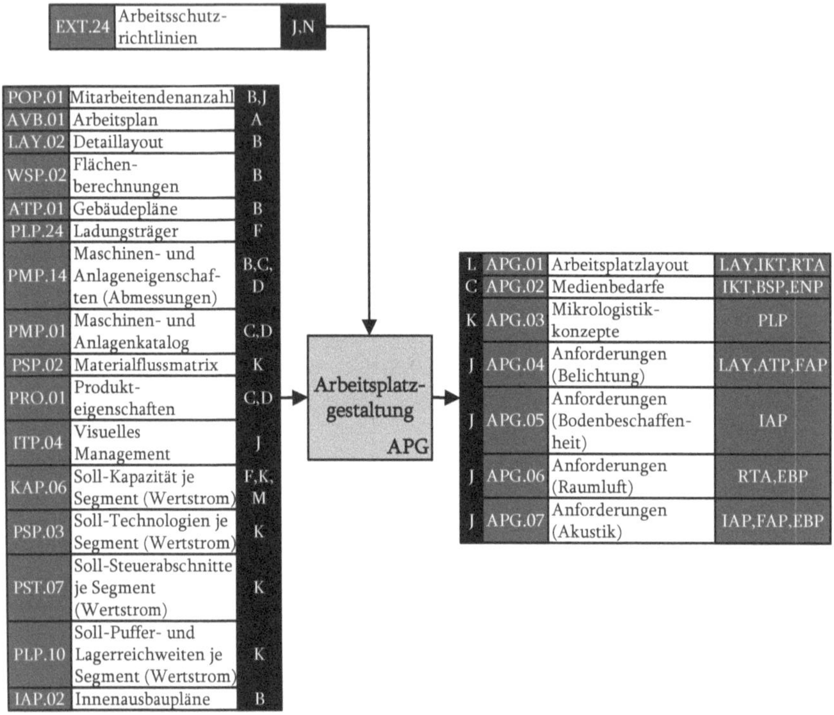

Abbildung 8-34: Planungsmodul Arbeitsplatzgestaltung (APG)

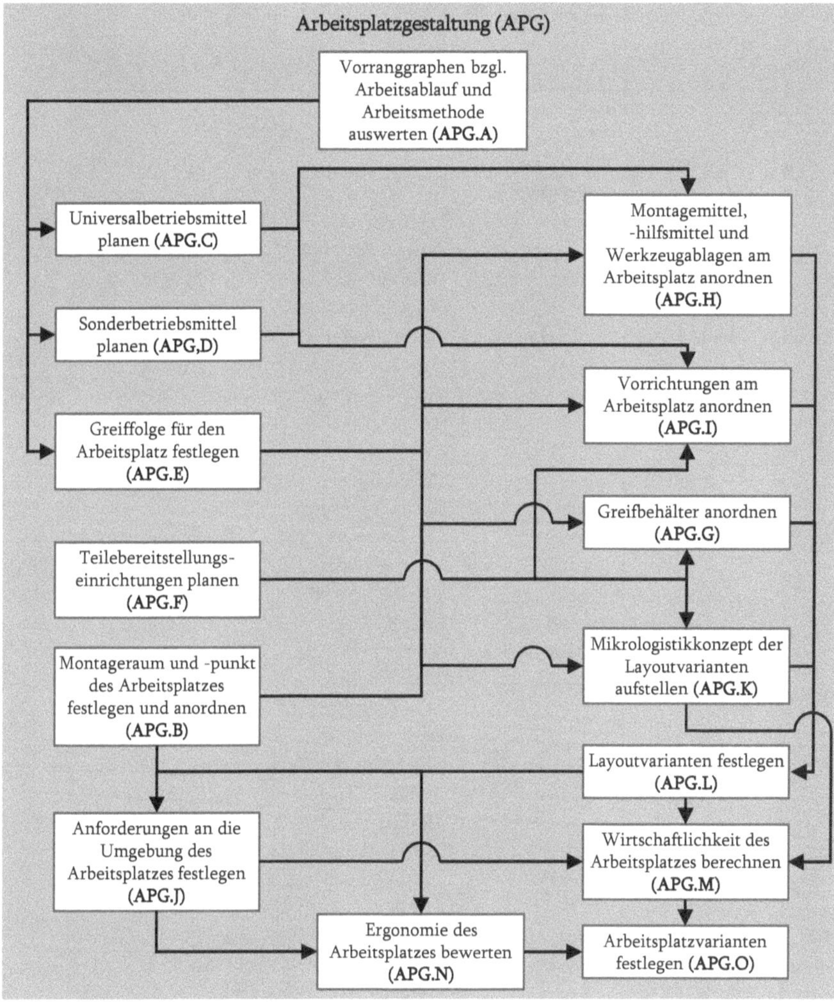

Abbildung 8-35: Planungsinkremente der Arbeitsplatzgestaltung (APG)

Tabelle 8-2: Quellenübersicht Arbeitsplatzgestaltung (APG)

ID	Planungsinkrement *j*	Quellennachweise
APG.A	Vorranggraph bzgl. Arbeitsablauf und Arbeitsmethode auswerten	Vgl. Bullinger, H.-J. (1986), Systematische Montageplanung, S. 250ff.
APG.B	Montageraum und -punkt des Arbeitsplatzes festlegen sowie anordnen	Vgl. Wiendahl, H.-P. (2005), Betriebsorganisation für Ingenieure, S. 242f.; Bullinger, H.-J. (1986), Systematische Montageplanung, S. 260
APG.C	Universalbetriebsmittel planen	Vgl. Bullinger, H.-J. (1986), Systematische Montageplanung, S. 256f.
APG.D	Sonderbetriebsmittel planen	Vgl. Bullinger, H.-J. (1986), Systematische Montageplanung, S. 257
APG.E	Greiffolge für den Arbeitsplatz festlegen	Vgl. Wiendahl, H.-P. (2005), Betriebsorganisation für Ingenieure, S. 243; Wiendahl, H.-P. et al. (2014), Handbuch Fabrikplanung, S. 246f.
APG.F	Teilebereitstellungs-einrichtungen planen	Vgl. Bullinger, H.-J. (1986), Systematische Montageplanung, S. 257
APG.G	Greifbehälter anordnen	Vgl. Bullinger, H.-J. (1986), Systematische Montageplanung, S. 259f.
APG.H	Montagemittel, -hilfsmittel, Werkzeugablagen und Greifbehälter am Arbeitsplatz anordnen	Vgl. REFA (1987), Planung und Gestaltung, S. 109; Bullinger, H.-J. (1986), Systematische Montageplanung, S. 258ff.; Wiendahl, H.-P. (2005), Betriebsorganisation für Ingenieure, S. 243; Wiendahl, H.-P. et al. (2014), Handbuch Fabrikplanung, S. 246
APG.I	Vorrichtungen am Arbeitsplatz anordnen	Vgl. REFA (1987), Planung und Gestaltung, S. 109; Bullinger, H.-J. (1986), Systematische Montageplanung, S. 258ff.; Wiendahl, H.-P. (2005), Betriebsorganisation für Ingenieure, S. 243; Wiendahl, H.-P. et al. (2014), Handbuch Fabrikplanung, S. 246
APG.J	Anforderungen an die Umgebung des Arbeitsplatzes festlegen	Vgl. Wiendahl, H.-P. et al. (2014), Handbuch Fabrikplanung, S. 245; Bullinger, H.-J. (1986), Systematische Montageplanung, S. 260; REFA (1987), Planung und Gestaltung, S. 109; Wiendahl, H.-P. (2005), Betriebsorganisation für Ingenieure, S. 244
APG.K	Mikrologistikkonzept der Layoutvarianten aufstellen	Vgl. Nöcker, J. C. (2012), Zustandsbasierte Fabrikplanung, S. 164

APG.L	Layoutvarianten festlegen	Vgl. Bullinger, H.-J. (1986), Systematische Montageplanung, S. 258ff.; Wiendahl, H.-P. et al. (2014), Handbuch Fabrikplanung, S. 503f.
APG.M	Wirtschaftlichkeit des Arbeitsplatzes berechnen	Vgl. Bullinger, H.-J. (1986), Systematische Montageplanung, S. 261
APG.N	Ergonomie des Arbeitsplatzes bewerten	Vgl. Bullinger, H.-J. (1986), Systematische Montageplanung, S. 261; Wiendahl, H.-P. et al. (2014), Handbuch Fabrikplanung, S. 245f.
APG.O	Arbeitsplatzvariante festlegen	Vgl. Bullinger, H.-J. (1986), Systematische Montageplanung, S. 261; Wiendahl, H.-P. (2005), Betriebsorganisation für Ingenieure, S. 246

8.4.2 Arbeitsvorbereitung (AVB)

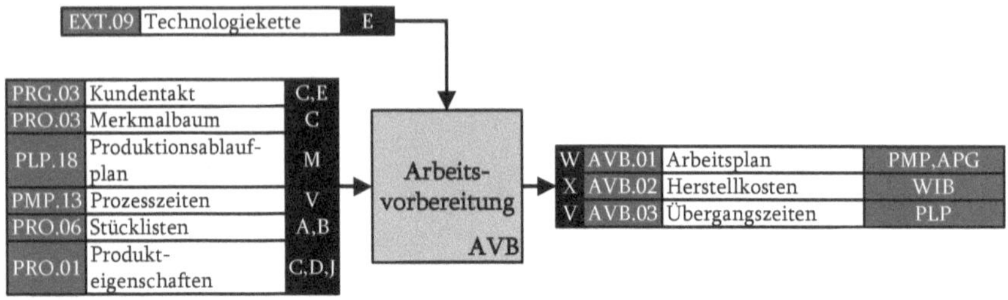

Abbildung 8-36: Planungsmodul Arbeitsvorbereitung (AVB)

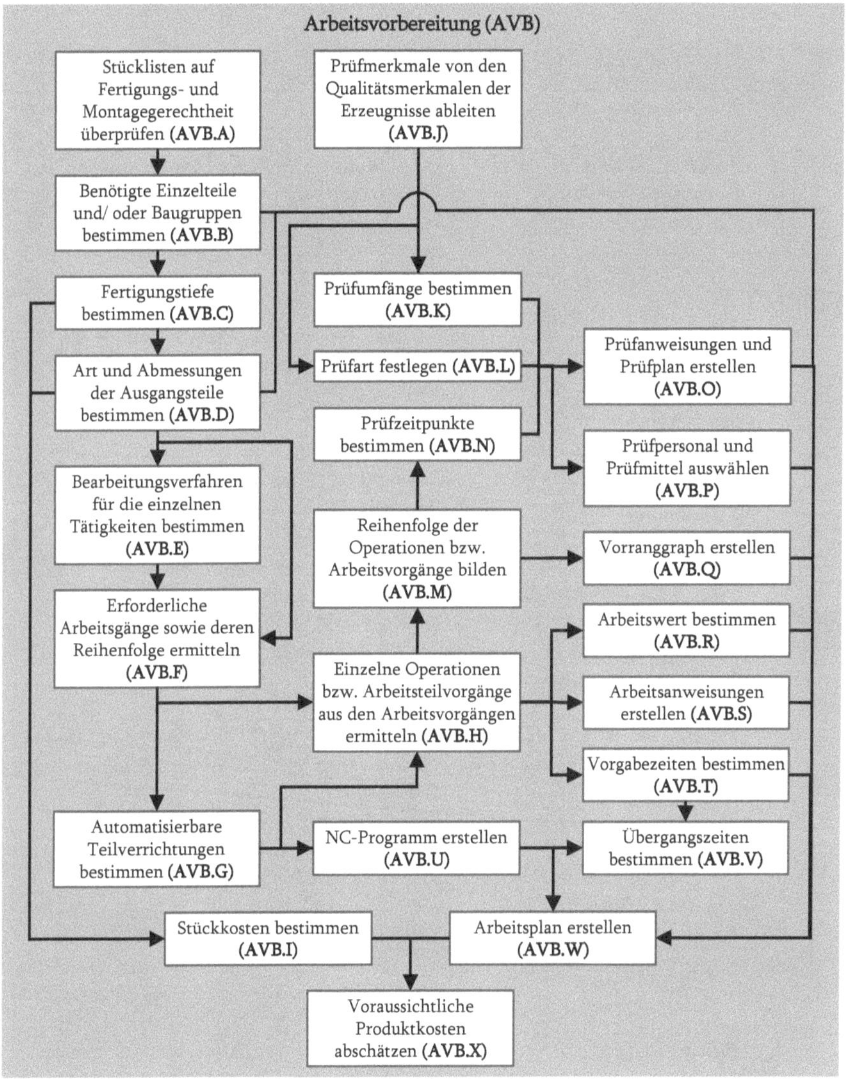

Abbildung 8-37: Planungsinkremente der Arbeitsvorbereitung (AVB)

Tabelle 8-3: Quellenübersicht Arbeitsvorbereitung (AVB)

ID	Planungsinkrement *j*	Quellennachweise
AVB.A	Stücklisten auf Fertigungs- und Montagegerechtheit überprüfen	Vgl. Wiendahl, H.-P. (2005), Betriebsorganisation für Ingenieure, S. 202ff.
AVB.B	Benötigte Einzelteile und/oder Baugruppen bestimmen	Vgl. Bullinger, H.-J. (1986), Systematische Montageplanung, S. 89f.
AVB.C	Fertigungstiefe bestimmen	Vgl. Grundig, C.-G. (2009), Fabrikplanung, S. 81; Eversheim, W. (1996), Organisation in der Produktionstechnik, S. 150
AVB.D	Art und Abmessungen der Ausgangsteile bestimmen	Vgl. Eversheim, W. (1996), Organisation in der Produktionstechnik, S. 84; Wiendahl, H.-P. (2005), Betriebsorganisation für Ingenieure, S. 206ff.
AVB.E	Bearbeitungsverfahren für die einzelnen Komponenten bestimmen	Vgl. Bullinger, H.-J. (1986), Systematische Montageplanung, S. 98f.; Eversheim, W. (1996), Organisation in der Produktionstechnik, S. 109f.; Wiendahl, H.-P. (2005), Betriebsorganisation für Ingenieure, S. 208f.
AVB.F	Erforderliche Arbeitsvorgänge sowie deren Reihenfolge ermitteln	Vgl. Grundig, C.-G. (2009), Fabrikplanung, S. 81; Bullinger, H.-J. (1986), Systematische Montageplanung, S. 98ff.; Wiendahl, H.-P. (2005), Betriebsorganisation für Ingenieure, S. 208f.
AVB.G	Automatisierbare Teilverrichtungen bestimmen	Vgl. Bullinger, H.-J. (1986), Systematische Montageplanung, S. 122ff.
AVB.H	Einzelne Operationen bzw. Arbeitsteilvorgänge aus den Arbeitsvorgängen ermitteln	Vgl. Eversheim, W. (1996), Organisation in der Produktionstechnik, S. 84; REFA (1987), Planung und Gestaltung, S. 158
AVB.I	Stückkosten bestimmen	Vgl. Bullinger, H.-J. (1986), Systematische Montageplanung, S. 83
AVB.J	Prüfende Merkmale ausgehend von den Qualitätsmerkmalen der Erzeugnisse ableiten	Vgl. REFA (1987), Planung und Gestaltung, S. 248f.; Wiendahl, H.-P. (2005), Betriebsorganisation für Ingenieure, S. 367
AVB.K	Prüfumfänge bestimmen	Vgl. Wiendahl, H.-P. (2005), Betriebsorganisation für Ingenieure, S. 372; REFA (1987), Planung und Gestaltung, S. 250f.
AVB.L	Prüfart festlegen	Vgl. Wiendahl, H.-P. (2005), Betriebsorganisation für Ingenieure, S. 376
AVB.M	Reihenfolge der Operationen bzw. Arbeitsteilvorgänge bilden	Vgl. Grundig, C.-G. (2009), Fabrikplanung, S. 82ff.; REFA (1987), Planung und Gestaltung, S. 158

AVB.N	Prüfzeitpunkte bestimmen	Vgl. REFA (1987), Planung und Gestaltung, S. 250f.
AVB.O	Prüfanweisungen und Prüfplan erstellen	Vgl. Wiendahl, H.-P. (2005), Betriebsorganisation für Ingenieure, S. 376
AVB.P	Prüfpersonal und Prüfmittel auswählen	Vgl. REFA (1987), Planung und Gestaltung, S. 252ff.
AVB.Q	Vorranggraph erstellen	Vgl. Bullinger, H.-J. (1986), Systematische Montageplanung, S. 101ff.; REFA (1987), Planung und Gestaltung, S. 157ff.
AVB.R	Arbeitswert bestimmen	Vgl. Eversheim, W. (1996), Organisation in der Produktionstechnik, S. 85; Bullinger, H.-J. (1986), Systematische Montageplanung, S. 116ff.; REFA (1987), Planung und Gestaltung, S. 337; Grundig, C.-G. (2009), Fabrikplanung, S. 94
AVB.S	Arbeitsanweisungen erstellen	Vgl. Bullinger, H.-J. (1986), Systematische Montageplanung, S. 97f.; Eversheim, W. (1996), Organisation in der Produktionstechnik, S. 75
AVB.T	Vorgabezeiten bestimmen	Vgl. Eversheim, W. (1996), Organisation in der Produktionstechnik, S. 85; Bullinger, H.-J. (1986), Systematische Montageplanung, S. 107ff.; Wiendahl, H.-P. (2005), Betriebsorganisation für Ingenieure, S. 213ff.
AVB.U	NC-Programm erstellen	Vgl. REFA (1987), Planung und Gestaltung, S. 267ff.; Wiendahl, H.-P. (2005), Betriebsorganisation für Ingenieure, S. 220ff.; Eversheim, W. (1996), Organisation in der Produktionstechnik, S. 97ff.
AVB.V	Übergangszeiten bestimmen	Vgl. Wiendahl, H.-P. (2005), Betriebsorganisation für Ingenieure, S. 264
AVB.W	Arbeitsplan erstellen	Vgl. Eversheim, W. (1996), Organisation in der Produktionstechnik, S. 79ff.; Burggräf, P. et al. (2021), Fabrikplanung, S. 188ff.
AVB.X	Voraussichtliche Produktkosten abschätzen	Vgl. Bullinger, H.-J. (1986), Systematische Montageplanung, S. 71ff.

8.4.3 IT-Planung (ITP)

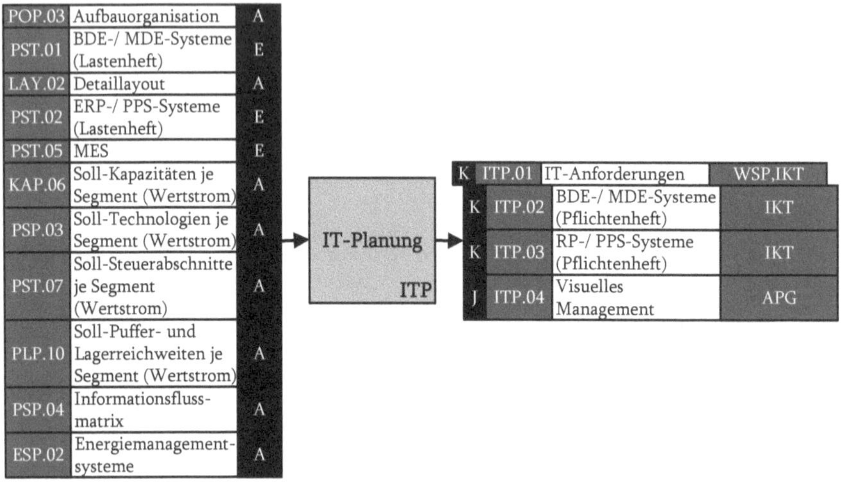

Abbildung 8-38: Planungsmodul IT-Planung (ITP)

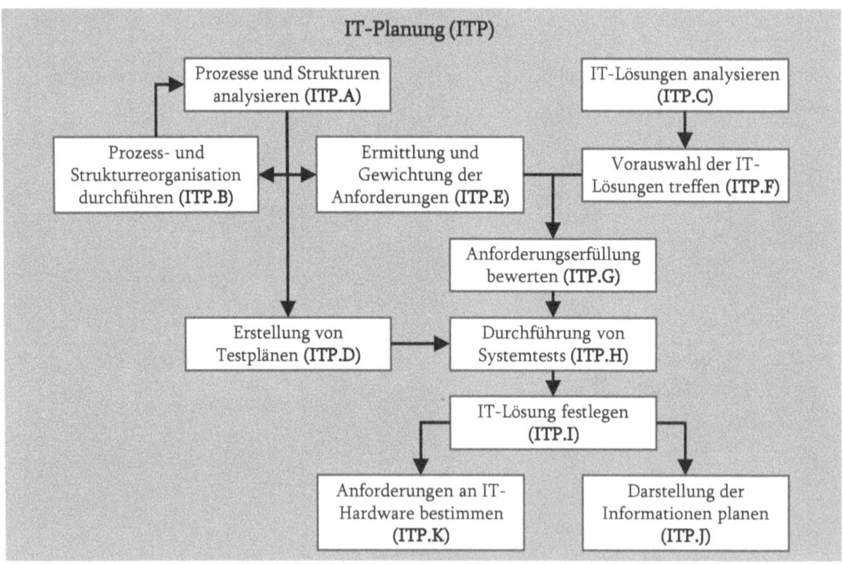

Abbildung 8-39: Planungsinkremente der IT-Planung (ITP)

Tabelle 8-4: Quellenübersicht IT-Planung (ITP)

ID	Planungsinkrement *j*	Quellennachweise
ITP.A	Prozesse und Strukturen analysieren	Vgl. Schuh, G. (2006), Produktionsplanung und -steuerung, S. 316ff.
ITP.B	Prozess- und Struktur-reorganisation durchführen	Vgl. Schuh, G. (2006), Produktionsplanung und -steuerung, S. 322ff.
ITP.C	IT-Lösungen analysieren	Vgl. Schuh, G. (2006), Produktionsplanung und -steuerung, S. 343f.
ITP.D	Erstellung von Testfahrplänen	Vgl. Schuh, G. (2006), Produktionsplanung und -steuerung, S. 349ff.
ITP.E	Ermittlung und Gewichtung der Anforderungen	Vgl. Schuh, G. (2006), Produktionsplanung und -steuerung, S. 344; Meckelnborg, A. (2015), Integrative Fabrikplanung, S. 239
ITP.F	Vorauswahl der IT-Lösungen treffen	Vgl. Schuh, G. (2006), Produktionsplanung und -steuerung, S. 341ff.
ITP.G	Anforderungserfüllung bewerten	Vgl. Schuh, G. (2006), Produktionsplanung und -steuerung, S. 344ff.
ITP.H	Durchführung von Systemtests	Vgl. Schuh, G. (2006), Produktionsplanung und -steuerung, S. 352ff.
ITP.I	IT-Lösung festlegen	Vgl. Schuh, G. (2006), Produktionsplanung und -steuerung, S. 354ff.
ITP.J	Darstellung von Informationen planen	Vgl. Nöcker, J. C. (2012), Zustandsbasierte Fabrikplanung, S. 154f.
ITP.K	Anforderungen an IT-Hardware bestimmen	Vgl. Meckelnborg, A. (2015), Integrative Fabrikplanung, S. 239; Grundig, C.-G. (2009), Fabrikplanung, S. 216

8.4.4 Kapazitätsplanung (KAP)

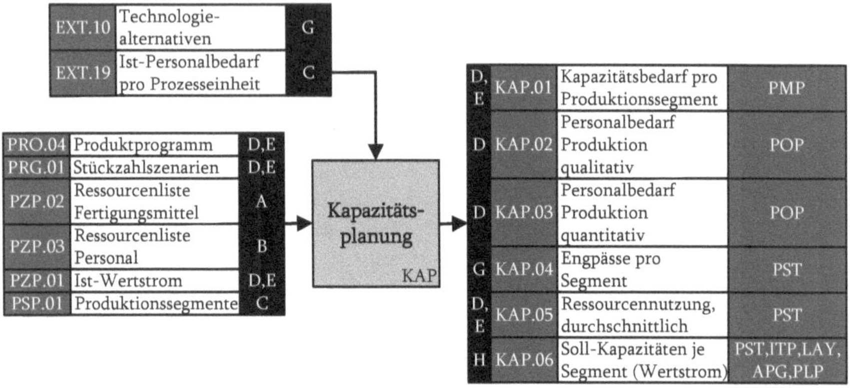

Abbildung 8-40: Planungsmodul Kapazitätsplanung (KAP)

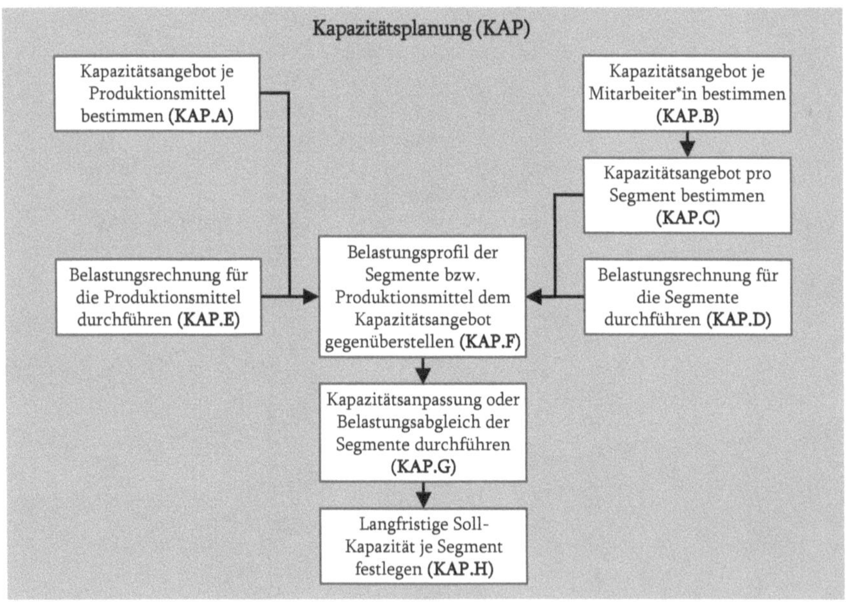

Abbildung 8-41: Planungsinkremente der Kapazitätsplanung (KAP)

Tabelle 8-5: Quellenübersicht Kapazitätsplanung (KAP)

ID	Planungsinkrement *j*	Quellennachweise
KAP.A	Kapazitätsangebot je Produktionsmittel bestimmen	Vgl. Grundig, C.-G. (2009), Fabrikplanung, S. 89f.
KAP.B	Kapazitätsangebot je Mitarbeiter*in bestimmen	Vgl. Bullinger, H.-J. (1986), Systematische Montageplanung, S. 126f.
KAP.C	Kapazitätsangebot pro Segment bestimmen	Vgl. Bullinger, H.-J. (1986), Systematische Montageplanung, S. 130ff.
KAP.D	Belastungsrechnung für die Segmente durchführen	Vgl. Wiendahl, H.-P. (2005), Betriebsorganisation für Ingenieure, S. 319
KAP.E	Belastungsrechnung für die Produktionsmittel durchführen	Vgl. Wiendahl, H.-P. (2005), Betriebsorganisation für Ingenieure, S. 319
KAP.F	Belastungsprofil der Segmente bzw. Produktionsmittel dem Kapazitätsangebot gegenüberstellen	Vgl. Eversheim, W. (1996), Organisation in der Produktionstechnik, S. 153; Grundig, C.-G. (2009), Fabrikplanung, S. 89; Wiendahl, H.-P. (2005), Betriebsorganisation für Ingenieure, S. 319; Burggräf, P. et al. (2021), Fabrikplanung, S. 310f.
KAP.G	Kapazitätsanpassung oder Belastungsabgleich der Segmente durchführen	Vgl. Eversheim, W. (1996), Organisation in der Produktionstechnik, S. 153ff.; Bullinger, H.-J. (1986), Systematische Montageplanung, S. 38ff.; Grundig, C.-G. (2009), Fabrikplanung, S. 89ff.; Wiendahl, H.-P. (2005), Betriebsorganisation für Ingenieure, S. 319; Burggräf, P. et al. (2021), Fabrikplanung, S. 138
KAP.H	Langfristige Soll-Kapazität je Segment festlegen	Vgl. Grundig, C.-G. (2009), Fabrikplanung, S. 90

8.4.5 Layoutplanung (LAY)

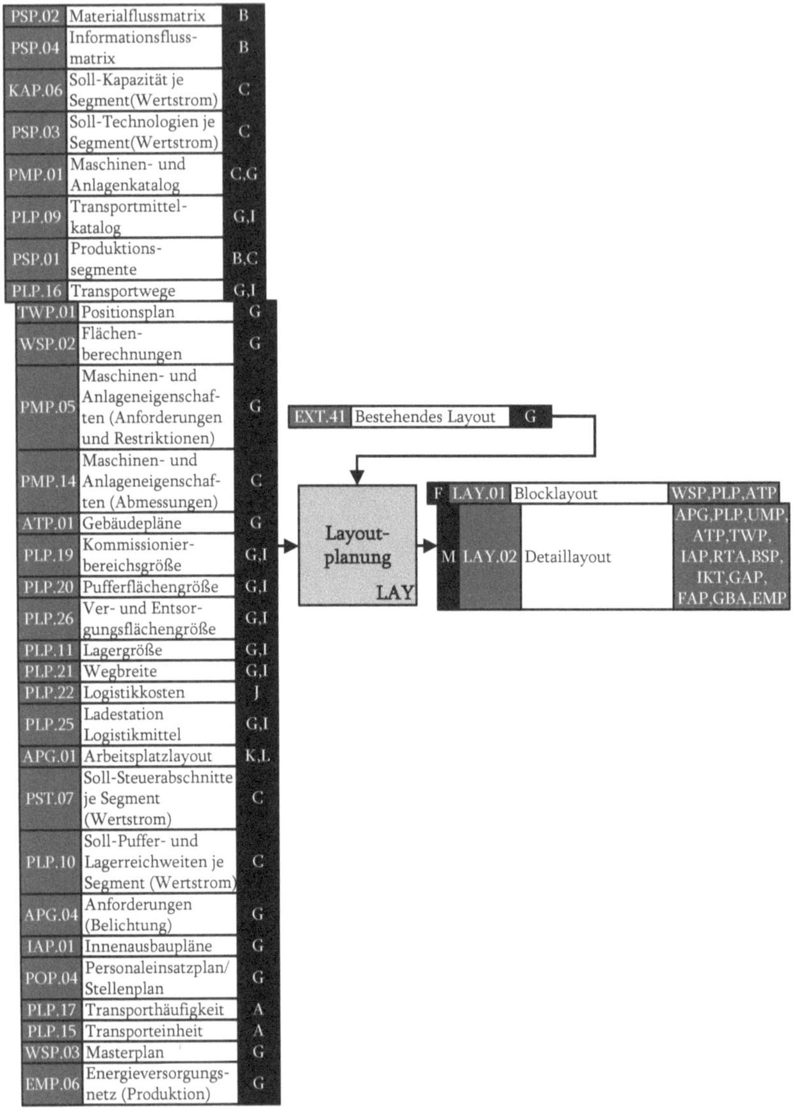

Abbildung 8-42: Planungsmodul Layoutplanung (LAY)

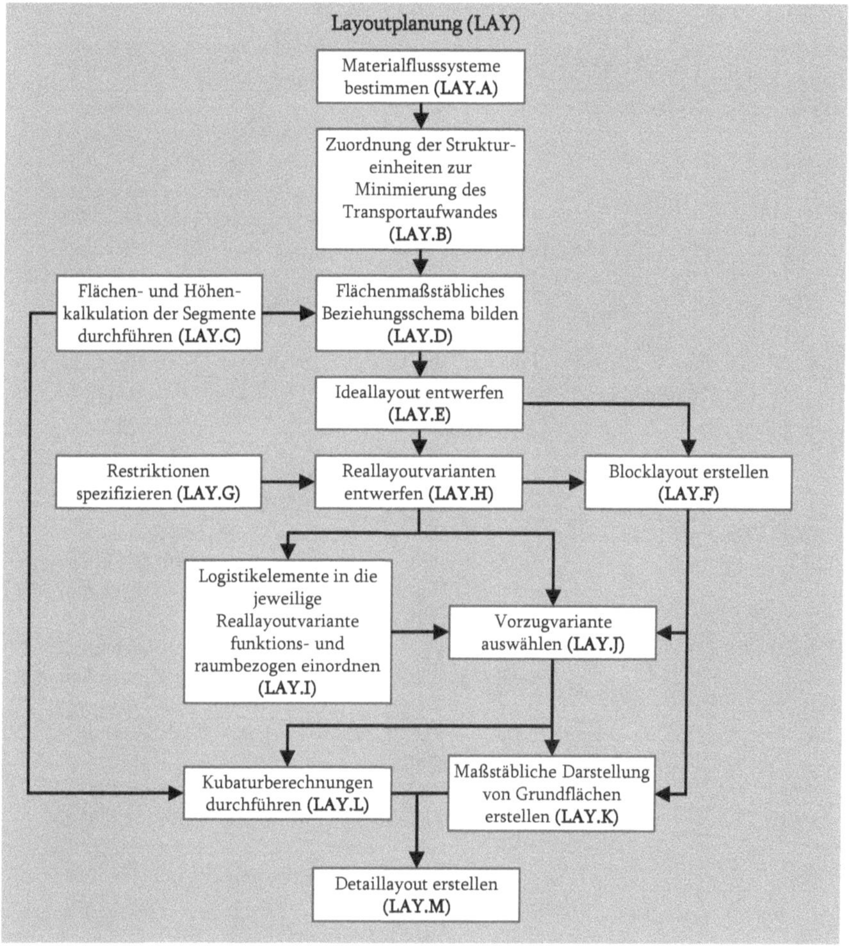

Abbildung 8-43: Planungsinkremente der Layoutplanung (LAY)

Tabelle 8-6: Quellenübersicht Layoutplanung (LAY)

ID	Planungsinkrement *j*	Quellennachweise
LAY.A	Materialflusssysteme bestimmen	Vgl. Grundig, C.-G. (2009), Fabrikplanung, S. 115ff.; REFA (1987), Planung und Gestaltung, S. 183; Wiendahl, H.-P. et al. (2014), Handbuch Fabrikplanung, S. 497; Eversheim, W. (1996), Organisation in der Produktionstechnik, S. 111f.
LAY.B	Zuordnung der Struktur-einheiten zur Minimierung des Transportaufwandes	Vgl. Wiendahl, H.-P. et al. (2014), Handbuch Fabrikplanung, S. 497f.; Grundig, C.-G. (2009), Fabrikplanung, S. 160f.; Eversheim, W. (1996), Organisation in der Produktionstechnik, S. 111
LAY.C	Flächen- und Höhenkalkulation der Segmente durchführen	Vgl. Wiendahl, H.-P. et al. (2014), Handbuch Fabrikplanung, S. 498; Eversheim, W. (1996), Organisation in der Produktionstechnik, S. 113
LAY.D	Flächenmaßstäbliches Beziehungsschema bilden	Vgl. Grundig, C.-G. (2009), Fabrikplanung, S. 159ff.; Wiendahl, H.-P. et al. (2014), Handbuch Fabrikplanung, S. 498f.
LAY.E	Ideallayout entwerfen	Vgl. Grundig, C.-G. (2009), Fabrikplanung, S. 160ff.; Wiendahl, H.-P. et al. (2014), Handbuch Fabrikplanung, S. 498ff.; Burggräf, P. et al. (2021), Fabrikplanung, S. 427
LAY.F	Blocklayout erstellen	Vgl. Grundig, C.-G. (2009), Fabrikplanung, S. 160ff.; Burggräf, P. et al. (2021), Fabrikplanung, S. 427
LAY.G	Restriktionen spezifizieren	Vgl. Grundig, C.-G. (2009), Fabrikplanung, S. 169ff.; Wiendahl, H.-P. et al. (2014), Handbuch Fabrikplanung, S. 500ff.
LAY.H	Reallayout-Varianten entwerfen	Vgl. Wiendahl, H.-P. et al. (2014), Handbuch Fabrikplanung, S. 500ff.; Bullinger, H.-J. (1986), Systematische Montageplanung, S. 187; Grundig, C.-G. (2009), Fabrikplanung, S. 169ff.
LAY.I	Logistikelemente in die jeweilige Reallayout-Variante funktions- und raumbezogen einordnen	Vgl. Grundig, C.-G. (2009), Fabrikplanung, S. 169
LAY.J	Vorzugsvariante auswählen	Vgl. Grundig, C.-G. (2009), Fabrikplanung, S. 201ff.; Wiendahl, H.-P. et al. (2014), Handbuch Fabrikplanung, S. 503ff.
LAY.K	Maßstäbliche Darstellung von Grundflächen erstellen	Vgl. Wiendahl, H.-P. et al. (2014), Handbuch Fabrikplanung, S. 508ff.

LAY.L	Kubaturberechnungen durchführen	Vgl. Wiendahl, H.-P. et al. (2014), Handbuch Fabrikplanung, S. 552f.
LAY.M	Detaillierte Darstellung des Gebäudes erstellen	Vgl. Wiendahl, H.-P. et al. (2014), Handbuch Fabrikplanung, S. 508ff.

8.4.6 Personal- und Organisationsplanung (POP)

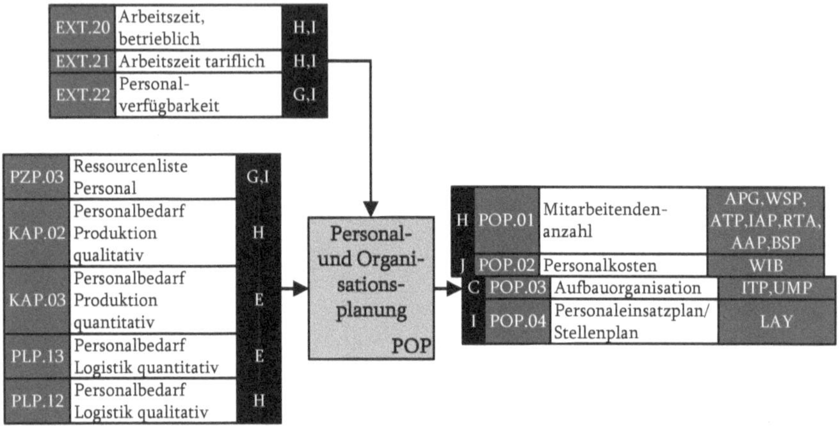

Abbildung 8-44: Planungsmodul Personal- und Organisationsplanung (POP)

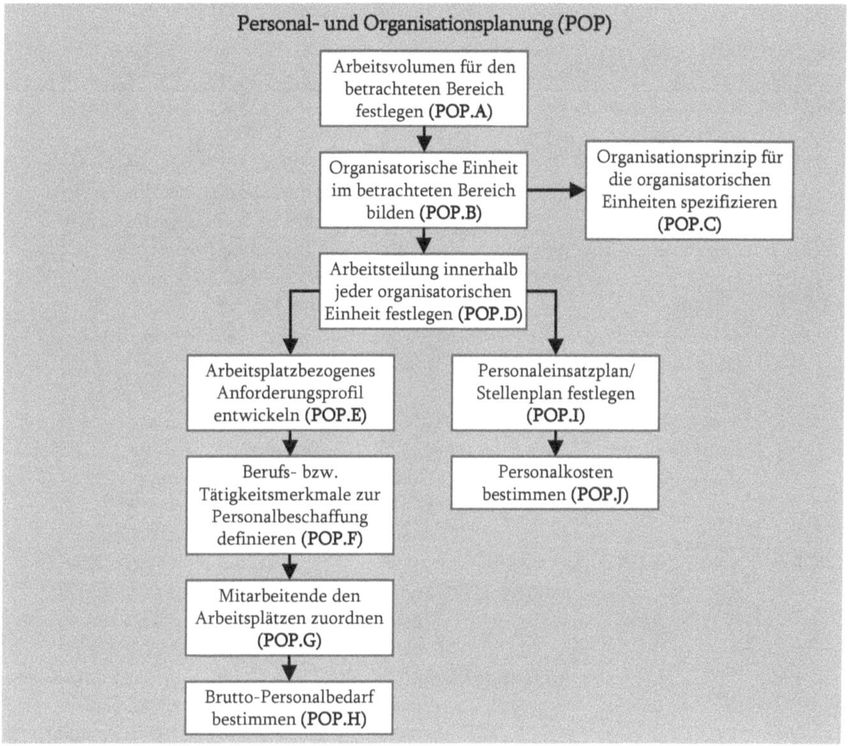

Abbildung 8-45: Planungsinkremente der Personal- und Organisationsplanung (POP)

Tabelle 8-7: Quellenübersicht Personal- und Organisationsplanung (POP)

ID	Planungsinkrement *j*	Quellennachweise
POP.A	Arbeitsvolumen für den betrachteten Bereich festlegen	Vgl. Bullinger, H.-J. (1986), Systematische Montageplanung, S. 162f.
POP.B	Organisatorische Einheiten im betrachteten Bereich bilden	Vgl. Eversheim, W. (1996), Organisation in der Produktionstechnik, S. 271ff.; Bullinger, H.-J. (1986), Systematische Montageplanung, S. 161f.
POP.C	Organisationsprinzip für die organisatorischen Einheiten spezifizieren	Vgl. Bullinger, H.-J. (1986), Systematische Montageplanung, S. 162ff.; Wiendahl, H.-P. et al. (2014), Handbuch Fabrikplanung, S. 218ff.
POP.D	Arbeitsteilung innerhalb jeder organisatorischen Einheit festlegen	Vgl. Bullinger, H.-J. (1986), Systematische Montageplanung, S. 161f.
POP.E	Arbeitsplatzbezogenes Anforderungsprofil entwickeln	Vgl. Grundig, C.-G. (2009), Fabrikplanung, S. 94f.; REFA (1987), Planung und Gestaltung, S. 331; Wiendahl, H.-P. et al. (2014), Handbuch Fabrikplanung, S. 218; Eversheim, W. (1996), Organisation in der Produktionstechnik, S. 114
POP.F	Berufs- bzw. Tätigkeitsmerkmale zur Personalbeschaffung definieren	Vgl. Wiendahl, H.-P. et al. (2014), Handbuch Fabrikplanung, S. 218; Grundig, C.-G. (2009), Fabrikplanung, S. 95; REFA (1987), Planung und Gestaltung, S. 333
POP.G	Mitarbeitende den Arbeitsplätzen zuordnen	Vgl. Grundig, C.-G. (2009), Fabrikplanung, S. 94f.; Wiendahl, H.-P. et al. (2014), Handbuch Fabrikplanung, S. 218; REFA (1987), Planung und Gestaltung, S. 333
POP.H	Brutto-Personalbedarf bestimmen	Vgl. Grundig, C.-G. (2009), Fabrikplanung, S. 95ff.; Eversheim, W. (1996), Organisation in der Produktionstechnik, S. 113f.; Burggräf, P. et al. (2021), Fabrikplanung, S. 313ff.
POP.I	Personaleinsatzplan/ Stellenplan festlegen	Vgl. Nöcker, J. C. (2012), Zustandsbasierte Fabrikplanung, S. 156
POP.J	Personalkosten bestimmen	Vgl. Nöcker, J. C. (2012), Zustandsbasierte Fabrikplanung, S. 156

8.4.7 Produktanalyse (PRO)

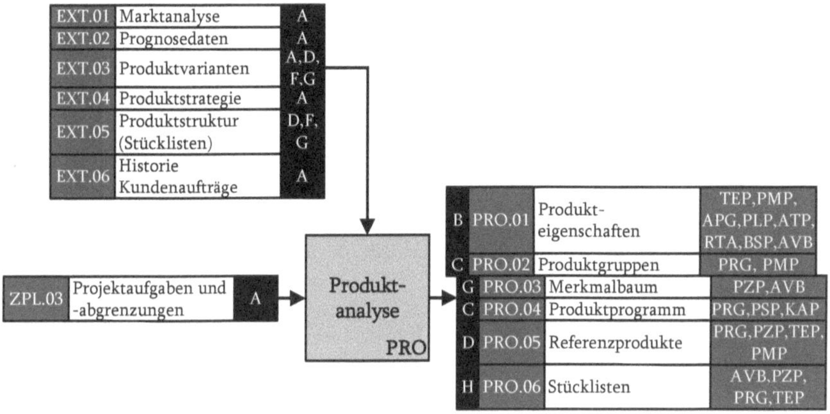

Abbildung 8-46: Planungsmodul Produktanalyse (PRO)

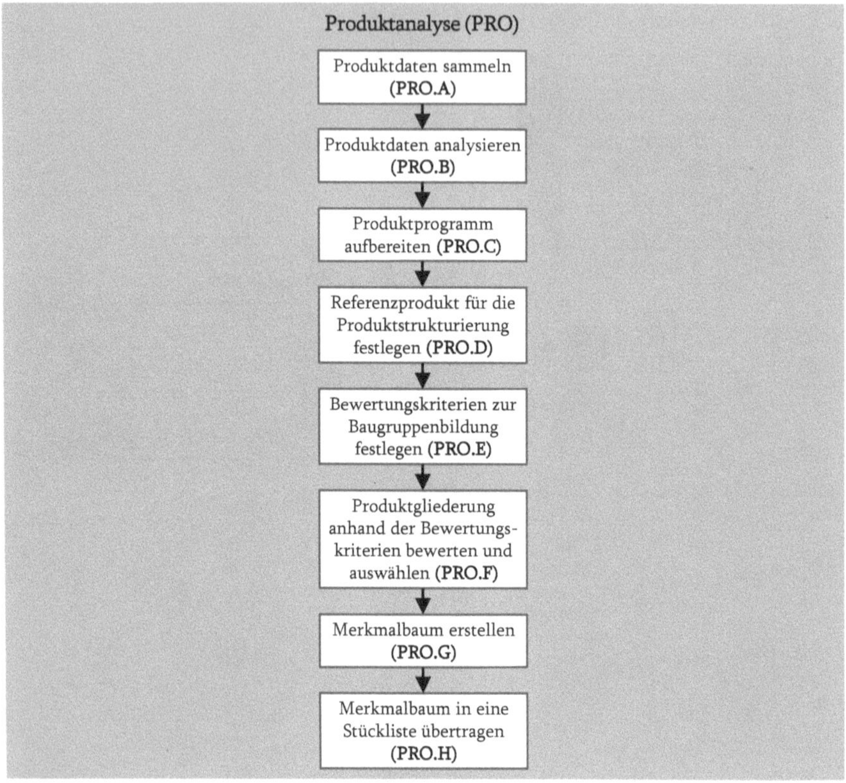

Abbildung 8-47: Planungsinkremente der Produktanalyse (PRO)

Tabelle 8-8: Quellenübersicht Produktanalyse (PRO)

ID	Planungsinkrement *j*	Quellennachweise
PRO.A	Produktdaten sammeln	Vgl. Bullinger, H.-J. (1986), Systematische Montageplanung, S. 59
PRO.B	Produktdaten analysieren	Vgl. Bullinger, H.-J. (1986), Systematische Montageplanung, S. 59
PRO.C	Produktprogramm aufbereiten	Vgl. Bullinger, H.-J. (1986), Systematische Montageplanung, S. 59; Wiendahl, H.-P. (2005), Betriebsorganisation für Ingenieure, S. 274f.
PRO.D	Referenzprodukt für die Produktstrukturierung festlegen	Vgl. Bullinger, H.-J. (1986), Systematische Montageplanung, S. 92
PRO.E	Bewertungskriterien zur Baugruppenbildung festlegen	Vgl. Bullinger, H.-J. (1986), Systematische Montageplanung, S. 92; Wiendahl, H.-P. (2005), Betriebsorganisation für Ingenieure, S. 141ff.; REFA (1987), Planung und Gestaltung, S. 125ff.
PRO.F	Unterschiedliche Produktgliederungen anhand der Bewertungskriterien bewerten und auswählen	Vgl. Bullinger, H.-J. (1986), Systematische Montageplanung, S. 93; REFA (1987), Planung und Gestaltung, S. 125; Eversheim, W. (1996), Organisation in der Produktionstechnik, S. 66f.
PRO.G	Merkmalbaum erstellen	Vgl. Bullinger, H.-J. (1986), Systematische Montageplanung, S. 92f.
PRO.H	Merkmal in eine Stückliste übertagen	Vgl. Bullinger, H.-J. (1986), Systematische Montageplanung, S. 93; Wiendahl, H.-P. (2005), Betriebsorganisation für Ingenieure, S. 155ff.; Eversheim, W. (1996), Organisation in der Produktionstechnik, S. 66

8.4.8 Produktionslogistikplanung (PLP)

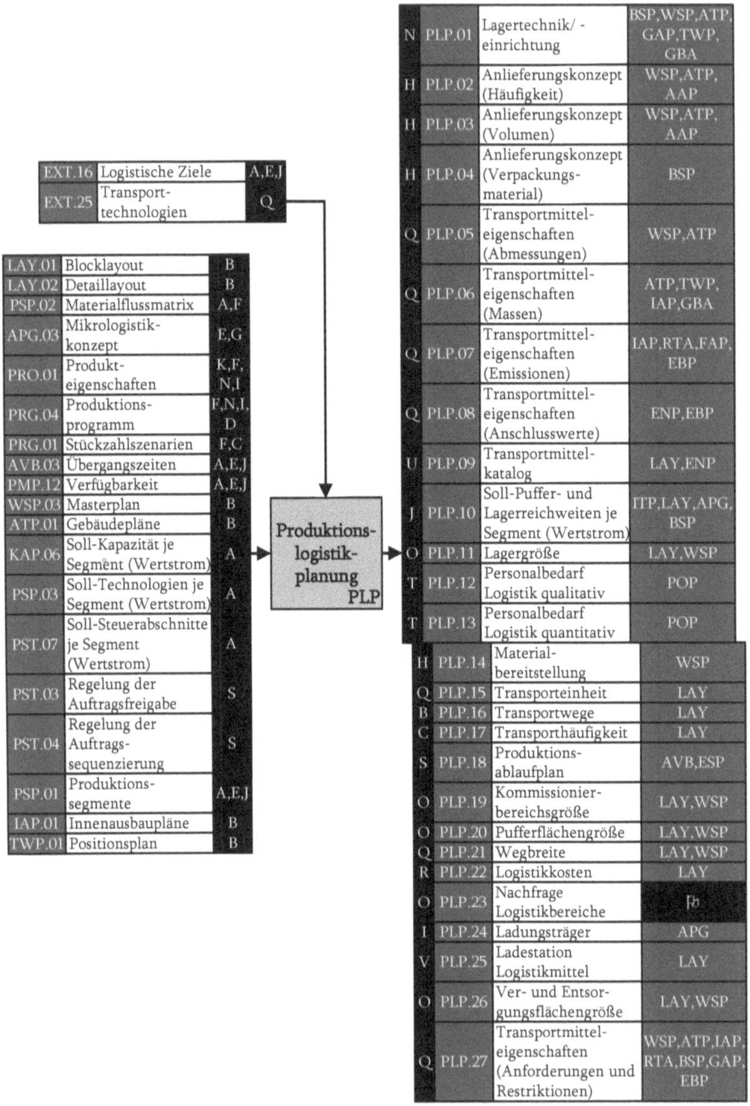

Abbildung 8-48: Planungsmodul Produktionslogistikplanung (PLP)

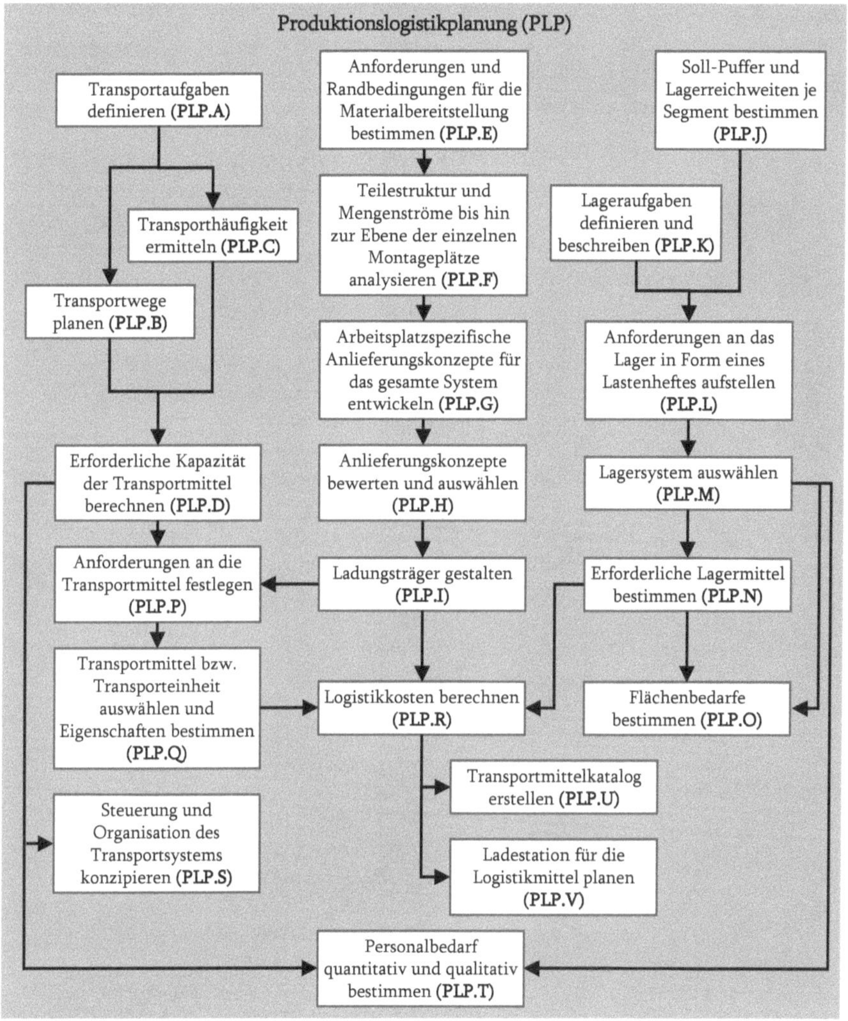

Abbildung 8-49: Planungsinkremente der Produktionslogistikplanung (PLP)

Tabelle 8-9: Quellenübersicht Produktionslogistikplanung (PLP)

ID	Planungsinkrement *j*	Quellennachweise
PLP.A	Transportaufgaben definieren	Vgl. Grundig, C.-G. (2009), Fabrikplanung, S. 191; Nöcker, J. C. (2012), Zustandsbasierte Fabrikplanung, S. 159; Nöcker, J. C. (2012), Zustandsbasierte Fabrikplanung, S. 159
PLP.B	Transportwege planen	Vgl. Bullinger, H.-J. (1986), Systematische Montageplanung, S. 185
PLP.C	Transporthäufigkeit ermitteln	Vgl. Grundig, C.-G. (2009), Fabrikplanung, S. 127ff.; Bullinger, H.-J. (1986), Systematische Montageplanung, S. 185
PLP.D	Erforderliche Kapazität der Transportmittel berechnen	Vgl. Bullinger, H.-J. (1986), Systematische Montageplanung, S. 185; Grundig, C.-G. (2009), Fabrikplanung, S. 191
PLP.E	Anforderungen und Randbedingungen für die Materialbereitstellung bestimmen	Vgl. Bullinger, H.-J. (1986), Systematische Montageplanung, S. 181
PLP.F	Teilestruktur und Mengenströme bis hin zur Ebene der einzelnen Montageplätze analysieren	Vgl. Grundig, C.-G. (2009), Fabrikplanung, S. 115ff.; Bullinger, H.-J. (1986), Systematische Montageplanung, S. 181
PLP.G	Arbeitsplatzspezifische Anlieferungskonzepte für das gesamte System entwickeln	Vgl. Bullinger, H.-J. (1986), Systematische Montageplanung, S. 181
PLP.H	Anlieferungskonzepte bewerten und auswählen	Vgl. Bullinger, H.-J. (1986), Systematische Montageplanung, S. 181
PLP.I	Ladungsträger gestalten	Vgl. Grundig, C.-G. (2009), Fabrikplanung, S. 184ff.; Bullinger, H.-J. (1986), Systematische Montageplanung, S. 185; REFA (1987), Planung und Gestaltung, S. 190ff.
PLP.J	Soll-Puffer und Lagerreichweiten je Segment bestimmen	Vgl. Grundig, C.-G. (2009), Fabrikplanung, S. 191; Bullinger, H.-J. (1986), Systematische Montageplanung, S. 155f.
PLP.K	Lageraufgaben definieren und beschreiben	Vgl. Grundig, C.-G. (2009), Fabrikplanung, S. 191ff.; REFA (1987), Planung und Gestaltung, S. 193ff.
PLP.L	Anforderungen an das Lager in Form eines Pflichtenheftes aufstellen	Vgl. Grundig, C.-G. (2009), Fabrikplanung, S. 200

PLP.M	Lagersystem auswählen	Vgl. Grundig, C.-G. (2009), Fabrikplanung, S. 191ff.
PLP.N	Erforderliche Lagermittel bestimmen	Vgl. Grundig, C.-G. (2009), Fabrikplanung, S. 195ff.
PLP.O	Flächenbedarf bestimmen	Vgl. Bullinger, H.-J. (1986), Systematische Montageplanung, S. 185; Wiendahl, H.-P. (2005), Betriebsorganisation für Ingenieure, S. 295ff.
PLP.P	Anforderungen an die Transportmittel festlegen	Vgl. Grundig, C.-G. (2009), Fabrikplanung, S. 191; Bullinger, H.-J. (1986), Systematische Montageplanung, S. 185
PLP.Q	Transportmittel bzw. Transporteinheit auswählen und Eigenschaften bestimmen	Vgl. Grundig, C.-G. (2009), Fabrikplanung, S. 187ff.; Bullinger, H.-J. (1986), Systematische Montageplanung, S. 185; REFA (1987), Planung und Gestaltung, S. 188f.
PLP.R	Logistikkosten berechnen	Vgl. Bullinger, H.-J. (1986), Systematische Montageplanung, S. 181ff.
PLP.S	Steuerung und Organisation des Transportsystems konzipieren	Vgl. Bullinger, H.-J. (1986), Systematische Montageplanung, S. 174ff.
PLP.T	Personalbedarf quantitativ und qualitativ bestimmen	Vgl. Bullinger, H.-J. (1986), Systematische Montageplanung, S. 185
PLP.U	Transportmittelkatalog erstellen	Vgl. Meckelnborg, A. (2015), Integrative Fabrikplanung, S. 233
PLP.V	Ladestationen für die Logistikmittel planen	Vgl. Wiendahl, H.-P. et al. (2014), Handbuch Fabrikplanung, S. 178

8.4.9 Produktionsmittelplanung (PMP)

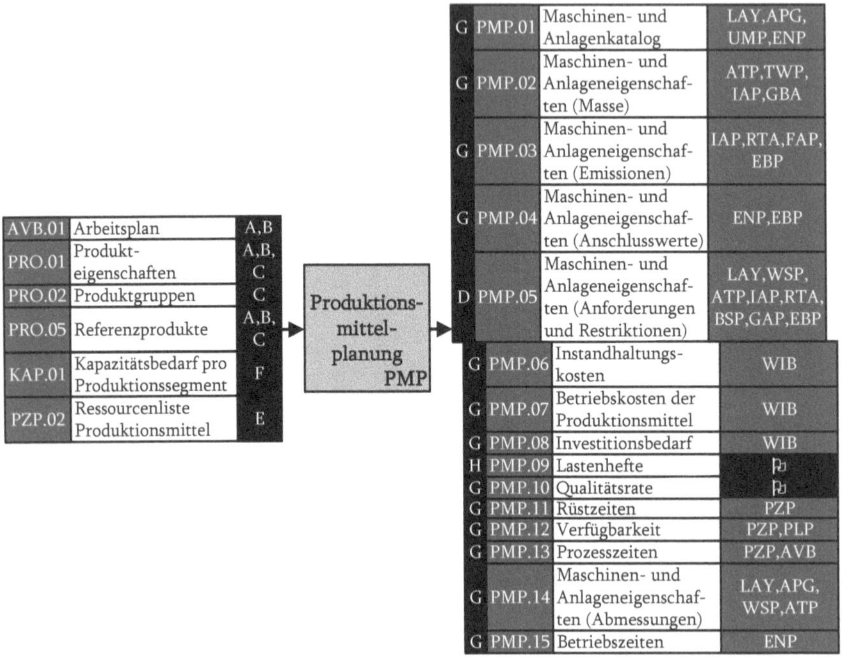

Abbildung 8-50: Planungsmodul Produktionsmittelplanung (PMP)

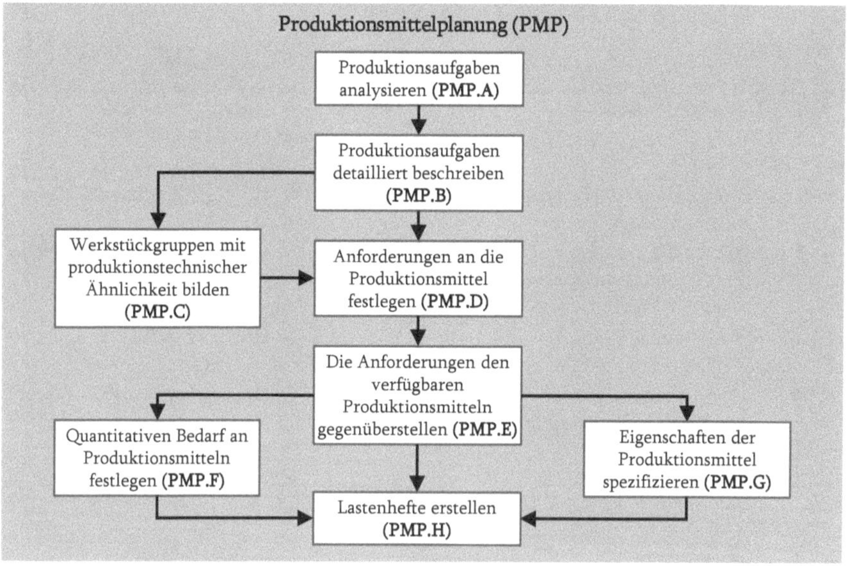

Abbildung 8-51: Planungsinkremente der Produktionsmittelplanung (PMP)

Tabelle 8-10: Quellenübersicht Produktionsmittelplanung (PMP)

ID	Planungsinkrement *j*	Quellennachweise
PMP.A	Produktionsaufgaben analysieren	Vgl. Eversheim, W. (1996), Organisation in der Produktionstechnik, S. 109f.; Burggräf, P. et al. (2021), Fabrikplanung, S. 168ff.
PMP.B	Produktionsaufgaben detailliert beschreiben	Vgl. Eversheim, W. (1996), Organisation in der Produktionstechnik, S. 109f.
PMP.C	Werkstückgruppen mit produktionstechnischer Ähnlichkeit bilden	Vgl. Eversheim, W. (1996), Organisation in der Produktionstechnik, S. 109f.
PMP.D	Anforderungen an die Produktionsmittel festlegen	Vgl. Eversheim, W. (1996), Organisation in der Produktionstechnik, S. 109f.
PMP.E	Die Anforderungen den verfügbaren Produktionsmitteln gegenüberstellen	Vgl. Eversheim, W. (1996), Organisation in der Produktionstechnik, S. 111
PMP.F	Quantitativen Bedarf an Produktionsmitteln festlegen	Vgl. Eversheim, W. (1996), Organisation in der Produktionstechnik, S. 111
PMP.G	Eigenschaften der Produktionsmittel spezifizieren	Vgl. Eversheim, W. (1996), Organisation in der Produktionstechnik, S. 110f.
PMP.H	Lastenhefte erstellen	Vgl. Eversheim, W. (1996), Organisation in der Produktionstechnik, S. 111

8.4.10 Produktionsprogrammanalyse (PRG)

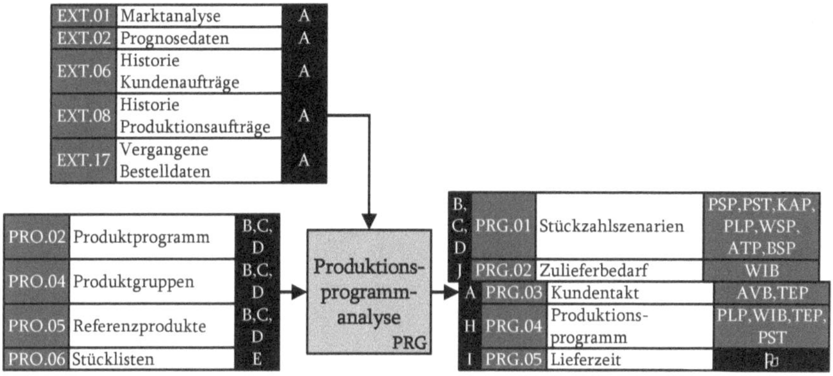

Abbildung 8-52: Planungsmodul Produktionsprogrammanalyse (PRG)

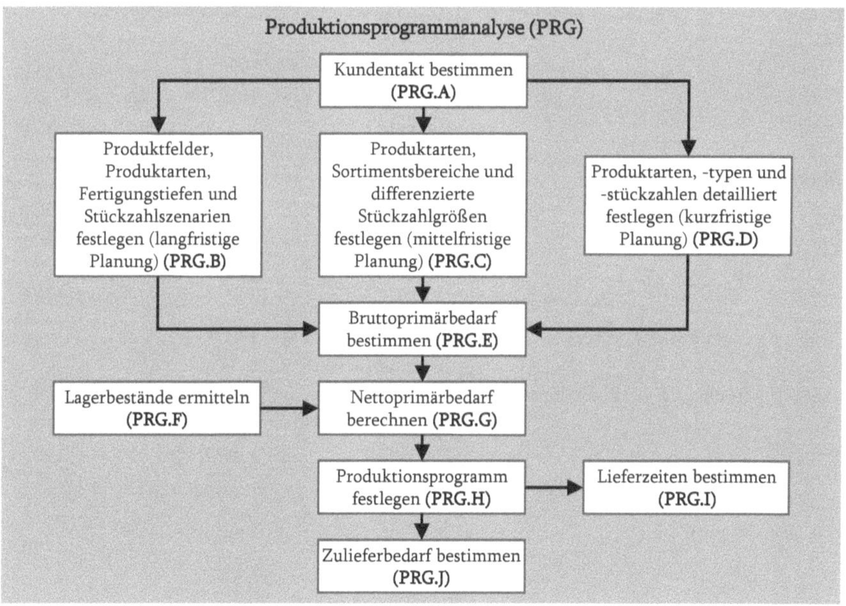

Abbildung 8-53: Planungsinkremente der Produktionsprogrammanalyse (PRG)

Tabelle 8-11: Quellenübersicht Produktionsprogrammanalyse (PRG)

ID	Planungsinkrement *j*	Quellennachweise
PRG.A	Kund*innentakt planen	Vgl. Nöcker, J. C. (2012), Zustandsbasierte Fabrikplanung, S. 147
PRG.B	Produktfelder, Produktarten, Fertigungstiefenentscheidung und Stückzahlszenarien festlegen (langfristige Planung)	Vgl. Grundig, C.-G. (2009), Fabrikplanung, S. 66
PRG.C	Produktarten, Sortimentsbereiche und differenzierte Stückzahlgrößen festlegen (mittelfristige Planung)	Vgl. Burggräf, P. et al. (2021), Fabrikplanung, S. 127f.; Grundig, C.-G. (2009), Fabrikplanung, S. 66
PRG.D	Produktarten, -typen und Stückzahlen detailliert festlegen (kurzfristige Planung)	Vgl. Burggräf, P. et al. (2021), Fabrikplanung, S. 127f.; Grundig, C.-G. (2009), Fabrikplanung, S. 66
PRG.E	Bruttoprimärbedarf bestimmen	Vgl. Eversheim, W. (1996), Organisation in der Produktionstechnik, S. 170f.; Wiendahl, H.-P. (2005), Betriebsorganisation für Ingenieure, S. 300ff.
PRG.F	Lagerbestände ermitteln	Vgl. Eversheim, W. (1996), Organisation in der Produktionstechnik, S. 171; Wiendahl, H.-P. (2005), Betriebsorganisation für Ingenieure, S. 311ff.
PRG.G	Nettoprimärbedarf berechnen	Vgl. Eversheim, W. (1996), Organisation in der Produktionstechnik, S. 171ff.; Wiendahl, H.-P. (2005), Betriebsorganisation für Ingenieure, S. 306ff.
PRG.H	Produktionsprogramm festlegen	Vgl. Grundig, C.-G. (2009), Fabrikplanung, S. 71f.
PRG.I	Lieferzeiten bestimmen	Vgl. Eversheim, W. (1996), Organisation in der Produktionstechnik, S. 177f.
PRG.J	Zulieferbedarf bestimmen	Vgl. Eversheim, W. (1996), Organisation in der Produktionstechnik, S. 150; Wiendahl, H.-P. (2005), Betriebsorganisation für Ingenieure, S. 291ff.

8.4.11 Produktionssteuerungsplanung (PST)

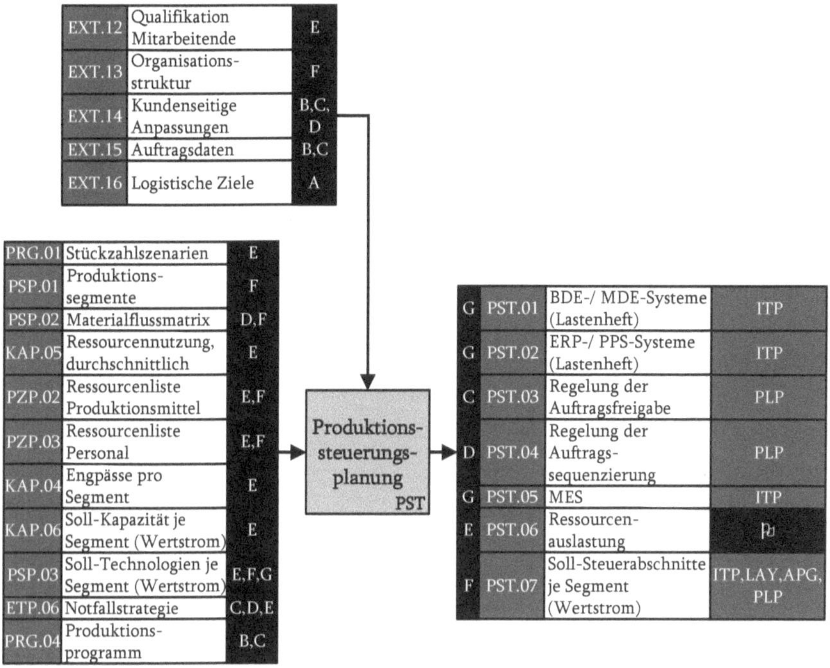

Abbildung 8-54: Planungsmodul Produktionssteuerungsplanung (PST)

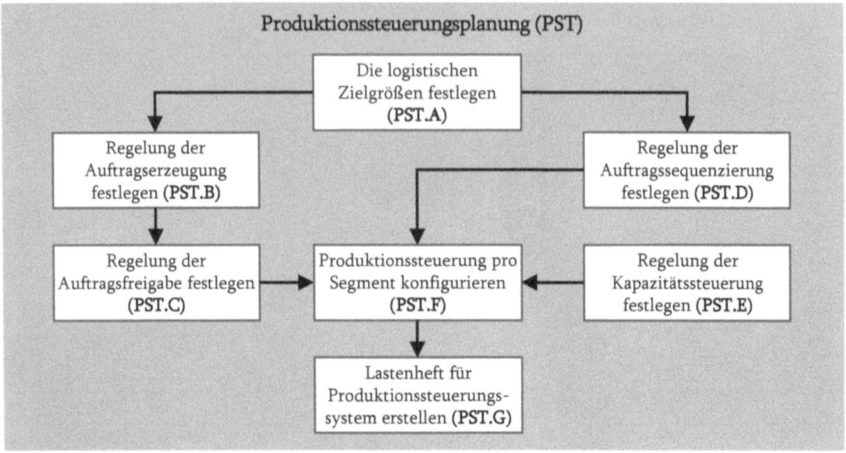

Abbildung 8-55: Planungsinkremente der Produktionssteuerungsplanung (PMP)

Tabelle 8-12: Quellenübersicht Produktionssteuerungsplanung (PMP)

ID	Planungsinkrement *j*	Quellennachweise
PST.A	Die logistischen Zielgrößen festlegen	Vgl. Lödding, H. (2008), Verfahren der Fertigungssteuerung, S. 17ff.
PST.B	Regelung der Auftragserzeugung festlegen	Vgl. Lödding, H. (2008), Verfahren der Fertigungssteuerung, S. 133ff.; Wiendahl, H.-P. (2005), Betriebsorganisation für Ingenieure, S. 258; Nöcker, J. C. (2012), Zustandsbasierte Fabrikplanung, S. 158
PST.C	Regelung der Auftragsfreigabe festlegen	Vgl. Lödding, H. (2008), Verfahren der Fertigungssteuerung, S. 295ff.; Wiendahl, H.-P. (2005), Betriebsorganisation für Ingenieure, S. 329; Nöcker, J. C. (2012), Zustandsbasierte Fabrikplanung, S. 158
PST.D	Regelung der Auftragssequenzierung festlegen	Vgl. Lödding, H. (2008), Verfahren der Fertigungssteuerung, S. 441ff.; Wiendahl, H.-P. (2005), Betriebsorganisation für Ingenieure, S. 260, 320ff.
PST.E	Regelung der Kapazitätssteuerung festlegen	Vgl. Lödding, H. (2008), Verfahren der Fertigungssteuerung, S. 459ff.
PST.F	Produktionssteuerung pro Segment konfigurieren	Vgl. Lödding, H. (2008), Verfahren der Fertigungssteuerung, S. 529ff.; Wiendahl, H.-P. (2005), Betriebsorganisation für Ingenieure, S. 330ff.; Nöcker, J. C. (2012), Zustandsbasierte Fabrikplanung, S. 158; Eversheim, W. (1996), Organisation in der Produktionstechnik, S. 159ff.
PST.G	Lastenhefte für Steuersysteme erstellen	Vgl. Meckelnborg, A. (2015), Integrative Fabrikplanung, S. 237

8.4.12 Produktionsstrukturplanung (PSP)

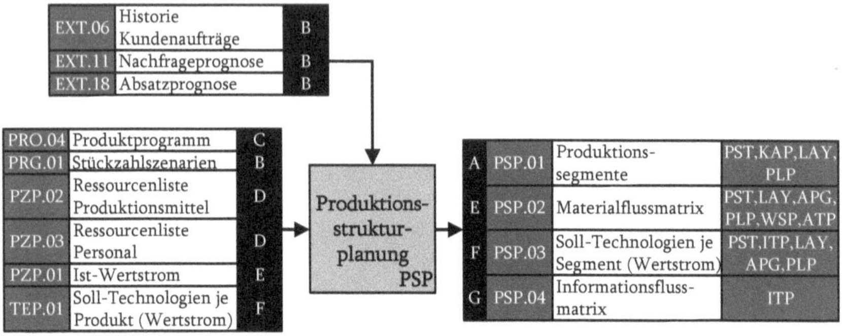

Abbildung 8-56: Planungsmodul Produktionsstrukturplanung (PSP)

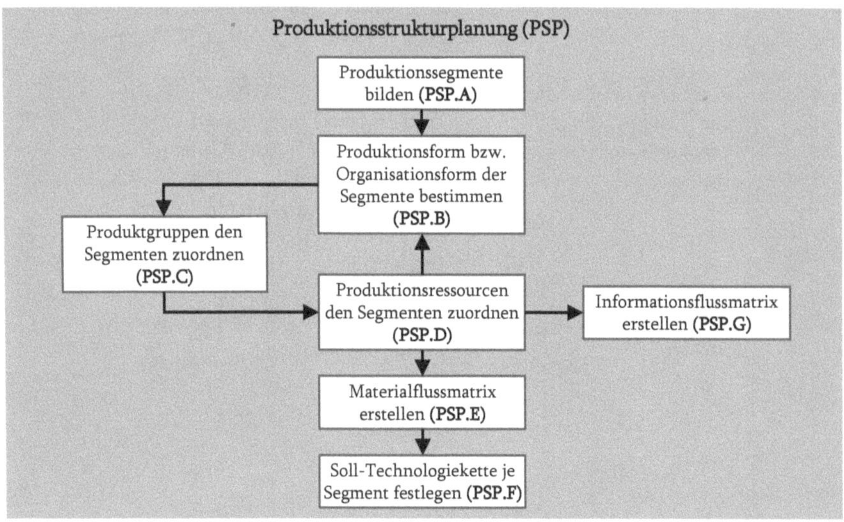

Abbildung 8-57: Planungsinkremente der Produktionsstrukturplanung (PSP)

Tabelle 8-13: Quellenübersicht Produktionsstrukturplanung (PSP)

ID	Planungsinkrement *j*	Quellennachweise
PSP.A	Produktionssegmente bilden	Vgl. Eversheim, W. (1996), Organisation in der Produktionstechnik, S. 133; Burggräf, P. et al. (2021), Fabrikplanung, S. 144
PSP.B	Produktionsform bzw. Organisationsform der Segmente bestimmen	Vgl. Eversheim, W. (1996), Organisation in der Produktionstechnik, S. 133ff.; Grundig, C.-G. (2009), Fabrikplanung, S. 131ff.; Meckelnborg, A. (2015), Integrative Fabrikplanung, S. 111; Eversheim, W. et al. (1981), Montage richtig planen, S. 18ff.; Burggräf, P. et al. (2021), Fabrikplanung, S. 150f.
PSP.C	Produktgruppen den Segmenten zuordnen	Vgl. REFA (1987), Planung und Gestaltung, S. 124; Bullinger, H.-J. (1986), Systematische Montageplanung, S. 106; Meckelnborg, A. (2015), Integrative Fabrikplanung, S. 111f.
PSP.D	Produktionsressourcen den Segmenten zuordnen	Vgl. Meckelnborg, A. (2015), Integrative Fabrikplanung, S. 111
PSP.E	Materialflussmatrix erstellen	Vgl. Grundig, C.-G. (2009), Fabrikplanung, S. 115ff., 147; Meckelnborg, A. (2015), Integrative Fabrikplanung, S. 136
PSP.F	Soll-Technologiekette je Segment festlegen	Vgl. REFA (1987), Planung und Gestaltung, S. 217; Meckelnborg, A. (2015), Integrative Fabrikplanung, S. 112
PSP.G	Informationsflussmatrix erstellen	Vgl. Grundig, C.-G. (2009), Fabrikplanung, S. 172; Eversheim, W. (1996), Organisation in der Produktionstechnik, S. 15

8.4.13 Prozessplanung (PZP)

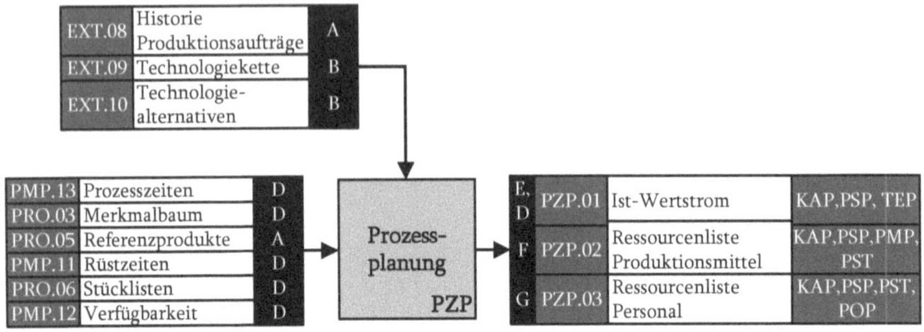

Abbildung 8-58: Planungsmodul Prozessplanung (PZP)

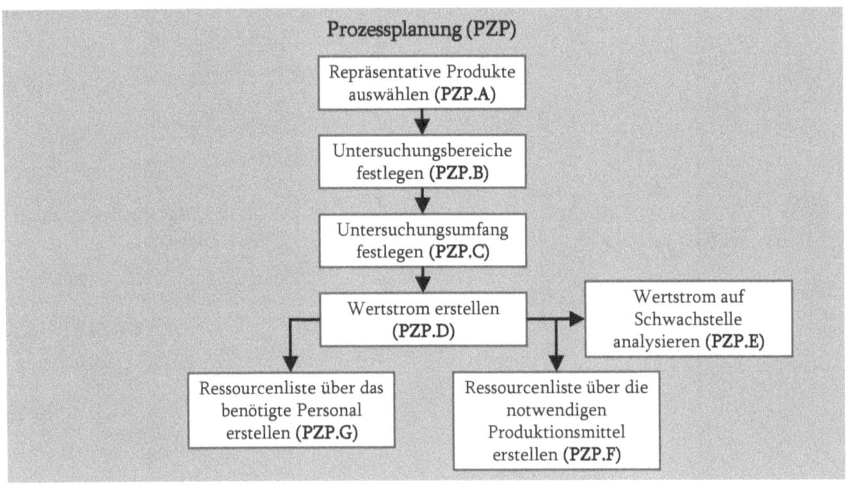

Abbildung 8-59: Planungsinkremente der Prozessplanung (PZP)

Tabelle 8-14: Quellenübersicht Prozessplanung (PZP)

ID	Planungsinkrement *j*	Quellennachweise
PZP.A	Auswahl repräsentativer Produkte	Vgl. Wiendahl, H.-P. et al. (2014), Handbuch Fabrikplanung, S. 482
PZP.B	Festlegung von Untersuchungsbereichen	Vgl. Grundig, C.-G. (2009), Fabrikplanung, S. 58ff.; Eversheim, W. et al. (1981), Montage richtig planen, S. 33f.
PZP.C	Untersuchungsumfang festlegen	Vgl. Grundig, C.-G. (2009), Fabrikplanung, S. 60ff.
PZP.D	Wertstrom erstellen	Vgl. Wiendahl, H.-P. et al. (2014), Handbuch Fabrikplanung, S. 481ff.; Eversheim, W. et al. (1981), Montage richtig planen, S. 33ff.
PZP.E	Wertstrom auf Schwachstellen analysieren	Vgl. Wiendahl, H.-P. et al. (2014), Handbuch Fabrikplanung, S. 482f.; Grundig, C.-G. (2009), Fabrikplanung, S. 58ff.
PZP.F	Ressourcenliste über die notwendigen Produktionsmittel erstellen	Vgl. Grundig, C.-G. (2009), Fabrikplanung, S. 89; Meckelnborg, A. (2015), Integrative Fabrikplanung, S. 231
PZP.G	Ressourcenliste über das benötigte Personal erstellen	Vgl. Grundig, C.-G. (2009), Fabrikplanung, S. 94ff.; Meckelnborg, A. (2015), Integrative Fabrikplanung, S. 231

8.4.14 Technologieplanung (TEP)

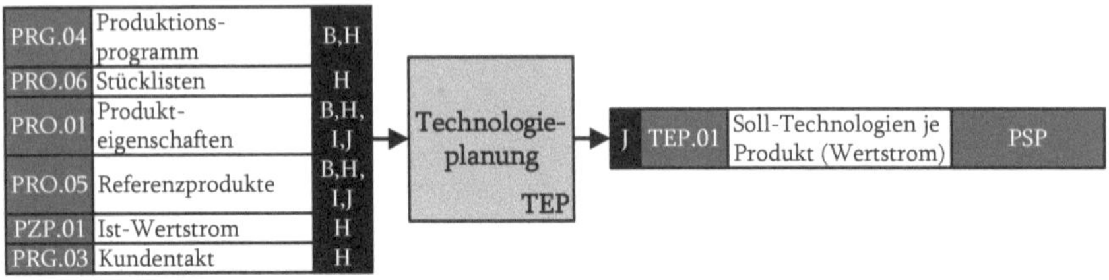

Abbildung 8-60: Planungsmodul Technologieplanung (TEP)

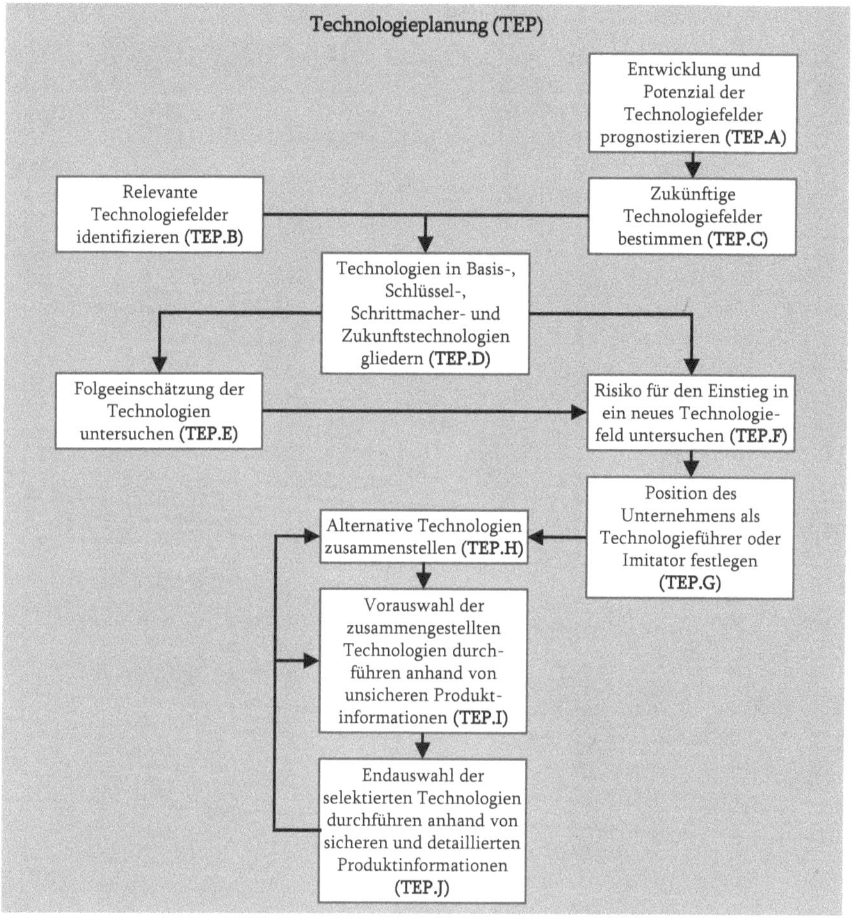

Abbildung 8-61: Planungsinkremente der Technologieplanung (TEP)

Tabelle 8-15: Quellenübersicht Technologieplanung (TEP)

ID	Planungsinkrement *j*	Quellennachweise
TEP.A	Entwicklung und Potenzial der Technologiefelder prognostizieren	Vgl. Eversheim, W. (1996), Organisation in der Produktionstechnik, S. 45f.
TEP.B	Relevante Technologiefelder identifizieren	Vgl. Eversheim, W. (1996), Organisation in der Produktionstechnik, S. 45f.
TEP.C	Zukünftige Technologiefelder bestimmen	Vgl. Eversheim, W. (1996), Organisation in der Produktionstechnik, S. 45f.
TEP.D	Technologien in Basis-, Schlüssel-, Schrittmacher-, und Zukunftstechnologien gliedern	Vgl. Eversheim, W. (1996), Organisation in der Produktionstechnik, S. 46
TEP.E	Folgeeinschätzung der Technologien untersuchen	Vgl. Eversheim, W. (1996), Organisation in der Produktionstechnik, S. 46
TEP.F	Risiko für den Einstieg in ein neues Technologiefeld untersuchen	Vgl. Eversheim, W. (1996), Organisation in der Produktionstechnik, S. 46
TEP.G	Position des Unternehmens als Technologieführer oder Imitator festlegen	Vgl. Eversheim, W. (1996), Organisation in der Produktionstechnik, S. 46
TEP.H	Alternative Technologien zusammenstellen	Vgl. Eversheim, W. (1996), Organisation in der Produktionstechnik, S. 46
TEP.I	Vorauswahl der zusammengestellten Technologien durchführen anhand von unsicheren Produktinformationen	Vgl. Eversheim, W. (1996), Organisation in der Produktionstechnik, S. 46
TEP.J	Endauswahl der selektierten Technologien durchführen anhand von sicheren und detaillierten Produktinformationen	Vgl. Eversheim, W. (1996), Organisation in der Produktionstechnik, S. 47

8.5 Die quasistatisch-strukturelle Komplexität der Planungsinkremente

Tabelle 8-16: Die quasistatisch-strukturellen Komplexitätswerte der Arbeitsplatzgestaltung

Planungsinkrement j	$K_A - Stufe$	$K_{A,j}$	$z_{ein,j}$	$z_{aus,int,j}$	$z_{aus,ext,j}$	$z_{aus,j}$	$K_{K,j}$	$a_{i,j}$
APG.A	Analysieren	3	1	3	0	3	1,41	4
APG.B	Gestalten	5	6	6	0	6	1,83	12
APG.C	Gestalten	5	4	2	3	5	1,69	6
APG.D	Gestalten	5	4	2	0	2	1,28	6
APG.E	Gestalten	5	1	4	0	4	1,55	5
APG.F	Gestalten	5	2	3	0	3	1,41	5
APG.G	Gestalten	5	3	1	0	1	1,14	4
APG.H	Gestalten	5	4	1	0	1	1,14	5
APG.I	Gestalten	5	5	1	0	1	1,14	6
APG.J	Bewerten	4	5	2	9	11	2,52	7
APG.K	Gestalten	5	8	2	1	3	1,41	10
APG.L	Bewerten	4	4	3	3	6	1,83	7
APG.M	Anwenden	2	4	1	0	1	1,14	5
APG.N	Bewerten	4	4	1	0	1	1,14	5
APG.O	Bewerten	4	2	0	0	0	1,00	2

Tabelle 8-17: Die quasistatisch-strukturellen Komplexitätswerte der Arbeitsvorbereitung

Planungsinkrement j	$K_A - Stufe$	$K_{A,j}$	$z_{ein,j}$	$z_{aus,int,j}$	$z_{aus,ext,j}$	$z_{aus,j}$	$K_{K,j}$	$a_{i,j}$
AVB.A	Bewerten	4	1	1	0	1	1,14	2
AVB.B	Analysieren	3	2	2	0	2	1,28	4
AVB.C	Gestalten	5	4	2	0	2	1,28	6
AVB.D	Verstehen	1	2	4	0	4	1,55	6
AVB.E	Anwenden	2	3	1	0	1	1,14	4
AVB.F	Analysieren	3	2	2	0	2	1,28	4
AVB.G	Bewerten	4	1	2	0	2	1,28	3
AVB.H	Analysieren	3	2	4	0	4	1,55	6
AVB.I	Anwenden	2	2	1	0	1	1,14	3
AVB.J	Analysieren	3	1	2	0	2	1,28	3
AVB.K	Analysieren	3	1	2	0	2	1,28	3
AVB.L	Gestalten	5	1	2	0	2	1,28	3
AVB.M	Analysieren	3	2	2	0	2	1,28	4
AVB.N	Analysieren	3	1	2	0	2	1,28	3
AVB.O	Gestalten	5	3	1	0	1	1,14	4
AVB.P	Bewerten	4	3	1	0	1	1,14	4
AVB.Q	Analysieren	3	1	1	0	1	1,14	2
AVB.R	Analysieren	3	1	1	0	1	1,14	2
AVB.S	Gestalten	5	1	1	0	1	1,14	2
AVB.T	Anwenden	2	2	1	0	1	1,14	3
AVB.U	Gestalten	5	1	2	0	2	1,28	3
AVB.V	Anwenden	2	3	0	1	1	1,14	3
AVB.W	Gestalten	5	9	1	2	3	1,41	10

Tabelle 8-18: Die quasistatisch-strukturellen Komplexitätswerte der IT-Planung

Planungsinkrement j	$K_A - Stufe$	$K_{A,j}$	$z_{ein,j}$	$z_{aus,int,j}$	$z_{aus,ext,j}$	$z_{aus,j}$	$K_{K,j}$	$a_{i,j}$
ITP.A	Analysieren	3	9	3	0	3	1,41	12
ITP.B	Gestalten	5	1	1	0	1	1,14	2
ITP.C	Analysieren	3	0	1	0	1	1,14	1
ITP.D	Gestalten	5	1	1	0	1	1,14	2
ITP.E	Bewerten	4	4	1	0	1	1,14	5
ITP.F	Bewerten	4	1	1	0	1	1,14	2
ITP.G	Bewerten	4	2	1	0	1	1,14	3
ITP.H	Anwenden	2	2	1	0	1	1,14	3
ITP.I	Bewerten	4	1	2	0	2	1,28	3
ITP.J	Gestalten	5	1	0	1	1	1,14	1
ITP.K	Bewerten	4	1	0	4	4	1,55	1

Tabelle 8-19: Die quasistatisch-strukturellen Komplexitätswerte der Kapazitätsplanung

Planungsinkrement j	$K_A - Stufe$	$K_{A,j}$	$z_{ein,j}$	$z_{aus,int,j}$	$z_{aus,ext,j}$	$z_{aus,j}$	$K_{K,j}$	$a_{i,j}$
KAP.A	Verstehen	1	1	1	0	1	1,14	2
KAP.B	Verstehen	1	1	1	0	1	1,14	2
KAP.C	Verstehen	1	3	1	0	1	1,14	4
KAP.D	Anwenden	2	3	1	4	5	1,69	4
KAP.E	Anwenden	2	3	1	2	3	1,41	4
KAP.F	Bewerten	4	4	1	0	1	1,14	5
KAP.G	Gestalten	5	2	1	1	2	1,28	3
KAP.H	Gestalten	5	1	0	5	5	1,69	1

Tabelle 8-20: Die quasistatisch-strukturellen Komplexitätswerte der Layoutplanung

Planungsinkrement j	$K_A - Stufe$	$K_{A,j}$	$z_{ein,j}$	$z_{aus,int,j}$	$z_{aus,ext,j}$	$z_{aus,j}$	$K_{K,j}$	$a_{i,j}$
LAY.A	Gestalten	5	2	1	0	1	1,14	3
LAY.B	Analysieren	3	4	1	0	1	1,14	5
LAY.C	Anwenden	2	7	2	0	2	1,14	9
LAY.D	Analysieren	3	2	1	0	1	1,14	3
LAY.E	Gestalten	5	1	2	0	2	1,28	3
LAY.F	Gestalten	5	2	2	3	3	1,41	4
LAY.G	Bewerten	4	19	1	0	1	1,14	20
LAY.H	Gestalten	5	2	3	0	3	1,41	5
LAY.I	Analysieren	3	9	1	0	1	1,14	10
LAY.J	Bewerten	4	3	3	0	3	1,41	6
LAY.K	Anwenden	2	3	1	0	1	1,14	4
LAY.L	Anwenden	2	3	1	0	1	1,14	4
LAY.M	Anwenden	2	2	0	13	13	2,79	2

Tabelle 8-21: Die quasistatisch-strukturellen Komplexitätswerte der Personal- und Organisationsplanung

Planungsinkrement j	$K_A - Stufe$	$K_{A,j}$	$z_{ein,j}$	$z_{aus,int,j}$	$z_{aus,ext,j}$	$z_{aus,j}$	$K_{K,j}$	$a_{i,j}$
POP.A	Bewerten	4	0	1	0	1	1,14	1
POP.B	Analysieren	3	1	2	0	2	1,28	3
POP.C	Gestalten	5	1	0	2	2	1,28	1
POP.D	Analysieren	3	1	2	0	2	1,28	3
POP.E	Bewerten	4	3	1	0	1	1,14	4
POP.F	Bewerten	4	1	1	0	1	1,14	2
POP.G	Analysieren	3	3	1	0	1	1,14	4
POP.H	Anwenden	2	5	0	7	7	1,97	5
POP.I	Gestalten	5	5	1	1	2	1,28	6
POP.J	Anwenden	2	1	0	1	1	1,14	1

Tabelle 8-22: Die quasistatisch-strukturellen Komplexitätswerte der Produktanalyse

Planungsinkrement j	$K_A - Stufe$	$K_{A,j}$	$z_{ein,j}$	$z_{aus,int,j}$	$z_{aus,ext,j}$	$z_{aus,j}$	$K_{K,j}$	$a_{i,j}$
PRO.A	Verstehen	1	6	1	0	1	1,14	7
PRO.B	Analysieren	3	1	1	8	9	2,24	2
PRO.C	Analysieren	3	1	1	5	6	1,83	2
PRO.D	Bewerten	4	3	1	4	5	1,69	4
PRO.E	Bewerten	4	1	1	0	1	1,14	2
PRO.F	Bewerten	4	3	1	0	1	1,14	4
PRO.G	Verstehen	1	3	1	2	3	1,41	4
PRO.H	Anwenden	2	1	0	4	4	1,55	1

Tabelle 8-23: Die quasistatisch-strukturellen Komplexitätswerte der Produktionslogistikplanung

Planungsinkrement j	$K_A - Stufe$	$K_{A,j}$	$z_{ein,j}$	$z_{aus,int,j}$	$z_{aus,ext,j}$	$z_{aus,j}$	$K_{K,j}$	$a_{i,j}$
PLP.A	Analysieren	3	8	2	0	2	1,28	10
PLP.B	Gestalten	5	7	1	1	2	1,28	8
PLP.C	Anwenden	2	2	1	1	2	1,28	3
PLP.D	Anwenden	2	3	3	0	3	1,41	6
PLP.E	Bewerten	4	5	1	0	1	1,14	6
PLP.F	Analysieren	3	5	1	0	1	1,14	6
PLP.G	Gestalten	5	2	1	0	1	1,14	3
PLP.H	Bewerten	4	1	1	8	9	2,24	2
PLP.I	Gestalten	5	3	2	1	3	1,41	5
PLP.J	Bewerten	4	4	1	4	5	1,69	5
PLP.K	Bewerten	4	1	1	0	1	1,14	2
PLP.L	Bewerten	4	2	1	0	1	1,14	3
PLP.M	Bewerten	4	1	3	0	3	1,41	4
PLP.N	Analysieren	3	3	2	6	8	2,10	5
PLP.O	Analysieren	3	2	0	9	9	2,24	2
PLP.P	Bewerten	4	2	1	0	1	1,14	3
PLP.Q	Bewerten	4	2	1	22	23	4,17	3
PLP.R	Anwenden	2	3	2	1	3	1,41	5
PLP.S	Gestalten	5	3	0	2	2	1,28	3
PLP.T	Analysieren	3	2	0	2	2	1,28	2
PLP.U	Anwenden	2	1	0	2	2	1,28	1
PLP.V	Gestalten	5	1	0	1	1	1,14	1

Tabelle 8-24: Die quasistatisch-strukturellen Komplexitätswerte der Produktionsmittelplanung

Planungsinkrement j	$K_A - Stufe$	$K_{A,j}$	$z_{ein,j}$	$z_{aus,int,j}$	$z_{aus,ext,j}$	$z_{aus,j}$	$K_{K,j}$	$a_{i,j}$
PMP.A	Verstehen	1	3	1	0	1	1,14	4
PMP.B	Verstehen	1	4	2	0	2	1,28	6
PMP.C	Verstehen	1	4	1	0	1	1,14	5
PMP.D	Analysieren	3	2	1	8	9	2,24	3
PMP.E	Bewerten	4	2	3	0	3	1,41	5
PMP.F	Analysieren	3	2	1	0	1	1,14	3
PMP.G	Bewerten	4	1	1	28	29	5,00	2
PMP.H	Bewerten	4	3	0	1	1	1,14	3

Tabelle 8-25: Die quasistatisch-strukturellen Komplexitätswerte der Produktionsprogrammanalyse

Planungsinkrement j	$K_A - Stufe$	$K_{A,j}$	$z_{ein,j}$	$z_{aus,int,j}$	$z_{aus,ext,j}$	$z_{aus,j}$	$K_{K,j}$	$a_{i,j}$
PRG.A	Anwenden	2	5	3	2	5	1,69	8
PRG.B	Gestalten	5	4	1	7	8	2,10	5
PRG.C	Gestalten	5	4	1	7	8	2,10	5
PRG.D	Gestalten	5	4	1	7	8	2,10	5
PRG.E	Anwenden	2	4	1	0	1	1,14	5
PRG.F	Verstehen	1	0	1	0	1	1,14	1
PRG.G	Anwenden	2	2	1	0	1	1,14	3
PRG.H	Gestalten	5	1	2	4	6	1,83	3
PRG.I	Verstehen	1	1	0	1	1	1,14	1
PRG.J	Anwenden	2	1	0	1	1	1,14	1

Tabelle 8-26: Die quasistatisch-strukturellen Komplexitätswerte der Produktionssteuerungsplanung

Planungsinkrement j	$K_A - Stufe$	$K_{A,j}$	$z_{ein,j}$	$z_{aus,int,j}$	$z_{aus,ext,j}$	$z_{aus,j}$	$K_{K,j}$	$a_{i,j}$
PST.A	Anwenden	2	1	2	0	2	1,55	3
PST.B	Bewerten	5	4	1	0	1	1,28	5
PST.C	Bewerten	5	5	1	1	2	1,28	6
PST.D	Bewerten	5	4	1	1	2	1,41	5
PST.E	Bewerten	5	9	1	1	2	1,28	10
PST.F	Gestalten	5	9	1	4	5	1,69	10
PST.G	Bewerten	4	2	0	3	3	1,41	2

Tabelle 8-27: Die quasistatisch-strukturellen Komplexitätswerte der Produktionsstrukturplanung

Planungsinkrement j	$K_A - Stufe$	$K_{A,j}$	$z_{ein,j}$	$z_{aus,int,j}$	$z_{aus,ext,j}$	$z_{aus,j}$	$K_{K,j}$	$a_{i,j}$
PSP.A	Analysieren	3	0	1	4	5	1,69	1
PSP.B	Bewerten	4	6	1	0	1	1,14	7
PSP.C	Analysieren	3	2	1	0	1	1,14	3
PSP.D	Analysieren	3	3	3	0	3	1,41	6
PSP.E	Anwenden	2	2	1	6	7	1,97	3
PSP.F	Anwenden	2	2	0	5	5	1,69	2
PSP.G	Gestalten	5	1	0	1	1	1,14	1

Tabelle 8-28: Die quasistatisch-strukturellen Komplexitätswerte der Prozessplanung

Planungsinkrement j	$K_A - Stufe$	$K_{A,j}$	$z_{ein,j}$	$z_{aus,int,j}$	$z_{aus,ext,j}$	$z_{aus,j}$	$K_{K,j}$	$a_{i,j}$
PZP.A	Analysieren	3	2	1	0	1	1,14	3
PZP.B	Bewerten	4	3	1	0	1	1,14	4
PZP.C	Bewerten	4	1	1	0	1	1,14	2
PZP.D	Gestalten	5	6	3	3	6	1,83	9
PZP.E	Analysieren	3	1	0	3	3	1,41	1
PZP.F	Verstehen	1	1	0	4	4	1,55	1
PZP.G	Verstehen	1	1	0	4	4	1,55	1

Tabelle 8-29: Die quasistatisch-strukturellen Komplexitätswerte der Technologieplanung

Planungsinkrement j	$K_A - Stufe$	$K_{A,j}$	$z_{ein,j}$	$z_{aus,int,j}$	$z_{aus,ext,j}$	$z_{aus,j}$	$K_{K,j}$	$a_{i,j}$
TEP.A	Bewerten	4	0	1	0	1	1,14	1
TEP.B	Bewerten	4	3	1	0	1	1,14	4
TEP.C	Analysieren	3	1	1	0	1	1,14	2
TEP.D	Verstehen	1	2	2	0	2	1,28	4
TEP.E	Bewerten	4	1	1	0	1	1,14	2
TEP.F	Analysieren	3	2	1	0	1	1,14	3
TEP.G	Bewerten	4	1	1	0	1	1,14	2
TEP.H	Analysieren	3	8	1	0	1	1,14	9
TEP.I	Bewerten	4	4	1	0	1	1,14	5
TEP.J	Bewerten	4	3	2	1	3	1,41	5

8.6 Die Bewertungsmatrizen des Analytic Hierarchy Process (AHP)

Tabelle 8-30: Bewertungsmatrix der Potenziale zur Beherrschung der quasistatisch-strukturellen Komplexität

	1)	2)	3)	4)	5)	6)	7)	8)
1) Determinismus	1,00	1,69	3,09	0,86	1,50	1,38	0,70	1,80
2) Komplizierte Projektstruktur	0,59	1,00	1,64	0,55	0,77	0,93	0,49	1,30
3) Veränderungsorientierung	0,32	0,61	1,00	0,37	0,53	0,52	0,29	0,88
4) Sequenzielles Vorgehen	1,16	1,81	2,74	1,00	2,17	2,36	1,10	2,51
5) Kooperationsorientierung	0,66	1,30	1,89	0,46	1,00	1,02	0,52	1,33
6) Schlanke Projektstruktur	0,73	1,07	1,92	0,42	0,98	1,00	0,60	1,28
7) Prozessorientierung	1,44	2,05	3,49	0,91	1,93	1,67	1,00	2,09
8) Iteratives Vorgehen	0,56	0,77	1,14	0,40	0,75	0,78	0,48	1,00

Tabelle 8-31: Bewertungsmatrix der Potenziale zur Beherrschung der dynamisch-funktionalen Komplexität

	1)	2)	3)	4)	5)	6)	7)	8)
1) Determinismus	1,00	0,98	0,19	0,54	0,23	0,23	0,49	0,27
2) Komplizierte Projektstruktur	1,02	1,00	0,21	0,46	0,21	0,19	0,55	0,23
3) Veränderungsorientierung	5,20	4,77	1,00	3,71	1,19	1,67	3,08	1,01
4) Sequenzielles Vorgehen	1,84	2,16	0,27	1,00	0,31	0,41	1,16	0,29
5) Kooperationsorientierung	4,33	4,86	0,84	3,19	1,00	1,70	3,08	1,16
6) Schlanke Projektstruktur	4,34	5,39	0,60	2,41	0,59	1,00	1,87	0,72
7) Prozessorientierung	2,03	1,81	0,33	0,86	0,33	0,53	1,00	0,50
8) Iteratives Vorgehen	3,75	4,31	0,99	3,48	0,86	1,39	2,01	1,00

Tabelle 8-32: Bewertungsmatrix des Einflusses der Komplexitätsdimensionen auf die Kostenziele

	1)	2)
1) Quasistatisch-strukturelle Komplexität	1,00	0,43
2) Dynamisch-funktionale Komplexität	2,31	1,00

Tabelle 8-33: Bewertungsmatrix des Einflusses der Komplexitätsdimensionen auf die Terminziele

	1)	2)
1) Quasistatisch-strukturelle Komplexität	1,00	0,81
2) Dynamisch-funktionale Komplexität	1,23	1,00

Tabelle 8-34: Bewertungsmatrix des Einflusses der Komplexitätsdimensionen auf die Leistungsziele

	1)	2)
1) Quasistatisch-strukturelle Komplexität	1,00	0,79
2) Dynamisch-funktionale Komplexität	1,26	1,00

Tabelle 8-35: Bewertungsmatrix des Gesamteinflusses der Komplexitätsdimensionen auf die Planungsziele

	1)	2)
1) Quasistatisch-strukturelle Komplexität	1,00	0,65
2) Dynamisch-funktionale Komplexität	1,53	1,00

8.7 Unternehmensspezifische Bewertung der Komplexitätspotenziale

Bei der Priorisierung der konstituierenden Methodeneigenschaften plangetriebener und agiler Methoden hinsichtlich ihrer Potenziale zur Beherrschung der quasistatisch-strukturellen sowie der dynamisch-funktionalen Komplexität fallen Unterschiede zwischen den Bewertungen von Studienteilnehmern aus KMU bzw. Großunternehmen auf.

Zur Beherrschung der quasistatisch-strukturellen Komplexität wird Determinismus in KMU höher priorisiert als ein sequenzielles Vorgehen und schlanke Projektstrukturen höher als Kooperationsorientierung. Diese Potenziale werden durch Vertreter von Großunternehmen diametral bewertet (vgl. Abbildung 8-62).

Priorisierung durch KMU			Priorisierung durch Großunternehmen		
Rang	Methodeneigenschaft	Priorität	Rang	Methodeneigenschaft	Priorität
1	Deterministische Einstellung	19,89%	1	Sequenzielles Vorgehen	21,33%
2	Prozessorientierung	17,19%	2	Prozessorientierung	19,91%
3	Sequenzielles Vorgehen	16,99%	3	Deterministische Einstellung	14,44%
4	Schlanke Projektstruktur	13,77%	4	Kooperationsorientierung	10,96%
5	Komplizierte Projektstruktur	10,00%	5	Komplizierte Projektstruktur	9,51%
6	Kooperationsorientierung	9,50%	6	Schlanke Projektstruktur	9,47%
7	Iteratives Vorgehen	8,22%	7	Iteratives Vorgehen	7,80%
8	Veränderungsorientierung	4,46%	8	Veränderungsorientierung	6,57%

Konstituierende Eigenschaft plangetriebener Methoden

Konstituierende Eigenschaft agiler Methoden

Abbildung 8-62: Unternehmensspezifische Potenzialbewertung hinsichtlich der quasistatisch-strukturellen Komplexität

Zur Beherrschung der dynamisch-funktionalen Komplexität wird das Potenzial einer schlanken Projektstruktur durch die Teilnehmer aus KMU am höchsten bewertet, während in Großunternehmen eine veränderungsorientierte Grundhaltung priorisiert wird (vgl. Abbildung 8-63).

Priorisierung durch KMU		
Rang	Methodeneigenschaft	Priorität
1	Schlanke Projektstruktur	20,01%
2	Kooperationsorientierung	19,57%
3	Iteratives Vorgehen	18,01%
4	Veränderungsorientierung	17,73%
5	Prozessorientierung	7,94%
6	Sequenzielles Vorgehen	7,45%
7	Deterministische Einstellung	5,32%
8	Komplizierte Projektstruktur	3,98%

Priorisierung durch Großunternehmen		
Rang	Methodeneigenschaft	Priorität
1	Veränderungsorientierung	24,08%
2	Kooperationsorientierung	23,11%
3	Iteratives Vorgehen	19,34%
4	Schlanke Projektstruktur	13,40%
5	Prozessorientierung	7,04%
6	Sequenzielles Vorgehen	6,29%
7	Komplizierte Projektstruktur	3,42%
8	Deterministische Einstellung	3,32%

Konstituierende Eigenschaft plangetriebener Methoden

Konstituierende Eigenschaft agiler Methoden

Abbildung 8-63: Unternehmensspezifische Potenzialbewertung hinsichtlich der dynamisch-funktionalen Komplexität

9 Literaturverzeichnis

Adam, D. (1998) Produktions-Management, 9. Auflage, Gabler, Wiesbaden, 1998.

Adam, D. und Johannwille, U. (1998) Die Komplexitätsfalle, In: *Adam, D.* (Hrsg.): Komplexitätsmanagement, Gabler, Wiesbaden, 1998, S. 5-28.

Afflerbach, P.; Kratzer, S.; Stelzl, S. und Röglinger, M. (2017) Analyzing the Trade-Off between Traditional and Agile Software Development - A Cost/Risk Perspective, In: *Leimeister, J. M. und Brenner, W.* (Hrsg.): Tagungsband zur 13. Internationalen Tagung Wirtschaftsinformatik, 2017, S. 439-453.

Aggtely, B. (1970) Fabrikplanung - Optimale Projektierung, Planung und Ausführung von Industrieanlagen, 2. Auflage, Hanser, München, 1970.

Aggtely, B. (1990) Fabrikplanung - Werksentwicklung und Betriebsrationalisierung, 2. Auflage, Hanser, München [u.a.], 1990.

Ahimbisibwe, A.; Cavana, R. Y. und Daellenbach, U. (2015) A contingency fit model of critical success factors for software development projects - A comparison of agile and traditional plan-based methodologies, In: Journal of Enterprise Information Management, Nr. 1, 28. Jg., 2015, S. 7-33.

Ahmed, S.; Bhattarai, M.; Drakpa, D.; Dzed, L.; Ghimire, M.; Lhazom, P.; Tandon, A. und Ulep, V. (2020) What Gets Measured Gets Managed - Assessing Public Financing for Improving Nutrition Outcomes and Human Capital in Bhutan, 2020.

Ahmed-Kristensen, S. und Daalhuizen, J. (2015) Pioneering the combined use of agile and stage-gate models in new product development – cases from the manufacturing industry, In: *Christiansen, J. und Griffin, A.* (Hrsg.): Proceedings of the 22nd Innovation and Product Development Management Conference (IPDMC), EIASM, Kopenhagen, 2015, S. 1-13.

Aldushyna, A. und Engstler, M. (2015) Erfolgsfaktoren bei der Umsetzung hybrider Projekte - Ergebnisse einer Befragung und praktische Empfehlungen zur Umsetzung, In: *Engstler, M.; Fazal-Baqaie, M.; Hanser, E.; Mikusz, M. und Volland, A.* (Hrsg.): Projektmanagement und Vorgehensmodelle 2015 - Hybride Projektstrukturen erfolgreich umsetzen, GI, Bonn, 2015, S. 39-54.

Alexander, L. C. und Davis, A. M. (1991) Criteria for Selecting Software Process Models, In: *Knafl, G. J.* (Hrsg.): Proceedings of the 15th Annual International Computer Software and Applications Conference (COMPSAC) // Proceedings, IEEE, Los Alamitos, 1991, S. 521-528.

Anderson, L. W. und Krathwohl, D. R. (Hrsg.) (2001) A Taxonomy for Learning, Teaching, and Assessing - A Revision of Bloom 's Taxonomy of Educational Objectives, Longman, New York, 2001.

Ashby, W. R. (1957) An Introduction to Cybernetics, Chapman & Hall, London [u.a.], 1957.

Auer, B. und Rosenberger, P. (2018) Why hybrid projects fail - Development of a retrospective assessment method for hybrid projects, In: PM World Journal, Nr. 10, 7. Jg., 2018, S. 1-12.

Ays, J.; Dölle, C. und Schuh, G. (2018) Constitutive Features of Agile and Plan-driven Processes in Hybrid Product Development, In: *Schmitt, R. H. und Schuh, G.* (Hrsg.): Advances in Production Research - Proceedings of the 8th Congress of the German Academic Association for Production Technology (WGP), Springer, Cham, 2018, S. 477-486.

Baird, A. und Riggins, F. J. (2012) Planning and Sprinting: Use of a Hybrid Project Management Methodology within a CIS Capstone Course, In: Journal of Information Systems Education, Nr. 3, 23. Jg., 2012, S. 243-258.

Barlow, J. B.; Giboney, J. S.; Keith, M. J.; Wilson, D. W. und Schuetzler, R. (2011) Overview and Guidance on Agile Development in Large Organizations, In: Communications of the Association for Information Systems, Nr. 2, 29. Jg., 2011, S. 25-44.

Basili, V. R.; Caldiera, G. und Rombach, D. (1994) The Goal Question Metric Approach, In: *Marciniak, J. J.* (Hrsg.): Encyclopedia of Software Engineering, Wiley, New York, 1994, S. 528-532.

Bäumers, Y. (2017) Wirtschaftlicher Detaillierungsgrad der Montageablaufplanung - Economic Level of Detail for Assembly Process Planning, Dissertation, RWTH Aachen University, 2017.

Beck, K.; Beedle, M.; van Bennekum, A.; Cockburn, A.; Cunningham, W.; Fowler, M.; Grenning, J.; Highsmith, J.; Hunt, A.; Jeffries, R.; Kern, J.; Marick, B.; Martin, R. C.; Mellor, S.; Schwaber, K.; Sutherland, J. und Thomas, D. (2001) Manifesto for Agile Software Development. URL: http://agilemanifesto.org, 19.05.2022.

Beck, K. und Fowler, M. (2001) Planning Extreme Programming, Addison-Wesley, Boston, 2001.

Beer, S. (1959) Cybernetics and Management, 1. Auflage, English Universities, London, 1959.

Benington, H. D. (1983) Production of Large Computer Programs, In: IEEE Annals of the History of Computing, Nr. 4, 5. Jg., 1983, S. 350-361.

Bertalanffy, L. v. (1950) An Outline of General System Theory, In: British Journal for the Philosophy of Science, Nr. 2, 1. Jg., 1950, S. 134-165.

Bertling, M.; Caroli, H.; Dannapfel, M. und Burggräf, P. (2018) The Minimal Viable Production System (MVPS) – An Approach for Agile (Automotive) Factory Planning in a Disruptive Environment, In: *Schmitt, R. H. und Schuh, G.* (Hrsg.): Advances in Production Research - Proceedings of the 8th Congress of the German Academic Association for Production Technology (WGP), Springer, Cham, 2018, S. 24-33.

Binder, J.; Aillaud, L. I. V. und Schilli, L. (2014) The project management cocktail model: An approach for balancing agile and ISO 21500, In: Procedia - Social and Behavioral Sciences, 119. Jg., 2014, S. 182-191.

Bliss, C. (1998) Management von Komplexität - Ein integrierter, systemtheoretischer Ansatz zur Komplexitätsreduktion, Gabler, Wiesbaden, 1998.

Bloom, B. S. (1956) Taxonomy of Educational Objectives - The Classification of Educational Goals, Longman, London, 1956.

Boehm, B. W. (1988) A Spiral Model of Software Development and Enhancement, In: Computer, Nr. 5, 21. Jg., 1988, S. 61-72.

Boehm, B. W. (2006) One-Size-Fits-All Methods: The Wrong Solution to New Problems, In: Communications of the ACM, Nr. 10, 49. Jg., 2006, S. 30-31.

Boehm, B. W.; Port, D. und Brown, A. W. (2002) Balancing Plan-Driven and Agile Methods in Software Engineering Project Courses, In: Computer Science Education, Nr. 3, 12. Jg., 2002, S. 187-195.

Boehm, B. W. und Turner, R. (2003) Observations on Balancing Discipline and Agility, In: *Institute of Electrical and Electronis Engineers (IEEE)* (Hrsg.): Proceedings of the Agile Development Conference - ADC 2003, IEEE, Los Alamitos, 2003, S. 32-39.

Boehm, B. W. und Turner, R. (2003) Rebalancing Your Organization's Agility and Discipline, In: *Maurer, F. und Wells, D.* (Hrsg.): Extreme Programming and Agile Methods - XP/Agile Universe 2003, Springer, Berlin, Heidelberg, 2003, S. 1-8.

Boehm, B. W. und Turner, R. (2003) Using Risk to Balance Agile and Plan-Driven Methods, In: IEEE Computer, Nr. 6, 36. Jg., 2003, S. 57-66.

Boehm, B. W. und Turner, R. (2004) Balancing Agility and Discipline: Evaluating and Integrating Agile and Plan-Driven Methods, In: *Institute of Electrical and Electronis Engineers (IEEE)* (Hrsg.): Proceedings of the 26th International Conference on Software Engineering (ICSE), IEEE, Los Alamitos, 2004, S. 718-719.

Bonchev, D. und Buck, G. A. (2005) Quantitative Measures of Network Complexity, In: *Bonchev, D. und Rouvray, D. H.* (Hrsg.): Complexity in Chemistry, Biology, and Ecology, Springer, New York, 2005, S. 191-236.

Booth, A. (2006) "Brimful of STARLITE": toward standards for reporting literature searches, In: Journal of the Medical Library Association, Nr. 4, 94. Jg., 2006, S. 421-430.

Böse, F.; Philipp, T. und Windt, K. (2007) Der Komplexitätswürfel - Ein Instrumentarium zur Charakterisierung komplexer Produktionssysteme, In: ZWF Zeitschrift für wirtschaftlichen Fabrikbetrieb, Nr. 5, 102. Jg., 2007, S. 295-298.

Braha, D. und Maimon, O. (20) A Mathematical Theory of Design: Foundations, Algorithms and Applications, Springer, Cham, 20.

Brehm, L.; Feldmüller, D. und Rieke, T. (2017) Konfiguration des hybriden Projektmanagements für die Entwicklung technischer, physischer Produkte, In: *Barton, T.; Herrmann, F.; Meister, V. G.; Müller, C. und Seel, C.* (Hrsg.): Prozesse, Technologie, Anwendungen, Systeme und Management 2017 - Angewandte Forschung in der Wirtschaftsinformatik, 1. Auflage, mana, Heide, 2017, S. 30-39.

Brillouin, L. (1949) Life, Thermodynamics, and Cybernetics, In: American Scientist, Nr. 4, 37. Jg., 1949, S. 554-568.

Brinkkemper, S. (1996) Method engineering: engineering of information systems development methods and tools, In: Information and Software Technology, Nr. 4, 38. Jg., 1996, S. 275-280.

Brinzer, B. und Banerjee, A. (2017) Komplexitätsbewertung im Kontext Cyber-physischer Systeme, In: ZWF Zeitschrift für wirtschaftlichen Fabrikbetrieb, Nr. 5, 112. Jg., 2017, S. 341-345.

Brooks, F. P. (1987) No Silver Bullet - Essence and Accidents of Software Engineering, In: IEEE Computer, Nr. 4, 20. Jg., 1987, S. 10-19.

Broy, M. und Rausch, A. (2005) Das neue V-Modell XT - Ein anpassbares Vorgehensmodell für Software und System Engineering, In: Informatik Spektrum, Nr. 3, 28. Jg., 2005, S. 220-229.

Buerkli, D. (2019) "What gets measured gets managed" — It's wrong and Drucker never said it. URL: https://medium.com/centre-for-public-impact/what-gets-measured-gets-managed-its-wrong-and-drucker-never-said-it-fe95886d3df6, 19.05.2022.

Bullinger, H.-J. (Hrsg.) (1986) Systematische Montageplanung - Handbuch für die Praxis, Hanser, München [u.a.], 1986.

Bullinger, H.-J. (1995) Arbeitsgestaltung - Personalorientierte Gestaltung marktgerechter Arbeitssysteme, Springer, Wiesbaden, 1995.

Bunge, M. (1974) Technology as Applied Science, In: *Rapp, F.* (Hrsg.): Contributions to a Philosophy of Technology - Studies in the Structure of Thinking in the Technological Sciences, Springer, Dordrecht, 1974, S. 19-39.

Burggräf, P. (2012) Wertorientierte Fabrikplanung, Dissertation, RWTH Aachen University, 2012.

Burggräf, P.; Adlon, T.; Schupp, S.; Fölling, C. und Dannapfel, M. (2021) Die Modullandkarte des Aachener Fabrikplanungsvorgehens - Ganzheitliche, informatorische Vernetzung als Grundlage spezifischer Projektkonfigurationen, In: ZWF Zeitschrift für wirtschaftlichen Fabrikbetrieb, Nr. 12, 116. Jg., 2021, S. 866-871.

Burggräf, P.; Dannapfel, M.; Adlon, T. und Fölling, C. (2020) Hybrid approach to agile assembly planning – Empirical evaluation of the industrial practice, In: Procedia CIRP, 93. Jg., 2020, S. 1170-1175.

Burggräf, P.; Dannapfel, M.; Adlon, T.; Kahmann, H.; Schukat, E. und Keens, J. (2020) Capability-based assembly design: An approach for planning an agile assembly system in automotive industry, In: Procedia CIRP, 93. Jg., 2020, S. 1206-1211.

Burggräf, P.; Dannapfel, M.; Adlon, T.; Riegauf, A.; Müller, K. und Fölling, C. (2019) Agile Montage - Montageplanung und -system als integrale Bestandteile der Fabrikplanung, In: wt Werkstattstechnik online, Nr. 9, 109. Jg., 2019, S. 622-627.

Burggräf, P.; Dannapfel, M.; Adlon, T.; Riegauf, A.; Schukat, E. und Schuster, F. (2020) Optimization approach for the combined planning and control of an agile assembly system for electric vehicles, In: *Nyhuis, P.; Herberger, D. und Hübner, M.* (Hrsg.): Proceedings of the 1st Conference on Production Systems and Logistics (CPSL 2020), Institute for Production and Logistics Research GbR, Hannover, 2020, S. 137-146.

Burggräf, P.; Dannapfel, M.; Förstmann, R.; Adlon, T. und Fölling, C. (2018) Data Quality-Based Process Enabling - Application to logistics supply processes in low-volume ramp-up context, In: *Institute of Electrical and Electronis Engineers (IEEE)* (Hrsg.): Proceedings of the 2018 International Conference on Information Management and Processing (ICIMP), IEEE, Piscataway, 2018, S. 36-41.

Burggräf, P. und Schuh, G. (2021) Fabrikplanung - Handbuch Produktion und Management 4, 2. Auflage, Springer, Berlin [u.a.], 2021.

Calinescu, A.; Efstathiou, J.; Schirn, J. und Bermejo, J. (1998) Applying and assessing two methods for measuring complexity in manufacturing, In: Journal of the Operational Research Society, Nr. 7, 49. Jg., 1998, S. 723-733.

Cambel, A. B. (1992) Applied Chaos Theory - A Paradigm for Complexity, Academic, San Diego, 1992.

Carpenter, S. E. und Dagnino, A. (2014) Is Agile too Fragile for Space-Based Systems Engineering?, In: *Institute of Electrical and Electronis Engineers (IEEE)* (Hrsg.): Proceedings of 2014 IEEE International Conference on Space Mission Challenges for Information Technology (SMC-IT), Curran, 2014, S. 38-45.

Carvalho, W. C. S.; Rosa, P. F.; Soares, M. S.; Cunha, M. A. T. und Buiatte, L. C. (2011) A Comparative Analysis of the Agile and Traditional Software Development Processes Productivity, In: *Institute of Electrical and Electronis Engineers (IEEE)* (Hrsg.): Proceedings of 30th International Conference of the Chilean Computer Science Society, IEEE, Los Alamitos, 2011, S. 74-82.

Chater, N. (2020) Facing up to the uncertainties of COVID-19, In: Nature human behaviour, Nr. 5, 4. Jg., 2020, S. 439.

CIRP (2020) Dictionary of Production Engineering IV - Assembly Wörterbuch der Fertigungstechnik IV - Montage Dizionario di Ingegneria della Produzione IV - Assemblaggio, Springer, Berlin [u.a.], 2020.

Clausius, R. (1879) The Mechanical Theory of Heat, Macmillan, London [u.a.], 1879.

Cobb, C. G. (2011) Making Sense of Agile Project Management - Balancing Control and Agility, Wiley, Hoboken, 2011.

Cockburn, A. (2002) Agile Software Development, 177. Auflage, Addison-Wesley, Boston, 2002.

Conboy, K. (2009) Agility from First Principles: Reconstructing the Concept of Agility in Information Systems Development, In: Information Systems Research, Nr. 3, 20. Jg., 2009, S. 329-354.

Conforto, E. C. und Amaral, D. C. (2010) Evaluating an Agile Method for Planning and Controlling Innovative Projects, In: Project Management Journal, Nr. 2, 41. Jg., 2010, S. 73-80.

Conforto, E. C. und Amaral, D. C. (2015) Agile project management and stage-gate model - A hybrid framework for technology-based companies, In: Journal of Engineering and Technology Management - JET-M, 40. Jg., 2015, S. 1-14.

Cooke, J. L. (2016) PRINCE2 Agile - An Implementation Pocket Guide, IT Governance, Ely, 2016.

Cooper, H. M. (1988) Organizing Knowledge Syntheses: A Taxonomy of Literature Reviews, In: Knowledge in society, Nr. 1, 1. Jg., 1988, S. 104-126.

Cooper, R. G. (1990) Stage-Gate Systems: A New Tool for Managing New Products, In: Business horizons, Nr. 3, 33. Jg., 1990, S. 44-54.

Cooper, R. G. (2016) Agile–Stage-Gate Hybrids - The Next Stage for Product Development, In: Research-Technology Management, Nr. 1, 59. Jg., 2016, S. 21-29.

Cooper, R. G. (2017) Idea-to-Launch Gating Systems: Better, Faster, and More Agile, In: Research-Technology Management, Nr. 1, 60. Jg., 2017, S. 48-52.

Cooper, R. G. und Sommer, A. F. (2016) Agile-Stage-Gate: New idea-to-launch method for manufactured new products is faster, more responsive, In: Industrial Marketing Management, 59. Jg., 2016, S. 167-180.

Cooper, R. G. und Sommer, A. F. (2016) From Experience: The Agile–Stage-Gate Hybrid Model: A Promising New Approach and a New Research Opportunity, In: Journal of Product Innovation Management, Nr. 5, 33. Jg., 2016, S. 513-526.

Cooper, R. G. und Sommer, A. F. (2018) Agile–Stage-Gate for Manufacturers - Changing the Way New Products Are Developed, In: Research Technology Management, Nr. 2, 61. Jg., 2018, S. 17-26.

Cram, W. A. und Marabelli, M. (2018) Have your cake and eat it too? Managing knowledge in hybrid agile-traditional development projects, In: Information & Management, 55. Jg., 2018, S. 322-339.

Dannapfel, M. (2020) Ein systemisches Management-Modell für die Fabrikplanung - A systematic management model for factory planning, Dissertation, RWTH Aachen University, 2020.

Dannenberg, M. (2001) Stategisches Bankmanagement - Die Bewältigung von Komplexität, Dynamik und Unsicherheit im Kreditgewerbe, 1. Auflage, Gabler; DIV, Wiesbaden, 2001.

Datta, S. (2006) Agility Measurement Index – A Metric for the Crossroads of Software Development Methodologies, In: *Association for Computing Machinery (ACM)* (Hrsg.): Proceedings of the 44th Annual Southeast Regional Conference (ACM SE), ACM, New York, 2006, S. 271-273.

Dehaene, S. und Changeux, J.-P. (1997) A hierarchical neuronal network for planning behavior, In: Proceedings of the National Academy of Sciences, Nr. 24, 94. Jg., 1997, S. 13293-13298.

Deutschländer, A. (1989) Integrierte rechnerunterstützte Montageplanung, Hanser, München, 1989.

Diebold, P.; Zehler, T.; Schmitt, A.; Simon, F. und Kruse, B. (2016) Prozessverbesserung durch fragmentierte Anwendung von Scrum & Co., In: *Engstler, M.; Fazal-Baqaie, M.; Hanser, E.; Linssen, O.; Mikusz, M. und Volland, A.* (Hrsg.): Projektmanagement und Vorgehensmodelle 2016 - Arbeiten in hybriden Projekten: das Sowohl-als-auch von Stabilität und Dynamik: gemeinsame Tagung der Fachgruppen Projektmanagement (WI-PM) und Vorgehensmodelle (WI-VM) im Fachgebiet Wirtschaftsinformatik der Gesellschaft für Informatik e.V.; 6. und 7. Oktober 2016 in Paderborn, GI, Bonn, 2016, S. 135-143.

Diels, F. (2018) Indikatoren für die Ermittlung agil zu entwickelnder Produktumfänge, Dissertation, RWTH Aachen University, 2018.

Diels, F.; Riesener, M. und Schuh, G. (2016) Methodology for the Suitability Validation of a Highly Iterative Product Development Approach for Individual Segments of an Overall Development Task, In: Advanced Materials Research, 794. Jg., 2016, S. 513-520.

Diels, F.; Rudolf, S. und Schuh, G. (2015) Highly iterative product development process for engineering projects, In: Applied Mechanics & Materials, 794. Jg., 2015, S. 532-539.

DIN Deutsches Institut für Normung (2000) DIN EN ISO 10075-2: Ergonomische Grundlagen bezüglich psychischer Arbeitsbelastung - Teil 2: Gestaltungsgrundsätze, ICS 13.180, Beuth, Berlin, 2000.

DIN Deutsches Institut für Normung (2003) DIN 8593-0: Fertigungsverfahren Fügen - Teil 0: Allgemeines - Einordnung, Unterteilung, Begriffe, ICS 01.040.25; 25.020; 25.120.99, Beuth, Berlin, 2003.

DIN Deutsches Institut für Normung (2009) DIN 69901-5: Projektmanagement – Projektmanagementsysteme – Teil 5: Begriffe, ICS 03.100.40, Beuth, Berlin, 2009.

DIN Deutsches Institut für Normung (2015) DIN EN ISO 9000: Qualitätsmanagementsysteme – Grundlagen und Begriffe (ISO 9000:2015); Deutsche und Englische Fassung EN ISO 9000:2015, ICS 01.040.03; 03.120.10, Beuth, Berlin, 2015.

DIN Deutsches Institut für Normung (2016) DIN ISO 21500: Leitlinien Projektmanagement, ICS 03.100.40, Beuth, Berlin, 2016.

Dolan, J. G.; Isselhardt, B. J. und Cappuccio, J. D. (1989) The Analytic Hierarchy Process in Medical Decision Making: A Tutorial, In: Medical decision making, Nr. 1, 9. Jg., 1989, S. 40-50.

Döring, N. und Bortz, J. (2016) Forschungsmethoden und Evaluation in den Sozial- und Humanwissenschaften, 5. Auflage, Springer, Berlin [u.a.], 2016.

Dorn, F.; Fuest, C.; Göttert, M.; Krolage, C.; Lautenbacher, S.; Link, S.; Peichl, A.; Reif, M.; Sauer, S.; Stöckli, M.; Wohlrabe, K. und Wollmershäuser, T. (2020) Die volkswirtschaftlichen Kosten des Corona-Shutdown für Deutschland: Eine Szenarienrechnung, In: ifo Schnelldienst, Nr. 4, 73. Jg., 2020, S. 29-35.

Drucker, P. F. (1954) The Practice of Management, Harper & Row, New York, 1954.

Dudenredaktion (2015) Duden - Deutsches Universalwörterbuch - Das umfassende Bedeutungswörterbuch der deutschen Gegenwartssprache, 8. Auflage, Dudenverlag, Berlin, 2015.

Dudenredaktion (2020) Das Herkunftswörterbuch - Etymologie der deutschen Sprache, 6. Auflage, Dudenverlag, Berlin, 2020.

ElMaraghy, W. H. und Urbanic, R. J. (2004) Assessment of Manufacturing Operational Complexity, In: CIRP Annals, Nr. 1, 53. Jg., 2004, S. 401-406.

Eklund, U. und Berger, C. (2017) Scaling Agile Development in Mechatronic Organizations - A Comparative Case Study, In: *Institute of Electrical and Electronis Engineers (IEEE)* (Hrsg.): Proceedings of the 39th International Conference on Software Engineering: Software Engineering in Practice Track (ICSE-SEIP), IEEE, Piscataway, 2017, S. 173-182.

ElMaraghy, H.; AlGeddawy, T.; Samy, S. N. und Espinoza, V. (2014) A model for assessing the layout structural complexity of manufacturing systems, In: Journal of Manufacturing Systems, Nr. 1, 33. Jg., 2014, S. 51-64.

ElMaraghy, H. A. (2006) A Complexity Code for Manufacturing Systems, In: *American Society of Mechanical Engineers (ASME)* (Hrsg.): Proceedings of the ASME 2006 International Conference on Manufacturing Science and Engineering - Parts A and B, ASME, Fairfield, 2006, S. 625-634.

ElMaraghy, H. A.; Kuzgunkaya, O. und Urbanic, R. J. (2005) Manufacturing Systems Configuration Complexity, In: CIRP Annals, Nr. 1, 54. Jg., 2005, S. 445-450.

ElMaraghy, W.; ElMaraghy, H.; Tomiyama, T. und Monostori, L. (2012) Complexity in engineering design and manufacturing, In: CIRP Annals - Manufacturing Technology, Nr. 2, 61. Jg., 2012, S. 793-814.

Espejo, R. (1996) Organizational Transformation and Learning - A Cybernetic Approach to Management, Wiley, New York, 1996.

EU-Kommission (2003) Commission Recommendation 2003/361/EC of 6 May 2003 concerning the definition of micro, small and medium-sized enterprises - notified under document number C(2003) 1422, In: Official Journal of the European Union, 2003, S. 36-41.

Eversheim, W. (1996) Organisation in der Produktionstechnik - Grundlagen, 3. Auflage, Springer, Berlin [u.a.], 1996.

Eversheim, W.; Roggatz, A.; Zimmermann, H.-J. und Derichs, T. (1995) Kurze Produktentwicklungszeiten durch Nutzung unsicherer Informationen - Modelle zur datentechnischen Umsetzung, In: it + ti - Informationstechnik und Technische Informatik, Nr. 5, 37. Jg., 1995, S. 47-53.

Eversheim, W. und Schuh, G. (Hrsg.) (2005) Integrierte Produkt- und Prozessgestaltung, 1. Auflage, Springer, Berlin, 2005.

Eversheim, W.; Witte, K.-W. und Peffekoven, K.-H. (1981) Montage richtig planen - Methoden und Hilfsmittel zur rationellen Gestaltung der Montage in Unternehmen mit Einzel- und Serienfertigung, VDI, Düsseldorf, 1981.

Fahad, M.; Qadri, S.; Ullah, S.; Husnain, M.; Qaiser, R.; Qureshi, S. A.; Ahmed, W. und Muhammad, S. S. (2017) A Comparative Analysis of DXPRUM and DSDM, In: IJCSNS International Journal of Computer Science and Network Security, Nr. 5, 17. Jg., 2017, S. 259-264.

Faßbinder, P. (2012) How can you be Agile in "Rough Terrain" and under "Tight Boundary Conditions" - Industrial Experience Report, In: *Filipe, J. und Maciaszek, L. A.* (Hrsg.): Proceedings of the 7th International Conference on Evaluation of Novel Approaches to Software Engineering (ENASNE), Springer, Heidelberg, New York [u.a.], 2012, S. 117-121.

Felderer, M.; Winkler, D. und Biffl, S. (2017) Hybrid Software and System Development in Practice: Initial Results from Austria, In: *Felderer, M.; Méndez Fernández, D.; Turhan, B.; Kalinowski, M.; Sarro, F. und Winkler, D.* (Hrsg.): Proceedings of 18th International Conference on Product-Focused Software Process Improvement (PROFES), Springer, New York, 2017, S. 435-442.

Feldhusen, J. und Grote, K.-H. (2013) Der agile Entwicklungs- und Konstruktionsprozess, In: *Feldhusen, J. und Grote, K.-H.* (Hrsg.): Pahl/Beitz Konstruktionslehre - Methoden und Anwendung erfolgreicher Produktentwicklung, 8. Auflage, Springer, Berlin, 2013, S. 808-815.

Feldhusen, J. und Grote, K.-H. (2013) Der Produktentstehungsprozess (PEP), In: *Feldhusen, J. und Grote, K.-H.* (Hrsg.): Pahl/Beitz Konstruktionslehre - Methoden und Anwendung erfolgreicher Produktentwicklung, 8. Auflage, Springer, Berlin, 2013, S. 11-24.

Feldhusen, J. und Grote, K.-H. (Hrsg.) (2013) Pahl/Beitz Konstruktionslehre - Methoden und Anwendung erfolgreicher Produktentwicklung, 8. Auflage, Springer, Berlin, 2013.

Feldhusen, J.; Löwer, M. und Bungert, F. (2009) Agile Methods for Design to Customer, In: *Norell Bergendahl, M.; Grimheden, M.; Leifer, L.; Skogstad, P. und Lindemann, U.* (Hrsg.): Proceedings of the 17th International Conference on Engineering Design (ICED), Design Society, Glasgow, 2009, S. 451-460.

Feldmüller, D. und Sticheling, N. (2016) Agile Methoden in der Entwicklung mechatronischer Produkte, In: Projektmanagement aktuell, Nr. 2, 27. Jg., 2016, S. 14-22.

Fischer, K. (2004) Aspekte einer empirisch fundierten betriebswirtschaftlichen Entscheidungslehre - Neuere Entwicklungen bei Entscheidungen unter Risiko, 1. Auflage, DUV, Wiesbaden, 2004.

Fischi, J.; Nilchiani, R. und Wade, J. (2017) Dynamic Complexity Measures for Use in Complexity-Based System Design, In: IEEE Systems Journal, Nr. 4, 11. Jg., 2017, S. 2018-2027.

Flick, U. (2011) Triangulation, Springer, Wiesbaden, 2011.

Flückiger, M. und Rauterberg, M. (1995) Komplexität und Messung von Komplexität, In: ETH Zürich-Institut für Arbeitspsychologie, Technical Report IfAP/ETH/CC-01/95, 1995, S. 1-31.

Fölling, C.; Burggräf, P.; Wang, S. und Adlon, T. (2022) A systematic approach towards mastering complexity through hybrid assembly planning, In: CIRP Journal of Manufacturing Science and Technology, 38. Jg., 2022, S. 159-171.

Fowler, M. und Highsmith, J. (2001) The Agile Manifesto, In: Software Development, Nr. 8, 9. Jg., 2001, S. 28-35.

Fricker, A. R. (1996) Eine Methodik zur Modellierung, Analyse und Gestaltung komplexer Produktionsstrukturen, 1. Auflage, Augustinus, Aachen, 1996.

Frigge, M.; Hoaglin, D. C. und Iglewicz, B. (1989) Some Implementations of the Boxplot, In: The Amercian Statistican, Nr. 1, 43. Jg., 1989, S. 50-54.

Frizelle, G. und Woodcock, E. (1995) Measuring complexity as an aid to developing operational strategy, In: International Journal of Operations & Production Management, Nr. 5, 15. Jg., 1995, S. 26-39.

Fusch, T. (2005) Betriebsbegleitende Prozessplanung in der Montage mit Hilfe der Virtuellen Produktion am Beispiel der Automobilindustrie // Betriebsbegleitende Prozessplanung in der Montage mit Hilfe der virtuellen Produktion am Beispiel der Automobilindustrie, Utz, München, 2005.

Gardner, D. G. (1990) Task complexity effects on non-task-related movements: A test of activation theory, In: Organizational Behavior and Human Decision Processes, Nr. 2, 45. Jg., 1990, S. 209-231.

Gartzen, T. (2012) Diskrete Migration als Anlaufstrategie für Montagesysteme, Dissertation, RWTH Aachen University, 2012.

Gell-Mann, M. (2002) The Quark and the Jaguar - Adventures in the Simple and the Complex, 8. Auflage, Freeman, New York, 2002.

Gennen, K. (2016) Auswirkungen hybrider Projektvorgehensmethoden auf den Softwareerstellungsvertrag, In: *Engstler, M.; Fazal-Baqaie, M.; Hanser, E.; Linssen, O.; Mikusz, M. und Volland, A.* (Hrsg.): Projektmanagement und Vorgehensmodelle 2016 - Arbeiten in hybriden Projekten: das Sowohl-als-auch von Stabilität und Dynamik: gemeinsame Tagung der Fachgruppen Projektmanagement (WI-PM) und Vorgehensmodelle (WI-VM) im Fachgebiet Wirtschaftsinformatik der Gesellschaft für Informatik e.V.; 6. und 7. Oktober 2016 in Paderborn, GI, Bonn, 2016, S. 37-48.

Gill, A. Q.; Henderson-Sellers, B. und Niazi, M. (2018) Scaling for agility: A reference model for hybrid traditional-agile software development methodologies, In: Information Systems Frontiers, Nr. 2, 20. Jg., 2018, S. 315-341.

Gottschalk, S. F. (2006) Dedicated Flexibility - Komplexitätsoptimale Gestaltung manueller Serienmontage, Dissertation, RWTH Aachen University, 2006.

Grosswiele, L. (2015) Corporate Performance Management Considering Digitalization & Sustainability: An Information Systems Perspective, Dissertation, Universität Bayreuth, 2015.

Grundig, C.-G. (2009) Fabrikplanung - Planungssystematik - Methoden - Anwendungen, 3. Auflage, Hanser, München, 2009.

Gruschka, A. und Geissler, H. (1982) Über die Fähigkeit von Untersuchten und Wissenschaftlern, interpretative Urteile zu validieren Bemerkungen zum Beitrag von E. Terhart - Bemerkungen zum Beitrag von E. Terhart, In: Zeitschrift für Pädagogik, Nr. 4, 27. Jg., 1982, S. 625-634.

Guerineau, B.; Rivest, L.; Bricogne, M. und Durupt, A. (2016) Agile and Project-Planned Methods in Multidisciplinary Product Design, In: *Harik, R.; Rivest, L.; Bernard, A.; Eynard, B. und Bouras, A.* (Hrsg.): Product Lifecycle Management for Digital Transformation of Industries - 13th IFIP WG 5.1 International Conference, 492. Auflage, Springer, 2016, S. 108-118.

Gunasekaran, A. und Yusuf, Y. Y. (2002) Agile Manufacturing: A Taxonomy of Strategic and Technological Imperatives, In: International Journal of Production Research, Nr. 6, 40. Jg., 2002, S. 1357-1385.

Haberfellner, R.; Weck, O. de; Fricke, E. und Vössner, S. (2019) Systems Engineering - Fundamentals and Applications, Springer, Cham, 2019.

Habermann, F. (2013) Hybrides Projektmanagement – agile und klassische Vorgehensmodelle im Zusammenspiel, In: HMD Praxis der Wirtschaftsinformatik, Nr. 5, 50. Jg., 2013, S. 93-102.

Habermann, F. (2020) Agiler Populismus oder gute Sache? Das Beispiel der Stacey-Matrix. URL: https://overthefence.com.de/agiler-populismus-oder-gute-sache-das-beispiel-der-stacey-matrix/, 19.05.2022.

Hajek, A.; Bock, F. de; Wieler, L. H.; Sprengholz, P.; Kretzler, B. und König, H.-H. (2020) Perceptions of Health Care Use in Germany during the COVID-19 Pandemic, In: International journal of environmental research and public health, Nr. 24, 17. Jg., 2020, S. 1-13.

Hanschke, I. (2016) Agile Planung - nur so viel planen wie nötig, In: Wirtschaftsinformatik & Management, 4. Jg., 2016, S. 70-78.

Hausdorff, F. (1978) Grundzüge der Mengenlehre, 3. Auflage, Chelsea, New York, 1978.

Hawer, S.; Ilmer, P. und Reinhart, G. (2015) Klassifizierung unscharfer Planungsdaten in der Fabrikplanung, In: ZWF Zeitschrift für wirtschaftlichen Fabrikbetrieb, Nr. 6, 110. Jg., 2015, S. 348-351.

Hayata, T. und Han, J. (2011) A Hybrid Model for IT Project with Scrum, In: *Institute of Electrical and Electronis Engineers (IEEE)* (Hrsg.): Proceedings of 2011 IEEE International Conference on Service Operations, Logistics and Informatics (SOLI), IEEE, Piscataway, 2011, S. 285-290.

Heimicke, J.; Scheib, C. und Albers, A. (2020) Dealing with development risk and complexity in planning situations within product engineering processes, In: Procedia CIRP, 91. Jg., 2020, S. 220-229.

Heinze, T. (1987) Qualitative Sozialforschung, Westdeutscher Verlag, Opladen, 1987.

Henderson-Sellers, B. und Ralyté, J. (2010) Situational Method Engineering: State-of-the-Art Review, In: Journal of Universal Computer Science, Nr. 3, 16. Jg., 2010, S. 424-478.

Henninger, S.; Ivaturi, A.; Nuli, K. und Thirunavukkaras, A. (2002) Supporting Adaptable Methodologies to Meet Evolving Project Needs, In: *Wells, D. und Williams, L.* (Hrsg.): Proceedings of the 2nd XP Universe and First Agile Universe Conference on Extreme Programming and Agile Methods - XP/Agile Universe 2002, Springer, Berlin, Heidelberg, 2002, S. 33-44.

Hess, K. K.; Jones, B. S.; Carlock, D. und Walkup, J. R. (2009) Cognitive Rigor: Blending the Strengths of Bloom's Taxonomy and Webb's Depth of Knowledge to Enhance Classroom-level Processes, 2009.

Horgan, J. (1995) From Complexity to Perplexity, In: Scientific American, Nr. 6, 272. Jg., 1995, S. 104-109.

Hu, S. J.; Ko, J.; Weyand, L.; ElMaraghy, H. A.; Lien, T. K.; Koren, Y.; Bley, H.; Chryssolouris, G.; Nasr, N. und Shpitalni, M. (2011) Assembly system design and operations for product variety, In: CIRP Annals - Manufacturing Technology, Nr. 2, 60. Jg., 2011, S. 715-733.

Hu, S. J.; Zhu, X.; Wang, H. und Koren, Y. (2008) Product variety and manufacturing complexity in assembly systems and supply chains, In: CIRP Annals, Nr. 1, 57. Jg., 2008, S. 45-48.

Huaccho Huatuco, L.; Efstathiou, J.; Sivadasan, S. und Calinescu, A. (2001) The value of dynamic complexity in manufacturing systems, In: *POMS* (Hrsg.): Proceedings of the International Conference of the Production and Operations Management Society (POMS), 2001, S. 180-188.

Hunt, S. D. (2010) Marketing Theory - Foundations, Controversy, Strategy, Resource-Advantage Theory, Sharpe, Armonk, 2010.

Ishizaka, A. und Lusti, M. (2006) How to Derive Priorities in AHP: A Comparative Study, In: European Journal of Operations Research, Nr. 4, 14. Jg., 2006, S. 387-400.

Janssen, M. und van der Voort, H. (2020) Agile and adaptive governance in crisis response: Lessons from the COVID-19 pandemic, In: International journal of information management, 55. Jg., 2020, S. 1-7.

Jensen, S. (1999) Erkenntnis - Konstruktivismus - Systemtheorie - Einführung in die Philosophie der konstruktivistischen Wissenschaft, Westdeutscher Verlag, Wiesbaden, 1999.

Jimenez-Hernandez, E. M. und Orantes-Jimenez, S. D. (2011) META: a new hybrid methodology to software development created to suit the current needs in Mexico - for ICTA 2011, In: *Arhangel'Skii, A. V.; Ud Din Khan, M. und Kocinac, L. D. R.* (Hrsg.): Proceedings of the 2011 International Conferences on Information and Communication Technologies and Applications (ICTA) // Proceedings of the International Conference on Topology and its Applications, ICTA 2011, Cambridge; Cambridge Scientific Publishers, Cambridge, 2011, S. 46-49.

Jonas, C. (2000) Konzept einer durchgängigen, rechnergestützten Planung von Montageanlagen, Utz, München, 2000.

Kampker, A.; Meckelnborg, A.; Burggräf, P. und Netz, T. (2013) Factory Planning Scrum: Integrative Factory Planning with Agile Project Management, In: *Dimitrov, D. und Schutte, C.* (Hrsg.): Proceedings of the 2013 International Conference on Competitive Manufacturing (COMA), Stellenbosch, Stellenbosch, 2013, S. 345-350.

Kampker, A.; Schuh, G.; Franzkoch, P.; Burggräf, P.; Nöcker, C.; Wesch-Potente, S.; Koch, S. und Gartzen, T. (2010) In komplexen Situationen flexibel und effizient Fabriken planen - Ein Ordnungsrahmen für die komplexitätsgerechte Fabrikplanung, In: wt Werkstattstechnik online, Nr. 4, 100. Jg., 2010, S. 218-225.

Karlström, D. und Runeson, P. (2005) Combining Agile Methods with Stage-Gate Project Management, In: IEEE Software, Nr. 3, 22. Jg., 2005, S. 43-49.

Karlström, D. und Runeson, P. (2006) Integrating agile software development into stage-gate managed product development, In: Empirical Software Engineering, Nr. 2, 11. Jg., 2006, S. 203-225.

Keith, M.; Demirkan, H. und Goul, M. (2014) Service-Oriented Methodology for Systems Development, In: Journal of Management Information Systems, Nr. 1, 30. Jg., 2014, S. 227-260.

Kettner, H.; Schmidt, J. und Greim, H.-R. (1984) Leitfaden der systematischen Fabrikplanung - Mit zahlreichen Checklisten, Hanser, München, 1984.

Kettunen, P. (2009) Adopting key lessons from agile manufacturing to agile software product development — A comparative study, In: Technovation, Nr. 6-7, 29. Jg., 2009, S. 408-422.

Kirchhof, R. (2003) Ganzheitliches Komplexitätsmanagement - Grundlagen und Methodik des Umgangs mit Komplexität im Unternehmen, DUV, Wiesbaden, 2003.

Klaus, P. (2015) Measuring Customer Experience - How to Develop and Execute the Most Profitable Customer Experience Strategies, Palgrave Macmillan, London, 2015.

Klünder, J.; Hohl, P.; Fazal-Baqaie, M.; Krusche, S.; Küpper, S.; Linssen, O. und Prause, C. R. (2017) HELENA Study: Reasons for Combining Agile and Traditional Software Development Approaches in German Companies, In: *Felderer, M.; Méndez Fernández, D.; Turhan, B.; Kalinowski, M.; Sarro, F. und Winkler, D.* (Hrsg.): Proceedings of 18th International Conference on Product-Focused Software Process Improvement (PROFES), Springer, New York, 2017, S. 428-434.

Kolmogorov, A. N. (1968) Logical Basis for Information Theory and Probability Theory, In: IEEE Transactions on Information Theory, Nr. 5, 14. Jg., 1968, S. 662-664.

Kolmogorov, A. N. (1968) Three Approaches to the Quantitative Definition of Information, In: International Journal of Computer Mathematics, Nr. 1-4, 2. Jg., 1968, S. 157-168.

Komus, A. und Kuberg, M. (2017) Abschlussbericht: Status Quo Agile 2016/2017 - 3. Studie über Erfolg und Anwendungsformen von agilen Methoden, Abschlussbericht Studie, Hochschule Koblenz, 2017.

Konold, P. und Reger, H. (2003) Praxis der Montagetechnik - Produktdesign, Planung, Systemgestaltung, 2. Auflage, Vieweg, Wiesbaden, 2003.

Krieg, W. (1971) Kybernetische Grundlagen der Unternehmungsgestaltung, Haupt, Bern [u.a.], 1971.

Krunke, M. (2017) Reifegradmanagement in der Fabrikplanung - Maturity management in factory planning, Dissertation, RWTH Aachen University, 2017.

Kubicek, H. (1977) Heuristische Bezugsrahmen und heuristisch angelegte Forschungsdesigns als Elemente einer Konstruktionsstrategie empirischer Forschung, In: *Köhler, R.* (Hrsg.): Empirische und handlungstheoretische Forschungskonzeptionen in der Betriebswirtschaftslehre - Bericht über die Tagung in Aachen, März 1976, 1. Auflage, Poeschel, Stuttgart, 1977, S. 3-36.

Kuhrmann, M.; Diebold, P.; MacDonell, S. und Münch, J. (2017) 2nd Workshop on Hybrid Development Approaches in Software Systems Development, In: *Felderer, M.; Méndez Fernández, D.; Turhan, B.; Kalinowski, M.; Sarro, F. und Winkler, D.* (Hrsg.): Proceedings of 18th International Conference on Product-Focused Software Process Improvement (PROFES), Springer, New York, 2017, S. 397-403.

Kuhrmann, M.; Diebold, P.; Munch, J.; Tell, P.; Trektere, K.; McCaffery, F.; Garousi, V.; Felderer, M.; Linssen, O.; Hanser, E. und Prause, C. R. (2019) Hybrid Software Development Approaches in Practice - A European Perspective, In: IEEE Software, Nr. 4, 36. Jg., 2019, S. 20-31.

Kuhrmann, M.; Diebold, P.; Münch, J.; Tell, P.; Garousi, V.; Felderer, M.; Trektere, K.; McCaffery, F.; Linssen, O.; Hanser, E. und Prause, C. R. (2017) Hybrid Software and System Development in Practice: Waterfall, Scrum, and Beyond, In: *Bendraou, R.; Raffo, D.; Huang, L. und Maggi, F. M.* (Hrsg.): Proceedings of the 2017 International Conference on Software and System Process (ICSSP), ACM, New York, 2017, S. 30-39.

Küpper, S.; Rausch, A. und Andelfinger, U. (2018) Towards the Systematic Development of Hybrid Software Development Processes, In: *Kuhrmann, M.; O'Connor, R. V. und Houston, D.* (Hrsg.): Proceedings of the 2018 International Conference on Software and System Process (ICSSP), ACM, New York, 2018, S. 157-161.

Kurtz, J. und Sauer, J. (2018) Auswirkungen des Einsatzes hybrider Methoden auf die Projektsteuerung, In: *Mikusz, M.; Volland, A.; Engstler, M.; Fazal-Baqaie, M.; Hanser, E. und Linssen, O.* (Hrsg.): Projektmanagement und Vorgehensmodelle (PVM) - Der Einfluss der Digitalisierung auf Projektmanagementmethoden und Entwicklungsprozesse : gemeinsame Tagung der Fachgruppen Projektmanagement (WI-PM) und Vorgehensmodelle (WI-VM) im Fachgebiet Wirtschaftsinformatik der Gesellschaft für Informatik e.V. in Kooperation mit der Fachgruppe IT-Projektmanagement der GPM e.V. : 15. und 16. Oktober 2018 in Düsseldorf, GI, Bonn, 2018, S. 73-83.

Kusiak, A. und He, D. W. (1997) Design for agile assembly: an operational perspective, In: International Journal of Production Research, Nr. 1, 35. Jg., 1997, S. 157-178.

Kusters, van de R. J.; Leur, Y.; Rutten, W. G. M. M. und Trienekens, J. J. M. (2017) When Agile Meets Waterfall - Investigating Risks and Problems on the Interface between Agile and Traditional Software Development in a Hybrid Development Organization, In: *Hammoudi, S.; Smialek, M.; Camp, O. und Filipe, J.* (Hrsg.): Proceedings of the 19th International Conference on Enterprise Information Systems (ICEIS), 2. Auflage, SciTePress, 2017, S. 271-278.

Landauer, R. (1961) Irreversibility and Heat Generation in the Computing Process, In: IBM Journal of Research and Development, Nr. 3, 5. Jg., 1961, S. 183-191.

Laperrière, L. und ElMaraghy, H. A. (1994) Assembly Sequences Planning for Simultaneous Engineering Applications, In: International Journal of Advanced Manufacturing Technology, 9. Jg., 1994, S. 231-244.

Larman, C. und Basili, V. R. (2003) Iterative and Incremental Development: A Brief History, In: Computer, Nr. 6, 36. Jg., 2003, S. 47-56.

Laux, H.; Gillenkirch, R. M. und Schenk-Mathes, H. Y. (2014) Entscheidungstheorie, 9. Auflage, Springer, Berlin [u.a.], 2014.

Leimer, H. W. (1990) Vernetztes Denken im Bankmanagement, Gabler, Wiesbaden, 1990.

Lesmana, I. P. D.; Karimah, R. N. und Widiawan, B. (2016) Agile-Waterfall hybrid for prevention information system of dengue viral infections: A case study in Health Department of Jember, East Java, Indonesia, In: *Institute of Electrical and Electronis Engineers (IEEE)* (Hrsg.): Proceedings of the 14th International Conference on ICT and Knowledge Engineering, IEEE, Piscataway, 2016, S. 1-6.

Levy, Y. und Ellis, T. J. (2006) A Systems Approach to Conduct an Effective Literature Review in Support of Information Systems Research, In: Information Science Journal, 9. Jg., 2006, S. 181-212.

Lewis, W. E. (1999) PDCA/Test - A Quality Tool Framework for Software Testing, Auerbach, Boca Raton, 1999.

Lindemann, U. (2007) Methodische Entwicklung technischer Produkte - Methoden flexibel und situationsgerecht anwenden, 2. Auflage, Springer, Berlin [u.a.], 2007.

Linssen, O.; Kuhrmann, M.; Klünder, J.; Felderer, M.; Hanser, E. und Fazal-Baqaie, M. (2018) Jenseits des Hypes - Entwicklung und Nutzung hybrider Vorgehensmodelle in der Praxis, In: Projektmanagement aktuell, Nr. 4, 29. Jg., 2018, S. 49-56.

Lödding, H. (2008) Verfahren der Fertigungssteuerung - Grundlagen, Beschreibung, Konfiguration, 2. Auflage, Springer, Berlin [u.a.], 2008.

Lom, M.; Pribyl, O. und Zelinka, T. (2016) Hybrid-Agile Approach in Smart Cities Procurement, In: *Callaos, N. C.* (Hrsg.): Proceedings of the 20th World Multi-Conference on Systemics, Cybernetics and Informatics (WMSCI), IIIS, Winter Garden, 2016, S. 50-55.

Lorenz, K.; Fiedler, A. und Thaler, T. (2016) Ein hybrider Projektmanagementansatz für das regulierte Umfeld, In: *Engstler, M.; Fazal-Baqaie, M.; Hanser, E.; Linssen, O.; Mikusz, M. und Volland, A.* (Hrsg.): Projektmanagement und Vorgehensmodelle 2016 - Arbeiten in hybriden Projekten: das Sowohl-als-auch von Stabilität und Dynamik: gemeinsame Tagung der Fachgruppen Projektmanagement (WI-PM) und Vorgehensmodelle (WI-VM) im Fachgebiet Wirtschaftsinformatik der Gesellschaft für Informatik e.V.; 6. und 7. Oktober 2016 in Paderborn, GI, Bonn, 2016, S. 69-78.

Lotter, B. (1992) Wirtschaftliche Montage - Ein Handbuch für Elektrogerätebau und Feinwerktechnik, 2. Auflage, VDI, Düsseldorf, 1992.

Luczak, H. und Fricker, A. (1997) Komplexitätsmanagement - ein Mittel der strategischen Unternehmensgestaltung, In: *Schuh, G. und Wiendahl, H.-P.* (Hrsg.): Komplexität und Agilität, Springer, Berlin, Heidelberg [u.a.], 1997.

Ludwig, R. (2005) Komplexitätsbeherrschung in der wertschöpfungspartnerschafts- übergreifenden Produktspezifikationserstellung bei unvollkommenen Informationen durch Simplifizierungsregeln - Der Einfluss der Simplifizierung in der Produktspezifikationserstellung auf die wirtschaftlichen Erfolgsdeterminanten eines Forschungs- und Entwicklungsmanagements, Dissertation, Universität Stuttgart, 2005.

Luhmann, N. (2001) Soziale Systeme - Grundriß einer allgemeinen Theorie, 4. Auflage, Suhrkamp, Frankfurt am Main, 2001.

Luhmann, N. und Baecker, D. (2004) Einführung in die Systemtheorie, 5. Auflage, Carl-Auer-Systeme, Heidelberg, 2004.

Lusti, M. (2002) Data Warehousing und Data Mining - Eine Einführung in entscheidungsunterstützende Systeme, 2. Auflage, Springer, Berlin [u.a.], 2002.

Lutz, E. und Ciliberto, S. (2015) Information: From Maxwell's demon to Landauer's eraser, In: Physics Today, Nr. 9, 68. Jg., 2015, S. 30-35.

Mahadevan, L.; Ketinger, W. J. und Meservy, T. O. (2015) Running on Hybrid: Control Changes when Introducing an Agile Methodology in a Traditional "Waterfall" System Development Environment, In: Communications of the Association for Information Systems, 36. Jg., 2015, S. 77-103.

Malik, F. (2000) Systemisches Management, Evolution, Selbstorganisation - Grundprobleme, Funktionsmechanismen und Lösungsansätze für komplexe Systeme, 2. Auflage, Haupt, Bern, 2000.

Malik, F. (2003) Strategie des Managements komplexer Systeme - Ein Beitrag zur Management-Kybernetik evolutionärer Systeme, 8. Auflage, Haupt, Bern [u.a.], 2003.

Malik, F. (2007) Management - Das A und O des Handwerks, Campus, Frankfurt am Main, 2007.

Matthews, P. C.; Lomas, C. D. W.; Armountis, N. D. und Maropoulos, P. G. (2006) Foundations of an Agile Design Methodology, In: International Journal of Agile Manufacturing, Nr. 1, 9. Jg., 2006, S. 29-38.

Maxwell, J. C. (1899) Theory of Heat, Longmans, London, 1899.

McHugh, M.; McCaffery, F.; Fitzgerald, B.; Stol, K.-J.; Coady, G. und Casey, V. (2013) Balancing Agility and Discipline in a Medical Device Software Organisation, In: *Woronowicz, T.; Rout, T.; O'Connor, R. V. und Dorling, A.* (Hrsg.): Proceedings of 13th International Conference on Software Process Improvement and Capability Determination (SPICE), Springer, Berlin, Heidelberg, 2013, S. 199-210.

McMahon, P. E. (2015) Hybrid-Agile Software Development: Anti-Patterns, Risks, and Recommendations - Anti-Patterns, Risks, and Recommendations, In: CrossTalk, Nr. 4, 28. Jg., 2015, S. 22-26.

Meckelnborg, A. (2015) Integrative Fabrikplanung durch effiziente Koordinationsmodelle, Dissertation, RWTH Aachen University, 2015.

Meisinger, M. und Krüger, I. H. (2007) A Service-Oriented Extension of the V-Modell XT, In: *Keaney, J.; Rozenblit, J. und Peng, J.* (Hrsg.): Proceedings of the 14th IEEE International Conference and Workshops on the Engineering of Computer-Based Systems, IEEE, Los Alamitos, 2007, S. 256-268.

Merz, K.-P. (1987) Entwicklung einer Methode zur Planung der Struktur automatisierter Montagesysteme, Dissertation, RWTH Aachen University, 1987.

Meschede, D. (2005) Optik, Licht und Laser, 2. Auflage, Teubner, Wiesbaden, 2005.

Mohanarajah, S. und Jabar, M. A. (2015) An Improved Adaptive and Dynamic Hybrid Agile Methodology to Enhance Software Project Success deliveries, In: Journal of Theoretical and Applied Information Technology, Nr. 3, 75. Jg., 2015, S. 301-325.

Moher, D.; Liberati, A.; Tetzlaff, J. und Altman, D. G. (2009) Preferred Reporting Items for Systematic Reviews and Meta-Analyses: The PRISMA Statement, In: Annals of internal medicine, Nr. 4, 151. Jg., 2009, S. 264-269.

Molitor, M. (2019) Generative Montageablaufplanung in der hochiterativen Produktentwicklung, Dissertation, RWTH Aachen University, 2019.

Molitor, M.; Prote, J.-P.; Dany, S.; Huebser, L. und Schuh, G. (2017) Conception of Generative Assembly Planning in the Highly Iterative Product Development, In: *Schmitt, R. H. und Schuh, G.* (Hrsg.): 7. WGP-Jahreskongress Aachen, Apprimus, Aachen, 2017, S. 313-320.

Müller, W. (2015) Hybrid ist Pflicht - mit Ultimate/Reliable Scrum und Critical Chain zu einer hochskalierbaren agilen Projektorganisation, In: *Engstler, M.; Fazal-Baqaie, M.; Hanser, E.; Mikusz, M. und Volland, A.* (Hrsg.): Projektmanagement und Vorgehensmodelle 2015 - Hybride Projektstrukturen erfolgreich umsetzen, GI, Bonn, 2015, S. 93-106.

Nicolis, G. und Prigogine, I. (1987) Die Erforschung des Komplexen - Auf dem Weg zu einem neuen Verständnis der Naturwissenschaften, Piper, München [u.a.], 1987.

Nöcker, J. C. (2012) Zustandsbasierte Fabrikplanung, Dissertation, RWTH Aachen University, 2012.

Ortmann, G. (2017) Kolumne: Flottierende Signifikanten - Über Wörter wie lean, smart und agile, In: OrganisationsEntwicklung, 2. Jg., 2017, S. 128.

Palmer, S. R. und Felsing, J. M. (2002) A Practical Guide to Feature-Driven Development, Prentice Hall, Upper Saddle River, 2002.

Papadakis, E. und Tsironis, L. (2018) Hybrid methods and practices associated with agile methods, method tailoring and delivery of projects in a non-software context, In: Procedia Computer Science (2018), 138. Jg., 2018, S. 739-746.

Papakostas, N.; Efthymiou, K.; Mourtzis, D. und Chryssolouris, G. (2009) Modelling the complexity of manufacturing systems using nonlinear dynamics approaches, In: CIRP Annals, Nr. 1, 58. Jg., 2009, S. 437-440.

Papakostas, N.; O'Connor Moneley, J. und Hargaden, V. (2018) Integrated simulation-based facility layout and complex production line design under uncertainty, In: CIRP Annals - Manufacturing Technology, Nr. 1, 67. Jg., 2018, S. 451-454.

Patzak, G. (1982) Systemtechnik - Planung komplexer innovativer Systeme, Springer, Berlin [u.a.], 1982.

Paufler, P. (1981) Phasendiagramme, Akademie, Berlin, 1981.

Pawellek, G. (2008) Ganzheitliche Fabrikplanung - Grundlagen, Vorgehensweise, EDV-Unterstützung, Springer, Berlin [u.a.], 2008.

Pixabay (2012) Teufel, URL: https://pixabay.com/de/vectors/teufel-rot-dämon-karikatur-satan-29973, 19.05.2022.

Popper, K. R. (2017) Die Logik der Sozialwissenschaften - Referat, In: Kölner Zeitschrift für Soziologie und Sozialpsychologie, Nr. 1, 69. Jg., 2017, S. 215-228.

Port, D. und Bui, T. (2009) Simulating mixed agile and plan-based requirements prioritization strategies: proof-of-concept and practical implications, In: European Journal of Information Systems, Nr. 4, 18. Jg., 2009, S. 317-331.

Poser, H. (2012) Wissenschaftstheorie - Eine philosophische Einführung, 2. Auflage, Reclam, Stuttgart, 2012.

Probst, G. J. B. und Gomez, P. (1991) Vernetztes Denken - Ganzheitliches Führen in der Praxis, 2. Auflage, Gabler, Wiesbaden, 1991.

Project Management Institute (PMI) (2017) A Guide to the Project Management Body of Knowledge, 6. Auflage, PMI, Newtown Square, 2017.

Prusak, L. (2010) Decision Making - What Can't Be Measured.
URL: https://hbr.org/2010/10/what-cant-be-measured, 19.05.2022.

Rahimian, V. und Ramsin, R. (2008) Designing an Agile Methodology for Mobile Software Development: A Hybrid Method Engineering Approach, In: *Pastor, O.; Flory, A. und Cavarero, J.-L.* (Hrsg.): Proceedings of the 2nd IEEE International Conference on Research Challenges in Information Science (RCIS), IEEE, 2008, S. 337-342.

Rajagopalan, S.; Mathew, S. K. und Sugumaran, V. (2016) Fit of Development Methodologies in Software Projects, In: *Association for Information Systems (AIS)* (Hrsg.): Proceedings of the 22nd Americas Conference on Information Systems (AMCIS) - Surfing the IT innovation wave, Curran, Atlanta, 2016, S. 1-10.

REFA (1987) Planung und Gestaltung komplexer Produktionssysteme, Hanser, München, 1987.

Reinema, C.; Pompe, A. und Nyhuis, P. (2013) Agiles Projektmanagement - Einsatzpotenziale und Handlungsbedarfe im Rahmen von Fabrikplanungsprojekten, In: ZWF Zeitschrift für wirtschaftlichen Fabrikbetrieb, Nr. 3, 108. Jg., 2013, S. 113-117.

Riedl, R. (2006) Analytischer Hierarchieprozess vs. Nutzwertanalyse: Eine vergleichende Gegenüberstellung zweier multiattributiver Auswahlverfahren am Beispiel Application Service Providing, In: *Fink, K. und Ploder, C.* (Hrsg.): Wirtschaftsinformatik als Schlüssel zum Unternehmenserfolg, DUV, Wiesbaden, 2006, S. 99-127.

Riesener, M.; Dölle, C.; Ays, J. und Ays, J. L. (2018) Hybridization of Development Projects Through Process-related Combination of Agile and Plan-driven Approaches, In: *Institute of Electrical and Electronis Engineers (IEEE)* (Hrsg.): Proceedings of 2018 IEEE International Conference on Industrial Engineering and Engineering Management (IEEM), Curran, Red Hook, 2018, S. 602-606.

Rockwood, K. (2017) Across the Spectrum for Years - The choice between agile and waterfall has evolved into something more pragmatic-and potentially more powerful, In: PM Network, Nr. 12, 31. Jg., 2017, S. 50-55.

Rodgers, C. (2008) Stacey on Strategic Management and Organizational Dynamics.
URL: https://informalcoalitions.typepad.com/informal_coalitions/2008/06/stacey-on-strat.html, 19.05.2022.

Rodriguez, A. und Rodriguez, Y. (2015) leadership: VUCA world, Metaphors for today's millennial and "Cloud Leaders", In: Journal of Management Development, Nr. 7, 34. Jg., 2015, S. 854-866.

Ropohl, G. (2009) Allgemeine Technologie - Eine Systemtheorie der Technik, 3. Auflage, Universitätsverlag Karlsruhe, Karlsruhe, 2009.

Rowe, J. B.; Owen, A. M.; Johnsrude, I. S. und Passingham, R. E. (2001) Imaging the mental components of a planning task, In: Neuropsychologia, Nr. 1, 39. Jg., 2001, S. 315-327.

Royce, W. (1987) Managing the Development of Large Software Systems, In: *Riddle, W. E.; Balzer, R. M. und Kishida, K.* (Hrsg.): Proceedings of the 9th international Conference on Software Engineering (ICSE), ACM, 1987, S. 328-338.

Rudolf, H. (2006) Wissensbasierte Montageplanung in der Digitalen Fabrik am Beispiel der Automobilindustrie, Dissertation, TU München, 2006.

Saaty, T. L. (1990) How to make a decision: The Analytic Hierarchy Process, In: European Journal of Operational Research, 48. Jg., 1990, S. 9-26.

Saaty, T. L. (2004) Decision Making - The Analytic Hierarchy and Network Processes (AHP/ANP), In: Journal of Systems Science and Systems Engineering, Nr. 1, 13. Jg., 2004, S. 1-35.

Saaty, T. L. (2008) Decision making with the analytic hierarchy process, In: International Journal of Services Sciences, Nr. 1, 1. Jg., 2008, S. 83-98.

Saaty, T. L. (2008) Relative Measurement and Its Generalization in Decision Making - Why Pairwise Comparisons are Central in Mathematics for the Measurement of Intangible Factors, In: RACSAM. Revista de la Real Academia de Ciencias Exactas, Fisicas y Naturales. Serie A. Matematicas, Nr. 2, 102. Jg., 2008, S. 251-318.

Saaty, T. L. und Hu, G. (1998) Ranking by Eigenvector Versus Other Methods in the Analytic Hierarchy Process, In: Applied Mathematics Letters, Nr. 4, 11. Jg., 1998, S. 121-125.

Saaty, T. L. und Sodenkamp, M. (2008) Making decisions in hierarchic and network systems, In: International Journal of Applied Decision Sciences (IJADS), Nr. 1, 1. Jg., 2008, S. 24-79.

Saifoulline, R. und Hemberger, C. (2011) Kognitive Kernkompetenzen zum Aufbau fundierter mentaler Modelle für die Bearbeitung komplexer Planungsprobleme, In: Journal Psychologie des Alltagshandelns / Psychology of Everyday Activity, Nr. 2, 4. Jg., 2011, S. 31-44.

Sasirekha, K. und Baby, P. (2013) Agglomerative Hierarchical Clustering Algorithm - A Review, In: International Journal of Scientific and Research Publications, Nr. 3, 3. Jg., 2013, S. 1-3.

Schenk, M. und Wirth, S. (2004) Fabrikplanung und Fabrikbetrieb - Methoden für die wandlungs- und vernetzungsfähige Fabrik, 1. Auflage, Springer, Berlin, 2004.

Schlauderer, S.; Overhage, S. und Fehrenbach, B. (2015) Widely Used but also Highly Valued? Acceptance Factors and Their Perceptions in Water-Scrum-Fall Projects, In: *Carte, T. A.; Heinzl, A. und Urquhart, C.* (Hrsg.): Proceedings of the 36th International Conference on Information Systems (ICIS) - Exploring the Information Frontier, Curran, Red Hook, 2015, S. 1-19.

Schmitt, R. H.; Bihler, S.; Bork, H.; Gaukstern, T.; Große Böckmann, M.; Krauß, J.; Niendorf, L.; Permin, E. und Reusch, P. (2017) Agile datenbasierte Prozessgestaltung, In: *Schuh, G.; Brecher, C.; Klocke, F. und Schmitt, R.* (Hrsg.): AWK Aachener Werkzeugmaschinen-Kolloquium 2017 Internet of Production für agile Unternehmen, 1. Auflage, Apprimus, Aachen, 2017, S. 389-407.

Schmitz, K.; Mahapatra, R. und Nerur, S. (2019) User Engagement in the Era of Hybrid Agile Methodology, In: IEEE Software, Nr. 4, 36. Jg., 2019, S. 32-40.

Schneider, S. (2015) Agile Prozessplanung im Produktentstehungsprozess am Beispiel der Motorenproduktion, Dissertation, TU Dortmund, 2015.

Schoettl, F.; Paefgen, M.-C. und Lindemann, U. (2014) Approach for Measuring Change-Induced Complexity based on the Production Architecture, In: Procedia CIRP, 17. Jg., 2014, S. 172-177.

Schuh, G. (2006) Produktionsplanung und -steuerung - Grundlagen, Gestaltung und Konzepte, 3. Auflage, Springer, Berlin [u.a.], 2006.

Schuh, G.; Desoi, J.-C. und Tücks, G. (2005) Holistic Approach for Production Ramp-up in Automotive Industry, In: *Bramley, A.; Brissaud, D.; Coutellier, D. und McMahon, C.* (Hrsg.): Advances in Integrated Design and Manufacturing in Mechanical Engineering, Springer, Dordrecht, 2005, S. 255-268.

Schuh, G.; Dölle, C.; Diels, F. und Kuhn, M. (2018) Methodology for Determining Agile Product Scopes in Development Projects, In: *Kocoaglu, D. F.; Anderson, T. R.; Kozanoglu, D. C.; Niwa, K.; Steenhuis, H.-J. und Perman, G.* (Hrsg.): Proceedings of the 2018 Portland International Conference on Management of Engineering and Technology (PICMET), IEEE, Piscataway, 2018, S. 1-9.

Schuh, G.; Franzkoch, B.; Burggräf, P.; Nöcker, C. und Wesch-Potente, C. (2009) Frei konfigurierbare Planungsprozesse in der Fabrikplanung, In: wt Werkstattstechnik online, Nr. 4, 99. Jg., 2009, S. 193-198.

Schuh, G.; Kampker, A. und Wesch-Potente, C. (2011) Condition based factory planning, In: Production Engineering, Nr. 1, 5. Jg., 2011, S. 89-94.

Schuh, G.; Krumm, S.; Amann, W.; Rudolf, S. und Schiffer, M. (2013) Chefsache Komplexität - die 6 zentralen Handlungsfelder des Komplexitätsmanagements, In: *Gleich, R.* (Hrsg.): Komplexitätscontrolling - Komplexität verstehen, reduzieren und beherrschen, 1. Auflage, Haufe, München, 2013, S. 27-38.

Schuh, G.; Prote, J.-P.; Dany, S.; Molitor, M. und Giner, B. (2018) Process model for generative assembly planning in the highly iterative product development, In: Procedia CIRP, 72. Jg., 2018, S. 363-368.

Schuh, G.; Prote, J.-P.; Molitor, M.; Walendzik, P.; Gerschner, K. und Oswald, M. (2018) Entwicklung eines App-basierten Autorensystems zur Planungsunterstützung, In: ZWF Zeitschrift für wirtschaftlichen Fabrikbetrieb, Nr. 6, 113. Jg., 2018, S. 386-388.

Schuh, G.; Rebentisch, E.; Riesener, M.; Diels, F.; Dölle, C. und Eich, S. (2017) Agile-Waterfall Hybrid Product Development in the Manufacturing Industry - Introducing Guidelines for

Implementation of Parallel Use of the Two Models, In: *Institute of Electrical and Electronis Engineers (IEEE)* (Hrsg.): Proceedings of the 2017 IEEE International Conference on Industrial Engineering and Engineering Management, IEEE, Piscataway, 2017, S. 725-729.

Schuh, G.; Riedel, H.; Abels, J. und Desoi, J. (2002) Serienanlauf in branchenübergreifenden Netzwerken - Eine komplexe Planungs- und Kontrollaufgabe, In: wt Werkstattstechnik online, Nr. 11, 92. Jg., 2002, S. 656-661.

Schuh, G.; Riesener, M. und Diels, F. (2017) Determining the Application Suitability of Agile Methods for Highly Interdependent Products, In: *Kocaoglu, D. F. und Anderson, T. R.* (Hrsg.): Proceedings of the 2017 Portland International Conference on Management of Engineering and Technology (PICMET) - Technology Management for Interconnected World, Curran, Red Hook, 2017, S. 1-10.

Schuh, G.; Wetterney, T.; Lau, F. und Schröder, S. (2016) Next Generation Hardware Development: Framework for a Tailorable Development Method, In: *Kocaoglu, D. F. und Anderson, T. R.* (Hrsg.): Proceedings of the 2016 Portland International Conference on Management of Engineering and Technology (PICMET) - Technology Management For Social Innovation, PICMET, Portland, 2016, S. 2563-2572.

Schuh, G.; Zeller, V.; Prote, J.-P.; Molitor, M. und Wenger, L. (2017) Generative Stücklistenerstellung in der manuellen Montage, In: ZWF Zeitschrift für wirtschaftlichen Fabrikbetrieb, Nr. 6, 112. Jg., 2017, S. 392-395.

Schuster, T. und Liesen, A. (2017) Statistik für Wirtschaftswissenschaftler - Ein Lehr- und Übungsbuch für das Bachelor-Studium, 2. Auflage, Springer, Berlin [u.a.], 2017.

Schwaber, K. (2004) Agile Project Management with Scrum, Microsoft, Redmond, 2004.

Schwaber, K. und Sutherland, J. (2017) Der Scrum Guide - Der gültige Leitfaden für Scrum: Die Spielregeln, 2017.

Seel, C. und Timinger, H. (2017) Ein adaptives Vorgehensmodell für hybrides Projektmanagement, In: *Barton, T.; Herrmann, F.; Meister, V. G.; Müller, C. und Seel, C.* (Hrsg.): Prozesse, Technologie, Anwendungen, Systeme und Management 2017 - Angewandte Forschung in der Wirtschaftsinformatik, 1. Auflage, mana, Heide, 2017, S. 20-29.

Shannon, C. E. (1948) A Mathematical Theory of Communication, In: The Bell System Technical Journal, Nr. 3, 27. Jg., 1948, S. 379-423.

Shannon, C. E. und Weaver, W. (1976) Mathematische Grundlagen der Informationstheorie, Oldenbourg, München [u.a.], 1976.

Shenhar, A. J.; Dvir, D.; Lechler, T. und Poli, M. (2002) One Size Does Not Fit All - True for Projects, True for Frameworks, In: *Slevin, D. P.; Pinto, J. K. und Cleland, D. I.* (Hrsg.): Proceedings of PMI Research Conference 2002: Frontiers of Project Management Research and Application, PMI, Newtown Square, 2002, S. 99-106.

Shimoda, A. und Yaguchi, K. (2017) A Method of Setting the Order of User Story Development of an Agile-Waterfall Hybrid Method by Focusing on Common Objects, In: *Matsuo, T.* (Hrsg.): Proceedings of the 6th IIAI International Congress on Advanced Applied Informatics (IIAI-AAI), IEEE, Piscataway, 2017, S. 301-306.

Simon, H. A. (1962) The Architecture of Complexity, In: Proceedings of the American Philosophical Society, Nr. 6, 106. Jg., 1962, S. 467-482.

Sinha, K. und Weck, O. L. de (2012) Structural Complexity Metric for Engineered Complex Systems and its Application, In: *Onishi, M.; Maurer, M.; Kirner, K.; Lindemann, U. und Onishi, M.* (Hrsg.): Gain Competitive Advantage by Managing Complexity - Proceedings of the 14th International Dependency and Structure Modelling Conference (DSM), Hanser, München, 2012, S. 181-192.

Sinha, K. und Weck, O. L. de (2013) A Network-based Structural Complexity Metric for Engineered Complex Systems, In: *IEEE* (Hrsg.): Proceedings of the 7th IEEE International Systems Conference (SysCon), IEEE, 2013, S. 426-430.

Slama, S. (2004) Effizienzsteigerung in der Montage durch marktorientierte Montagestrukturen und erweiterte Mitarbeiterkompetenz, Meisenbach, Bamberg, 2004.

Smoczyńska, A.; Pawlak, M. und Poniszewska-Marańda, A. (2019) Hybrid Agile Method for Management of Software Creation, In: *Kosiuczenko, P. und Zieliński, Z.* (Hrsg.): Advances in Intelligent Systems and Computing - Research and Praxis, Springer, Cham, 2019, S. 101-115.

Sommer, A. F.; Hedegaard, C.; Dukovska-Popovska, I. und Steger-Jensen, K. (2015) Improved Product Development Performance through Agile/Stage-Gate Hybrids: The Next-Generation Stage-Gate Process?, In: Research Technology Management, Nr. 1, 58. Jg., 2015, S. 34-44.

Sommer, A. F.; Slavensky, A.; Thuy Nguyen, V.; Steger-Jensen K. und Dukovska-Popovska I. (2013) Scrum Integration in Stage-gate Models for Collaborative Product Development - A Case Study of Three Industrial Manufacturers, In: *Institute of Electrical and Electronis Engineers (IEEE)* (Hrsg.): Proceedings of the 2013 IEEE International Conference on Industrial Engineering and Engineering Management (IEEM), IEEE, Piscataway, 2013, S. 1278-1282.

Spöhring, W. (1989) Qualitative Sozialforschung, Teubner, Stuttgart, 1989.

Špundak, M. (2014) Mixed agile/traditional project management methodology – reality or illusion?, In: Procedia - Social and Behavioral Sciences, 119. Jg., 2014, S. 939-948.

Spurrier, G. und Topi, H. (2014) When is Agile Appropriate for Enterprise Software Development?, In: *Association for Information Systems (AIS)* (Hrsg.): Proceedings of the 22nd European Conference on Information Systems (ECIS), AISeL, Atlanta, 2014, S. 2536-2545.

Stacey, R. (2011) Strategic Management and Organisational Dynamics - The Challenge of Complexity, 5. Auflage, Pearson, Harlow, 2011.

Stacey, R. D. (1996) Strategic Management and Organisational Dyanamics, 2. Auflage, Pitman, London, 1996.

Stacey, W. M. (2001) Nuclear Reactor Physics, Wiley, New York, 2001.

Stachowiak, H. (1973) Allgemeine Modelltheorie, Springer, Wien [u.a.], 1973.

Statistisches Bundesamt (Destatis) (2019) Statistisches Jahrbuch Deutschland 2019, 1. Auflage, Statistisches Bundesamt, Wiesbaden, 2019.

Statistisches Bundesamt (Destatis) (2021) Volkswirtschaftliche Gesamtrechnungen - Inlandsproduktberechnung Vierteljahresergebnisse, 2021.

Stüttgen, M. (2003) Strategien der Komplexitätsbewältigung in Unternehmen - Ein transdisziplinärer Bezugsrahmen, 2. Auflage, Haupt, Bern [u.a.], 2003.

Suh, N. P. (1995) Designing-in of Quality Through Axiomatic Design, In: IEEE Transactions on Reliability, Nr. 2, 44. Jg., 1995, S. 256-264.

Szilard, L. (1929) Über die Entropieverminderung in einem thermodynamischen System bei Eingriffen intelligenter Wesen, In: Zeitschrift für Physik, 53. Jg., 1929, S. 840-856.

Takeuchi, H. und Nonaka, I. (1986) The new new product development game - Stop running the relay race and take up rugby, In: Harvard business review, 64. Jg., 1986, S. 137-146.

Tanveer, M. (2015) Agile For Large Scale Projects – A Hybrid Approach, In: *Institute of Electrical and Electronis Engineers (IEEE)* (Hrsg.): Proceedings of the 2015 National Software Engineering Conference (NSEC), IEEE, Piscataway, 2015, S. 14-18.

Tell, P.; Pfeiffer, R.-H. und Schultz, U. P. (2017) HELENA Stage 2 - Danish Overview, In: *Felderer, M.; Méndez Fernández, D.; Turhan, B.; Kalinowski, M.; Sarro, F. und Winkler, D.* (Hrsg.): Proceedings of 18th International Conference on Product-Focused Software Process Improvement (PROFES), Springer, New York, 2017, S. 420-427.

Theobald, S. und Biebold, P. (2018) Interface Problems of Agile in a Non-agile Environment, In: *Garbajosa, J.; Wang, X. und Aguiar, A.* (Hrsg.): Agile Processes in Software Engineering and Extreme Programming - Proceedings of the 19th International Conference on Agile Software Development, Springer, Cham, 2018, S. 123-130.

Theocharis, G.; Kuhrmann, M.; Münch, J. und Diebold, P. (2015) Is Water-Scrum-Fall Reality? - On the Use of Agile and Traditional Development Practices, In: *Abrahamsson, P.; Corral, L.; Oivo, M. und Russo, B.* (Hrsg.): Proceedings of the 16th International Conference on Product-Focused Software Process Improvement (PROFES), Springer, Cham, 2015, S. 1-16.

Thomson, W. (1879) The Sorting Demon of Maxwell, In: Nature, 20. Jg., 1879, S. 126.

Thomson, W. (1891) Popular Lectures and Addresses, 2. Auflage, Macmillan, London [u.a.], 1891.

Timinger, H. und Seel, C. (2016) Ein Ordnungsrahmen für adaptives hybrides Projektmanagement, In: Projektmanagement aktuell, Nr. 4, 27. Jg., 2016, S. 55-61.

Tolksdorf, K.; Buda, S.; Schuler, E.; Wieler, L. H. und Haas, W. (2020) Schwereeinschätzung von COVID-19 mit Vergleichsdaten zu Pneumonien aus dem Krankenhaussentinel für schwere akute Atemwegserkrankungen am RKI (ICOSARI), In: Epidemiologisches Bulletin, 14. Jg., 2020, S. 3-9.

Tomczak (1992) Forschungsmethoden in der Marketingwissenschaft - Ein Plädoyer für den qualitativen Forschungsansatz, In: Marketing ZfP, Nr. 2, 14. Jg., 1992, S. 77-87.

Tücks, G. (2010) Ramp-Up Management in der Automobilindustrie, Dissertation, RWTH Aachen University, 2010.

Tukey, J. W. (1977) Exploratory Data Analysis, Addison-Wesley, Reading, 1977.

Turabian, K. L.; Booth, W. C.; Colomb, G. G. und Williams, J. M. (2013) A Manual for Writers of Research Papers, Theses, and Dissertations - Chicago Style for Students and Researchers, 8. Auflage, University of Chicago, Chicago, 2013.

Ulrich, H. (1984) Management, Haupt, Bern, 1984.

Ulrich, H. und Probst, G. J. B. (1995) Anleitung zum ganzheitlichen Denken und Handeln - Ein Brevier für Führungskräfte, 4. Auflage, Haupt, Bern, 1995.

Ulrich, P. und Hill, W. (1976) Wissenschaftstheoretische Grundlagen der Betriebswirtschaftslehre (Teil 1), In: WiST Zeitschrift für Ausbildung und Hochschulkontakt, Nr. 7, 5. Jg., 1976, S. 304-309.

Ulrich, P. und Hill, W. (1976) Wissenschaftstheoretische Grundlagen der Betriebswirtschaftslehre (Teil II), In: WiST Zeitschrift für Ausbildung und Hochschulkontakt, Nr. 8, 5. Jg., 1976, S. 345-350.

Varadarajan, P. R. (2003) Musings on Relevance and Rigor of Scholarly Research in Marketing, In: Journal of the Academy of Marketing Science, Nr. 4, 31. Jg., 2003, S. 368-376.

Venkatesh, U. (2011) Design For Hybrid Agile Adoption, In: Information Management, Nr. 4, 21. Jg., 2011, S. 10-23.

Verein Deutscher Ingenieure VDI (2011) VDI 5200: Fabrikplanung - Planungsvorgehen, ICS 03.100.99, Beuth, Berlin, 2011.

Verein Deutscher Ingenieure VDI (2019) VDI-Richtlinie 2221-1: Entwicklung technischer Produkte und Systeme - Modell der Produktentwicklung, Beuth, Berlin, 2019.

Verein zur Weiterentwicklung des V-Modell XT (WEIT e.V.) (2019) Das V-Modell XT, 2.3. Auflage, 2019.

Vester, F. (2015) Die Kunst vernetzt zu denken - Ideen und Werkzeuge für einen neuen Umgang mit Komplexität, 10. Auflage, Dtv, München, 2015.

Vickers, G. C. (1970) Freedom in Rocking Boat - Changing Values in an Unstable Society, Penguin, Harmondsworth [u.a.], 1970.

Vidal, G. H. und Hernández, J. R. C. (2021) Study of the effects of complexity on the manufacturing sector, In: Production Engineering, Nr. 1, 15. Jg., 2021, S. 69-78.

Vijayasarathy, L. R. und Butler, C. W. (2016) Choice of Software Development Methodologies - Do Organizational, Project, and Team Characteristics Matter?, In: IEEE Software, Nr. 5, 33. Jg., 2016, S. 86-94.

Volland, M. F. (2019) Hybride Agilität in Großunternehmen - Von der Notwendigkeit des Entlernens, In: Industrie 4.0 Management - Gegenwart und Zukunft industrieller Geschäftsprozesse, Nr. 2, 2019, S. 27-30.

Vom Brocke, J.; Simons, A.; Niehaves, B.; Reimer, K.; Plattfaut, R. und Cleven, A. (2009) Reconstructing the Giant: On the Importance of Rigour in Documenting the Literature Search Process, In: *Newell, S.; Whitley, E. A.; Pouloudi, N.; Wareham, J. und Mathiassen, L.* (Hrsg.): Proceedings of the 17th European Conference on Information Systems (ECIS) - Information System in a Globalising World: Challenges, Ethics and Practices, 2009, S. 2206-2217.

Walenta, T. (2017) Agile Transformation for Organisations and Projects, In: PM World Journal, Nr. 7, 6. Jg., 2017, S. 1-5.

Wang, R. Y. und Strong, D. M. (1996) Beyond Accuracy: What Data Quality Means to Data Consumers, In: Journal of Management Information Systems, Nr. 4, 12. Jg., 1996, S. 5-33.

Wang, Z. und Tang, K. (2020) Combating COVID-19: health equity matters, In: Nature medicine, Nr. 4, 26. Jg., 2020, S. 458.

Watts, D. J. und Strogatz, S. H. (1998) Collective dynamics of 'small-world' networks, In: Nature, 393. Jg., 1998, S. 440-442.

Webb, N. L. (1999) Alignment of Science and Mathematics Standards and Assessments in Four StatesMadison, 1999.

Werani, T. (2004) Bewertung von Kundenbindungsstrategien in B-to-B-Märkten - Methodik und praktische Anwendung, 1. Auflage, DUV, Wiesbaden, 2004.

West, D.; Gilpin, M.; Grant, T. und Anderson, A. (2011) Water-Scrum-Fall Is The Reality Of Agile For Most Organizations Today - Manage The Water-Scrum And Scrum-Fall boundaries To Increase Agility, 2011.

Westkämper, E.; Bullinger, H.-J. und Zahn, E. (2001) Montageplanung - effizient und marktgerecht, Springer, Berlin, 2001.

Westphal, D. (2016) Adaptive Verkürzung des Analytischen Hierarchie Prozesses zur rationalen Lösung multikriterieller Entscheidungsprobleme, Dissertation, TU Berlin, 2016.

Westphal, J. R. (2001) Komplexitätsmanagement in der Produktionslogistik - Ein Ansatz zur flussorientierten Gestaltung und Lenkung heterogener Produktionssysteme, DUV, Wiesbaden, 2001.

Weth, R. von der (2001) Management der Komplexität - Ressourcenorientiertes Handeln in der Praxis, Huber, Bern, 2001.

Whitaker, S. (2014) The Benefits of Tailoring - Making a Project Management Methodology Fit, PMI, 2014.

Whitney, D. E. (2004) Mechanical Assemblies - Their Design, Manufacture, and Role in Product Development, Oxford University, New York, 2004.

Widmer, T. und Binder, H.-M. (1997) Forschungsmethoden, In: *Bussmann, W.; Klöti, U. und Knoepfel, P.* (Hrsg.): Einführung in die Politikevaluation, Helbling Lichtenhahn, Basel, 1997, S. 214-255.

Wiendahl, H.-P. (2005) Betriebsorganisation für Ingenieure, 5. Auflage, Hanser, München [u.a.], 2005.

Wiendahl, H.-P.; Reichardt, J. und Nyhuis, P. (2014) Handbuch Fabrikplanung - Konzept, Gestaltung und Umsetzung wandlungsfähiger Produktionsstätten, 2. Auflage, Hanser, München, 2014.

Wiener, N. (1969) Cybernetics - or control and communication in the animal and the machine, 2. Auflage, MIT, Cambridge, 1969.

Windt, K.; Philipp, T. und Böse, F. (2008) Complexity Cube for the Characterization of Complex Production Systems, In: International Journal of Computer Integrated Manufacturing, Nr. 2, 21. Jg., 2008, S. 195-200.

Wolf, H. (2005) Volatility: Definitions and Consequences, In: *Aizenman, J. und Pinto, B.* (Hrsg.): Managing Economic Volatility and Crises - A Practitioner's Guide, Cambridge, Cambridge, New York, 2005, S. 45-64.

Wood, R. E. (1986) Task Complexity: Definition of the Construct, In: Organizational Behavior and Human Decision Processes, Nr. 1, 37. Jg., 1986, S. 60-82.

Worley, C. G. und Jules, C. (2020) COVID-19's Uncomfortable Revelations About Agile and Sustainable Organizations in a VUCA World, In: The Journal of Applied Behavioral Science, Nr. 3, 56. Jg., 2020, S. 279-283.

Zaki, K. M. und Moawad, R. (2010) A Hybrid Disciplined Agile Software Process Model, In: *Institute of Electrical and Electronis Engineers (IEEE)* (Hrsg.): Proceedings of the 7th International Conference on Informatics and Systems (INFOS), IEEE, 2010, S. 1-8.

Zimmermann, H.-J. und Gutsche, L. (1991) Multi-Criteria Analyse - Einführung in die Theorie der Entscheidungen bei Mehrfachzielsetzungen, Springer, Berlin, 1991.

Bei der Ausarbeitung und Auswertung der folgenden Inhalte wurde ich im Rahmen von Abschlussarbeiten, welche ich in meiner Zeit als wissenschaftlicher Mitarbeiter betreut habe, durch die nachfolgend aufgelisteten Personen im angegebenen Umfang unentgeltlich unterstützt:

- Herr **Yannick Grimm** hat im Rahmen seiner Bachelorarbeit „Gestaltung eines Ordnungsrahmens der Montageplanung auf inkrementeller Ebene" zur Entwicklung des erweiterten Modells der Montageplanung beigetragen, welches in Kapitel 5.1.2 sowie vollständig im Anhang 8.4 beschrieben und vorgestellt wurde.
- Herr **Janik Houben** hat im Rahmen seiner Bachelorarbeit „Entwicklung eines Rahmenwerks zur Gestaltung eines planungsfallspezifischen Montageplanungsvorgehens" bei der Durchführung und Auswertung der in Kapitel 2.2.2 sowie im Anhang 8.1 vorgestellten empirischen Studie mitgewirkt.
- Herr **Siyuan Wang** hat mit seiner Masterarbeit „Bewertung der Potenziale von agilen und plangetriebenen Methoden zur Komplexitätsbeherrschung" die Auswahl geeigneter Ansätze zur Operationalisierung von Komplexität (Kapitel 3.2.1), die Entwicklung des integrativen Komplexitätsmaßes der Montageplanung (Kapitel 5.2) sowie die Durchführung und Auswertung der AHP-Studie zur Bestimmung der Komplexitätspotenziale plangetriebener und agiler Methoden (Kapitel 5.3) unterstützt.

9.1 Vorveröffentlichungen des Autors zu dieser Dissertation

Im Literaturverzeichnis sind Publikationen enthalten, die als Teil-Vorveröffentlichung dieser Dissertation anzusehen sind. Diese sind in der folgenden Aufstellung gesondert aufgelistet:

Fölling, C.; Burggräf, P.; Wang, S. und Adlon, T. (2022) A systematic approach towards mastering complexity through hybrid assembly planning, In: CIRP Journal of Manufacturing Science and Technology, 38. Jg., 2022, S. 159-171.

Burggräf, P.; Adlon, T.; Schupp, S.; Fölling, C. und Dannapfel, M. (2021) Die Modullandkarte des Aachener Fabrikplanungsvorgehens - Ganzheitliche, informatorische Vernetzung als Grundlage spezifischer Projektkonfigurationen, In: ZWF Zeitschrift für wirtschaftlichen Fabrikbetrieb, Nr. 12, 116. Jg., 2021, S. 866-871.

Burggräf, P.; Dannapfel, M.; Adlon, T. und Fölling, C. (2020) Hybrid approach to agile assembly planning – Empirical evaluation of the industrial practice, In: Procedia CIRP, 93. Jg., 2020, S. 1170-1175.

Burggräf, P.; Dannapfel, M.; Adlon, T.; Riegauf, A.; Müller, K. und Fölling, C. (2019) Agile Montage - Montageplanung und -system als integrale Bestandteile der Fabrikplanung, In: wt Werkstattstechnik online, Nr. 9, 109. Jg., 2019, S. 622-627.

9.2 Weitere Wissenschaftliche Publikationen des Autors

Burggräf, P.; Adlon, T.; Dackweiler, J.; Bröhl, F. und Fölling, C. (2022) Adaptive Remanufacturing – Decision Model for the Intelligent Maintenance of Production Resources, In: Procedia CIRP, 105. Jg., 2022, S. 219-224.

Burggräf, P.; Adlon, T.; Müller, K.; Föhlisch, N.; Dackweiler, J. und Fölling, C. (2021) Adaptive Remanufacturing – Methodology towards an intelligent maintenance strategy for production resources, In: Procedia CIRP, 98. Jg., 2021, S. 330-335.

Burggräf, P.; Wagner, J.; Dannapfel, M.; Adlon, T.; Saßmannshausen, T.; Fölling, C.; Föhlisch, N.; Ohrndorf, D. und Minderjahn, R. (2020) Adaptive remanufacturing for lifecycle optimization of connected production resources – A literature review, In: Procedia CIRP, 90. Jg., 2020, S. 61-66.

Burggräf, P.; Dannapfel, M.; Förstmann, R.; Adlon, T. und Fölling, C. (2018) Data Quality-Based Process Enabling - Application to logistics supply processes in low-volume ramp-up context, In: Institute of Electrical and Electronis Engineers (IEEE) (Hrsg.): Proceedings of the 2018 International Conference on Information Management and Processing (ICIMP), IEEE, Piscataway, 2018, S. 36-41.

Wagner, J.; Burggräf, P.; Dannapfel, M. und Fölling, C. (2017) Assembly Disruptions – Empirical Evidence in the Manufacturing Industry of Germany, Austria and Switzerland, In: International Refereed Journal of Engineering and Science (IRJES), Nr. 3, 6. Jg., 2017, S. 15-25.

In der Reihe **Ergebnisse aus der Produktionstechnik** zuletzt erschienen:

Busch, Max:
Intelligente Produktionsplanungsprozesse im Werkzeugbau
ISBN: 978-3-98555-095-1
Erscheinungsdatum: 14.07.2022

Fölling, Carsten:
Komplexitätsbeherrschung durch hybride Montageplanung
ISBN: 978-3-98555-090-6
Erscheinungsdatum: 30.06.2022

Ays, Johanna:
Kontextbasierte Integration agiler und plangetriebener Entwicklungsprozesse
ISBN: 978-3-98555-087-6
Erscheinungsdatum: 23.06.2022

Maslo, Semir:
Simulation of the Dynamic Vibration Behaviour and Spindle Speed Optimization During the Milling Process of Turbomachinery Components
ISBN: 978-3-98555-082-1
Erscheinungsdatum: 25.05.2022

Goertz, David:
Gestaltungsmodell für eine vernetzte adaptive Montage im Werkzeugbau
ISBN 978-3-98555-072-2
Erscheinungsdatum: 05.05.2022

Eßer, Bastian:
Analyse des Betriebsverhaltens von Kugelgewindetrieben unter statischen axialen Betriebslasten
ISBN: 978-3-98555-065-4
Erscheinungsdatum: 11.07.2022

Schulz, Martin:
Optimierung des Temperaturfeldes beim Laserstrahlhärten
ISBN: 978-3-98555-078-4
Erscheinungsdatum: 23.06.2022

Ebade Esfahani, Matthias:
Ontologie der Fabrikplanung mit Hilfe von Building Information Modeling (BIM)
ISBN: 978-3-98555-084-5
Erscheinungsdatum: 07.06.2022

Schmitz, Seth:
Datenbasierte Beschreibung der Prozessperformance in der Auftragsabwicklung
ISBN: 978-3-98555-079-1
Erscheinungsdatum: 19.05.2022

Scholz, Paul:
Applikation maschinell lernender Systeme in der vernetzten adaptiven Produktion
ISBN 978-3-98555-069-2
Erscheinungsdatum: 28.04.2022

Wollbrink, Moritz:
Methodik zur Integration pulverbettbasierter additiver Fertigungstechnologien in Fertigungsprozessketten
ISBN 978-3-98555-070-8
Erscheinungsdatum: 22.04.2022

Menges, Alexander:
Bewertung von Produktvarianten mittels Process Data Mining
ISBN 978-3-98555-066-1
Erscheinungsdatum: 13.04.2022

Krauß, Jonathan:
Optimizing Hyperparameters for Machine Learning Algorithms in Production
ISBN 978-3-98555-020-3
Erscheinungsdatum: 13.04.2022

Schwenzer, Max:
Closing the Loop of Model Predictive Force Control in Milling with Ensemble Kalman Filtering
ISBN 978-3-98555-057-9
Erscheinungsdatum: 11.04.2022

Gützlaff, Andreas:
Entscheidungsprozess zur kontinuierlichen Gestaltung von Produktionsnetzwerken
ISBN 978-3-98555-058-6
Erscheinungsdatum: 22.03.2022

Patzwald, Marc:
Entwicklung von Technologiestrategien in einem volatilen Unternehmensumfeld
ISBN 978-3-98555-044-9
Erscheinungsdatum: 16.03.2022

Ochs, Jelena Katherina:
Model-Based Process Prediction for Predictive-Reactive Scheduling in Automated Stem Cell Production
ISBN 978-3-98555-059-3
Erscheinungsdatum: 22.04.2022

Fränken, Bastian:
Standortrollen in Produktionsnetzwerken
ISBN 978-3-98555-052-4
Erscheinungsdatum: 13.04.2022

Schäfer, Alexander:
Werkzeugseitiger Einsatz von NiTi-FGL zur Verbesserung der dynamischen Prozessstabilität bei der Fräsbearbeitung
ISBN 978-3-98555-060-9
Erscheinungsdatum: 11.04.2022

Grünebaum, Timm:
Methodik zur Gestaltung von Technologieketten und Prozessfolgen nach lebensphasenübergreifend ökologisch-ökonomischen Kriterien
ISBN 978-3-98555-043-2
Erscheinungsdatum: 24.03.2022

Hardt, Marvin:
Modeling the Material Behavior under Metal Cutting Conditions
ISBN 978-3-98555-045-6
Erscheinungsdatum: 16.03.2022

Buschhoff, Clemens:
Beitrag zur Qualitätssicherung beim in-situ Tape-Legen komplexer Laminate
ISBN 978-3-98555-047-0
Erscheinungsdatum: 14.03.2022

Edition Wissenschaft
Apprimus

FSC
www.fsc.org
MIX
Papier | Fördert gute Waldnutzung
FSC® C083411

Zeitfracht Medien GmbH
Ferdinand-Jühlke-Straße 7
99095 Erfurt, Deutschland
produktsicherheit@kolibri360.de